第1版获2007年上海普通高等学校优秀教材奖

Signal Processing Principle & Application (Second Edition)

信号处理原理与应用
（第2版）

靳 希　杨尔滨　赵 玲　编著
Jin Xi, Yang Erbin, Zhao Ling

清华大学出版社
北京

内 容 简 介

本书简明扼要地介绍了信号处理与线性系统的理论和分析方法。全书共分9章,内容包括信号分析的基本概念、傅里叶变换、序列及其Z变换、离散时间系统、离散傅里叶变换、滤波器原理与设计、数字信号处理器(DSP)原理、数字信号处理技术的应用及MATLAB在信号处理中的应用等内容。书中第1~6章配有习题,第9章配有上机练习题,书末附有部分参考答案。

本书可作为电气工程及其自动化专业的本科教材,也可作为电子信息工程、自动控制、计算机应用等专业的教材或参考书,同时也可供有关科技与工程技术人员自学参考。

版权所有,侵权必究。举报: 010-62782989,beiqinquan@tup.tsinghua.edu.cn。

图书在版编目(CIP)数据

信号处理原理与应用/靳希,杨尔滨,赵玲编著. —2版. —北京:清华大学出版社,2008.11(2023.2重印)
ISBN 978-7-302-18509-3

Ⅰ. 信… Ⅱ. ①靳… ②杨… ③赵… Ⅲ. 信号处理—高等学校—教材 Ⅳ. TN911.7

中国版本图书馆 CIP 数据核字(2008)第 139360 号

责任编辑:陈国新
责任校对:白 蕾
责任印制:曹婉颖

出版发行:清华大学出版社
网　　址:http://www.tup.com.cn, http://www.wqbook.com
地　　址:北京清华大学学研大厦A座　　　邮　编:100084
社 总 机:010-83470000　　　　　　　　　邮　购:010-62786544
投稿与读者服务:010-62776969, c-service@tup.tsinghua.edu.cn
质量反馈:010-62772015, zhiliang@tup.tsinghua.edu.cn
课件下载:http://www.tup.com.cn, 010-83470236
印 装 者:三河市龙大印装有限公司
经　　销:全国新华书店
开　　本:185mm×260mm　　印　张:24　　字　数:565千字
版　　次:2004年8月第1版　　2008年11月第2版　　印　次:2023年2月第12次印刷
定　　价:49.00元

产品编号:030690-02

前言

《信号处理原理与应用》作为上海市教育委员会高校重点教材建设项目于 2004 年 9 月正式出版,迄今已有五年。本书在上海电力学院等多所高校的电气工程及其自动化以及其他多个电类专业的教学中使用,得到了读者的好评,并于 2007 年荣获上海普通高等学校优秀教材奖。

随着数字信号处理技术的飞速发展,尤其是数字信号处理芯片的不断更新换代,我们认为有必要对第 1 版的部分章节进行修订、更新,以满足当前及今后教学、科研的需要。其主要目的是让读者对当前数字信号处理技术在电气工程领域的应用及发展有更进一步的了解。

编者在第 2 版中主要做了以下几个方面的修订工作:

(1) 针对当前数字信号处理芯片的更新换代,在第 7 章对目前最新的几种 DSP 芯片的应用领域及特点进行了介绍。

(2) 在第 8 章 DSP 在电气工程中的应用部分增添了数字信号处理技术在太阳能光伏发电、风力发电等新能源利用方面的内容。

(3) 在第 8 章数字信号处理器 DSP 应用实例中,编者认为将原电能质量调节器的提法改为有源电力滤波器更为准确,并在该应用中增加有源电力滤波器的 MATLAB 仿真的内容。另外还新增加了一个基于 DSP 技术的高功率因数 PWM 整流器应用实例。

(4) 对第 9 章实验部分内容进行修改和充实。

(5) 对第 1 版中各章节的出现的符号、文字等差错进行了仔细的校对和改正。

参加第 2 版修订工作的有靳希教授、杨尔滨副教授、赵玲教授、屈克庆副教授以及研究生董立骏、张文青、段开元。全书由靳希教授统稿。

在本书第 2 版的编写过程中得到了上海交通大学陈陈教授、程浩忠教授和上海大学费敏锐教授的大力支持和帮助。在此编者对各位专家致以衷心的感谢。

由于编者水平有限,虽对第 1 版进行了修订,但不足之处仍在所难免,恳请读者不吝批评指正,以便今后不断改进。

编 者
2008 年 7 月

前言

近几十年来，微电子技术及电子计算机技术的飞速发展与进步带动通信、网络、信息等技术在各个行业得到广泛应用。信号处理与系统理论的基本概念和研究方法几乎毫无例外地进入了电气技术中的各个领域，促进了包括通信工程、信息工程、自动控制以及电力工程等学科之间的相互渗透和共同发展。事实上，信号处理与系统理论的引入已经使上述学科发生了深刻的变化，新概念、新理论、新技术和新方法大量涌现。信号处理及系统理论方面的课程目前已成为电子信息技术与电气学科的共同的基础理论课程。本书主要介绍信号处理及其在电气工程中应用的理论及分析方法。

连续时间信号分析和离散时间信号分析是信号处理的基础，书中先进行连续信号处理的分析并介绍连续系统的基本概念，然后分析离散信号及离散系统的基本概念和理论。通过相互对照，使读者对连续系统和离散系统进行信号处理的概念及方法有较深入的理解和认识。

对于线性系统中的信号处理，无论是连续系统还是离散系统其所处理的信号都可分解为一系列基本信号分量的线性组合；而线性系统对任一输入信号的响应是系统对许多不同基本信号分量分别作用产生响应的叠加；不同的信号分解方式会导致不同的系统分析方法。无论是连续系统的时间域、（复）频率域分析法，还是离散系统的时间域和 z 域分析法，本质上都是"时间域"的。书中采用统一的观点和方法对信号处理及线性系统进行阐述，从而使读者更易于掌握本课程中的许多抽象的概念和分析方法。

针对数字信号处理的广泛应用，本书介绍了模拟滤波器和数字滤波器的原理及分析方法，简要介绍在电气工程中的数字信号处理（digital signal processing，DSP）芯片的总体结构和基本工作原理，及其在电气工程中的一些应用实例，并辅以 MATLAB 软件在信号处理中的应用实验，使读者对于现代信号处理技术的进展与应用有进一步的了解。

本书共分 9 章。第 1 章介绍了信号的一般概念和特性以及在时间域中常用的处理方法；第 2 章阐述了连续信号的频域分析方法，着重介绍傅里叶变换应用于连续时间信号处理和分析时的原理和方法；第 3、第 4 章介绍离散信号及序列的概念、Z 变换应用于离散信号处理和分析时的方法及离散时间系统的概念和分析方法；第 5 章介绍离散信号的频率域分析方法即离散傅里叶变换的概念和分析；第 6 章阐述模拟滤波器和数字滤波器的原理和分析方法；第 7、第 8 章介绍数字信号处理芯片及其在电气工程中的应用；第 9 章介绍 MATLAB 软件包在信号处理中的应用及上机练习指导。

本书是按课程总学时数约 60 学时而编写的，书中标有"＊"的内容为选学内容，教师可根据具体学时数灵活安排学习内容。为使学生能及时对所学的知识进行检查并理解各章节的基本概念和分析方法，在大部分章节后都编有一定量的习题，其中包括一定量的上机练习，并在书末附有大部分习题的答案。课程中的各个教学环节的配合十分重要，除了课堂讲授外，须通过习题和上机练习加以补充。

目前应用小波变换、神经网络进行信号分析与处理以及信号处理在自适应控制等方面的应用都有较快的发展，本书限于篇幅，未作介绍，有兴趣的读者可查阅有关的教科书或参考资料。

本书作为上海市教育委员会高校重点教材建设项目，由靳希教授、杨尔滨、赵玲副教授共同编著，靳希教授任主编。杨尔滨编写了第1章到第6章，靳希编写了第7、第8章，赵玲编写了第9章及全部习题答案。在本书的编写过程中，鲁炜参与了本书原稿的整理和部分插图的计算机绘制工作，编者在此表示感谢。

本书由上海大学谢贤亚教授、上海交通大学程浩忠教授及上海海运学院郑华耀教授共同参与审阅并提出许多有益的修改意见和建议，在此编者对各位专家教授一并致以衷心的谢意。

由于时间较为紧张，编者的水平有限，对于本书出现的不足之处，恳请读者不吝批评指正。

编　者

2004年2月

目 录

第1章 信号分析的基本概念 ··· 1

- 1.1 引言 ··· 1
- 1.2 信号的概念及分类 ··· 2
  - 1.2.1 信号的概念 ··· 2
  - 1.2.2 信号的描述与分类 ··· 2
- 1.3 典型信号与奇异信号 ··· 5
  - 1.3.1 正弦、余弦信号（sine & cosine signals）····················· 5
  - 1.3.2 指数信号（exponential signal）······························· 6
  - 1.3.3 复指数信号（complex-exponential signal）····················· 6
  - 1.3.4 抽样信号（sampling signal）································· 6
  - 1.3.5 奇异信号（singularity signal）······························ 7
- 1.4 信号的分解 ·· 13
  - 1.4.1 直流分量与交流分量（direct & alternating components）······· 13
  - 1.4.2 偶分量与奇分量（even & odd components）····················· 13
  - 1.4.3 实部分量与虚部分量（real & imaginary components）··········· 14
  - 1.4.4 脉冲分量（pulse component）································· 15
  - 1.4.5 正交函数分量（orthogonal function component）··············· 15
- 1.5 信号的基本运算 ·· 19
  - 1.5.1 信号的叠加与相乘（additivity and multiplication of signal）· 19
  - 1.5.2 信号的反褶（reversal of signal）···························· 19
  - 1.5.3 信号的时间平移（time-shifting of signal）··················· 20
  - 1.5.4 信号的时间展缩（尺度变换）（scaling of signal）············· 20
  - 1.5.5 卷积运算（convolution computation）························· 21
  - 1.5.6 信号相关分析与运算 ··· 26
- 习题 ··· 32

第2章 傅里叶变换 ·· 35

- 2.1 周期信号的频谱分析——傅里叶级数 ································· 35
  - 2.1.1 三角形式的傅里叶级数 ······································· 35

2.1.2　复指数形式的傅里叶级数 ……………………………………………… 37
　　2.1.3　函数的对称性与傅里叶系数的关系 …………………………………… 39
2.2　周期矩形脉冲信号的频谱 ……………………………………………………… 41
　　2.2.1　展开成三角形式的傅里叶级数 ………………………………………… 41
　　2.2.2　展开成复指数形式的傅里叶级数 ……………………………………… 42
　　2.2.3　频谱的特点 ………………………………………………………………… 43
　　2.2.4　傅里叶有限项级数 ………………………………………………………… 44
　　2.2.5　周期信号的功率分配 ……………………………………………………… 46
2.3　非周期信号的频谱分析——傅里叶变换 ……………………………………… 46
　　2.3.1　傅里叶变换的定义 ………………………………………………………… 46
　　2.3.2　典型非周期信号的傅里叶变换 …………………………………………… 51
2.4　傅里叶变换的基本性质 ………………………………………………………… 56
　　2.4.1　线性(linear property) …………………………………………………… 56
　　2.4.2　奇偶虚实性 ………………………………………………………………… 56
　　2.4.3　对偶(对称)性 ……………………………………………………………… 59
　　2.4.4　尺度变换特性 ……………………………………………………………… 61
　　2.4.5　时域平移性 ………………………………………………………………… 63
　　2.4.6　频域平移(频移)性 ………………………………………………………… 64
　　2.4.7　微分性 ……………………………………………………………………… 65
　　2.4.8　积分性(integral property) ……………………………………………… 67
2.5　卷积定理 ………………………………………………………………………… 69
　　2.5.1　时域卷积定理 ……………………………………………………………… 69
　　2.5.2　频域卷积定理 ……………………………………………………………… 70
2.6　周期信号的傅里叶变换 ………………………………………………………… 71
　　2.6.1　正、余弦信号的傅里叶变换 ……………………………………………… 71
　　2.6.2　一般周期信号的傅里叶变换 ……………………………………………… 72
2.7　抽样信号的傅里叶变换 ………………………………………………………… 75
　　2.7.1　抽样信号的频谱 …………………………………………………………… 76
　　2.7.2　抽样定理 …………………………………………………………………… 79
习题 …………………………………………………………………………………… 81

第 3 章　序列及其 Z 变换 ……………………………………………………………… 85

3.1　离散时间信号——序列 ………………………………………………………… 85
　　3.1.1　序列的定义 ………………………………………………………………… 85
　　3.1.2　常用序列介绍 ……………………………………………………………… 86
　　3.1.3　序列的运算 ………………………………………………………………… 89
3.2　序列的 Z 变换 …………………………………………………………………… 91
　　3.2.1　Z 变换的定义 ……………………………………………………………… 91

     3.2.2　Z变换的收敛域 …………………………………………………… 92
     3.2.3　Z变换的收敛域与零、极点关系 …………………………………… 96
     3.2.4　常用单边序列的Z变换 …………………………………………… 97
  3.3　Z变换的性质和定理 ……………………………………………………… 100
     3.3.1　线性性质 …………………………………………………………… 100
     3.3.2　位移性质 …………………………………………………………… 101
     3.3.3　z域微分性(序列线性加权) ………………………………………… 102
     3.3.4　z域尺度变换(序列指数加权) ……………………………………… 103
     3.3.5　时域卷积定理 ……………………………………………………… 104
     3.3.6　z域卷积定理(序列相乘) …………………………………………… 105
   * 3.3.7　帕塞瓦尔定理 ……………………………………………………… 106
  3.4　Z反变换 …………………………………………………………………… 107
     3.4.1　部分分式展开法(partial fraction expansion method) …………… 109
     3.4.2　长除法(幂级数法)(power series expansion method) …………… 111
     3.4.3　围线积分法(留数法)(contour integral method) ………………… 112
  3.5　Z变换与拉普拉斯变换 …………………………………………………… 113
     3.5.1　z平面与s平面的映射关系 ………………………………………… 113
     3.5.2　Z变换与拉普拉斯变换关系 ………………………………………… 114
  习题 ……………………………………………………………………………… 115

第4章　离散时间系统 ……………………………………………………………… 117
  4.1　线性时(移)不变离散系统及其数学模型 ………………………………… 117
     4.1.1　离散时间系统及分类 ……………………………………………… 117
     4.1.2　差分方程数学表示法 ……………………………………………… 118
  4.2　离散系统时域分析 ………………………………………………………… 119
     4.2.1　差分方程的递推解法 ……………………………………………… 119
     4.2.2　离散卷积法 ………………………………………………………… 120
  4.3　离散系统z域分析 ………………………………………………………… 124
     4.3.1　利用Z变换解差分方程 …………………………………………… 124
     4.3.2　离散系统的系统函数 ……………………………………………… 127
  4.4　离散系统的因果性、稳定性 ……………………………………………… 129
     4.4.1　因果系统与稳定系统 ……………………………………………… 129
     4.4.2　系统函数与系统的因果性、稳定性 ………………………………… 130
  4.5　离散系统的频率响应 ……………………………………………………… 131
     4.5.1　序列的傅里叶变换 ………………………………………………… 131
     4.5.2　频率响应特性 ……………………………………………………… 132
     4.5.3　频率特性的几何表示法 …………………………………………… 134
  习题 ……………………………………………………………………………… 137

第5章 离散傅里叶变换 ········· 140

5.1 离散傅里叶级数(DFS) ········· 140
5.2 离散傅里叶变换(DFT)的基本概念 ········· 143
5.2.1 主值序列 ········· 144
5.2.2 离散傅里叶变换(DFT)定义 ········· 145
5.3 离散傅里叶变换的性质 ········· 146
5.3.1 线性性质 ········· 146
5.3.2 位移性质 ········· 147
5.3.3 频移性质 ········· 148
5.3.4 时域圆周卷积(圆卷积) ········· 148
5.3.5 频域圆卷积 ········· 152
5.3.6 奇偶虚实性 ········· 152
*5.3.7 相关特性 ········· 154
5.4 离散傅里叶变换与 Z 变换的关系 ········· 155
5.4.1 $X(z)$ 的抽样 ········· 155
5.4.2 $X(z)$ 的恢复 ········· 155
5.4.3 以 $X(k)$ 表示的频率响应特性 ········· 156
5.5 快速傅里叶变换(FFT) ········· 157
5.5.1 减少 DFT 运算次数的途径 ········· 157
5.5.2 W 矩阵因子化 ········· 158
5.5.3 基 2 时间抽取 FFT 算法基本原理 ········· 160
*5.6 FFT 的应用 ········· 168
5.6.1 快速卷积(fast convolution) ········· 168
5.6.2 快速相关(功率谱计算) ········· 170
习题 ········· 171

第6章 滤波器原理与设计 ········· 175

6.1 模拟滤波器原理 ········· 175
6.1.1 模拟滤波器概述 ········· 175
6.1.2 信号不失真传输条件 ········· 177
6.1.3 滤波器的理想特性与实际特性 ········· 179
6.2 模拟滤波器设计 ········· 181
6.2.1 幅度平方函数 ········· 181
6.2.2 由幅度平方函数求系统函数 ········· 183
6.3 巴特沃思滤波器 ········· 184
6.3.1 巴特沃思滤波器的幅频特性 ········· 184
6.3.2 巴特沃思滤波器系统函数与极点分布关系 ········· 185

6.4 切比雪夫滤波器 ··· 189
  6.4.1 切比雪夫多项式 ·· 189
  6.4.2 切比雪夫滤波器的幅频特性 ···································· 190
  6.4.3 切比雪夫滤波器系统函数与极点分布 ·························· 191
6.5 模拟滤波器的频率变换 ··· 195
6.6 数字滤波器概述 ··· 198
  6.6.1 数字滤波器基本工作原理 ······································ 198
  6.6.2 数字滤波器分类 ·· 200
  6.6.3 数字滤波器特点及功能 ·· 202
6.7 IIR 数字滤波器设计 ·· 203
  6.7.1 冲激响应不变法 ·· 204
  6.7.2 双线性变换法 ·· 208
  6.7.3 IIR 数字滤波器结构 ·· 213
6.8 FIR 数字滤波器设计 ··· 218
  6.8.1 FIR 数字滤波器特点 ·· 218
  6.8.2 FIR 滤波器设计的窗函数法 ···································· 224
  6.8.3 FIR 数字滤波器结构 ·· 230
6.9 有限字长效应的影响 ··· 231
  6.9.1 A/D 转换的量化误差 ··· 232
  6.9.2 滤波系数量化的影响 ·· 233
  6.9.3 数字运算过程中有限字长效应的影响 ························· 237
6.10 数字滤波器的实现 ·· 239
  6.10.1 软件实现与硬件实现 ··· 240
  6.10.2 数字滤波器类型的选择 ······································ 245
习题 ·· 246

第 7 章 数字信号处理器（DSP）原理 ··································· 251

7.1 概述 ·· 251
7.2 TMS320F240 DSP 总体结构 ··· 254
  7.2.1 基本结构和主要特征 ·· 254
  7.2.2 DSP 的总线结构 ··· 256
  7.2.3 中央处理单元 ·· 258
  7.2.4 存储器 ··· 261
  7.2.5 程序控制 ··· 266
7.3 片内外设 ··· 266
  7.3.1 事件管理模块 ·· 266
  7.3.2 数模转换模块 ·· 267
  7.3.3 SCI 串行通信模块 ··· 267

第8章 数字信号处理技术的应用

7.3.4	SPI 串行外设接口模块	268
7.3.5	数字 I/O 端口	268
7.3.6	中断系统	268

7.4 指令系统 272
- 7.4.1 寻址方式 272
- 7.4.2 DSP 指令集 275

第8章 数字信号处理技术的应用 290

8.1 DSP 在电气工程中的应用 290
- 8.1.1 DSP 在电机控制方面的应用 290
- 8.1.2 DSP 在继电保护方面的应用 293
- 8.1.3 DSP 在变电站自动化方面的应用 296
- 8.1.4 DSP 在电气工程其他方面的应用 297

8.2 DSP 应用实例 301
- 8.2.1 DSP 在有源电力滤波器中的应用 301
- 8.2.2 信号调理、采样保持及模数转换 305
- 8.2.3 数字滤波器的设计 309
- 8.2.4 滤波前后的电流波形比较 311
- 8.2.5 三相高功率因数变流器[25~27] 312

第9章 MATLAB 在信号处理中的应用 317

9.1 MATLAB 使用初步及信号描述与变换 317
- 9.1.1 实验目的 317
- 9.1.2 实验原理 318
- 9.1.3 仿真实验参考程序 320
- 9.1.4 实验要求 322
- 9.1.5 实验准备 322
- 9.1.6 实验步骤 322
- 9.1.7 实验报告要求 322

9.2 连续时间信号卷积运算的 MATLAB 实现 322
- 9.2.1 实验目的 322
- 9.2.2 实验原理 323
- 9.2.3 实验参考程序 323
- 9.2.4 实验要求 325
- 9.2.5 实验准备 325
- 9.2.6 实验步骤 325
- 9.2.7 实验报告要求 326

9.3 离散系统的频率响应和输出响应 326

  9.3.1 实验目的 ………………………………………………………………… 326
  9.3.2 实验原理 ………………………………………………………………… 326
  9.3.3 实验参考程序 …………………………………………………………… 326
  9.3.4 实验要求 ………………………………………………………………… 328
  9.3.5 实验准备 ………………………………………………………………… 328
  9.3.6 实验步骤 ………………………………………………………………… 328
  9.3.7 实验报告要求 …………………………………………………………… 328
 9.4 用 FFT 实现信号谱分析 ………………………………………………………… 328
  9.4.1 实验目的 ………………………………………………………………… 328
  9.4.2 实验原理 ………………………………………………………………… 328
  9.4.3 实验举例 ………………………………………………………………… 330
  9.4.4 实验参考程序 …………………………………………………………… 330
  9.4.5 实验准备 ………………………………………………………………… 330
  9.4.6 实验步骤 ………………………………………………………………… 330
  9.4.7 实验报告要求 …………………………………………………………… 331
  9.4.8 思考题 …………………………………………………………………… 331
 9.5 循环卷积与线性卷积的实现 …………………………………………………… 331
  9.5.1 实验目的 ………………………………………………………………… 331
  9.5.2 实验原理 ………………………………………………………………… 331
  9.5.3 实验参考程序 …………………………………………………………… 332
  9.5.4 实验要求 ………………………………………………………………… 334
  9.5.5 实验准备 ………………………………………………………………… 334
  9.5.6 实验步骤 ………………………………………………………………… 334
  9.5.7 实验报告要求 …………………………………………………………… 334
 9.6 IIR 数字巴特沃思滤波器的设计 ……………………………………………… 334
  9.6.1 实验目的 ………………………………………………………………… 334
  9.6.2 实验原理 ………………………………………………………………… 334
  9.6.3 实验例题与实验参考程序 ……………………………………………… 335
  9.6.4 实验前准备及要求 ……………………………………………………… 337
  9.6.5 实验步骤 ………………………………………………………………… 337
  9.6.6 实验报告要求 …………………………………………………………… 337
  9.6.7 思考题 …………………………………………………………………… 338
  9.6.8 上机练习例题 …………………………………………………………… 338
 上机练习题 ……………………………………………………………………………… 340

附录 ……………………………………………………………………………………… 343
 A 卷积表 ………………………………………………………………………… 343
 B 常用周期信号的傅里叶级数表 ……………………………………………… 344

C 常用信号的傅里叶变换表 …………………………………………………… 347
D 几何级数的求值公式表 ……………………………………………………… 354
E 序列的 Z 变换表 ……………………………………………………………… 357
F TMS320F240 芯片管脚 ……………………………………………………… 359
G TMS320F240 芯片内部模块 ………………………………………………… 360

习题答案 …………………………………………………………………………… 361

参考文献 …………………………………………………………………………… 369

第1章 信号分析的基本概念

内容摘要

本章主要介绍信号处理理论中的一些基本概念,其中包括信号的描述方法及其分类;常用的典型信号及定义;信号的几种常用分解方法,主要是正交函数分解方法,给出完备正交函数集定义及其表示信号的方法;信号的基本运算,其中重点是卷积和相关运算的方法。

1.1 引言

在人类社会活动中,人们经常以语言、文字、图形及数据等方式传播和接收消息,消息(message)可以认为是通过一定手段所表达的感觉、思想和意见等。从维持生存及完成社会职能的角度来说,人类必须不停地进行各种消息的传递和交换。

为了有效地发送和利用消息,人们需要将消息转换为易于处理和传送的信号。信号(signal)是消息的载体,常常借助某种便于处理、交换和传输的物理量作为运载手段。例如,汽车的汽笛声和钟楼的报时声是声信号,交通信号灯、光纤通导的激光束等是光信号,电台发射的电磁波、卫星导航信号等属于电信号。目前,在各种信号中,电信号是最便于传输、控制与处理的。在实际应用中,许多非电信号(如温度、流量、压力、速度、转矩等)都可通过专用的传感器转换为电信号。因此,研究电信号具有重要意义。

早在19世纪,人们就开始尝试利用电磁波为载体以电信号方式传送消息。1837年莫尔斯(美)发明了电报,将字母和数字编码后变成电信号传送出去。1876年贝尔(德)发明了电话,直接将声音信号变成电信号沿导线传送。1865年麦克斯韦(英)总结了前人的成果后,提出了电磁波理论学说,并在1887年由赫兹(德)通过实验加以证实,为无线电科学奠定了理论基础。1895年波波夫(俄)、马可尼(意)同时实现了电信号的无线传送。这样,经过各国科学家的不懈努力,终于实现了利用电磁波传送信号的理想。

进入20世纪,传送电信号的通信方式得到迅速发展,无线广播、超短波通信、广播电视、雷达、无线电导航、卫星定位系统等相继出现,在国民经济、工农业生产、国防、医疗、科技开发等各个领域都有广泛的应用,并继续发展。可以预见,在人类进入21世纪后,通信技术将会有快速的发展,使人类的生活更加便捷。

无线电电子学、通信技术等的发展和应用,归根结底是要解决一个信号传输问题,也就是要建立一个输送信号的装置,即所谓信号传输系统。电报、电话、收音机、电视机、雷达导航等都是一种信号传输系统。那么在信号传输与交换理论及应用的发展中,就涉及"信号处理(signal processing)"这一课题。"信号处理"可以理解为对信号进行某种加工或变换，其目的是消除信号中混杂的噪声和干扰，将信号变换成容易分析与识别的形式，便于估计和选择它的特征参量。20 世纪 80 年代以来，由于计算机技术的发展与应用，大大促进了信号处理研究领域的发展。而信号处理的应用已遍及各个科技领域，例如在石油勘探、地震预报、医学领域中的心脑电图分析、语言识别、图像压缩、经济发展预测模型等领域都广泛采用了信号处理技术。鉴于信号处理在各个科学技术领域获得日益广泛的应用，其理论已成为许多专业的共同基础，对于电气工程及自动化、自动控制专业的学生来说，这也是他们必须掌握的专业理论基础之一。电信号处理的内容十分丰富，因课时和教材的篇幅限制，本书希望写成一本简明、易懂的教材，期望学生通过学习能掌握信号处理的基本理论、概念及方法，能初步应用这些原理去解决或分析一些专业中碰到的问题，并为后续专业课程的学习打下一定的基础。

1.2 信号的概念及分类

1.2.1 信号的概念

在实际应用中，除了使用消息和信号之外，也常用到信息（information）这一术语。信息论中对信息的定义是：信息是消息的一种度量，特指消息中有意义的内容。因此，更严格地说，信号是运载信息的载体，也是作为通信系统（communication system）中传输的主体。为有效获取和利用信息，必须对信号进行分析和处理。

通常信号用数学上的"函数（function）"或"序列（sequence）"来描述。比如 $f(t)=K\sin(\omega t), f(n)=a^n \varepsilon(n)$ 等，它们既可看成是一种数学上的函数或序列，也可看成是用数学方法描述的信号。因此本书常常把"信号"与连续时间的"函数 $f(t)$"或离散时间的"序列 $f(n)$"等同起来。例如在电信号中，其最常见的表现形式是随时间变化的电压或电流，可以表示为连续时间函数 $u(t)$、$i(t)$ 或离散时间序列 $u(n)$、$i(n)$。

现实世界中的信号有两种：一种是自然存在的物理信号，如语音、地震信号、生理信号、天文及气象中的各种信号等；另一种是人工产生的信号，如雷达信号、超声探测信号、空间卫星测控信号、无线导航信号等。不管是哪种形式的信号，它总是蕴含一定的信息。比如图像信号含有丰富的图像信息，包括物体形状、颜色、明暗等；又比如医生通过研究病人的心电图信号，可以了解到这个病人是否患有心脏病的信息。因此可以说信号是信息的表现形式，信息则是信号的具体内容。

1.2.2 信号的描述与分类

描述信号的基本方法是写出它的数学表达式，该表达式是一个或若干个自变量的函数或序列的形式。比如信号 $f(t)$，其中自变量 t 是时间，信号 $f(t)$ 为时间 t 的函数，是一维的。若将信号随自变量的变化关系绘出图像，这种称为信号的波形，与信号的数学表达式相比，波形的描述方式更具有一般性。有些信号，虽然无法用闭式数学形式描述，但却可以画出它的波形图。除了用数学表达式与波形这两种形式描述信号外，随着问题的深入，还需要用频谱分析、各种正交变换及其他方法来描述和研究信号。

对于信号,还可以从以下几个方面进行分类。

1. 确定性信号与随机信号（determinate & random signals）

若信号可以表示为一确定数学表达式,或信号的波形是惟一确定的,这种信号称为确定性信号。例如我们熟悉的正弦信号。但是实际传输的信号往往具有不可预知的不确定性,这种信号称为随机信号或不确定性信号。对确定性信号,可以惟一确定其信号的取值;对随机信号,其取值是不确定的。本书主要讨论确定性信号。

2. 周期信号与非周期信号（periodic & aperiodic signals）

若一个信号 $f(t)$ 满足函数表达式

$$f(t) = f(t+nT) \quad (n=0,\pm 1,\pm 2,\pm 3,\cdots) \tag{1-1}$$

则称为周期信号,其中满足上式的最小 T 值称为该信号的周期。显然周期信号的波形是以周期 T 重复变化的,且为无始无终的,如图 1-1 所示。周期信号属于确定性信号的一种。

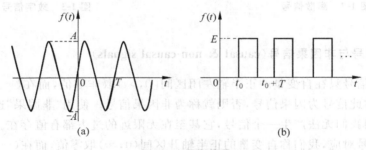

图 1-1　周期信号

如果一个信号不具有周而复始的特性,那么它就是非周期信号。非周期信号可以看成是周期信号在周期 T 趋于无穷大时的特例。

还有一类特殊的非周期信号,称为准周期信号（quasi-periodic signal）。这类信号只是在一定的时间范围内具有一定的周期性,两个周期内的波形仅仅是相似,而不是完全相同。

3. 连续时间信号与离散时间信号（continuous-time & discrete-time signals）

在自变量的整个连续区间内都有定义的信号是连续时间信号,简称连续信号。注意,这里"连续"指的是定义域,信号的值域可以连续,也可以不是连续的。如正弦周期信号就是连续信号,图 1-1(b)中的矩形脉冲串信号也是连续信号,在时间上是连续的,但在幅值上存在不连续的点(如 $t=t_0, t=t_0+T$ 等)。

在离散的时间点上才有定义的信号,称为离散时间信号,简称离散信号。同样,此处的"离散"指的是定义域,其值域可以是连续的,也可以不是连续的。对于离散信号,通常将自变量 t 简化为用整数 n 表示,函数符号写作 $f(n)$,仅当 n 为整数时 $f(n)$ 才有定义。离散时间信号也常称为序列。如图 1-2 即表示一个离散信号,其在 $n=-2,-1,0,1,2,$

3,4,…离散时刻分别给出函数值 3,-2,2.2,2.8,1.5,2.5,-1,…一般情况下,离散信号是由连续信号经过抽样得到的。

4. 模拟信号与数字信号(analog & digital signals)

模拟信号是定义域和值域均连续的信号,因此模拟信号肯定是时间连续信号。数字信号指定义域和值域均是离散的信号。因此数字信号肯定是时间离散信号。如图 1-3 中表示一个数字信号,各离散时刻的值只取"0"、"1"二者之一。

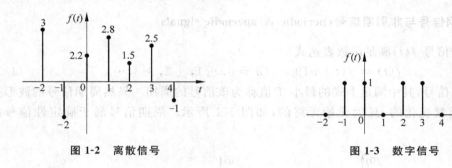

图 1-2　离散信号　　　　　　　　图 1-3　数字信号

5. 因果信号与非因果信号(causal & non-causal signals)

如果一个信号只在自变量的正半轴左闭区间 $[0,\infty)$ 取非零值,而在 $(-\infty,0)$ 开区间内取零值,则称此信号为因果信号,否则就称为非因果信号。使用"非因果"这一术语的目的,主要是表明我们无法产生一个信号,它甚至在无限远的过去都有值存在。

与因果信号对应,我们称自变量的正半轴开区间 $(0,\infty)$ 取零值,而在 $(-\infty,0]$ 右闭区间内取非零值的信号为反因果信号(anticausal signal)。显然,一个在 $(-\infty,\infty)$ 区间都存在非零值的信号可以表示为因果信号和反因果信号之和。

同理,对于离散信号,可以将因果信号、非因果信号和反因果信号改称为因果序列、非因果序列以及反因果序列等。

6. 能量信号与功率信号(energy-limits & power-limits signals)

对于连续信号 $f(t)$ 和离散信号 $f(n)$,分别定义它们的能量为

$$\mathscr{E}[f(t)] = \int_{-\infty}^{\infty} |f(t)|^2 \mathrm{d}t \qquad (1\text{-}2)$$

$$\mathscr{E}[f(n)] = \sum_{n=-\infty}^{\infty} |f(n)|^2 \qquad (1\text{-}3)$$

其中 $|\cdot|$ 表示取模运算。对于实数取模就等于实数的绝对值,而对于复数取模可以表示为它本身与其共轭的乘积的平方根,即

$$|A| = \sqrt{AA^*} \quad \text{或} \quad |A|^2 = AA^* \qquad (1\text{-}4)$$

如果一个信号其能量是有限的,即 $\mathscr{E}[\cdot] < \infty$,则称为能量有限信号,简称能量信号。对于能量无限信号,例如无始无终的周期信号,我们往往研究它的功率。定义信号的功

率为

$$\mathscr{P}[f(t)] = \lim_{T\to\infty} \frac{1}{T} \int_{-\frac{T}{2}}^{\frac{T}{2}} |f(t)|^2 \mathrm{d}t \tag{1-5}$$

$$\mathscr{P}[f(n)] = \lim_{N\to\infty} \frac{1}{2N+1} \sum_{n=-N}^{N} |f(n)|^2 \tag{1-6}$$

若信号的功率是有限的,即 $\mathscr{P}[\cdot] < \infty$,则称为功率有限信号,简称功率信号。

如果信号 $f(t)$ 是周期信号,且周期为 T,那么其功率为

$$\mathscr{P}[f(t)] = \frac{1}{T} \int_{-\frac{T}{2}}^{\frac{T}{2}} |f(t)|^2 \mathrm{d}t \tag{1-7}$$

同理,如果信号 $f(n)$ 为周期序列,且周期为 N,则其功率为

$$\mathscr{P}[f(n)] = \frac{1}{N} \sum_{n=m}^{m+N-1} |f(n)|^2 \quad (m\text{ 为整数}) \tag{1-8}$$

一般来说,周期信号、准周期信号及随机信号,由于其时间是无限的,所以它们不是能量信号,而是功率信号;在有限区间有定义的确定信号一般都是能量信号。

7. 一维信号与多维信号(one-dimensional & multi-dimensional signals)

从数学表达式来看,信号可以表示为一个或多个变量的函数。如语音信号可表示为声压随时间变化的函数,这是一维信号。而一张黑白图像每个点(像素)具有不同的光强度,任一点又是二维平面坐标中两个变量的函数,这是二维信号。同样,电磁波在三维空间传播时,如果不考虑时间变量,则可将其看作是三维信号,当考虑时间变量时又可看成四维信号。在本书以后的讨论中,一般情况下只研究一维信号,且自变量为时间。

以上是从不同的角度对信号进行的分类。事实上,如果从其他角度出发,还有其他的分类方法,在此不再赘述。

1.3 典型信号与奇异信号

在信号处理问题的研究中,经常会遇到一些典型的连续时间信号,如正弦信号、指数信号、抽样函数、冲激信号等。熟练掌握这些信号的表达式及性质对进一步研究十分有意义。

1.3.1 正弦、余弦信号(sine & cosine signals)

这是我们比较熟知的信号,它们的数学表达式为

$$f(t) = K\sin(\omega t + \theta) \tag{1-9}$$

$$f(t) = K\cos(\omega t + \theta) \tag{1-10}$$

式中,K 为振幅,ω 为角频率($\omega = 2\pi f$,f 为频率),θ 为初相位。正(余)弦函数的一个重要

性质是对它进行微、积分运算之后，仍为同频率余（正）弦函数。

1.3.2 指数信号（exponential signal）

指数信号的表达式为

$$f(t) = Ke^{at} \tag{1-11}$$

式中 a 为实数，它反映了信号衰减（$a<0$）或信号增加（$a>0$）的速率，当 $a=0$ 时为直流信号。其波形如图 1-4 所示。对于指数信号进行微、积分后仍为指数形式。

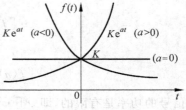

图 1-4 指数信号

1.3.3 复指数信号（complex-exponential signal）

复指数信号的函数表达式为

$$f(t) = Ke^{st} \tag{1-12}$$

式中 $s=\sigma+j\omega$ 为复数。借助于欧拉公式将式(1-12)展开为

$$f(t) = Ke^{(\sigma+j\omega)t} = Ke^{\sigma t}\cos\omega t + jKe^{\sigma t}\sin\omega t \tag{1-13}$$

我们可以在复指数信号与正、余弦信号之间建立联系。虽然复指数信号在现实世界中并不存在，但它在信号分析中将会发挥很重要的作用。

1.3.4 抽样信号（sampling signal）

抽样信号是指 $\sin t$ 与 t 之比构成的函数，其定义如下：

$$sa(t) = \frac{\sin t}{t} \tag{1-14}$$

信号波形如图 1-5 所示，从波形图上可以注意到，$sa(t)$ 具有如下性质：

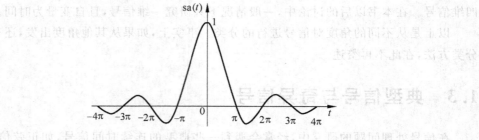

图 1-5 $sa(t)$ 信号波形

（1）$sa(t)$ 是一个偶函数，在 t 的正、负两个方向上其振幅逐渐衰减，当 $t=\pm\pi, \pm2\pi, \cdots, \pm n\pi$ 时，其值为零。

（2）当 $t=0$ 时，$sa(t)$ 函数的分子、分母均为零，则其值可以借助求极限中的洛必达法则求得

$$sa(0) = \lim_{t\to 0}\frac{\sin t}{t} = \left.\frac{\cos t}{1}\right|_{t=0} = 1$$

(3) sa(t)还有下列性质:

$$\int_{-\infty}^{\infty} \text{sa}(t)\text{d}t = \pi$$

$$\int_{0}^{\infty} \text{sa}(t)\text{d}t = \int_{-\infty}^{0} \text{sa}(t)\text{d}t = \frac{\pi}{2}$$

1.3.5 奇异信号(singularity signal)

在信号分析与处理中,除上述几种常用的典型信号外,还有一类基本信号,其本身具有简单的数学形式,属于连续信号,但其本身或其微分、积分有不连续点存在。由于这类信号的各阶导数不都是有限值,所以通常把这类信号称为奇异信号。下面就介绍几种常见的奇异信号。

1. 单位斜变信号(unit ramp signal)

斜变信号也称斜坡信号。它是指从某一时刻开始随时间按正比例增长的信号。如果增长的变化率为1,就称作单位斜变信号,其表达式为

$$R(t) = \begin{cases} 0 & t < 0 \\ t & t \geqslant 0 \end{cases} \tag{1-15}$$

波形如图1-6(a)所示。

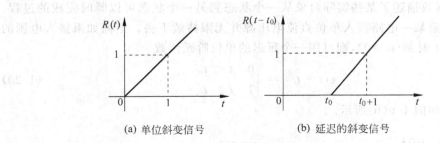

(a) 单位斜变信号　　　　(b) 延迟的斜变信号

图1-6 斜变信号波形

如果将起始点移至t_0,则表达式为

$$R(t-t_0) = \begin{cases} 0 & t < t_0 \\ t-t_0 & t \geqslant t_0 \end{cases} \tag{1-16}$$

波形如图1-6(b)所示,称为延迟的斜变信号。

单位斜变信号是理想信号,不可实现。在实际应用中常用到截平斜变信号,在时间τ以后的斜变波形被截平为常数值,如图1-7所示,其表达式为

$$R_\tau(t) = \begin{cases} \dfrac{K}{\tau}R(t) & t < \tau \\ K & t \geqslant \tau \end{cases} \tag{1-17}$$

如图1-8所示的三角脉冲信号也可用斜变信号表示,写作

$$R_\triangle(t) = \begin{cases} \dfrac{K}{\tau}R(t) & t < \tau \\ 0 & t \geq \tau \end{cases} \tag{1-18}$$

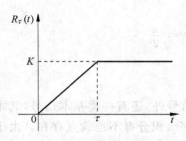

图 1-7 截平斜变信号

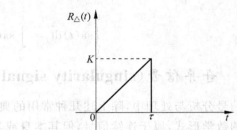

图 1-8 三角脉冲信号

2. 单位阶跃信号（unit step signal）

单位阶跃信号的表达式为

$$\varepsilon(t) = \begin{cases} 0 & t < 0 \\ 1 & t > 0 \end{cases} \tag{1-19}$$

其波形如图 1-9(a)所示。$\varepsilon(t)$ 函数在跳变点 $t=0$ 处未定义，有时也规定在 $t=0$ 处函数值 $\varepsilon(0)=1/2$。

单位阶跃函数描述了某些实际对象从一个状态到另一个状态可以瞬时完成的过程。例如在 $t=0$ 时刻某一电路接入单位直流电压源并无限持续下去。上面如果接入电源的时间延迟到 $t=t_0$ 时刻($t_0>0$)，则可用一个延迟的单位阶跃函数

$$\varepsilon(t-t_0) = \begin{cases} 0 & t < t_0 \\ 1 & t > t_0 \end{cases} \tag{1-20}$$

来表示，其波形如图 1-9(b)所示。

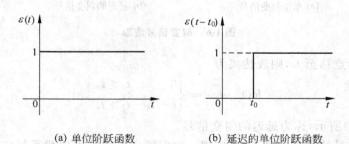

(a) 单位阶跃函数　　　　(b) 延迟的单位阶跃函数

图 1-9 阶跃函数

单位斜变信号与单位阶跃信号之间是微分与积分的关系。容易证明以下关系式：

$$R(t) = \int_{-\infty}^{t} \varepsilon(\lambda) d\lambda \tag{1-21}$$

$$\varepsilon(t) = \frac{dR(t)}{dt} \tag{1-22}$$

有了单位阶跃信号定义,就可以用其来描述因果信号。如 $f(t)$ 称为因果信号,当且仅当

$$f(t) = f(t)\varepsilon(t) \tag{1-23}$$

同理,利用阶跃及其延时信号之差也可表示矩形脉冲信号,其波形如图 1-10 所示。对于图 1-10(a)的信号,可表示为

$$G_T(t) = \varepsilon(t) - \varepsilon(t-T) \tag{1-24}$$

下标 T 表示矩形脉冲信号出现在 0 到 T 时刻之间。如果矩形脉冲对于纵坐标左右对称,且宽度为 τ,则以符号 $G_\tau(t)$ 表示,如图 1-10(b)所示,也称为门限函数(gate-limited function)。

$$G_\tau(t) = \varepsilon(t+\tau/2) - \varepsilon(t-\tau/2) \tag{1-25}$$

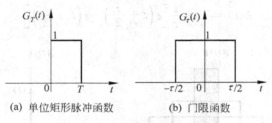

(a) 单位矩形脉冲函数　　(b) 门限函数

图 1-10　矩形脉冲信号

由上面例子可以看出阶跃信号具有鲜明的单边特性,通常又称为切除特性。利用这一特性可以方便地表示各种信号的接入特性。例如图 1-11 的波形可写作

$$f(t) = \cos(\omega t)\varepsilon(t)$$

利用单位阶跃信号还可以表示符号函数(signum function),如图 1-12 所示。该函数定义为

$$\text{sgn}(t) = \begin{cases} 1 & t > 0 \\ -1 & t < 0 \end{cases} \tag{1-26}$$

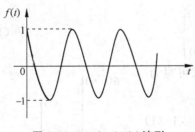
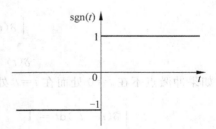

图 1-11　$\cos(\omega t)\varepsilon(t)$ 波形　　　　图 1-12　符号函数

与阶跃信号类似,对于符号函数在跳变点也可不予定义,或规定 $\text{sgn}(0)=0$。显然,也可以利用阶跃函数表示 $\text{sgn}(t)$。

$$\text{sgn}(t) = 2\varepsilon(t) - 1 \tag{1-27}$$

或

$$\text{sgn}(t) = \varepsilon(t) - \varepsilon(-t) \tag{1-28}$$

3. 单位冲激信号（unit impulse signal）

在自然界中常有这样一些物理现象，某个动作只发生在一个很短的瞬间，而在其他时刻没有任何动作。例如暴风雨天气中的雷鸣电闪的瞬间，力学里弹性碰撞的瞬间作用下的冲击力，通信系统中的抽样脉冲等，都可以用一个时间极短但取值极大的函数模型来描述。冲激函数的概念就是以这类实际问题为背景提出的。

冲激函数的演变可通过分析矩形脉冲的极限问题得到。图 1-13(a)表示一宽为 τ、高为 $\dfrac{1}{\tau}$ 的矩形脉冲，当保持矩形脉冲面积 $\tau \dfrac{1}{\tau} = 1$ 不变，而使脉宽 $\tau \to 0$ 时，脉冲幅度 $\dfrac{1}{\tau} \to \infty$，此极限情况即为单位冲激函数，常记作 $\delta(t)$，又称为 δ 函数。具体表达式为

$$\delta(t) = \lim_{\tau \to 0} \frac{1}{\tau}\left[\varepsilon\left(t+\frac{\tau}{2}\right) - \varepsilon\left(t-\frac{\tau}{2}\right)\right] \tag{1-29}$$

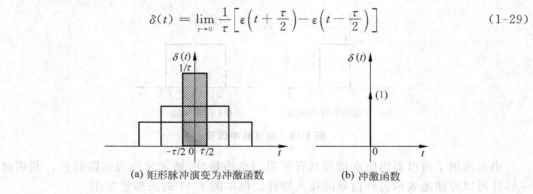

图 1-13 冲激函数形成原理

冲激函数用箭头表示，如图 1-13(b)所示。它表明：$\delta(t)$ 只在 $t=0$ 点有一冲激，在 $t=0$ 点之外，各处函数值均为零。

通过以上分析，可以给出单位冲激信号的更为严格的定义，亦称为狄拉克(Dirac)定义，即

$$\left.\begin{array}{l}\displaystyle\int_{-\infty}^{\infty}\delta(t)\mathrm{d}t = 1 \\ \delta(t) = 0 \quad t \neq 0\end{array}\right\} \tag{1-30}$$

如果冲激点不在 $t=0$ 处而在 $t=t_0$ 处，则定义式可写为

$$\left.\begin{array}{l}\displaystyle\int_{-\infty}^{\infty}\delta(t-t_0)\mathrm{d}t = 1 \\ \delta(t-t_0) = 0 \quad t \neq t_0\end{array}\right\} \tag{1-31}$$

其波形如图 1-14 所示，亦称为延迟的单位冲激信号。

以上对冲激函数的定义都没说明 $t=0$ 时的函数值为何，因此说 $\delta(t)$ 不是通常意义上的函数，也称为奇异函数。

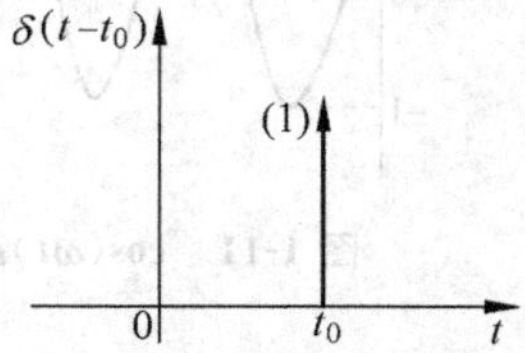

图 1-14 t_0 时刻出现的冲激

一般冲激函数在整个时间域的积分值用冲激强度(area of impulse)表示。比如对于单位冲激信号，其冲激强度为 1。

单位冲激函数与单位阶跃函数是最常用的奇异函数，它们之间存在下列关系：

(1) 冲激函数的积分等于阶跃函数

由定义式(1-30)可知

$$\int_{-\infty}^{t} \delta(\tau) d\tau = \begin{cases} 0 & t < 0 \\ 1 & t > 0 \end{cases}$$

将此式与 $\varepsilon(t)$ 的定义式比较，可得

$$\int_{-\infty}^{t} \delta(\tau) d\tau = \varepsilon(t) \tag{1-32}$$

(2) 阶跃函数的微分等于冲激函数

$$\frac{d\varepsilon(t)}{dt} = \delta(t) \tag{1-33}$$

此结论可作如下解释：阶跃函数在除 $t=0$ 以外的各点都取固定值，其变化率都等于零。而在 $t=0$ 有不连续点，此跳变的微分对应 $t=0$ 点的冲激。

冲激函数还具有如下一些性质：

(1) 抽样性质(筛选性质)(sampling property)

若 $f(t)$ 为连续函数，则冲激函数 $\delta(t)$ 应使下式成立：

$$\int_{-\infty}^{\infty} f(t)\delta(t) dt = \int_{-\infty}^{\infty} f(0)\delta(t) dt = f(0) \int_{-\infty}^{\infty} \delta(t) dt = f(0) \tag{1-34}$$

类似地，对于延迟 t_0 的单位冲激信号有

$$\int_{-\infty}^{\infty} f(t)\delta(t-t_0) dt = f(t_0) \tag{1-35}$$

以上两式均表明了冲激信号的抽样特性(或称筛选性)。连续时间信号 $f(t)$ 与单位冲激信号 $\delta(t)$ 相乘并在 $-\infty$ 到 $+\infty$ 时间内取积分，可以得到 $f(t)$ 在 $t=0$ 点(抽样时刻)的函数值 $f(0)$，即筛选出 $f(0)$。若将单位冲激移到 t_0 时刻，则抽样值取 $f(t_0)$。

(2) $\delta(t)$ 为偶函数(even function)

冲激函数还具有以下性质：

$$\delta(t) = \delta(-t) \tag{1-36}$$

即 $\delta(t)$ 函数是偶函数。可以证明如下：

$$\int_{-\infty}^{\infty} \delta(-t) f(t) dt = \int_{-\infty}^{\infty} \delta(\tau) f(-\tau) d(-\tau) = \int_{-\infty}^{\infty} \delta(\tau) f(0) d\tau = f(0)$$

上式用到变量替换 $\tau=-t$，与式(1-34)对照即可得出 $\delta(t)=\delta(-t)$ 结论。

(3) 时域压扩性(尺度变换)(scaling property)

$\delta(t)$ 的时域压扩性(或称尺度变换性)表达式为

$$\delta(at) = \frac{1}{|a|}\delta(t) \quad (a \neq 0 \text{ 为任意常数}) \tag{1-37}$$

证明：

$$\int_{-\infty}^{\infty} \delta(at)\,dt = \int_{-\infty}^{\infty} \delta(|a|t)\,dt = \frac{1}{|a|}\int_{-\infty}^{\infty} \delta(|a|t)\,d(|a|t)$$

$$= \frac{1}{|a|}\int_{-\infty}^{\infty} \delta(\tau)\,d\tau = \frac{1}{|a|}$$

当 $t \neq 0$ 时，$at \neq 0$，则 $\delta(at) = 0$，故由 $\delta(t)$ 的定义可知结论正确。

该性质表明：将 $\delta(t)$ 信号以原点为基准压缩到原来的 $\frac{1}{|a|}$ 倍（$|a|>1$）或扩展到原来的 $\frac{1}{|a|}$ 倍（$0<|a|<1$），等价于冲激信号的强度乘以 $\frac{1}{|a|}$。

4. 单位冲激偶信号（unit impulse doublet signal）

单位冲激偶信号是单位冲激函数的导数，表示为

$$\delta'(t) = \begin{cases} \dfrac{d\delta(t)}{dt} & t = 0 \\ 0 & t \neq 0 \end{cases} \tag{1-38}$$

冲激偶信号可由对矩形脉冲求导并取极限演变而来。如图 1-15 所示，矩形脉冲导数是一正一负两个强度为 $\frac{1}{\tau}$ 的冲激函数，当 $\tau \to 0$ 时，矩形脉冲趋于一单位冲激函数，而其导数则趋于单位冲激偶函数 $\delta'(t)$。

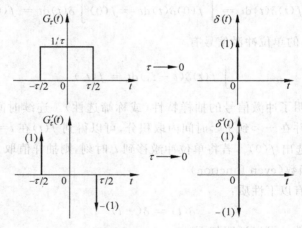

图 1-15 单位冲激偶信号

由上述分析可见，单位冲激偶信号是这样一种信号：当 $t \to 0^-$ 时，它是一强度无限大的正冲激信号；当 $t \to 0^+$ 时，它是一强度为无限大的负冲激信号。单位冲激偶信号还具有以下性质：

（1）单位冲激偶信号的积分等于单位冲激信号，即

$$\delta(t) = \int_{-\infty}^{t} \delta'(\tau)\,d\tau \tag{1-39}$$

(2) 单位冲激偶信号具有抽样性,即

$$\int_{-\infty}^{\infty} f(t)\delta'(t)\mathrm{d}t = -f'(0) \tag{1-40}$$

证明:

$$\int_{-\infty}^{\infty} f(t)\delta'(t)\mathrm{d}t = f(t)\delta(t)\Big|_{-\infty}^{\infty} - \int_{-\infty}^{\infty} f'(t)\delta(t)\mathrm{d}t = -f'(0)$$

(3) 单位冲激偶信号包含的面积为零,即正负冲激面积抵消

$$\int_{-\infty}^{\infty} \delta'(t)\mathrm{d}t = 0 \tag{1-41}$$

1.4 信号的分解

为了便于对信号进行分析和处理,往往将一些信号分解为比较简单(基本的)信号分量之和,然后对感兴趣的分量再进行分析和处理。下面介绍几种较简单的分解方法。

1.4.1 直流分量与交流分量(direct & alternating components)

任一信号 $f(t)$ 可惟一地分解为直流分量 $f_D(t)$ 与交流分量 $f_A(t)$ 之和,表示为

$$f(t) = f_D(t) + f_A(t) \tag{1-42}$$

式中

$$f_D = \lim_{T \to \infty} \frac{1}{T} \int_{-\frac{T}{2}}^{\frac{T}{2}} f(t)\mathrm{d}t \tag{1-43}$$

即为信号的平均值。

例 1.4.1 求单位阶跃信号的直流分量与交流分量。

解:由式(1-43)可求得

$$f_D = \lim_{T \to \infty} \frac{1}{T} \int_{-\frac{T}{2}}^{\frac{T}{2}} \varepsilon(t)\mathrm{d}t = \lim_{T \to \infty} \frac{1}{T} \int_{0}^{\frac{T}{2}} \mathrm{d}t = \frac{1}{2}$$

而

$$f_A(t) = f(t) - f_D(t) = \varepsilon(t) - \frac{1}{2} = \frac{1}{2}\mathrm{sgn}(t)$$

即单位阶跃信号 $\varepsilon(t)$ 的交流分量是符号函数的二分之一。

1.4.2 偶分量与奇分量(even & odd components)

任一信号 $f(t)$ 可惟一地分解为偶分量 $f_e(t)$ 和奇分量 $f_o(t)$ 之和,表示为

$$f(t) = f_e(t) + f_o(t) \tag{1-44}$$

式中

$$f_e(t) = f_e(-t) \tag{1-45}$$

且

$$f_e(t) = \frac{f(t) + f(-t)}{2} \tag{1-46}$$

$$f_o(t) = -f_o(-t) \tag{1-47}$$

且

$$f_o(t) = \frac{f(t) - f(-t)}{2} \tag{1-48}$$

特别指出：偶信号的偶分量为其自身，奇分量为零；奇信号的奇分量是其自身，偶分量为零。

例 1.4.2 画出图 1-16(a)中信号 $f(t)$ 的奇、偶分量的波形。

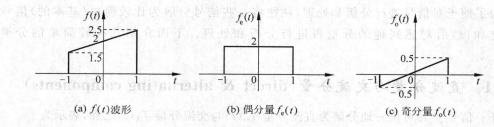

图 1-16 $f(t)$ 分解为偶、奇分量

解：由式(1-46)及式(1-48)，先分别求出 $f(t)$ 的一半 $f(t)/2$ 及 $f(-t)$ 的一半 $f(-t)/2$。图 1-16(b)，(c)是将两者相加及相减所得到偶分量和奇分量的波形。

（注：$f(-t)$ 为 $f(t)$ 的反褶波形，后面将会介绍）

1.4.3 实部分量与虚部分量（real & imaginary components）

任意一个复信号 $f(t)$ 含有惟一确定的实部分量 $f_r(t)$ 和惟一确定的虚部分量 $f_i(t)$，即

$$f(t) = f_r(t) + jf_i(t) \tag{1-49}$$

其共轭函数为

$$f^*(t) = f_r(t) - jf_i(t) \tag{1-50}$$

将上面两式相加、减可得到信号的实部分量和虚部分量表达式为

$$f_r(t) = \frac{f(t) + f^*(t)}{2} \tag{1-51}$$

$$f_i(t) = \frac{f(t) - f^*(t)}{2j} \tag{1-52}$$

特别指出：实信号的虚部分量为零，纯虚信号的实部分量为零。

由式(1-51)、式(1-52)可以证明：

$$|f(t)|^2 = f(t)f^*(t) = f_r^2(t) + f_i^2(t) \tag{1-53}$$

即一个信号的模的平方,等于该信号与其自身共轭的乘积,也等于实部分量与虚部分量的平方和。

1.4.4 脉冲分量(pulse component)

信号也可以近似地表示为一组矩形脉冲的和的形式,如图 1-17 所示。设 t_k 时刻分解的矩形脉冲高度为 $f(t_k)$,宽度为 Δt_k,则 t_k 处窄脉冲可表示为

$$f_{t_k}(t) = f(t_k)[\varepsilon(t-t_k) - \varepsilon(t-t_k-\Delta t_k)] \tag{1-54}$$

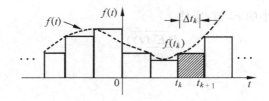

图 1-17 信号的脉冲分解

从 $t_k = -\infty$ 到 $t_k = +\infty$ 将许多这样的矩形脉冲单元叠加,即得 $f(t)$ 的近似表达式

$$\begin{aligned} f(t) &\approx \sum_{t_k=-\infty}^{\infty} f_{t_k}(t) = \sum_{t_k=-\infty}^{\infty} f(t_k)[\varepsilon(t-t_k) - \varepsilon(t-t_k-\Delta t_k)] \\ &= \sum_{t_k=-\infty}^{\infty} f(t_k)\left[\frac{\varepsilon(t-t_k) - \varepsilon(t-t_k-\Delta t_k)}{\Delta t_k}\right]\Delta t_k \end{aligned}$$

上式取 $\Delta t_k \to 0$ 的极限,可以得到

$$f(t) = \lim_{\Delta t_k \to 0} \sum_{t_k=-\infty}^{\infty} f(t_k)\delta(t-t_k)\Delta t_k = \int_{-\infty}^{\infty} f(t_k)\delta(t-t_k)\mathrm{d}t_k \tag{1-55}$$

将上式的积分变量 t_k 改为 τ,则式(1-55)改写为

$$f(t) = \int_{-\infty}^{\infty} f(\tau)\delta(t-\tau)\mathrm{d}\tau \tag{1-56}$$

上式也正是冲激函数的抽样特性,在后面的卷积分析中可知式(1-56)也是信号的卷积积分。

1.4.5 正交函数分量(orthogonal function component)

如果信号 $f(t)$ 可以用一组相互正交的函数的线性组合来表示,则称这组正交函数与相应的常系数的乘积为信号 $f(t)$ 的正交分量。

将信号分解为正交函数分量的方法在信号处理中占有重要地位,在第 2 章介绍的傅里叶级数和傅里叶变换中将应用到这一理论。下面简要介绍正交函数分量的一些概念。

1. 正交函数(orthogonal function)

设在时间区间 (t_1, t_2) 内,用函数 $f_1(t)$ 在另一函数 $f_2(t)$ 中的分量 $c_{12}f_2(t)$ 来近似表

示 $f_1(t)$，即

$$f_1(t) \approx c_{12}f_2(t) \quad (t_1 < t < t_2) \tag{1-57}$$

则有误差函数 $f_e(t)$，且

$$f_e(t) = f_1(t) - c_{12}f_2(t) \tag{1-58}$$

其中系数 c_{12} 的选择应使 $f_1(t)$ 和 $c_{12}f_2(t)$ 达到最佳近似。故采用"使均方误差为最小"作为最佳的标准。均方误差（mean square error, MSE）为

$$\overline{E^2(t)} = \frac{1}{t_2 - t_1}\int_{t_1}^{t_2}[f_1(t) - c_{12}f_2(t)]^2 dt \tag{1-59}$$

为求得使 $\overline{E^2(t)}$ 达到最小的 c_{12} 值，应使

$$\frac{d(\overline{E^2(t)})}{dc_{12}} = 0 \tag{1-60}$$

即

$$\frac{d\left\{\dfrac{1}{t_2-t_1}\int_{t_1}^{t_2}[f_1(t)-c_{12}f_2(t)]^2dt\right\}}{dc_{12}} = 0$$

$$\frac{1}{t_2-t_1}\left[\int_{t_1}^{t_2}\frac{d}{dc_{12}}f_1^2(t)dt - 2\int_{t_1}^{t_2}f_1(t)f_2(t)dt + 2c_{12}\int_{t_1}^{t_2}f_2^2(t)dt\right] = 0$$

上式中第一项与 c_{12} 无关，其导数为零，故有

$$c_{12} = \frac{\int_{t_1}^{t_2}f_1(t)f_2(t)dt}{\int_{t_1}^{t_2}f_2^2(t)dt} \tag{1-61}$$

该式表明，函数 $f_1(t)$ 中若含有 $f_2(t)$ 的分量，则此分量的系数为 c_{12}。如果 $c_{12}=0$，则表示 $f_1(t)$ 中不含 $f_2(t)$ 的分量，称此时 $f_1(t)$ 与 $f_2(t)$ 在区间 (t_1,t_2) 内正交。由式(1-61)可得两个函数在区间 (t_1,t_2) 内正交的条件是

$$\int_{t_1}^{t_2}f_1(t)f_2(t)dt = 0 \tag{1-62}$$

如果 $c_{12}=1$，即 $f_1(t) = f_2(t)$，则分量 $c_{12}f_1(t)$ 就是函数 $f_1(t)$ 本身。所以 c_{12} 称为两函数 $f_1(t)$ 和 $f_2(t)$ 的相关系数。下面举例说明正交函数的概念。

例 1.4.3 设矩形波函数 $f(t)$ 如图 1-18 所示，试用正弦波 $\sin t$ 在区间 $(0,2\pi)$ 内近似表示此函数，并使均方误差最小。

解：矩形波函数表达式为

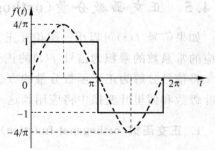

图 1-18　例 1.4.3 图示

$$f(t) = \begin{cases} 1 & 0 < t < \pi \\ -1 & \pi < t < 2\pi \end{cases}$$

设在区间$(0, 2\pi)$内，$f(t)$的近似表示为

$$f(t) \approx c_{12} \sin t$$

根据式(1-61)可求得系数c_{12}，即

$$c_{12} = \frac{\int_{t_1}^{t_2} f(t) \sin t \, dt}{\int_{t_1}^{t_2} \sin^2 t \, dt} = \frac{1}{\pi} \left[\int_0^{\pi} \sin t \, dt + \int_{\pi}^{2\pi} (-1) \sin t \, dt \right] = \frac{4}{\pi}$$

所以

$$f(t) = \frac{4}{\pi} \sin t$$

故使均方误差幅度为最小的c_{12}值为$4/\pi$。

例 1.4.4 试问能否用正弦函数$\sin t$在区间$(0, 2\pi)$内近似表示余弦函数$\cos t$？

解：根据式(1-61)，有

$$c_{12} = \frac{\int_{t_1}^{t_2} \cos t \sin t \, dt}{\int_{t_1}^{t_2} \sin^2 t \, dt} = 0$$

说明余弦信号$\cos t$不具有正弦信号$\sin t$的分量，即表示正弦函数与余弦函数相互正交。这表明在区间$(0, 2\pi)$内不能用$\sin t$近似表示$\cos t$。

2. 正交函数集(set of orthogonal function)

设$g_1(t), g_2(t), \cdots, g_n(t)$，$n$个函数构成一个函数集，这些函数在区间$(t_1, t_2)$内满足下列正交条件

$$\left. \begin{array}{l} \int_{t_1}^{t_2} g_i(t) g_j(t) \, dt = 0 \quad (i \neq j) \\ \int_{t_1}^{t_2} g_i^2(t) \, dt = K_i \end{array} \right\} \tag{1-63}$$

则称此函数集为正交函数集。上式中当$K_i = 1$时，称为归一化正交函数集(set of normalized orthogonal function)或规格化正交函数集。

令任一函数$f(t)$在区间(t_1, t_2)内可由这几个互相正交的函数线性组合来近似，表示为

$$f(t) \approx c_1 g_1(t) + c_2 g_2(t) + \cdots + c_n g_n(t) = \sum_{r=1}^{n} c_r g_r(t) \tag{1-64}$$

显然，为满足最佳近似的要求，可利用均方误差$\overline{E^2(t)}$最小的条件求系数$c_1,c_2,c_3,\cdots,c_n$。均方误差表示式为

$$\overline{E^2(t)} = \frac{1}{t_2-t_1}\int_{t_1}^{t_2}\left[f_1(t) - \sum_{r=1}^{n}c_r g_r(t)\right]^2 dt \tag{1-65}$$

对于第i个系数c_i，使$\overline{E^2(t)}$最小应满足

$$\frac{d\overline{E^2(t)}}{dc_i} = 0 \tag{1-66}$$

将式(1-65)代入上式，可得到(推导从略)

$$c_i = \frac{\int_{t_1}^{t_2}f(t)g_i(t)dt}{\int_{t_1}^{t_2}g_i^2(t)dt} = \frac{1}{K_i}\int_{t_1}^{t_2}f(t)g_i(t)dt \tag{1-67}$$

3. 完备正交函数集(complete set of orthogonal function)

在区间(t_1,t_2)内，用正交函数集$g_1(t),g_2(t),\cdots,g_n(t)$近似表示函数$f(t)$，有

$$f(t) \approx \sum_{r=1}^{n}c_r g_r(t)$$

其均方误差为

$$\overline{E^2(t)} = \frac{1}{t_2-t_1}\int_{t_1}^{t_2}\left[f_1(t) - \sum_{r=1}^{n}c_r g_r(t)\right]^2 dt$$

当$n\to\infty$时，$\overline{E^2(t)}\to 0$，即

$$\lim_{n\to\infty}\overline{E^2(t)} = 0 \tag{1-68}$$

则称此函数集为完备正交函数集。所谓完备，是指对任意函数$f(t)$都可以用一无穷级数表示，即

$$f(t) = \sum_{r=1}^{\infty}c_r g_r(t) \tag{1-69}$$

此级数收敛于$f(t)$。注意上式为等式，而不是近似式。下面介绍几种常用的完备正交函数集。

(1) 三角函数集(set of trigonomitric function)

函数$1,\cos\omega_1 t,\cos2\omega_1 t,\cdots,\cos n\omega_1 t,\cdots,\sin\omega_1 t,\sin2\omega_1 t,\cdots,\sin n\omega_1 t,\cdots$当所取函数有无限多个时，在区间$(t_0,t_0+T_1)$内组成完备正交函数集，其中$T_1=2\pi/\omega_1$。任何周期为$T_1$的周期函数$f(t)$，可以由这些三角函数的线性组合来表示，称为$f(t)$的傅里叶级数展开，表示为

$$f(t) = \frac{a_0}{2} + \sum_{n=1}^{\infty}(a_n\cos n\omega_1 t + b_n\sin n\omega_1 t) \quad (t_0 < t < t_0+T_1)$$

其中系数a_n,b_n可利用式(1-67)求得。

(2) 复指数函数集(set of complex exponential function)

函数集 $e^{jn\omega_1 t}(n=0,\pm 1,\pm 2,\cdots)$ 是一个复变函数集,在区间 (t_0,t_0+T_1) 内也是完备正交函数集。任意函数 $f(t)$ 可以展开为指数形式的傅里叶级数,即

$$f(t) = \sum_{n=-\infty}^{\infty} c_n e^{jn\omega_1 t}$$

以上两种完备的正交函数集,在第 2 章中还会介绍。

除此之外,还研究出了多种完备的正交函数集,都可用来对任意函数 $f(t)$ 进行正交分解,其中常见的有勒让德(Legendre)函数集、切比雪夫(Chebyshev)函数集、沃尔什(Walsh)函数集等。

1.5 信号的基本运算

以下介绍的信号基本运算是信号处理的基础,应加以重视。

1.5.1 信号的叠加与相乘(additivity and multiplication of signal)

两信号叠加后形成一个新的信号,其任意时刻的数值等于两个信号在该时刻的数值之和,即

$$f(t) = f_1(t) + f_2(t) \tag{1-70}$$

两信号的乘积亦形成一个新的信号,其任意时刻的数值等于两信号在该时刻数值的乘积,即

$$f(t) = f_1(t) f_2(t) \tag{1-71}$$

实际信号处理中的硬件系统中常用的加法器和乘法器就是完成叠加和相乘的信号变换器。

1.5.2 信号的反褶(reversal of signal)

信号 $f(t)$ 经时域反褶运算后变成 $f(-t)$,它是将原信号 $f(t)$ 的波形按纵轴对称地翻转过来,实际是一种时间上的翻转,如图 1-19 中所示。引入反褶的概念,主要是为了数学上分析的方便。但这种时间上翻转的功能在实际的信号处理硬件系统中是不能完成的。

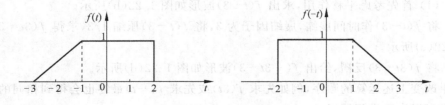

图 1-19 信号的反褶

显然,如果一个信号是偶函数,那么其反褶就是其本身,而一个信号经两次反褶后也是其本身。

1.5.3 信号的时间平移(time-shifting of signal)

信号 $f(t)$ 的时间平移 $f(t-t_0)$ 是将信号 $f(t)$ 的波形沿时间轴平移 t_0 个单位。当 $t_0>0$ 时,表示右移,相当于时间滞后;当 $t_0<0$ 时,表示左移,相当于时间超前。图 1-20 表示 $t_0=\pm 1$ 的情况。在实际系统中可以用延迟器和预测器实现信号的平移。

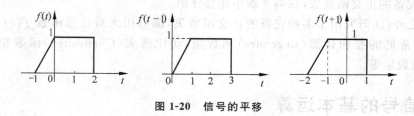

图 1-20 信号的平移

1.5.4 信号的时间展缩(尺度变换)(scaling of signal)

信号的时间展缩(或称尺度变换)用 $f(at)$ 表示。通常,时间坐标的展缩可以用变量 at 替代原信号的自变量 t 来实现,$f(at)$ 将以原点为基准,沿横坐标把 $f(t)$ 展缩到原来的 $1/a$ 倍。当 $a>1$ 时,$f(at)$ 把 $f(t)$ 压缩到原来的 $1/a$ 倍;当 $0<a<1$ 时,$f(at)$ 把 $f(t)$ 扩展到原来的 $1/a$ 倍;当 $a<0$ 时,则先对 $f(t)$ 进行反褶 $f(-t)$,然后再由 $|a|>1$ 或 $|a|<1$ 决定 $f(at)$ 的展缩。因此将非零常数 a 称为尺度变换因子或展缩因子,将 $f(at)$ 称为按展缩因子 a 对 $f(t)$ 进行时间展缩。图 1-21 表示了 $a=2$ 和 $a=1/2$ 的情况。在实际系统中可以使用展宽器和压缩器实现这种功能。

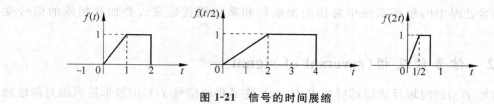

图 1-21 信号的时间展缩

以上介绍的几种信号变换可以结合到一起同时出现。下面举例说明。

例 1.5.1 已知信号 $f(t)$ 的波形如图 1-22(a)所示,试画出 $f(-3t-3)$ 的波形。

解:(1) 首先考虑平移作用,求出 $f(t-3)$ 波形如图 1-22(b)所示。

(2) 将 $f(t-3)$ 作时间展缩,展缩因子为 3,将 $f(t-3)$ 压缩 $1/3$,求得 $f(3t-3)$ 波形如图 1-22(c)所示。

(3) 将 $f(3t-3)$ 反褶,给出 $f(-3t-3)$ 波形如图 1-22(d)所示。

如果改变上述运算的顺序,例如先求 $f(3t)$ 或先求 $f(-t)$ 最终也会得到相同的结果。在学习中可以自己进行练习。

例 1.5.2 已知 $f(t)$ 的波形如图 1-23(a)所示,试画出 $f(1-2t)$ 的波形。

解:(1) 将 $f(t)$ 沿 t 轴左移一个时间单位得 $f(t+1)$,如图 1-23(b)所示。

(2) 将 $f(t+1)$ 的波形以坐标原点为中心,将 $f(t+1)$ 压缩 $1/2$,得 $f(2t+1)$ 波形,如

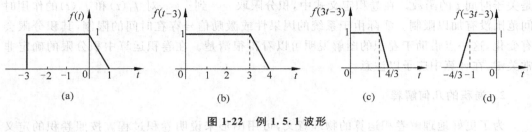

图 1-22 例 1.5.1 波形

图 1-23(c)所示。

(3) 再将 $f(2t+1)$ 的波形反褶沿纵轴翻转，最后就得到 $f(1-2t)$，如图 1-23(d) 所示。

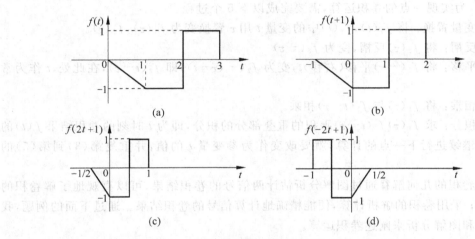

图 1-23 例 1.5.2 波形

1.5.5 卷积运算(convolution computation)

卷积是时域中信号处理与线性系统分析方法之一，它可以用于求线性系统对任意激励信号的零状态响应。卷积的物理概念及运算在信号处理理论中占有重要地位，计算机技术的飞速发展带动了信号与系统理论的深入研究，使卷积的方法得到广泛的应用。在现代地震预报、超声诊断、图像处理、辨识及其他诸多信号处理领域中卷积及其反卷积无处不在，其概念已从时域拓展到频域，从连续域扩展到离散域，而且仍有许多有待深入开发研究的课题。本小节首先介绍卷积的运算方法，然后阐述卷积的性质及其应用。

1. 卷积的定义

函数 $f_1(t)$ 与 $f_2(t)$ 的卷积积分(convolution integral)，简称卷积，定义为

$$f(t) = \int_{-\infty}^{\infty} f_1(\tau) f_2(t-\tau) d\tau \tag{1-72}$$

简记为 $f_1(t) * f_2(t)$ 或 $f_2(t) * f_1(t)$。显然，两个关于时间 t 的函数经过卷积运算后仍然

是关于时间 t 的函数。在卷积定义式中,积分限取 $-\infty$ 到 $+\infty$,对 $f_1(t)$ 和 $f_2(t)$ 的作用时间范围没有加以限制。实际由于系统的因果性或激励信号存在时间的限制,其积分限会有变化,这一点借助于卷积的图解说明可以看得很清楚。在卷积运算中积分限的确定非常关键,在计算中应予以注意。

2. 卷积的几何解释

为了更好地理解卷积运算的物理意义,可用图形来说明卷积过程。按照卷积的定义式,若函数 $f_1(t)$ 与 $f_2(t)$ 卷积积分表示为

$$f(t) = f_1(t) * f_2(t) = \int_{-\infty}^{\infty} f_1(\tau) f_2(t-\tau) d\tau \tag{1-73}$$

则可看到,为实现一点的卷积运算,需要完成以下 5 个过程:

(1) 变量置换:将 $f_1(t), f_2(t)$ 中的变量 t 用 τ 置换变为 $f_1(\tau), f_2(\tau)$。
(2) 反褶:将 $f_2(\tau)$ 反褶,变为 $f_2(-\tau)$。
(3) 平移:将 $f_2(-\tau)$ 平移(右移)t,变为 $f_2(-(\tau-t))$ 即 $f_2(t-\tau)$,在此处,t 作为常量存在。
(4) 相乘:将 $f_1(\tau)$ 与 $f_2(t-\tau)$ 相乘。
(5) 积分:求 $f_1(\tau) f_2(t-\tau)$ 乘积的重叠部分的积分,即为 t 时刻的卷积结果 $f(t)$ 的值。如果继续进行下一点的计算,就要改变作为参变量 t 的值,并重复第(3)到第(5)的步骤。

利用卷积的几何解释通过图解分析估计两信号的卷积结果,可以直观地了解卷积的物理现象;采用卷积的解析计算,便能精确地计算信号的卷积结果。通过下面的例题,我们用解析和图解分析来阐述卷积运算。

例 1.5.3 已知两信号波形如图 1-24(a)所示,试求这两个信号的卷积结果及绘出卷积波形。

解:如图 1-24(b)所示首先对 $f_1(t), f_2(t)$ 进行变量替换,令 $t=\tau$,得 $f_1(\tau), f_2(\tau)$。再将 $f_2(\tau)$ 反褶为 $f_2(-\tau)$ 后做位移,位移量为 t,t 是一个参变量。在 τ 为横坐标的坐标系中,$t>0$,$f_2(t-\tau)$ 右移,$t<0$,$f_2(t-\tau)$ 左移,如图 1-24(c)所示。然后将两信号相乘后的重叠部分 $f_1(\tau) f_2(t-\tau)$ 再积分,相当于重叠部分的面积积分。按上述 5 个步骤完成的卷积计算结果及波形如下:

(1) $-\infty < t \leqslant -0.5$:如图 1-24(d)所示,且

$$f_1(t) * f_2(t) = 0$$

(2) $-0.5 \leqslant t \leqslant 1$:如图 1-24(e)所示,且

$$f_1(t) * f_2(t) = \int_{-\frac{1}{2}}^{t} 1 \times \frac{1}{2}(t-\tau) d\tau = \frac{t^2}{4} + \frac{t}{4} + \frac{1}{16}$$

(3) $1 \leqslant t \leqslant 1.5$:如图 1-24(f)所示,且

$$f_1(t) * f_2(t) = \int_{-\frac{1}{2}}^{1} 1 \times \frac{1}{2}(t-\tau) d\tau = \frac{3}{4}t - \frac{3}{16}$$

第 1 章 信号分析的基本概念

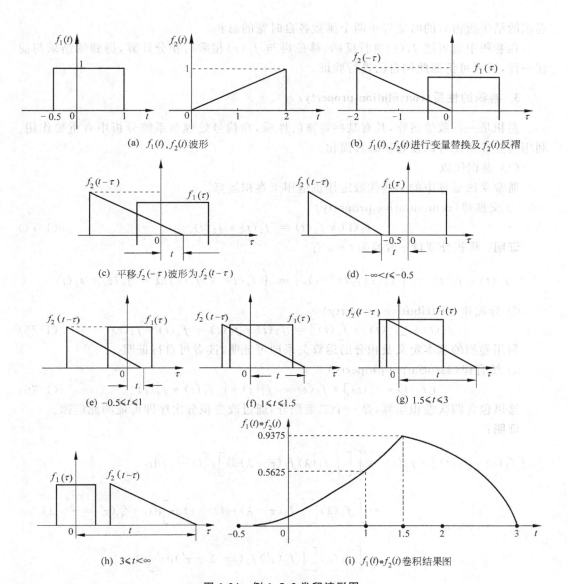

图 1-24 例 1.5.3 卷积波形图

(4) $1.5 \leqslant t \leqslant 3$：如图 1-24(g)所示，且

$$f_1(t) * f_2(t) = \int_{t-2}^{1} 1 \times \frac{1}{2}(t-\tau) d\tau = -\frac{t^2}{4} + \frac{t}{2} + \frac{3}{4}$$

(5) $3 \leqslant t < \infty$：如图 1-24(h)所示，且

$$f_1(t) * f_2(t) = 0$$

以上各图中重叠部分的积分值，即为相乘积分的结果，最后以 t 为横坐标，将与 t 对应的积分值描成曲线，就是卷积积分 $f_1(t) * f_2(t)$ 的函数波形曲线，如图 1-24(i)所示。

从以上图解分析中可以看出，卷积中积分限的确定取决于两个图形重叠部分的范围。

卷积的结果所占有的时宽等于两个函数各自时宽的总和。

在卷积中也可把 $f_1(\tau)$ 进行反褶、移位再与 $f_2(\tau)$ 相乘后积分计算,得到的结果与前述一样,读者可仿照此例自己进行验证。

3. 卷积的性质(convolution property)

卷积是一种数学运算,具有某些特殊的性质,在信号处理与系统分析中有重要作用。利用这些性质还可以使卷积运算简化。

(1) 卷积代数

通常乘法运算中的某些代数定律也适用于卷积运算。

① 交换律(commutative property)

$$f_1(t) * f_2(t) = f_2(t) * f_1(t) \tag{1-74}$$

证明:将积分变量 τ 改换为 $t-\lambda$ 有

$$f_1(t) * f_2(t) = \int_{-\infty}^{\infty} f_1(\tau) f_2(t-\tau) d\tau = \int_{-\infty}^{\infty} f_1(t-\lambda) f_2(\lambda) d\lambda = f_2(t) * f_1(t)$$

② 分配律(distributive property)

$$f_1(t) * [f_2(t) + f_3(t)] = f_1(t) * f_2(t) + f_1(t) * f_3(t) \tag{1-75}$$

利用卷积的基本定义及积分的运算关系即可证明,读者可自行证明。

③ 结合律(associative property)

$$[f_1(t) * f_2(t)] * f_3(t) = f_1(t) * [f_2(t) * f_3(t)] \tag{1-76}$$

这里包含两次卷积运算,是一个二重积分,通过改变积分次序即可证明此定律。

证明:

$$[f_1(t) * f_2(t)] * f_3(t) = \int_{-\infty}^{\infty} \left[\int_{-\infty}^{\infty} f_1(\lambda) f_2(\tau-\lambda) d\lambda \right] f_3(t-\tau) d\tau$$

$$= \int_{-\infty}^{\infty} f_1(\lambda) \left[\int_{-\infty}^{\infty} f_2(\tau-\lambda) f_3(t-\tau) d\tau \right] d\lambda \quad 令(\tau' = \tau - \lambda)$$

$$= \int_{-\infty}^{\infty} f_1(\lambda) \left[\int_{-\infty}^{\infty} f_2(\tau') f_3(t-\lambda-\tau') d\tau' \right] d\lambda$$

$$= f_1(t) * [f_2(t) * f_3(t)]$$

(2) 卷积的微分与积分(differentiation & integral of convolution)

上述卷积代数定律与乘法运算性质类似,但是卷积的微分或积分却与两函数相乘的微分或积分性质不同。

① 两个函数卷积后的导数等于其中一个函数的导数与另一函数之卷积,其表示式为

$$\frac{d}{dt}[f_1(t) * f_2(t)] = f_1(t) * \frac{df_2(t)}{dt} = \frac{df_1(t)}{dt} * f_2(t) \tag{1-77}$$

证明:

$$\frac{d}{dt}[f_1(t) * f_2(t)] = \frac{d}{dt} \int_{-\infty}^{\infty} f_1(\tau) f_2(t-\tau) d\tau = \int_{-\infty}^{\infty} f_1(\tau) \frac{df_2(t-\tau)}{dt} d\tau$$

$$= f_1(t) * \frac{\mathrm{d}f_2(t)}{\mathrm{d}t}$$

同理可证

$$\frac{\mathrm{d}}{\mathrm{d}t}[f_1(t) * f_2(t)] = f_2(t) * \frac{\mathrm{d}f_1(t)}{\mathrm{d}t}$$

② 两函数卷积后的积分等于其中一函数的积分与另一函数之卷积,其表达式为

$$\int_{-\infty}^{t}[f_1(\lambda) * f_2(\lambda)]\mathrm{d}\lambda = f_1(t) * \int_{-\infty}^{t}f_2(\lambda)\mathrm{d}\lambda = f_2(t) * \int_{-\infty}^{t}f_1(\lambda)\mathrm{d}\lambda \qquad (1\text{-}78)$$

证明方法同上,读者可自行证明。

由式(1-77)和式(1-78)不难得出

$$\frac{\mathrm{d}f_1(t)}{\mathrm{d}(t)} * \int_{-\infty}^{t}f_2(\lambda)\mathrm{d}\lambda = f_1(t) * f_2(t) \qquad (1\text{-}79)$$

利用类似的推演还可导出卷积的高阶微分或多重积分的运算规律,此处不再详述,有兴趣的读者可查阅有关参考书。

(3) 与冲激函数或阶跃函数的卷积

① 函数 $f(t)$ 与单位冲激函数 $\delta(t)$ 卷积,其结果仍然是函数 $f(t)$ 本身,即

$$f(t) * \delta(t) = f(t) \qquad (1\text{-}80)$$

证明:根据卷积定义及 $\delta(t)$ 的抽样性质有

$$f(t) * \delta(t) = \int_{-\infty}^{\infty}f(\tau)\delta(t-\tau)\mathrm{d}\tau = \int_{-\infty}^{\infty}f(t-\tau)\delta(\tau)\mathrm{d}\tau = f(t)$$

对于上式的结论我们并不陌生,在 1.4.4 小节将信号分解为脉冲分量中,曾导出与此类似的式(1-56)。

类似地有

$$f(t) * \delta(t-t_0) = f(t-t_0) \qquad (1\text{-}81)$$

此式表明,函数与 $\delta(t-t_0)$ 的卷积结果,相当于把函数本身延迟 t_0。

② 函数 $f(t)$ 与冲激偶函数 $\delta'(t)$ 的卷积,结果为函数 $f(t)$ 的微分,即

$$f(t) * \delta'(t) = f'(t) \qquad (1\text{-}82)$$

此式可利用卷积的微分性质直接证明。

③ 函数与单位阶跃函数 $\varepsilon(t)$ 的卷积

$$f(t) * \varepsilon(t) = \int_{-\infty}^{t}f(\lambda)\mathrm{d}\lambda \qquad (1\text{-}83)$$

此式可利用阶跃函数与冲激函数关系及卷积的积分性质证明。

为了便于应用,把一些常用的函数卷积积分的结果编成卷积表在附录 A 中,以备查用。利用卷积性质可以用来简化卷积运算,下面举一例加以说明。

例 1.5.4 将例 1.5.3 中两函数的卷积运算,利用式(1-79)性质重新计算。

解:由式(1-79)得

$$f(t) = f_1(t) * f_2(t) = \frac{\mathrm{d}f_1(t)}{\mathrm{d}t} * \int_{-\infty}^{t}f_2(\lambda)\mathrm{d}\lambda$$

其中
$$\frac{\mathrm{d}}{\mathrm{d}t}f_1(t) = \delta\left(t+\frac{1}{2}\right) - \delta(t-1)$$

$$\int_{-\infty}^{t} f_2(\lambda)\mathrm{d}\lambda = \int_{-\infty}^{t} \frac{\lambda}{2}[\varepsilon(\lambda) - \varepsilon(\lambda-2)]\mathrm{d}\lambda = \left[\int_{0}^{t} \frac{\lambda}{2}\mathrm{d}\lambda\right]\varepsilon(\lambda) - \left[\int_{2}^{t} \frac{\lambda}{2}\mathrm{d}\lambda\right]\varepsilon(\lambda-2)$$

$$= \frac{1}{4}t^2\varepsilon(t) - \frac{1}{4}(t^2-4)\varepsilon(t-2)$$

$$= \frac{t^2}{4}[\varepsilon(t) - \varepsilon(t-2)] + \varepsilon(t-2)$$

其波形分别如图 1-25(a),(b)所示。所以

$$\frac{\mathrm{d}f_1(t)}{\mathrm{d}t} * \int_{-\infty}^{t} f_2(\lambda)\mathrm{d}\lambda = \left[\delta\left(t+\frac{1}{2}\right) - \delta(t-1)\right] * \left\{\frac{t^2}{4}[\varepsilon(t) - \varepsilon(t-2)] + \varepsilon(t-2)\right\}$$

$$= \frac{1}{4}\left(t+\frac{1}{2}\right)^2 \left[\varepsilon\left(t+\frac{1}{2}\right) - \varepsilon\left(t-\frac{3}{2}\right)\right] + \varepsilon\left(t-\frac{3}{2}\right)$$

$$- \left\{\frac{1}{4}(t-1)^2[\varepsilon(t-1) - \varepsilon(t-3)] + \varepsilon(t-3)\right\}$$

$$= \begin{cases} \frac{1}{4}\left(t+\frac{1}{2}\right)^2 & -\frac{1}{2} \leqslant t < 1 \\ \frac{1}{4}\left(t+\frac{1}{2}\right)^2 - \frac{1}{4}(t-1)^2 = \frac{3}{4}\left(t-\frac{1}{4}\right) & 1 \leqslant t < \frac{3}{2} \\ 1 - \frac{1}{4}(t+1)^2 = -\frac{t^2}{4} + \frac{t}{2} + \frac{3}{4} & \frac{3}{2} \leqslant t < 3 \end{cases}$$

如图 1-25(c)和(d)所示。可以看出如果对某一信号微分后出现冲激信号,则卷积最终结果是另一信号对应积分后平移叠加的结果。

1.5.6 信号相关分析与运算

在信号分析中,经常要对两个以上信号的相关性进行研究。对信号相关性的分析和计算是描述信号特征的一种重要方法。例如在通信系统、雷达系统及控制系统中,发送端发出的信号波形是已知的,但在接收端的信号中,判断其中是否存在发送端发出的信号比较困难,主要是因为信号的传输过程中因各种干扰产生了畸变。因此,自然想到用已知的发送信号波形与畸变了的接收波形相比较,利用它们之间的相似或相依性进行判断。通过比较两个信号的波形是否相似,去定量地衡量它们之间的相互关联程度,这正是信号相关分析、运算要解决的问题。

1. 相关定义

设 $f_1(t)$ 和 $f_2(t)$ 为能量信号,则它们的互相关函数(cross-correlation function,简称相关)定义为

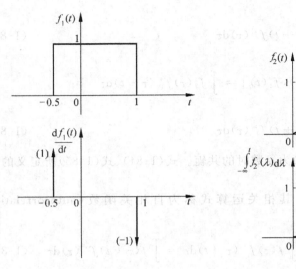
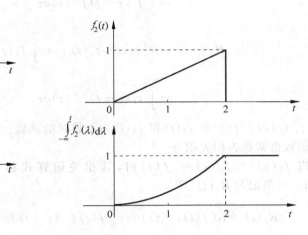
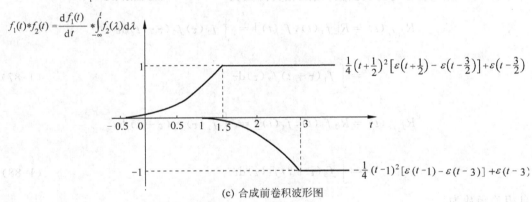
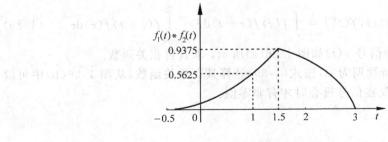

图 1-25 利用卷积性质简化卷积计算的例 1.5.4 波形图

$$R_{f_1 f_2}(t) = R[f_1(t), f_2(t)] = \int_{-\infty}^{\infty} f_1(\tau) f_2^*(\tau - t) \mathrm{d}\tau$$

$$= \int_{-\infty}^{\infty} f_1(\tau + t) f_2^*(\tau) \mathrm{d}\tau \tag{1-84}$$

$$R_{f_2 f_1}(t) = R[f_2(t), f_1(t)] = \int_{-\infty}^{\infty} f_2(\tau) f_1^*(\tau - t) \mathrm{d}\tau$$

$$= \int_{-\infty}^{\infty} f_2(\tau + t) f_1^*(\tau) \mathrm{d}\tau \tag{1-85}$$

其中 $f_1^*(t), f_2^*(t)$ 表示 $f_1(t)$ 和 $f_2(t)$ 为复数时的共轭。式(1-84)、式(1-85)所定义的互相关函数也常称为相关积分。

当 $f_1(t) = f_2(t) = f(t)$ 时,其相关运算式称为自相关函数(autocorrelation function),简记为 $R_f(t)$,即

$$R_f(t) = R[f(t), f(t)] = \int_{-\infty}^{\infty} f(\tau) f^*(\tau - t) \mathrm{d}\tau = \int_{-\infty}^{\infty} f(\tau + t) f^*(\tau) \mathrm{d}\tau \tag{1-86}$$

若 $f_1(t)$ 和 $f_2(t)$ 均为实函数,则互相关函数为

$$R_{f_1 f_2}(t) = R[f_1(t), f_2(t)] = \int_{-\infty}^{\infty} f_1(\tau) f_2(\tau - t) \mathrm{d}\tau$$

$$= \int_{-\infty}^{\infty} f_1(\tau + t) f_2(\tau) \mathrm{d}\tau \tag{1-87}$$

$$R_{f_2 f_1}(t) = R[f_2(t), f_1(t)] = \int_{-\infty}^{\infty} f_2(\tau) f_1(\tau - t) \mathrm{d}\tau$$

$$= \int_{-\infty}^{\infty} f_2(\tau + t) f_1(\tau) \mathrm{d}\tau \tag{1-88}$$

自相关函数为

$$R_f(t) = R[f(t), f(t)] = \int_{-\infty}^{\infty} f(\tau) f(\tau - t) \mathrm{d}\tau = \int_{-\infty}^{\infty} f(\tau + t) f(\tau) \mathrm{d}\tau \tag{1-89}$$

例 1.5.5 矩形脉冲信号 $f(t)$ 如图 1-26(a)所示,求其自相关函数。

解: 因 $f(t)$ 信号的持续期为 t_0,按式(1-89)计算其自相关函数,从图 1-26(b)中可以看出,乘积 $f(\tau)f(\tau-t)$ 仅在信号重叠时才有非零值。

当 $0 < t < t_0$ 时

$$R_f(t) = \int_t^{t_0} f(\tau) f(\tau - t) \mathrm{d}\tau = A^2(t_0 - t)$$

当 $-t_0 < t < 0$ 时

$$R_f(t) = \int_0^{t_0 + t} f(\tau) f(\tau - t) \mathrm{d}\tau = A^2(t_0 + t)$$

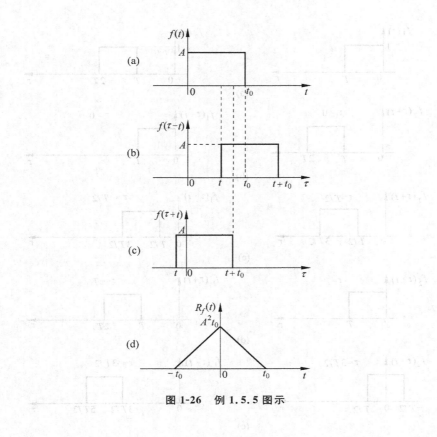

图 1-26 例 1.5.5 图示

所以
$$R_f(t) = A^2(t_0 - |t|) \qquad |t| < t_0$$

相关运算结果如图 1-26(d)所示。

例 1.5.6 已知信号 $f_1(t) = \varepsilon(t) - \varepsilon(t-T)$ 和 $f_2(t) = f_1(t-T)$，求其互相关函数 $R_{f_1 f_2}(t), R_{f_2 f_1}(t)$。

解：实信号 $f_1(t)$ 和 $f_2(t)$ 的波形如图 1-27(a)所示，它们的两个互相关函数分别为

$$R_{f_2 f_1}(t) = R[f_2(t), f_1(t)] = \int_{-\infty}^{\infty} f_2(\tau+t) f_1(\tau) d\tau$$

和

$$R_{f_1 f_2}(t) = R[f_1(t), f_2(t)] = \int_{-\infty}^{\infty} f_1(\tau+t) f_2(\tau) d\tau$$

图 1-27(a)~(f)分别画出计算 $R_{f_1 f_2}(t)$ 和 $R_{f_2 f_1}(t)$ 的过程，并得到 $R_{f_1 f_2}(t)$ 和 $R_{f_2 f_1}(t)$ 的波形如图 1-27(g)、(h)所示。此例也表示实信号的两个互相关函数之间有偶对称关系。

2. 相关性质

信号的相关具有下面一些性质：

(1) 由相关定义，不难看出，相关不满足交换律。但通过变量替换，我们可以发现两

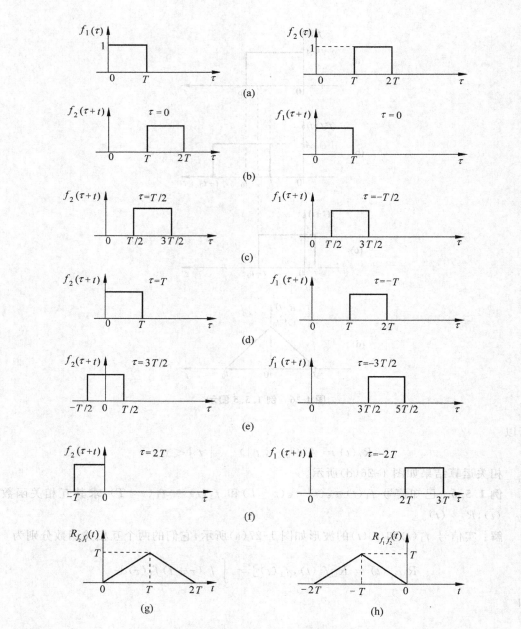

图 1-27 求例 1.5.6 互相关函数的图解说明

个函数的相关函数以及它们交换次序后的相关函数之间满足

$$R_{f_1f_2}(t) = R_{f_2f_1}^*(-t) \tag{1-90}$$

特别地，当信号 $f(t)$ 为实信号，且 $f_1(t) = f_2(t) = f(t)$ 时有

$$R_f(t) = R_f(-t) \tag{1-91}$$

即实信号的自相关函数是偶函数。

(2) 相关与卷积的关系 由相关定义式,稍做演算,就可得

$$R_{f_1 f_2}(t) = \int_{-\infty}^{\infty} f_1(\tau) f_2^*(\tau - t) d\tau = \int_{-\infty}^{\infty} f_1(\tau) f_2^*[-(t-\tau)] d\tau$$
$$= f_1(t) f_2^*(-t) \tag{1-92}$$

同理可得

$$R_{f_2 f_1}(t) = f_1^*(-t) * f_2(t) \tag{1-93}$$

可见相关运算与卷积类似,两种运算过程中都包含位移、相乘、积分三个步骤。差别仅在于相关运算不必对其中的一个函数的共轭进行反褶。

如果 $f_1(t)$ 和 $f_2(t)$ 均为实偶函数,则卷积和相关运算完全相同,这可通过式(1-92)和式(1-93)由读者自行证明。

3. 功率信号的相关运算

如果信号不是能量信号,那么式(1-84)和式(1-85)中的积分将趋于无穷大,因而前面的相关定义将失去意义。但如果是功率信号,则我们可按下式重新定义它们之间的相关运算。设 $f_1(t)$ 和 $f_2(t)$ 是功率信号,则它们的互相关函数定义为

$$R_{f_1 f_2}(t) = R[f_1(t), f_2(t)] = \lim_{T \to \infty} \frac{1}{T} \int_{-\frac{T}{2}}^{\frac{T}{2}} f_1(\tau) f_2^*(\tau - t) d\tau$$

$$= \lim_{T \to \infty} \frac{1}{T} \int_{-\frac{T}{2}}^{\frac{T}{2}} f_1(\tau + t) f_2^*(\tau) d\tau \tag{1-94}$$

$$R_{f_2 f_1}(t) = R[f_2(t), f_1(t)] = \lim_{T \to \infty} \frac{1}{T} \int_{-\frac{T}{2}}^{\frac{T}{2}} f_2(\tau) f_1^*(\tau - t) d\tau$$

$$= \lim_{T \to \infty} \frac{1}{T} \int_{-\frac{T}{2}}^{\frac{T}{2}} f_2(\tau + t) f_1^*(\tau) d\tau \tag{1-95}$$

如果两个周期函数 $f_1(t)$ 和 $f_2(t)$ 的周期分别为 T_1 和 T_2,且一个周期是另一个周期的整数倍,不妨设 $T_2 = mT_1$(m 为正整数),那么它们之间的互相关函数为

$$R_{f_1 f_2}(t) = \frac{1}{T_2} \int_{-\frac{T_2}{2}}^{\frac{T_2}{2}} f_1(\tau) f_2^*(\tau - t) d\tau \tag{1-96}$$

$$R_{f_2 f_1}(t) = \frac{1}{T_2} \int_{-\frac{T_2}{2}}^{\frac{T_2}{2}} f_2(\tau) f_1^*(\tau - t) d\tau \tag{1-97}$$

不难证明,上述两个互相关函数还是周期函数,且周期都是 T_1(较小者)。

例 1.5.7 已知函数

$$f(t) = \begin{cases} f_0(t) = t\sin t & 0 \leqslant t \leqslant T \\ f_0(t - nT) & nT \leqslant t \leqslant (n+1)T \end{cases}$$

$T = 8\pi$,n 为正整数,如图 1-28(a)所示,求其自相关函数。

解：因为

$$F_t(\tau) = \int [\tau\sin\tau][(\tau-t)\sin(\tau-t)]d\tau$$
$$= \frac{1}{6}(2\tau^3 - 3t\tau^2)\cos t + \frac{1}{16}(t^2 - \tau^2 + 2)\sin\tau - \frac{1}{8}\tau\cos\tau + C$$

$$F_{t-\tau}(\tau) = F_t(\tau) + 2\pi\tau^2\cos t + (4\pi - t)\pi\sin\tau + C$$

由图 1-28 可知，当 $t \in [0,T]$ 时

$$R_f(\tau) = \frac{1}{T}\left[\int_0^t dF_{t-T}(\tau) + \int_t^T dF_t(\tau)\right] = \frac{1}{4}t^2\cos t + \frac{4\pi-t}{8}\sin t + \left(\frac{32}{3}\pi^2 - \frac{1}{8}\right)$$

$R_f(t)$ 是周期为 $T=8\pi$ 的周期函数，因此只要求得一个周期内的波形，整个函数的波形就可以得到，如图 1-28(b) 所示。

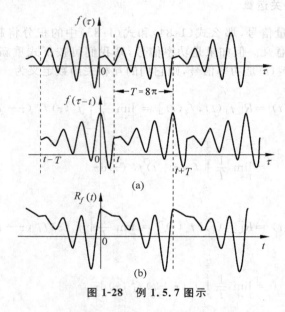

图 1-28　例 1.5.7 图示

由图 1-28 可以看出，周期函数的相关函数总是在周期的整数倍 nT 处有最大值。这是不难理解的，因为只有在周期的整数倍时，相关积分的两个波形才完全重合，从而使得相关积分达到最大。利用这个特点，自相关函数常用来检测一些准周期信号的准周期。

习题

1.1　简要回答下面问题：
(1) 什么是信号？信号分类的方式有几种？
(2) 计算机可以处理什么信号？为什么？
(3) 简述离散信号、数字信号两者之间有何异同。

1.2　大致绘出下列各时间信号的波形图。
(1) $f(t) = e^{-2t}\cos 3\pi t[\varepsilon(t-2) - \varepsilon(t-4)]$；　　(2) $f(t) = sa(t-3)\varepsilon(t-1)$；
(3) $f(t) = \varepsilon(t^2 - 1)$；　　(4) $f(t) = (5e^{-t} - 5e^{-3t})\varepsilon(t)$；

(5) $f(t) = [e^{-t}\cos t\varepsilon(t)]'$;   (6) $f(t) = \text{sgn}(\text{sa}(t))$。

1.3 写出图题 1-3(a),(b),(c)所示各波形的函数式。

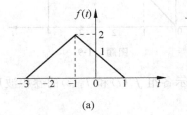
(a)

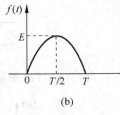
(b)

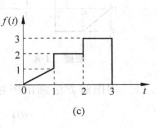
(c)

图题 1-3

1.4 下面信号是周期的吗？若是，请指明周期。
(1) $f(t) = a\sin(\pi t/5) + b\cos(\pi t/3)$;   (2) $f(t) = a\sin(3t/4 + \pi/3)$;
(3) $f(t) = e^{j10 t}$;   (4) $f(t) = 5\cos(\pi t/4 + \pi/5)$。

1.5 求解或化简下列各式。
(1) $\int_{-\infty}^{\infty} \delta(t-t_0)\varepsilon(t-2t_0)\,dt$;   (2) $\int_{-1}^{1} \delta(t^2-2)\,dt$;
(3) $\int_{-\infty}^{\infty} e^{-t}(\delta(t) - \delta'(t))\,dt$;   (4) $\sum_{n=0}^{3} \cos t\,\delta\left(t - \dfrac{n\pi}{2}\right)$。

1.6 分别求下列信号的直流分量。
(1) $f(t) = |\sin\omega t|$； (2) $f(t) = \sin^2\omega t$； (3) $f(t) = \cos\omega t + \sin\omega t$。

1.7 大致绘出图题 1-7(a),(b),(c)波形的偶、奇分量。

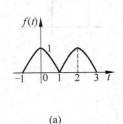
(a)

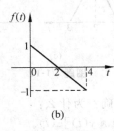
(b)

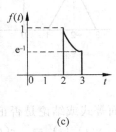
(c)

图题 1-7

1.8 已知 $f(t)$ 波形如图题 1-8 所示，试画出下列函数波形。
(1) $f_1(t) = f(2-t)$； (2) $f_2(t) = -f(2t-3)$； (3) $f_3(t) = f(-2t-3)$。

1.9 已知 $f(t)$ 波形如图题 1-9 所示，试画出下列函数波形。
(1) $f(4t)$；   (2) $f(t/4)\varepsilon(4-t)$；   (3) $\dfrac{d}{dt}f(t)$；   (4) $\int_{-\infty}^{t} f(\lambda)\,d\lambda$。

1.10 求下列两函数的卷积值 $f_1(t) * f_2(t)$。
(1) $f_1(t) = \varepsilon(t), f_2(t) = e^{-at}\varepsilon(t)$;
(2) $f_1(t) = \cos(\omega t + 45°), f_2(t) = \delta(t-1)$;
(3) $f_1(t) = \cos\omega t, f_2(t) = \delta(t+1) - \delta(t-1)$;
(4) $f_1(t) = \varepsilon(t+1) - \varepsilon(t-1), f_2(t) = \delta(t+1/2) + \delta(t-1/2)$。

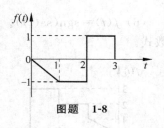
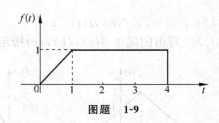

图题 1-8　　　　　　　　　　　　　　图题 1-9

1.11　用图解方法画出图题 1-11(a),(b),(c)所示各组 $f_1(t)$ 和 $f_2(t)$ 的卷积波形。

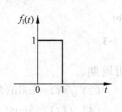
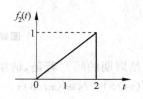

(a)

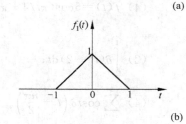
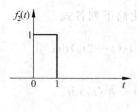

(b)

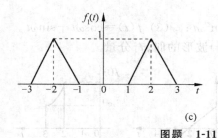
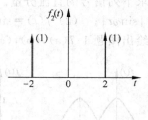

(c)

图题 1-11

1.12　下面等式或结论是否正确？为什么？
(1) $x(t) * [y(t)z(t)] = [x(t) * y(t)]z(t)$。
(2) $(a^t x(t)) * (a^t y(t)) = a^t(x(t) * y(t))$。
(3) 若 $y(t) = x(t) * h(t)$，则 $y(2t) = 2x(2t) * h(2t)$。
(4) 若 $x(t), h(t)$ 是奇函数，则 $y(t) = x(t) * h(t)$ 是偶函数。

1.13　试证明 $\cos t, \cos 2t, \cdots, \cos nt$ (n 为整数) 在区间 $(0, 2\pi)$ 中是正交函数集。

1.14　上题中的函数集在区间 $(0, \pi/2)$ 中是否为正交函数集？

1.15　求余弦信号的自相关函数。

1.16　下列信号中哪些是周期信号，哪些是脉冲信号？哪些是能量信号，它们的能量各为多少？哪些是功率信号，它们的平均功率各为多少？

(1) $\varepsilon(t)$。　　　　　　　(2) $\varepsilon(t) - \varepsilon(t-1)$。　　　　　　(3) $10 + t\varepsilon(t)$。
(4) $5\sin(\omega_0 t + \varphi)$。　　(5) $e^{-2t}\cos(\omega_0 t - 45°)\varepsilon(t)$。　　(6) $3e^{j(\omega_0 t - \varphi)}$。
(7) $3t\varepsilon(t)$。　　　　　　(8) $\cos \omega_0 t + \sin 3\omega_0 t$。

第 2 章 傅里叶变换

内容摘要

本章首先介绍周期信号的频谱分析方法。采用傅里叶级数分析,给出幅度谱和相位谱的概念,奇偶信号的傅里叶级数特点,并着重介绍一周期矩形脉冲信号的傅里叶级数的频谱。

其次在周期信号的傅里叶级数基础上,通过对周期信号的周期取无穷大极限,导出非周期信号的频谱密度表达式,从而给出傅里叶变换及逆变换的定义、性质等。通过一些典型信号的傅里叶变换及一些应用实例说明傅里叶变换在信号处理中发挥的作用。

然后研究周期信号傅里叶变换的表达形式,利用周期冲激序列的傅里叶变换,将周期信号和非周期信号的频谱分析统一在傅里叶变换的理论框架之中。

最后在研究抽样信号的傅里叶变换的基础上,讨论在数字信号处理中具有重要地位的抽样定理。

2.1 周期信号的频谱分析——傅里叶级数

在第 1 章中介绍了信号用完备的正交函数集表示方法,如果选用三角函数集或复指数函数集作为完备正交函数集,则周期信号所展成的级数形式就是傅里叶级数(Fourier series,FS)。本节就利用傅里叶级数的概念研究周期信号的频谱特性(spectrum property)。

由数学级数理论可知,对于任意周期信号

$$f(t) = f(t \pm kT_1) \tag{2-1}$$

其中:$k=1,2,3,\cdots$;T_1 为周期。

在满足狄里赫利(Dirichlet)条件下,上式可展开成傅里叶级数(此处对狄里赫利条件省略,读者可查阅有关的高等数学书),即对任何周期信号在满足狄里赫利条件下均可展开成正交函数线性组合的无穷级数——傅里叶级数。而正交函数集可以是三角函数集 $1,\cos\omega_1 t,\cos 2\omega_1 t,\cdots,\cos n\omega_1 t,\cdots,\sin\omega_1 t,\sin 2\omega_1 t,\cdots,\sin n\omega_1 t,\cdots$ 或复指数函数集 $e^{jn\omega_1 t}$,$n=0,\pm 1,\pm 2,\cdots$,此处 $\omega_1=2\pi f_1=2\pi/T_1$ 为角频率。

2.1.1 三角形式的傅里叶级数

对于周期为 T_1、角频率为 $\omega_1=2\pi f_1=2\pi/T_1$ 且满足狄里赫利条件的周期函数 $f(t)$,展开成三角形式的傅里叶级数为

$$f(t) = a_0 + \sum_{n=1}^{\infty}[a_n\cos(n\omega_1 t) + b_n\sin(n\omega_1 t)] \tag{2-2}$$

根据三角函数的正交性,即 $\cos(n\omega_1 t)$ 和 $\sin(n\omega_1 t)$ 满足如下关系:

$$\int_{t_0}^{t_0+T_1} \cos(n\omega_1 t)\sin(m\omega_1 t)\mathrm{d}t = 0 \quad (m,n \text{ 为任意整数})$$

$$\int_{t_0}^{t_0+T_1} \cos(n\omega_1 t)\cos(m\omega_1 t)\mathrm{d}t = \begin{cases} \dfrac{T_1}{2} & m=n \\ 0 & m \neq n \end{cases}$$

$$\int_{t_0}^{t_0+T_1} \sin(n\omega_1 t)\sin(m\omega_1 t)\mathrm{d}t = \begin{cases} \dfrac{T_1}{2} & m=n \\ 0 & m \neq n \end{cases}$$

可以直接得到式(2-2)中各正弦项、余弦项的系数如下:

直流分量

$$a_0 = \frac{1}{T_1}\int_{t_0}^{t_0+T_1} f(t)\mathrm{d}t \tag{2-3}$$

余弦分量幅值

$$a_n = \frac{2}{T_1}\int_{t_0}^{t_0+T_1} f(t)\cos(n\omega_1 t)\mathrm{d}t \tag{2-4}$$

正弦分量幅值

$$b_n = \frac{2}{T_1}\int_{t_0}^{t_0+T_1} f(t)\sin(n\omega_1 t)\mathrm{d}t \tag{2-5}$$

为方便起见,通常积分区间 (t_0, t_0+T_1) 可取 $(0, T_1)$ 或 $(-T_1/2, T_1/2)$。

若将式(2-2)中同频率项合并,可写成另一种形式

$$f(t) = c_0 + \sum_{n=1}^{\infty} c_n \cos(n\omega_1 t + \varphi_n) \tag{2-6}$$

或

$$f(t) = d_0 + \sum_{n=1}^{\infty} d_n \sin(n\omega_1 t + \theta_n) \tag{2-7}$$

比较式(2-2)和式(2-6)、式(2-7)可以得到各系数之间的关系如下:

$$\left.\begin{array}{l} a_0 = c_0 = d_0 \\ c_n = d_n = \sqrt{a_n^2 + b_n^2} \\ a_n = c_n\cos\varphi_n = d_n\sin\theta_n \\ b_n = -c_n\sin\varphi_n = d_n\cos\theta_n \\ \varphi_n = \arctan\left(-\dfrac{b_n}{a_n}\right) \\ \theta_n = \arctan\left(\dfrac{a_n}{b_n}\right) \\ \theta_n = \varphi_n + \dfrac{\pi}{2} \end{array}\right\} \tag{2-8}$$

由式(2-6)可知，任意周期信号只要满足狄里赫利条件就可以分解为直流分量与各次不同频率的谐波分量之和，各次谐波分量的频率都是基频 ω_1 的整数倍。而直流分量 a_0 以及各次谐波分量的幅度 c_n, d_n 与相位 φ_n, θ_n 都是 $n\omega_1$ 的函数，如果将 c_n（或 d_n）对 $n\omega_1$ 的关系绘成如图 2-1 所示的频谱图(spectrum diagram)，便可清楚而直观地看出各频率分量的大小。其中，图 2-1(a)称为信号的幅度频谱(magnitude spectrum)或简称为幅度谱。图中每条线代表某一频率分量的幅度，称为谱线；连接各谱线顶点的曲线(如图 2-1 中点线所示)称为包络线，它反映了各分量的幅度变化情况。同理，还可以画出各分量的相位 φ_n（或 θ_n）对 $n\omega_1$ 的谱线图，这种图称为相位频谱(phase spectrum)或简称为相位谱，如图 2-1(b)所示。周期信号的频谱只出现在 $0, \omega_1, 2\omega_1, \cdots, n\omega_1, \cdots$ 离散频率点上，称为离散谱(discrete spectrum)，它是周期信号频谱的主要特点。

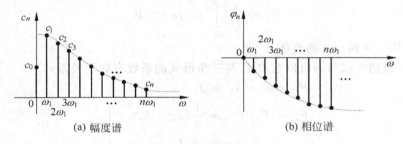

(a) 幅度谱　　　　　　　　　(b) 相位谱

图 2-1　周期信号频谱图

2.1.2　复指数形式的傅里叶级数

周期信号的傅里叶级数展开也可以表示为复指数形式，由三角形式知

$$f(t) = a_0 + \sum_{n=1}^{\infty}[a_n\cos(n\omega_1 t) + b_n\sin(n\omega_1 t)]$$

根据欧拉公式(Euler's formula)

$$\cos(n\omega_1 t) = \frac{1}{2}(e^{jn\omega_1 t} + e^{-jn\omega_1 t})$$

$$\sin(n\omega_1 t) = \frac{1}{2j}(e^{jn\omega_1 t} - e^{-jn\omega_1 t})$$

代入上式得

$$f(t) = a_0 + \sum_{n=1}^{\infty}\left[\frac{a_n - jb_n}{2}e^{jn\omega_1 t} + \frac{a_n + jb_n}{2}e^{-jn\omega_1 t}\right] \qquad (2-9)$$

令

$$F(n\omega_1) = \frac{a_n - jb_n}{2} \quad (n=1,2,3,\cdots) \qquad (2-10)$$

考虑到 a_n 是 n 的偶函数，即 $a_n = a_{-n}$，b_n 是 n 的奇函数，即 $b_n = -b_{-n}$，可知

$$F(-n\omega_1) = \frac{a_n + jb_n}{2} \quad (n=1,2,3,\cdots) \qquad (2-11)$$

将式(2-10)、式(2-11)代入式(2-9)得

$$f(t) = a_0 + \sum_{n=1}^{\infty} [F(n\omega_1)e^{jn\omega_1 t} + F(-n\omega_1)e^{-jn\omega_1 t}]$$

令 $F(0) = a_0$，考虑到

$$\sum_{n=1}^{\infty} F(-n\omega_1)e^{-jn\omega_1 t} = \sum_{n=-\infty}^{-1} F(n\omega_1)e^{jn\omega_1 t}$$

便可得到复指数形式的傅里叶级数形式为

$$f(t) = \sum_{n=-\infty}^{\infty} F(n\omega_1)e^{jn\omega_1 t} \tag{2-12}$$

一般将 $F(n\omega_1)$ 简写为 F_n，再将式(2-4)、式(2-5)代入式(2-10)中，可求得 $F_n = F(n\omega_1)$ 为

$$F_n = \frac{1}{T_1} \int_{t_0}^{t_0+T_1} f(t) e^{-jn\omega_1 t} dt \tag{2-13}$$

上式中 n 为从 $-\infty$ 到 $+\infty$ 的整数。

从式(2-8)到式(2-10)可以看出 F_n 与三角形式的系数有如下关系：

$$\left. \begin{array}{l} F_0 = a_0 = c_0 = d_0 \\ F_n = |F_n| e^{j\varphi_n} = \dfrac{1}{2}(a_n - jb_n) \\ F_{-n} = |F_{-n}| e^{j\varphi_{-n}} = \dfrac{1}{2}(a_n + jb_n) \\ |F_n| + |F_{-n}| = c_n \\ F_n + F_{-n} = a_n \\ F_n - F_{-n} = -jb_n \\ \varphi_n = \arctan\left(-\dfrac{b_n}{a_n}\right) \\ \varphi_{-n} = \arctan\left(\dfrac{b_n}{a_n}\right) = -\varphi_n \\ (n = 1, 2, 3, \cdots) \end{array} \right\} \tag{2-14}$$

按式(2-13)可画出信号的频谱，因 F_n 一般为复数，故称为复数频谱。因 $F_n = |F_n|e^{j\varphi_n}$，故将 $|F_n| \sim n\omega_1$ 绘出的谱线图称为复数幅度谱，$\varphi_n \sim n\omega_1$ 绘出的谱线图称为复数相位谱，如图 2-2(a)、(b)所示。复指数形式的傅里叶级数说明一个任意周期函数也可以分解为直流分量和一系列不同频率的复指数分量之和。将图 2-1 与图 2-2 比较可知同一信号的复数频谱有如下特点：

（1）复数幅度谱的谱线高度为三角形式幅度谱的高度的 1/2 倍，且偶对称于纵坐标轴，即

$$|F_n| = |F_{-n}| = \frac{1}{2}c_n$$

（2）复数相位谱 φ_n 与三角形式相位谱的 φ_n 相同且奇对称于坐标原点，即 $\varphi_n = -\varphi_{-n}$。

（3）复数频谱在正负频率处均有值存在，但负频率的出现是由于将正、余弦函数写成复指数形式得来的，是数学运算的结果，无物理意义。在实际情况中，只有将对应正负频

率项成对合并,才能合成一个实际的谐波分量,因此三角形式具有明确的物理意义,而指数形式则在理论分析及运算中更为方便。

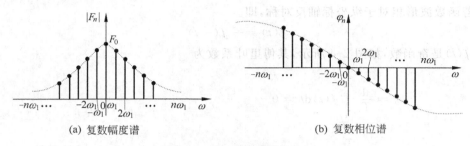

(a) 复数幅度谱　　　　　　　　　(b) 复数相位谱

图 2-2　周期信号的复数频谱

2.1.3　函数的对称性与傅里叶系数的关系

将已知周期信号展开成傅里叶级数时,若 $f(t)$ 为实函数,且它的波形满足某种对称性,那么其傅里叶级数中有些项将不出现,留下的各项系数的表示式也变得比较简单。波形的对称性有两类,一类是整周期对称(periodic symmetric),例如偶函数和奇函数;另一类是对半周期对称,如奇谐函数(odd harmonic function)。前者的傅里叶级数中可能只含余弦项或正弦项,后者的傅里叶级数中可能只含有偶次项或奇次项。

1. 偶函数

若信号波形是相对于纵坐标轴对称,即满足

$$f(t) = f(-t)$$

则 $f(t)$ 为偶函数,如图 2-3 所示。

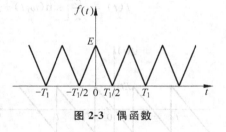

图 2-3　偶函数

由函数的对称关系得知,两偶函数或两奇函数相乘之积为奇函数,则偶函数的傅里叶系数为

$$a_n = \frac{2}{T_1} \int_{-\frac{T_1}{2}}^{\frac{T_1}{2}} f(t)\cos(n\omega_1 t) \mathrm{d}t = \frac{4}{T_1} \int_{0}^{\frac{T_1}{4}} f(t)\cos(n\omega_1 t) \mathrm{d}t \neq 0$$

$$b_n = \frac{2}{T_1} \int_{-\frac{T_1}{2}}^{\frac{T_1}{2}} f(t)\sin(n\omega_1 t) \mathrm{d}t = 0$$

即由于被积函数为偶函数时,在一对称区间内积分等于在半区间积分的二倍;而被积函数为奇函数时,在一对称区间积分为零。因此偶函数的傅里叶级数中不含正弦项,只含直流分量和余弦项。如图 2-3 所示的三角波是偶函数,它的三角形式傅里叶级数为

$$f(t) = \frac{E}{2} + \frac{4E}{\pi^2}\left[\cos(\omega_1 t) + \frac{1}{9}\cos(3\omega_1 t) + \frac{1}{25}\cos(5\omega_1 t) + \cdots\right]$$

2. 奇函数

若函数波形相对于纵坐标轴反对称，即

$$f(t) = -f(-t)$$

此时 $f(t)$ 是奇函数，如图 2-4 所示，其傅里叶系数为

$$a_0 = \frac{1}{T_1} \int_{-\frac{T_1}{2}}^{\frac{T_1}{2}} f(t) \mathrm{d}t = 0$$

$$a_n = \frac{2}{T_1} \int_{-\frac{T_1}{2}}^{\frac{T_1}{2}} f(t) \cos(n\omega_1 t) \mathrm{d}t = 0$$

$$b_n = \frac{2}{T_1} \int_{-\frac{T_1}{2}}^{\frac{T_1}{2}} f(t) \sin(n\omega_1 t) \mathrm{d}t = \frac{4}{T_1} \int_{0}^{\frac{T_1}{4}} f(t) \sin(n\omega_1 t) \mathrm{d}t \neq 0$$

因此奇函数的傅里叶级数中不含直流分量和余弦项，只含正弦项。例如图 2-4 中的锯齿波，其傅里叶级数展开式为

$$f(t) = \frac{E}{\pi} \left[\sin(\omega_1 t) - \frac{1}{2} \sin(2\omega_1 t) + \frac{1}{3} \cos(3\omega_1 t) - \cdots \right]$$

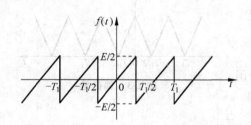

图 2-4　奇函数

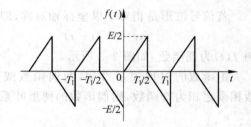

图 2-5　奇谐函数

3. 奇谐函数

若周期函数 $f(t)$ 沿时间轴平移半个周期并相对于该轴上下反转，此时波形并不发生变化，即满足关系式

$$f(t) = -f(t \pm T_1/2)$$

则这种函数称为半波对称函数或奇谐函数，如图 2-5 所示。可以看出，奇谐函数半周期为正，半周期为负，为周期函数。奇谐函数的傅里叶级数中将不含直流分量和偶次谐波分量，只包含奇次谐波分量。应当注意，在这里不要把奇函数与奇谐函数相混淆。

2.2 周期矩形脉冲信号的频谱

本节通过对周期矩形脉冲信号的频谱分析,可以掌握周期信号频谱分析的一般方法及特点。周期矩形脉冲信号是一个常用的重要频谱。

设一周期矩形脉冲信号基本时域参数为:脉宽为 τ、幅值为 E、周期为 T_1 及角频率为 $\omega_1 = 2\pi/T_1$,如图 2-6 所示。其在一个周期内 $(-T_1/2, T_1/2)$ 的数学表达式为

$$f(t) = \begin{cases} E & |t| \leqslant \dfrac{\tau}{2} \\ 0 & \dfrac{\tau}{2} < |t| < \dfrac{T_1}{2} \end{cases} \tag{2-15}$$

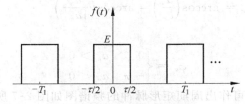

图 2-6 周期矩形脉冲信号

2.2.1 展开成三角形式的傅里叶级数

利用式(2-2)可得

$$f(t) = a_0 + \sum_{n=1}^{\infty} [a_n \cos(n\omega_1 t) + b_n \sin(n\omega_1 t)]$$

由式(2-3)~式(2-5)可求出各分量的系数

$$a_0 = \frac{1}{T_1} \int_{-\frac{T_1}{2}}^{\frac{T_1}{2}} f(t) \mathrm{d}t = \frac{1}{T_1} \int_{-\frac{\tau}{2}}^{\frac{\tau}{2}} E \mathrm{d}t = \frac{E\tau}{T_1} \tag{2-16}$$

$$a_n = \frac{2}{T_1} \int_{-\frac{T_1}{2}}^{\frac{T_1}{2}} f(t) \cos(n\omega_1 t) \mathrm{d}t = \frac{2}{T_1} \int_{-\frac{\tau}{2}}^{\frac{\tau}{2}} E \cos\left(\frac{2\pi n t}{T_1}\right) \mathrm{d}t$$

$$= \frac{2E\tau}{T_1} \frac{\sin\dfrac{n\pi\tau}{T_1}}{\dfrac{n\pi\tau}{T_1}} = \frac{2E\tau}{T_1} \frac{\sin\dfrac{n\omega_1\tau}{2}}{\dfrac{n\omega_1\tau}{2}} = \frac{2E\tau}{T_1} \mathrm{sa}\left(\frac{n\omega_1\tau}{2}\right) \tag{2-17}$$

$$b_n = \frac{2}{T_1} \int_{-\frac{T_1}{2}}^{\frac{T_1}{2}} f(t) \sin(n\omega_1 t) \mathrm{d}t = 0 \tag{2-18}$$

因为 $f(t)$ 为偶函数,故无正弦分量。将这些分量系数代入式(2-2),得 $f(t)$ 的傅里叶

级数展开式为

$$f(t) = \frac{E\tau}{T_1} + \sum_{n=1}^{\infty} \frac{2E\tau}{T_1}\text{sa}\left(\frac{n\omega_1\tau}{2}\right)\cos(n\omega_1 t) \tag{2-19}$$

如考虑按式(2-6)展开,则

$$f(t) = c_0 + \sum_{n=1}^{\infty} c_n \cos(n\omega_1 t + \varphi_n) \tag{2-20}$$

按式(2-8)的系数关系式可得

$$c_0 = \frac{E\tau}{T_1} \tag{2-21}$$

$$c_n = \sqrt{a_n^2 + b_n^2} = |a_n| = \left|\frac{2E\tau}{T_1}\text{sa}\left(\frac{n\omega_1\tau}{2}\right)\right| \tag{2-22}$$

$$\varphi_n = \arccos\left(\frac{a_n}{c_n}\right) = \arccos\left(\frac{a_n}{|a_n|}\right) \tag{2-23a}$$

即

$$\varphi_n = \begin{cases} 0 & a_n > 0 \\ -\pi & a_n < 0 \end{cases} \tag{2-23b}$$

按式(2-21)~式(2-23b)可作出周期矩形脉冲的频谱图如图2-7所示。

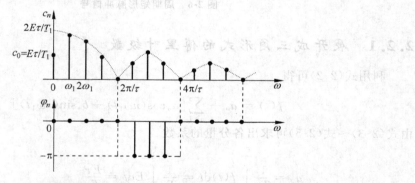

图 2-7　周期矩形脉冲信号展开成三角形式傅里叶级数的频谱图

2.2.2　展开成复指数形式的傅里叶级数

按式(2-12)、式(2-13)得

$$f(t) = \sum_{n=-\infty}^{\infty} F_n e^{jn\omega_1 t} \tag{2-24}$$

$$F_n = \frac{1}{T_1}\int_{-\frac{T_1}{2}}^{\frac{T_1}{2}} f(t)e^{-jn\omega_1 t}dt = \frac{1}{T_1}\int_{-\frac{\tau}{2}}^{\frac{\tau}{2}} Ee^{-jn\omega_1 t}dt = \frac{E\tau}{T_1}\frac{\sin\left(\frac{n\pi\tau}{T_1}\right)}{\frac{n\pi\tau}{T_1}}$$

$$= \frac{E\tau}{T_1}\text{sa}\left(\frac{n\omega_1\tau}{2}\right) \tag{2-25}$$

将上式代入式(2-24)中得

$$f(t) = \sum_{n=-\infty}^{\infty} \frac{E\tau}{T_1} \mathrm{sa}\left(\frac{n\omega_1 \tau}{2}\right) \mathrm{e}^{jn\omega_1 t} = \sum_{n=-\infty}^{\infty} |F_n| \, \mathrm{e}^{j\varphi_n} \mathrm{e}^{jn\omega_1 t} \qquad (2\text{-}26)$$

$$|F_n| = \left| \frac{E\tau}{T_1} \mathrm{sa}\left(\frac{n\omega_1 \tau}{2}\right) \right| \qquad (2\text{-}27)$$

$$\varphi_n = \begin{cases} 0 & F_n > 0 \\ \mp \pi & F_n < 0 \end{cases} \qquad (2\text{-}28)$$

按式(2-27)、式(2-28)可画出复数频谱图(complex spectrum plot)的幅频谱和相频谱，如图 2-8(a)所示，它与三角形式的频谱很类似，符合前述的一般规律。由于这里 F_n 实际上是实数，所以也可以将复数幅度频谱与相位频谱合并画于一张图上，如图 2-8(b)所示。

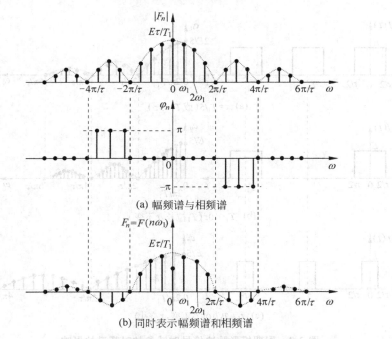

图 2-8 复指数形式的周期矩形脉冲信号的频谱

2.2.3 频谱的特点

由图 2-7 及图 2-8 可见周期矩形脉冲信号的频谱具有如下特点：

(1) 频谱为离散谱，其离散间隔为基频 $\omega_1 = 2\pi/T_1$。

(2) 频谱中包含无穷多条频谱线，表明它可以分解为无穷多个频率分量的叠加，其幅度正比于脉冲的宽度 τ 与幅度 E，反比于周期 T_1，随着频率点的增大按抽样函数 $\mathrm{sa}(t)$ 的规律衰减，并且在以下频率点处频谱出现零点，即

$$n\omega_1 = m2\pi/\tau \quad (m = \pm 1, \pm 2, \pm 3, \cdots) \qquad (2\text{-}29)$$

时，频谱分量幅度为零。

(3) 信号带宽(band width)为实际考虑的最低频至最高频分量的范围。由周期矩形脉冲信号的频谱可知，其高频分量是迅速衰减的，因此可以认为信号能量主要集中在第一

个零点之内的各个频率分量上,因此把 $\omega=0\sim 2\pi/\tau$ 这段频率范围定义为周期矩形脉冲信号的带宽 ω_B 或 f_B,即

$$\omega_B = 2\pi/\tau \tag{2-30a}$$
$$f_B = 1/\tau \tag{2-30b}$$

(4) 时域参数对频谱的影响有以下两个方面:

① T_1 的影响

周期 T_1 的大小影响频谱的疏密及幅值大小。因为谱线间隔 $\omega_1 = 2\pi/T_1$ 及谐波分量幅值 $c_n \propto E\tau/T_1$ 均与 T_1 成反比。因此当 T_1 增大,将使频谱变密且幅值减小,如图 2-9(b) 所示。

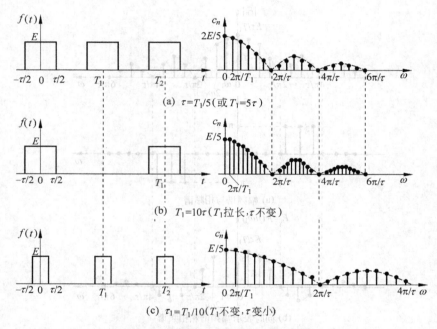

图 2-9 周期矩形脉冲信号时域参数对频谱的影响

② τ 的影响

脉冲宽度 τ 将影响信号带宽及谐波幅值,由式(2-30)可知带宽 ω_B(或 f_B)与脉宽 τ 成反比,而谐波分量幅度 $c_n \propto E\tau/T_1$,与 τ 成正比。因此当 τ 减小时,将导致信号带宽增大,说明信号中高频成分相对增大,而频谱幅度减小,如图 2-9(c)所示。

通过对以上规律的分析,可以推广到对一般形状的周期性脉冲信号的分析,所以具有一定的普遍意义。读者可参考书后的附录 B,其中给出了一些常用的傅里叶级数。

2.2.4 傅里叶有限项级数

任意周期信号的傅里叶级数需要无穷多项才能完全逼近。但实际中常采用有限项级数来近似代替无限多项,当项数取得多,误差就小,反之误差大,因此常以均方误差来衡量其大小。设 $f(t)$ 的傅里叶级数为

$$f(t) = a_0 + \sum_{n=1}^{\infty}[a_n\cos(n\omega_1 t) + b_n\sin(n\omega_1 t)]$$

若取前 $2N+1$ 项作为有限项傅里叶级数

$$f_N(t) = a_0 + \sum_{n=1}^{N}[a_n\cos(n\omega_1 t) + b_n\sin(n\omega_1 t)] \tag{2-31}$$

则 $f_N(t)$ 近似 $f(t)$ 的误差函数为

$$\varepsilon_N(t) = f(t) - f_N(t) \tag{2-32}$$

而均方误差为

$$e_N = \frac{1}{T_1}\int_{t_0}^{t_0+T_1}\varepsilon_N^2(t)\mathrm{d}t \tag{2-33}$$

将 $f(t)$ 及 $f_N(t)$ 代入上式,并根据三角函数的正交性加以化简(具体推导略),得到

$$e_N = \frac{1}{T_1}\int_{t_0}^{t_0+T_1}f^2(t)\mathrm{d}t - \left[a_0^2 + \frac{1}{2}\sum_{n=1}^{N}(a_n^2+b_n^2)\right] \tag{2-34}$$

傅里叶级数理论还进一步证明:在限定级数项数的条件下,由无限项傅里叶级数截断后的有限项级数,是对原信号在最小均方误差(minimal MSE)意义下的最优逼近。

仍以矩形脉冲信号为例,从图 2-10 中可以探讨误差与项数的关系:

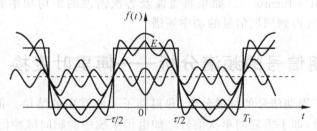

(a) 直流分量、基波、三次、五次谐波合成方波波形

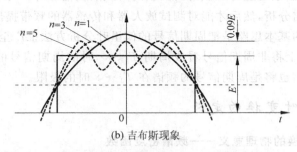

(b) 吉布斯现象

图 2-10 有限项傅里叶级数逼近及吉布斯现象图解

(1) 傅里叶级数的所取项数越多,则合成波形越接近原信号 $f(t)$,误差越小。

(2) 当 $f(t)$ 为脉冲信号时,低频分量组成方波的主体,高频谐波幅度较小,主要影响脉冲前沿,说明波形变化越激烈,高频分量越丰富。

(3) 随着级数项数取得越多,合成波形将越逼近方波信号,但在间断点附近,随着所含谐波次数 n 的增加,合成波形的突峰将移向间断点,但幅度并不明显减小,可以证明,即

使 $n \to \infty$ 时，在间断点处仍有 9% 的偏差，这种现象称为吉布斯(Gibbs)现象，如图 2-10(b) 所示。

2.2.5 周期信号的功率分配

第 1 章曾提出过周期信号用功率信号表示的概念。如果将信号 $f(t)$ 看成是加在 1Ω 电阻两端的电压(或流过其上的电流)，则 1Ω 电阻上消耗的平均功率为

$$\mathscr{P} = \frac{1}{T_1} \int_{-\frac{T_1}{2}}^{\frac{T_1}{2}} f^2(t) \mathrm{d}t \tag{2-35}$$

将 $f(t) = c_0 + \sum_{n=1}^{\infty} c_n \cos(n\omega_1 t + \varphi_n)$ 代入上式，并考虑正弦函数的正交性，有

$$\mathscr{P} = \frac{1}{T_1} \int_{-\frac{T_1}{2}}^{\frac{T_1}{2}} \left\{ c_0 + \sum_{n=1}^{\infty} c_n \cos(n\omega_1 t + \varphi_n) \right\}^2 \mathrm{d}t = c_0^2 + \sum_{n=1}^{\infty} \frac{1}{2} c_n^2 \tag{2-36}$$

上式表明，周期信号在时域的平均功率等于信号所包含的直流及各次谐波的平均功率之和。这也反映了周期信号的平均功率对离散频率的分配关系，称为功率信号的帕塞瓦尔公式(Parseval's formula)。如果将直流及各次谐波的平均功率分配关系也表示为离散谱线的形式，可得到周期信号的功率频谱。

2.3 非周期信号的频谱分析——傅里叶变换

前两节讨论了周期信号的频谱分析，并得到了一些有用的结论。但在工程实践中经常遇到非周期信号，即不重复的单次信号。如电子系统中的瞬间脉冲信号，物体碰撞时的冲激力信号，对控制系统进行辨识时要测量的阶跃响应信号等。为了测试这种信号，必须要进行信号的频谱分析，然后才能对测试放大器和传感器的频带提出合理的要求。

傅里叶变换的基本思路是把周期信号的傅里叶分析方法推广至非周期信号中去。具体说，就是在时域上将非周期信号看成周期 $T_1 \to \infty$ 时的周期信号的极限，那么在频域上非周期信号的频谱也将是周期信号的频谱在 $T_1 \to \infty$ 时的极限。

2.3.1 傅里叶变换的定义

1. 傅里叶变换的物理意义——频谱密度函数

在讨论周期矩形脉冲信号的周期 T_1 对频谱的影响时已指出，T_1 的增加将导致频谱的谱线变密，幅值变小，如图 2-11(a)，(b)所示。当 T_1 逐渐增大并趋于无穷大时，周期信号变成了非周期信号，在频域上，谱线间隔 $\omega_1 = 2\pi/T_1$ 逐渐减小并趋于零，这意味着原来离散频谱转变为连续谱。另一方面，谱线幅值 $F(n\omega_1) \propto E\tau/T_1$ 逐渐变小并趋于零。由于频谱幅度趋于零，因此无法采用原来的幅度频谱的概念。也就是说，由于频谱已变成连续谱，因此要说明频谱上某一点频率上的幅值是多少已不可行了。为此引入了一个新的物

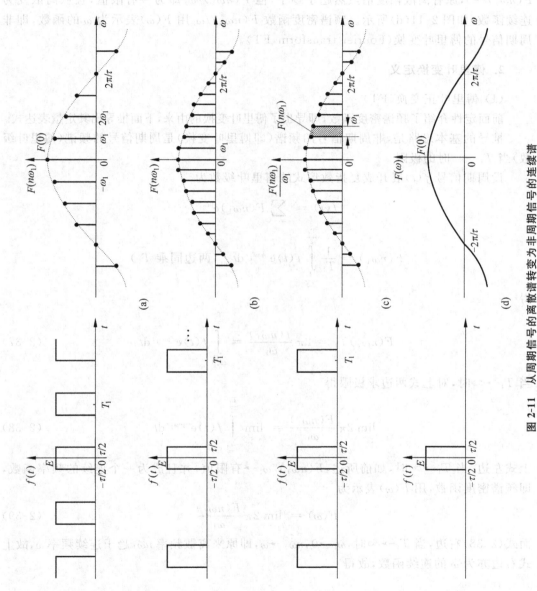

图 2-11 从周期信号的离散谱转变为非周期信号的连续谱

理量频谱密度函数,它反映单位频带上频率幅值的大小,以 $F(n\omega_1)/\omega_1$ 表示,显然它也是 ω_1 的函数,并且与原来的幅度谱具有相似的图形。因此我们不妨在图 2-11(b)中的频谱图中把纵坐标 $F(n\omega_1)$ 用 $F(n\omega_1)/\omega_1$ 代替,如图 2-11(c)所示。这样当 $T_1\to\infty$ 时,$\omega_1\to 0$,$F(n\omega_1)\to 0$,原有离散幅度谱虽然趋于零了,但 $F(n\omega_1)/\omega_1$ 却为一有限值,且从离散变为连续函数,如图 2-11(d)所示。频谱密度函数 $F(n\omega_1)/\omega_1$ 用 $F(\omega)$ 表示为 ω 的函数,即非周期信号的傅里叶变换(Fourier transform,FT)。

2. 傅里叶变换定义

(1) 傅里叶正变换(FT)

前面定性介绍了频谱密度函数,即导出了傅里叶变换的由来,下面推导出其定量表达式。

推导的基本思路是,非周期信号的频谱(即傅里叶变换)是周期信号的频谱(傅里叶级数)当 $T_1\to\infty$ 时的极限。

设周期信号 $f(t)$ 展开成复指数形式的傅里叶级数为

$$f(t)=\sum_{n=-\infty}^{\infty}F(n\omega_1)\mathrm{e}^{\mathrm{j}n\omega_1 t}$$

$$F(n\omega_1)=\frac{1}{T_1}\int_{-\frac{T_1}{2}}^{\frac{T_1}{2}}f(t)\mathrm{e}^{-\mathrm{j}n\omega_1 t}\mathrm{d}t \quad (\text{两边同乘 } T_1)$$

得

$$F(n\omega_1)T_1=2\pi\frac{F(n\omega_1)}{\omega_1}=\int_{-\frac{T_1}{2}}^{\frac{T_1}{2}}f(t)\mathrm{e}^{-\mathrm{j}n\omega_1 t}\mathrm{d}t \tag{2-37}$$

当 $T_1\to\infty$ 时,对上式两边求极限得

$$\lim_{T_1\to\infty}2\pi\frac{F(n\omega_1)}{\omega_1}=\lim_{T_1\to\infty}\int_{-\frac{T_1}{2}}^{\frac{T_1}{2}}f(t)\mathrm{e}^{-\mathrm{j}n\omega_1 t}\mathrm{d}t \tag{2-38}$$

上式左边,当 $T_1\to\infty$ 时,如前所述,$F(n\omega_1)/\omega_1\to$ 有限值,并且成为一个连续的频率函数,即频谱密度函数,用 $F(\omega)$ 表示为

$$F(\omega)=\lim_{T_1\to\infty}2\pi\frac{F(n\omega_1)}{\omega_1} \tag{2-39}$$

而式(2-38)右边,当 $T_1\to\infty$ 时,$\omega_1\to 0$,$n\omega_1\to\omega$,即原来离散频率 $n\omega_1$ 趋于连续频率 ω,故上式右边亦为 ω 的连续函数,故得

$$F(\omega)=\int_{-\infty}^{\infty}f(t)\mathrm{e}^{-\mathrm{j}\omega t}\mathrm{d}t \tag{2-40}$$

式(2-40)为信号 $f(t)$ 的傅里叶正变换,它的物理意义是单位频带上的频谱值,即频谱密度(spectrum density),简称为非周期信号的频谱。

$F(\omega)$ 一般为复数,故又可写成复指数形式为

$$F(\omega)=|F(\omega)|\mathrm{e}^{\mathrm{j}\varphi(\omega)} \tag{2-41}$$

式中：$|F(\omega)|$——幅度频谱，代表信号中各频率分量的相对大小；

$\varphi(\omega)$——相位频谱，代表信号各频率分量之间的相位关系。

(2) 傅里叶反变换(inverse Fourier transform, IFT)

由已知非周期信号的傅里叶正变换 $F(\omega)$ 求原信号 $f(t)$ 的运算，称为傅里叶反变换。同样也可由对傅里叶级数取极限方法来求得。

将任一周期信号 $f(t)$ 展成傅里叶级数

$$f(t) = \sum_{n=-\infty}^{\infty} F(n\omega_1) e^{jn\omega_1 t}$$

将上式改写成频谱密度形式

$$f(t) = \sum_{n=-\infty}^{\infty} \frac{F(n\omega_1)}{\omega_1} e^{jn\omega_1 t} \omega_1$$

在 $T_1 \to \infty$ 极限情况下，上式中各量将变为

$$\omega_1 \to d\omega, \quad n\omega_1 \to \omega, \quad F(n\omega_1)/\omega_1 \to F(\omega)/2\pi, \quad \sum_{n=-\infty}^{\infty} \to \int_{-\infty}^{\infty}$$

于是傅里叶级数变为积分形式

$$f(t) = \frac{1}{2\pi} \int_{-\infty}^{\infty} F(\omega) e^{j\omega t} d\omega \tag{2-42}$$

上式称为傅里叶反变换，其物理意义是非周期信号可以展成一系列不同频率的复指数分量的叠加积分。与周期信号区别为，复指数分量的频率成为连续变化的，它的系数即为频谱密度函数 $F(\omega)$。

式(2-40)与式(2-42)构成傅里叶变换对(FT pair)，通常可简写成

$$\left. \begin{aligned} F(\omega) &= \mathscr{F}[f(t)] = \int_{-\infty}^{\infty} f(t) e^{-j\omega t} dt \\ f(t) &= \mathscr{F}^{-1}[F(\omega)] = \frac{1}{2\pi} \int_{-\infty}^{\infty} F(\omega) e^{j\omega t} d\omega \end{aligned} \right\} \tag{2-43}$$

式(2-43)的傅里叶变换对在时域信号 $f(t)$ 与频谱密度函数 $F(\omega)$ 之间建立一一对应关系，也可简化为

$$f(t) \Leftrightarrow F(\omega)$$

需注意 $f(t)$ 与 $F(\omega)$ 不可用等式相连，因为它们是两种不同函数域之间的变换关系。其中 $e^{-j\omega t}$，$e^{j\omega t}$ 也被称为傅里叶变换对的变换核函数(kernel function of transform)，在后面讨论傅里叶级数性质时还会进一步说明。

(3) 傅里叶变换的三角形式

由式(2-42)

$$f(t) = \frac{1}{2\pi} \int_{-\infty}^{\infty} F(\omega) e^{j\omega t} d\omega$$

设

$$F(\omega) = |F(\omega)| e^{j\varphi(\omega)}$$

故

$$f(t) = \frac{1}{2\pi}\int_{-\infty}^{\infty} |F(\omega)| e^{j[\omega t + \varphi(\omega)]} d\omega$$

$$= \frac{1}{2\pi}\int_{-\infty}^{\infty} |F(\omega)| \cos[\omega t + \varphi(\omega)] d\omega + j\frac{1}{2\pi}\int_{-\infty}^{\infty} |F(\omega)| \sin[\omega t + \varphi(\omega)] d\omega$$

(2-44)

若 $f(t)$ 为实函数,则 $|F(\omega)|$ 和 $\varphi(\omega)$ 分别为 ω 的偶函数和奇函数,有

$$\int_{-\infty}^{\infty} |F(\omega)| \cos[\omega t + \varphi(\omega)] d\omega = 2\int_{0}^{\infty} |F(\omega)| \cos[\omega t + \varphi(\omega)] d\omega$$

$$\int_{-\infty}^{\infty} |F(\omega)| \sin[\omega t + \varphi(\omega)] d\omega = 0$$

所以式(2-44)表示为

$$f(t) = \frac{1}{\pi}\int_{0}^{\infty} |F(\omega)| \cos[\omega t + \varphi(\omega)] d\omega$$

(2-45)

上式的物理意义是:非周期信号和周期信号一样,也可以分解为许多不同频率的正、余弦分量的叠加。不同的是其频率不是离散的而是连续的,这些分量的幅度 $\frac{|F(\omega)|}{\pi} d\omega$ 不是有限值而是趋于零的无穷小量。归纳起来,得出如下结论:非周期信号频谱的特点是连续谱、密度谱。

(4)傅里叶变换的存在条件

严格的数学证明(此处略)得知傅里叶变换存在的充分条件是 $f(t)$ 在无限区间内绝对可积(absolutely integrable),即

$$\int_{-\infty}^{\infty} |f(t)| dt < \infty$$

(2-46)

将冲激函数的概念引入到傅里叶变换中后,使原来许多不满足绝对可积条件的信号(如阶跃信号、周期信号等)也能进行傅里叶变换了。

3. 傅里叶级数与傅里叶变换的比较

通过前面对周期信号和非周期信号进行频谱分析可以看出两者之间的异同,如表 2-1 所示。

表 2-1 傅里叶级数与傅里叶变换分析的异同

目 标	傅里叶级数	傅里叶变换
分析对象	周期信号	非周期信号
频率定义域	离散频率,谐波频率处	连续频率,整个频率轴
函数值意义	频率分量的数值	频率分量的密度值

2.3.2 典型非周期信号的傅里叶变换

为了掌握傅里叶变换的方法,本节介绍一些常用信号的频谱。

1. 矩形脉冲信号

矩形脉冲信号如图 2-12 所示,其表达式为

$$f(t) = \begin{cases} E & |t| < \dfrac{\tau}{2} \\ 0 & |t| \geqslant \dfrac{\tau}{2} \end{cases}$$

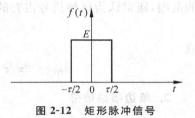

图 2-12 矩形脉冲信号

由傅里叶正变换可得其频谱函数为

$$F(\omega) = \int_{-\infty}^{\infty} f(t) e^{-j\omega t} dt = \int_{-\frac{\tau}{2}}^{\frac{\tau}{2}} E e^{-j\omega t} dt = \frac{E}{j\omega}(e^{j\frac{\omega\tau}{2}} - e^{-j\frac{\omega\tau}{2}})$$

$$= \frac{2E}{\omega} \sin\frac{\omega\tau}{2} = E\tau \frac{\sin\frac{\omega\tau}{2}}{\frac{\omega\tau}{2}} = E\tau \, \text{sa}\left(\frac{\omega\tau}{2}\right) \tag{2-47}$$

矩形脉冲的幅度频谱和相位频谱分别为

$$|F(\omega)| = E\tau \left| \text{sa}\left(\frac{\omega\tau}{2}\right) \right|$$

$$\varphi(\omega) = \begin{cases} 0 & \dfrac{4n\pi}{\tau} < |\omega| < \dfrac{2(2n+1)\pi}{\tau} \\ \mp\pi & \dfrac{2(2n+1)\pi}{\tau} < |\omega| < \dfrac{4(n+1)\pi}{\tau} \end{cases} \quad (n=0,1,2,\cdots)$$

图 2-13(a)表示幅度频谱 $|F(\omega)|$,图形对称于纵轴,为 ω 的偶函数。图 2-13(b)表示相位频谱 $\varphi(\omega)$,其对称于坐标原点,为 ω 的奇函数。图 2-13(c)则是同时将幅度频谱和相

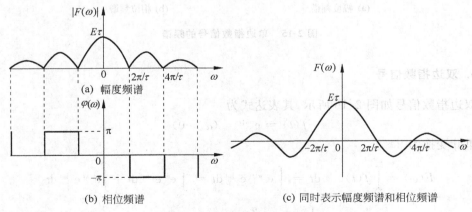

(a) 幅度频谱

(b) 相位频谱

(c) 同时表示幅度频谱和相位频谱

图 2-13 矩形脉冲的频谱

位频谱表示在一起,显示出矩形脉冲信号的频谱具有抽样函数的形状。

由以上分析可知,虽然矩形脉冲信号在时域中集中于有限区间内,但它的频谱却以 $sa(\omega\tau/2)$ 的规律分布在无限宽的频率范围上。不过其主要的信号能量仍处于 $f=0\sim 1/\tau$ 的范围,通常认为这种信号占有的频率范围(频带宽度)f_B(或 ω_B)近似为

$$f_B = 1/\tau \tag{2-48a}$$

或

$$\omega_B = 2\pi/\tau \tag{2-48b}$$

2. 单边指数信号

单边指数信号如图 2-14 所示。其表达式为

$$f(t) = e^{-\alpha t}\varepsilon(t) \quad (\alpha > 0)$$

图 2-14 单边指数信号

由傅里叶正变换式得单边指数信号的频谱函数为

$$F(\omega) = \int_{-\infty}^{\infty} f(t) e^{-j\omega t} dt = \int_{0}^{\infty} e^{-\alpha t} e^{-j\omega t} dt = \frac{1}{\alpha + j\omega} \tag{2-49}$$

其幅度频谱和相位频谱分别为

$$\left. \begin{array}{l} |F(\omega)| = \dfrac{1}{\sqrt{\alpha^2+\omega^2}} \\[6pt] \varphi(\omega) = -\arctan\left(\dfrac{\omega}{\alpha}\right) \end{array} \right\}$$

频谱图如图 2-15(a),(b)所示。

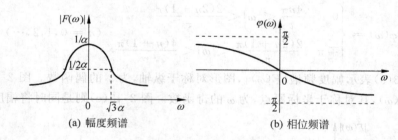

图 2-15 单边指数信号的频谱

3. 双边指数信号

双边指数信号如图 2-16 所示,其表达式为

$$f(t) = e^{-\alpha|t|} \quad (\alpha > 0)$$

其傅里叶变换为

$$F(\omega) = \int_{-\infty}^{\infty} f(t) e^{-j\omega t} dt = \int_{-\infty}^{\infty} e^{-\alpha|t|} e^{-j\omega t} dt = \int_{-\infty}^{0} e^{\alpha t} e^{-j\omega t} dt + \int_{0}^{\infty} e^{-\alpha t} e^{-j\omega t} dt$$

$$= \frac{1}{\alpha - j\omega} + \frac{1}{\alpha + j\omega} = \frac{2\alpha}{\alpha^2 + \omega^2} \tag{2-50}$$

幅度频谱和相位频谱分别为

$$|F(\omega)| = \frac{2\alpha}{\alpha^2 + \omega^2} \brace \varphi(\omega) = 0$$

如图 2-17 所示。

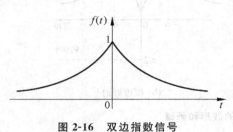

图 2-16 双边指数信号

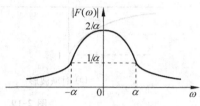

图 2-17 幅频特性曲线

4. 符号函数

符号函数以 sgn(t) 表示,又称为正负号函数,如图 2-18 所示,其表达式为

$$f(t) = \text{sgn}(t) = \begin{cases} 1 & t > 0 \\ -1 & t < 0 \end{cases}$$

显然,该信号不满足绝对可积条件,但它却存在傅里叶变换。可以借助于符号函数与双边指数衰减函数相乘,先求得此乘积信号 $f_1(t)$ 的频谱,然后取极限,从而求出符号函数 $f(t)$ 的频谱。

$$f_1(t) = \text{sgn}(t)\mathrm{e}^{-\alpha|t|} = \begin{cases} \mathrm{e}^{-\alpha t} & t > 0 \\ -\mathrm{e}^{\alpha t} & t < 0 \end{cases} \quad (\alpha > 0)$$

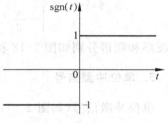

图 2-18 符号函数

在 $\alpha \to 0$ 时的极限

$$\text{sgn}(t) = \lim_{\alpha \to 0} f_1(t) = \lim_{\alpha \to 0}\text{sgn}(t)\mathrm{e}^{-\alpha|t|} \tag{2-51}$$

可以求得 $f(t)$ 的傅里叶变换为

$$F_1(\omega) = \int_{-\infty}^{0}(-\mathrm{e}^{\alpha t})\mathrm{e}^{-\mathrm{j}\omega t}\mathrm{d}t + \int_{0}^{\infty}\mathrm{e}^{-\alpha t}\mathrm{e}^{-\mathrm{j}\omega t}\mathrm{d}t = \frac{-2\mathrm{j}\omega}{\alpha^2 + \omega^2} \tag{2-52}$$

$$|F_1(\omega)| = \frac{2|\omega|}{\alpha^2 + \omega^2} \brace \varphi_1(\omega) = \begin{cases} \dfrac{\pi}{2} & \omega < 0 \\ -\dfrac{\pi}{2} & \omega > 0 \end{cases} \tag{2-53}$$

其波形和幅度频谱如图 2-19(a),(b)所示。

符号函数 sgn(t) 的频谱

$$F(\omega) = \lim_{\alpha \to 0} F_1(\omega) = \lim_{\alpha \to 0}\left(\frac{-2\mathrm{j}\omega}{\alpha^2 + \omega^2}\right) = \frac{2}{\mathrm{j}\omega} \tag{2-54}$$

其幅度频谱和相位频谱分别为

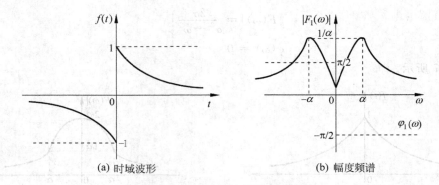

(a) 时域波形　　　　　　　　(b) 幅度频谱

图 2-19　信号 $f_1(t)$ 的波形和频谱

$$|F(\omega)| = \frac{2}{|\omega|}$$

$$\varphi_1(\omega) = \begin{cases} \dfrac{\pi}{2} & \omega < 0 \\ -\dfrac{\pi}{2} & \omega > 0 \end{cases} \quad (2\text{-}55)$$

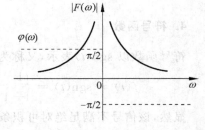

图 2-20　sgn(t) 的频谱

其波形和频谱分别如图 2-18 和图 2-20 所示。

5. 单位冲激信号

单位冲激信号(如图 2-21(a))的傅里叶变换为

$$F(\omega) = \int_{-\infty}^{\infty} \delta(t) \mathrm{e}^{-\mathrm{j}\omega t} \mathrm{d}t = \mathrm{e}^0 = 1 \quad (2\text{-}56)$$

上述结果也可由矩形脉冲取极限得到,当脉宽 τ 逐渐变窄时,其频谱必然展宽。可以想象,若 $\tau \to 0$,而 $E\tau = 1$,这时矩形脉冲就变成了 $\delta(t)$,其相应频谱 $F(\omega)$ 必等于常数 1。

可见,单位冲激函数的频谱等于常数,也就是说,在整个频率范围内频谱是均匀分布的。显然,在时域中变化异常剧烈的冲激信号包含幅度相等的所有频率分量。因此,这种频谱常称为均匀谱或白噪声(flat noise),如图 2-21(b) 所示,同时此图也表明了信号的时宽与频宽成反比关系的一种极端情况。

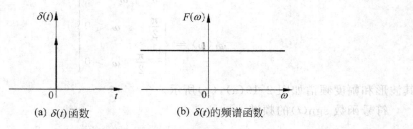

(a) $\delta(t)$ 函数　　　　　　　　(b) $\delta(t)$ 的频谱函数

图 2-21　单位冲激函数的频谱

同样,由傅里叶反变换定义也可以求得 $\delta(\omega)$ 的时域函数 $f(t)$ 为

$$f(t) = \mathscr{F}^{-1}[\delta(\omega)] = \frac{1}{2\pi}\int_{-\infty}^{\infty}\delta(\omega)\mathrm{e}^{\mathrm{j}\omega t}\mathrm{d}\omega = \frac{1}{2\pi} \tag{2-57}$$

然后再根据傅里叶变换的可逆性,给出关于冲激信号与直流信号的正、反傅里叶变换的规律,如表 2-2 所示。

表 2-2 单位冲激信号及直流信号的频谱函数正反傅里叶变换规律

傅里叶正变换	$\mathscr{F}[\delta(t)]=1$	傅里叶变换→可逆性	$\mathscr{F}^{-1}[1]=\delta(t)$	
	$\mathscr{F}[1]=2\pi\delta(\omega)$	傅里叶反变换←可逆性	$\mathscr{F}^{-1}[\delta(\omega)]=\dfrac{1}{2\pi}$	傅里叶反变换

由此得出直流信号的傅里叶变换为

$$\mathscr{F}(\omega) = \mathscr{F}[\delta(t)] = 1 \quad \mathscr{F}[1] = 2\pi\delta(\omega) \tag{2-58}$$

其频谱图如图 2-22 所示。

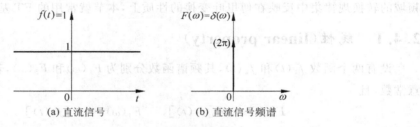

图 2-22 直流信号的波形与频谱

6. 单位阶跃信号

如图 2-23(a)所示的单位阶跃函数 $\varepsilon(t)$ 不满足绝对可积条件,但是它仍存在傅里叶变换。

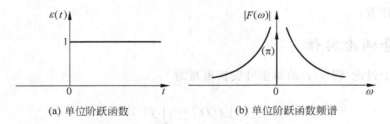

图 2-23 单位阶跃函数的波形与频谱

由式(1-15)可知,阶跃函数可以用符号函数表示为

$$\varepsilon(t) = \frac{1}{2} + \frac{1}{2}\mathrm{sgn}(t) \tag{2-59}$$

对上式两边进行傅里叶变换

$$\mathscr{F}[\varepsilon(t)] = \mathscr{F}\left[\frac{1}{2}\right] + \frac{1}{2}\mathscr{F}[\mathrm{sgn}(t)]$$

由式(2-58)、式(2-59)可得单位阶跃函数的傅里叶变换为

$$\mathscr{F}[\varepsilon(t)] = \pi\delta(\omega) + \frac{1}{\mathrm{j}\omega} \tag{2-60}$$

可见 $\varepsilon(t)$ 的傅里叶变换在 $\omega=0$ 处有一个冲激,由表 2-2 可知该冲激来自 $\varepsilon(t)$ 的直流分量。此外,由于 $\varepsilon(t)$ 不是纯直流信号,它在 $t=0$ 点有跳变,因此在频谱中还出现其他频率分量,如图 2-23(b)所示。

2.4 傅里叶变换的基本性质

式(2-43)表示的傅里叶变换对建立了时间信号 $f(t)$ 与频谱函数 $F(\omega)$ 之间的一一对应关系。这一变换对表明,信号的特性可以用时间函数表示,也可以用其频谱函数 $F(\omega)$ 表示。两者之间有密切联系,其中只要一个确定,另一个亦随之惟一地确定。这种时域和频域的转换规律集中反映在傅里叶变换的性质上,本节就常用的 FT 基本性质进行讨论。

2.4.1 线性(linear property)

设有两个函数 $f_1(t)$ 和 $f_2(t)$,其频谱函数分别为 $F_1(\omega)$ 和 $F_2(\omega)$,若 a_1 和 a_2 是两个任意常数,且

$$F_1(\omega) = \mathscr{F}[f_1(t)], \quad F_2(\omega) = \mathscr{F}[f_2(t)]$$

则

$$\mathscr{F}[a_1 f_1(t) + a_2 f_2(t)] = a_1 F_1(\omega) + a_2 F_2(\omega) \tag{2-61}$$

上述关系称为傅里叶变换的线性性质,并可推广到多个函数的情况,此处从略。

由傅里叶变换的定义式可证明上述结论,显然,傅里叶变换是一种线性运算,它满足齐次性(homogeneity)和可加性(additivity)。故叠加信号的频谱等于各信号频谱的叠加。

线性性质虽然简单,却十分重要,是频域分析的基础。上一节求阶跃信号 $\varepsilon(t)$ 的频谱时曾用到此性质。

2.4.2 奇偶虚实性

为了便于讨论,将 $f(t)$ 的傅里叶变换重写为

$$F(\omega) = \mathscr{F}[f(t)] = \int_{-\infty}^{\infty} f(t) \mathrm{e}^{-\mathrm{j}\omega t} \mathrm{d}t$$

在一般情况下,$F(\omega)$ 是复函数,因而可以把它表示成模与相位或者实部与虚部的形式,即

$$F(\omega) = |F(\omega)| \mathrm{e}^{\mathrm{j}\varphi(\omega)} = R(\omega) + \mathrm{j}X(\omega)$$

显然

$$\left. \begin{array}{l} F(\omega) = \sqrt{R^2(\omega) + X^2(\omega)} \\ \varphi(\omega) = \arctan\left[\dfrac{X(\omega)}{R(\omega)}\right] \end{array} \right\} \tag{2-62}$$

下面讨论两种特殊情况。

1. $f(t)$是实函数

因为

$$F(\omega) = \int_{-\infty}^{\infty} f(t)e^{-j\omega t}dt = \int_{-\infty}^{\infty} f(t)\cos(\omega t)dt - j\int_{-\infty}^{\infty} f(t)\sin(\omega t)dt$$

故有

$$\left.\begin{aligned} R(\omega) &= \int_{-\infty}^{\infty} f(t)\cos(\omega t)dt \\ X(\omega) &= -\int_{-\infty}^{\infty} f(t)\sin(\omega t)dt \end{aligned}\right\} \tag{2-63}$$

显然,$R(\omega)$为 ω 的偶函数,$X(\omega)$为 ω 的奇函数,即满足

$$\left.\begin{aligned} R(\omega) &= R(-\omega) \\ X(\omega) &= -X(-\omega) \\ F(-\omega) &= F^*(\omega) \end{aligned}\right\} \tag{2-64}$$

其中 $F^*(\omega)$ 为 $F(\omega)$ 的共轭复数。

由于 $R(\omega)$是偶函数,$X(\omega)$为奇函数,由式(2-62)、式(2-63)可证明 $|F(\omega)|$ 是偶函数,$\varphi(\omega)$ 是奇函数。也就是有如下结论:实函数的傅里叶变换的幅度频谱和相位频谱分别为偶、奇函数。这一特点在信号处理中有广泛的应用。这一结论还可以引申出以下两条结论:

(1) 若 $f(t)$ 在积分区间内为偶函数,即

$$f(t) = f(-t)$$

则式(2-63)中

$$X(\omega) = -\int_{-\infty}^{\infty} f(t)\sin(\omega t)dt = 0 \tag{2-65}$$

此时

$$F(\omega) = \mathscr{F}[f(t)] = R(\omega) = \int_{-\infty}^{\infty} f(t)\cos(\omega t)dt \tag{2-66}$$

即可得出结论:若 $f(t)$ 为 t 的实偶函数,则 $F(\omega)$ 也为 ω 的实偶函数。

(2) 若 $f(t)$ 在积分区间内为实奇函数,即

$$f(t) = -f(-t)$$

则由式(2-63)求得

$$R(\omega) = \int_{-\infty}^{\infty} f(t)\cos(\omega t)dt = 0 \tag{2-67}$$

此时

$$F(\omega) = \mathscr{F}[f(t)] = jX(\omega) = -2j\int_{0}^{\infty} f(t)\sin(\omega t)dt \tag{2-68}$$

即得出结论：若 $f(t)$ 为 t 的实奇函数，则 $F(\omega)$ 必为 ω 的虚奇函数。

2. $f(t)$ 是虚函数

令 $f(t)=\mathrm{j}g(t)$，则有

$$F(\omega)=\mathscr{F}[f(t)]=\int_{-\infty}^{\infty}f(t)\mathrm{e}^{-\mathrm{j}\omega t}\mathrm{d}t=\mathrm{j}\int_{-\infty}^{\infty}g(t)\mathrm{e}^{-\mathrm{j}\omega t}\mathrm{d}t$$

$$=\int_{-\infty}^{\infty}g(t)\sin(\omega t)\mathrm{d}t+\mathrm{j}\int_{-\infty}^{\infty}g(t)\cos(\omega t)\mathrm{d}t$$

故有

$$\left.\begin{array}{l}R(\omega)=\displaystyle\int_{-\infty}^{\infty}g(t)\sin(\omega t)\mathrm{d}t\\X(\omega)=\displaystyle\int_{-\infty}^{\infty}g(t)\cos(\omega t)\mathrm{d}t\end{array}\right\} \tag{2-69}$$

此时，$R(\omega)$ 为奇函数，$X(\omega)$ 为偶函数，即满足

$$\left.\begin{array}{l}R(\omega)=-R(-\omega)\\X(\omega)=X(-\omega)\\F(-\omega)=-F^{*}(\omega)\end{array}\right\} \tag{2-70}$$

此外，无论 $f(t)$ 为实函数或复函数，都具有以下性质：

$$\left.\begin{array}{l}F(-\omega)=\mathscr{F}[f(-t)]\\F^{*}(-\omega)=\mathscr{F}[f^{*}(t)]\\F^{*}(\omega)=\mathscr{F}[f^{*}(-t)]\end{array}\right\} \tag{2-71}$$

其证明过程，读者可作为练习自己加以证明。

例 2.4.1 已知

$$f_1(t)=\begin{cases}\mathrm{e}^{-\alpha t} & t>0\\-\mathrm{e}^{\alpha t} & t<0\end{cases}\quad(\alpha>0)$$

求该奇函数的频谱。

解：

$$F(\omega)=\int_{-\infty}^{\infty}f(t)\mathrm{e}^{-\mathrm{j}\omega t}\mathrm{d}t=\int_{-\infty}^{0}(-\mathrm{e}^{\alpha t})\mathrm{e}^{-\mathrm{j}\omega t}\mathrm{d}t+\int_{0}^{\infty}\mathrm{e}^{-\alpha t}\mathrm{e}^{-\mathrm{j}\omega t}\mathrm{d}t$$

显然，此积分结果即为式(2-52)、式(2-53)，为便于讨论，重写于下面：

$$F(\omega)=\frac{-2\mathrm{j}\omega}{\alpha^2+\omega^2}$$

幅度频谱

$$|F(\omega)|=\frac{2|\omega|}{\alpha^2+\omega^2}$$

相位频谱

$$\varphi(\omega) = \begin{cases} \dfrac{\pi}{2} & \omega < 0 \\ -\dfrac{\pi}{2} & \omega > 0 \end{cases}$$

波形和频谱如图 2-24 所示。显然，实奇函数的频谱为虚奇函数，且幅度频谱仍为偶函数，相位频谱仍为奇函数，这一结论也可推广至一般情况。

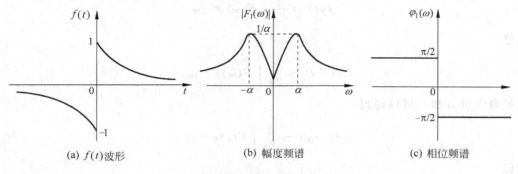

图 2-24 例 2.4.1 图示

2.4.3 对偶（对称）性

从傅里叶变换对定义式(2-42)可以发现，傅里叶正、反变换的差别仅在于变换核函数，而且变换核函数又恰好是共轭对称(conjugation-symmetry)的，即

$$\begin{matrix} (e^{-j\omega t})^* = e^{j\omega t} \\ (e^{j\omega t})^* = e^{-j\omega t} \end{matrix} \tag{2-72}$$

因此可以认为傅里叶正、反变换在本质上是一致的。由傅里叶反变换定义，可以推导出

$$f(t) = \mathscr{F}^{-1}[F(\omega)] = \frac{1}{2\pi}\int_{-\infty}^{\infty} F(\omega) e^{j\omega t} d\omega = \frac{1}{2\pi}\int_{-\infty}^{\infty} [F^*(\omega) e^{-j\omega t} d\omega]^*$$

$$= \frac{1}{2\pi}\left[\int_{-\infty}^{\infty} F^*(\omega) e^{-j\omega t} d\omega\right]^* = \frac{1}{2\pi}\{\mathscr{F}_\omega[F^*(\omega)]\}^* \tag{2-73}$$

其中

$$\mathscr{F}_\omega[g(\omega)] = \int_{-\infty}^{\infty} g(\omega) e^{-j\omega t} d\omega \tag{2-74}$$

表示按自变量 ω 进行傅里叶变换，结果是 t 的函数。因此，式(2-72)表明，傅里叶反变换可以通过傅里叶变换来实现，这就为编程计算傅里叶正、反变换时，在程序上共享相同的内核程序模块奠定了理论基础。

既然傅里叶正、反变换在本质上是相同的，我们就有理由相信：把频谱的波形形状 $F(\cdot)$ 放到时域中，变成 $F(t)$，求其傅里叶变换，那么所求频谱与原信号时域波形形状 $f(t)$ 应该有一定的内在关系。这种关系称为对偶(或对称)性质(duality property)，具体可表示为

若
$$F(\omega) = \mathscr{F}[f(t)]$$
则
$$\mathscr{F}[F(t)] = 2\pi f(-\omega) \tag{2-75}$$

证明：因为
$$f(t) = \frac{1}{2\pi}\int_{-\infty}^{\infty} F(\omega)e^{j\omega t}\,d\omega$$

显然
$$f(-t) = \frac{1}{2\pi}\int_{-\infty}^{\infty} F(\omega)e^{-j\omega t}\,d\omega$$

交换自变量 ω 和 t，可以得到
$$f(-\omega) = \frac{1}{2\pi}\int_{-\infty}^{\infty} F(t)e^{-j\omega t}\,dt$$

所以
$$2\pi f(-\omega) = \int_{-\infty}^{\infty} F(t)e^{-j\omega t}\,dt = \mathscr{F}[F(t)]$$

特别地，若 $f(t)$ 为偶函数，即 $f(t)=f(-t)$，则 $\mathscr{F}[F(t)]=2\pi f(\omega)$；而若 $f(t)$ 为奇函数，即 $f(t)=-f(-t)$，则 $\mathscr{F}[F(t)]=-2\pi f(\omega)$。

利用对偶性，可以比较方便地求一些信号的傅里叶变换。

例 2.4.2 已知冲激信号 $\delta(t)$ 的傅里叶变换为 $F(\omega)=1$，求直流信号的傅里叶变换 $\mathscr{F}[1]$。

解：利用对偶性，可以直接写出 $\mathscr{F}[1]$ 的表达式，且直流信号又是偶函数，故有
$$\mathscr{F}[1] = 2\pi\delta(\omega)$$
如图 2-25 所示。

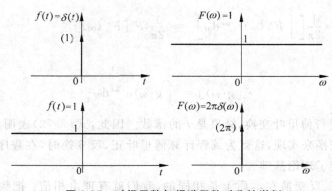

图 2-25 时间函数与频谱函数对称性举例

例 2.4.3 已知矩形脉冲信号的傅里叶变换为 $F(\omega)=E\tau\,\mathrm{sa}(\omega\tau/2)$，求抽样函数 $\mathrm{sa}(t)$ 的傅里叶变换。

解：由式(2-47)得出了矩形脉冲信号 $f(t)$ 的傅里叶变换为
$$F(\omega) = E\tau \mathrm{sa}(\omega\tau/2)$$
如图 2-26(a) 所示，则由傅里叶变换的对偶性质，因 sa(t) 为偶函数，可以求得
$$\mathscr{F}[E\tau \mathrm{sa}(\omega t/2)] = \begin{cases} 2\pi E & |\omega| < \omega_c/2 \\ 0 & |\omega| > \omega_c/2 \end{cases}$$
对上式取 $\tau = 2, E = 1/2$，则有 $\omega_c = 2$，即
$$\mathscr{F}[\mathrm{sa}(t)] = \begin{cases} \pi & |\omega| < 1 \\ 0 & |\omega| > 1 \end{cases}$$
其波形如图 2-26(b) 所示，sa(t) 的傅里叶变换是脉宽为 2，幅值为 π 的矩形脉冲。

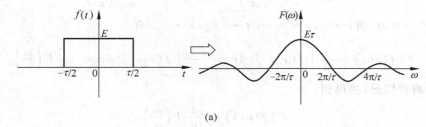

(a)

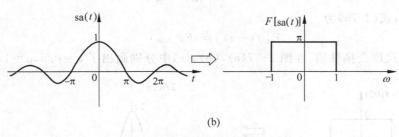

(b)

图 2-26 根据对称性求 sa(t) 的频谱

例 2.4.4 利用对偶性质求 $\mathscr{F}[1/t]$。

解：由式(2-54)可知符号函数 sgn(t) 的傅里叶变换为
$$\mathscr{F}[\mathrm{sgn}(t)] = \frac{2}{j\omega}$$
由线性性质得
$$\mathscr{F}\left[j\frac{1}{2}\mathrm{sgn}(t)\right] = \frac{1}{\omega}$$
考虑到 sgn(t) 为奇函数，由对偶性可知
$$\mathscr{F}\left[\frac{1}{t}\right] = 2\pi\left[j\frac{1}{2}\mathrm{sgn}(-\omega)\right] = -j\pi\mathrm{sgn}(\omega)$$

2.4.4 尺度变换特性

第 1.5 节介绍了信号的时间展缩的概念，本节将研究信号的傅里叶变换中信号的时宽与频宽之间的关系，即尺度变换性质(scaling property)。

若

则
$$\mathscr{F}[f(t)] = F(\omega)$$

$$\mathscr{F}[f(at)] = \frac{1}{|a|} F\left(\frac{\omega}{a}\right) \quad (a \neq 0) \tag{2-76}$$

证明：因为

$$\mathscr{F}[f(at)] = \int_{-\infty}^{\infty} f(at) e^{-j\omega t} dt$$

令 $x = at$，当 $a > 0$ 时，有

$$\mathscr{F}[f(at)] = \frac{1}{a} \int_{-\infty}^{\infty} f(x) e^{-j\frac{\omega}{a}x} dx = \frac{1}{a} F\left(\frac{\omega}{a}\right)$$

当 $a < 0$，令 $x = at$，则 $t \to \infty, x \to -\infty$；$t \to -\infty, x \to \infty$。有

$$\mathscr{F}[f(at)] = \frac{1}{a} \int_{\infty}^{-\infty} f(x) e^{-j\frac{\omega}{a}x} dx = -\frac{1}{a} \int_{-\infty}^{\infty} f(x) e^{-j\frac{\omega}{a}x} dx = -\frac{1}{a} F\left(\frac{\omega}{a}\right)$$

综合上面两种情况，便得到

$$\mathscr{F}[f(at)] = \frac{1}{|a|} F\left(\frac{\omega}{a}\right)$$

当 $a = -1$ 时，式(2-76)为

$$\mathscr{F}[f(-t)] = F(-\omega) \tag{2-77}$$

为了说明尺度变换性质，在图 2-27(a),(b),(c)中分别画出了 $a = 0.5, a = 1, a = 2$ 时

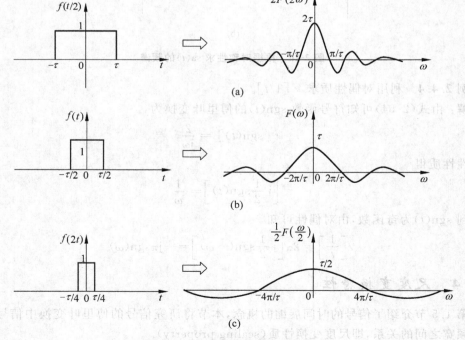

图 2-27 尺度变换性质举例说明

的矩形脉冲情况。因此可得出如下结论：时域压缩对应频域的扩展，时域扩展对应频域压缩。

在通信系统中，要加快通信速度就要压缩信号的持续时间，但要以展宽频带为代价，所以通信速度和占用频带宽度是一对矛盾。

2.4.5 时域平移性

若
$$\mathscr{F}[f(t)] = F(\omega)$$
则
$$\left.\begin{aligned}\mathscr{F}[f(t-t_0)] &= F(\omega)\mathrm{e}^{-\mathrm{j}\omega t_0}\\ \mathscr{F}[f(t+t_0)] &= F(\omega)\mathrm{e}^{\mathrm{j}\omega t_0}\end{aligned}\right\} \tag{2-78}$$

利用傅里叶变换定义即可证明时域平移(time-domain shift)性质，此处证明从略，读者可自行证明。

由式(2-78)表示的时移性说明，信号在时间轴上右(左)移 t_0，则在频域上其频谱将乘以因子 $\mathrm{e}^{\mp \mathrm{j}\omega t_0}$。这意味着信号在时域中延时，不会改变信号的幅度频谱，仅使相位频谱产生一个与频率呈线性关系的相移。即得出如下结论：信号在时域中的延时与频域中的相移相对应。

如果将尺度变换性与时移性综合，不难证明
$$\left.\begin{aligned}\mathscr{F}[f(at-t_0)] &= \frac{1}{|a|}F\left(\frac{\omega}{a}\right)\mathrm{e}^{-\mathrm{j}\frac{\omega}{a}t_0}\\ \mathscr{F}[f(-at+t_0)] &= \frac{1}{|a|}F\left(-\frac{\omega}{a}\right)\mathrm{e}^{-\mathrm{j}\frac{\omega}{a}t_0}\end{aligned}\right\} \tag{2-79}$$

显然，尺度变换性和时移性是以上两式的特例，即 $t_0=0$ 和 $a=\pm 1$ 的情况。

例 2.4.5 已知矩形脉冲信号 $f(t)$ 的频谱为 $F(\omega)=E\tau\mathrm{sa}(\omega\tau/2)$，其相位频谱画于图 2-28(a)，将此脉冲右移 $\tau/2$ 得 $f(t-\tau/2)$，试画出其相位频谱。

解：由题意知，当 $f(t)$ 平移(右移) $\tau/2$ 后，其频谱函数可由时移性求出为
$$\mathscr{F}[f(t-\tau/2)] = E\tau\mathrm{sa}(\tau/2)\mathrm{e}^{-\mathrm{j}\omega\tau/2}$$

显然，幅度频谱没有变化，只是其相位频谱比图 2-28(a)滞后 $\omega\tau/2$，如图 2-28(b)所示。

例 2.4.6 求图 2-29 所示三脉冲信号的频谱。

解：设 $f_0(t)$ 为单脉冲信号，则其频谱函数 $F_0(\omega)$ 为
$$F_0(\omega) = E\tau\mathrm{sa}(\omega\tau/2)$$

又由图 2-29 所示三脉冲信号可知其为单脉冲信号及两个经时移 $\pm T$ 后得到的单脉冲信号的合成，即
$$f(t) = f_0(t) + f_0(t+T) + f_0(t-T)$$

根据时移性，得
$$\begin{aligned}F(\omega) &= F_0(\omega) + F_0(\omega)\mathrm{e}^{\mathrm{j}\omega T} + F_0(\omega)\mathrm{e}^{-\mathrm{j}\omega T} = E\tau\mathrm{sa}(\omega\tau/2)(1+\mathrm{e}^{\mathrm{j}\omega T}+\mathrm{e}^{-\mathrm{j}\omega T})\\ &= E\tau\mathrm{sa}(\omega\tau/2)(1+2\cos(\omega T))\end{aligned}$$

其频谱如图 2-30 所示。

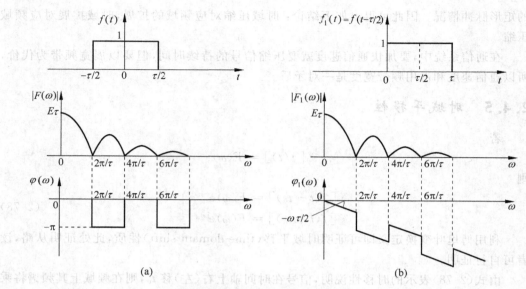

图 2-28 矩形脉冲时移性的示例

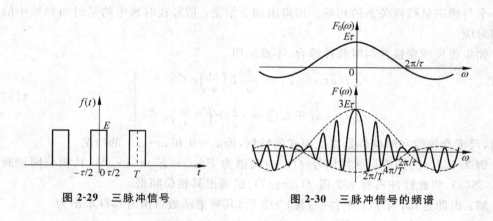

图 2-29 三脉冲信号　　　　图 2-30 三脉冲信号的频谱

2.4.6 频域平移(频移)性

若

$$\mathscr{F}[f(t)] = F(\omega)$$

则

$$\mathscr{F}[f(t)e^{j\omega_0 t}] = F(\omega - \omega_0) \quad (2\text{-}80)$$

$$\mathscr{F}[f(t)e^{-j\omega_0 t}] = F(\omega + \omega_0) \quad (2\text{-}81)$$

利用傅里叶变换定义可以很容易证明该性质的成立,此处从略。

频移(frequency shift)性质表明:时域信号乘以一个复指数信号,相当于把其频谱搬移到复指数信号的频率位置处,这就是在通信系统中广泛应用的频谱搬移(spectrum shift)技术。诸如调幅(AM)、同步解调(synchronous detection)、变频(frequency change)及频分复用(frequency division multiplexing)等过程都是在频谱搬移的基础上实现的。

我们知道,复指数信号在现实世界中不存在,但可以利用欧拉公式,通过乘以正弦或余弦信号达到频谱搬移的目的。例如,使一个信号 $f(t)$ 与一个余弦信号 $\cos(\omega_0 t)$ 相乘,再进行傅里叶变换,得

$$\mathscr{F}[f(t)\cos(\omega_0 t)] = \mathscr{F}\left[f(t)\frac{e^{j\omega_0 t}+e^{-j\omega_0 t}}{2}\right]$$

$$= \frac{1}{2}\{\mathscr{F}[f(t)e^{j\omega_0 t}] + \mathscr{F}[f(t)e^{-j\omega_0 t}]\}$$

$$= \frac{1}{2}[F(\omega-\omega_0)+F(\omega+\omega_0)] \quad (2\text{-}82)$$

从式(2-82)可以看出,余弦信号乘以信号 $f(t)$,相当于把信号 $f(t)$ 的频谱一分为二,分别放置于相互对称的正负两个频率处,该频率就是余弦信号的频率。为此,我们称用以进行频谱搬移的信号 $\cos(\omega_0 t)$ 为载频(carrier frequency)信号,ω_0 称为载频频率,该原理如图 2-31 所示。

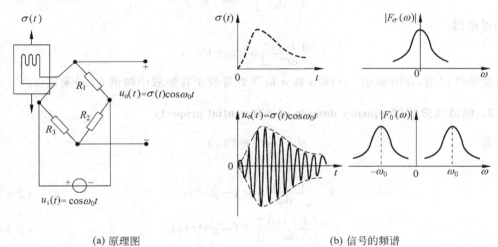

(a) 原理图 (b) 信号的频谱

图 2-31 载波电桥输出调幅信号的频谱

同理用正弦信号 $\sin(\omega_0 t)$ 亦可进行频谱搬移,读者可仿此自己进行分析。

例 2.4.7 图 2-31 是一测量动态应变信号的载波电桥原理图,调制信号为 $u_i(t)$,电桥的输出电压信号 $u_o(t)$,是受动态应变量 $\sigma(t)$ 调制的调幅信号,载频频率为电桥电源频率 ω_0,因此电桥输出电压信号的频谱为动态应变频谱在频率轴上各搬移 $\pm\omega_0$。

2.4.7 微分性

微分性质(differential property)包括时域微分性和频域微分性。

1. 时域微分性(time domain of differential property)

若

$$\mathscr{F}[f(t)] = F(\omega)$$

则

$$\mathscr{F}\left[\frac{\mathrm{d}f(t)}{\mathrm{d}t}\right] = \mathrm{j}\omega F(\omega) \tag{2-83}$$

$$\mathscr{F}\left[\frac{\mathrm{d}^n f(t)}{\mathrm{d}t^n}\right] = (\mathrm{j}\omega)^n F(\omega) \tag{2-84}$$

证明：因为

$$f(t) = \frac{1}{2\pi}\int_{-\infty}^{\infty} F(\omega)\mathrm{e}^{\mathrm{j}\omega t}\mathrm{d}\omega$$

两边对 t 求导数，得

$$\frac{\mathrm{d}f(t)}{\mathrm{d}t} = \frac{1}{2\pi}\int_{-\infty}^{\infty} [\mathrm{j}\omega F(\omega)]\mathrm{e}^{\mathrm{j}\omega t}\mathrm{d}\omega$$

所以

$$\mathscr{F}\left[\frac{\mathrm{d}f(t)}{\mathrm{d}t}\right] = \mathrm{j}\omega F(\omega)$$

同理可推得

$$\mathscr{F}\left[\frac{\mathrm{d}^n f(t)}{\mathrm{d}t^n}\right] = (\mathrm{j}\omega)^n F(\omega)$$

时域微分性说明，在时域中 $f(t)$ 对 t 取 n 阶导数等效于在频域中频谱 $F(\omega)$ 乘以 $(\mathrm{j}\omega)^n$。

2. 频域微分性（frequency domain of differential property）

若

$$\mathscr{F}[f(t)] = F(\omega)$$

则

$$\mathscr{F}^{-1}\left[\frac{\mathrm{d}F(\omega)}{\mathrm{d}\omega}\right] = (-\mathrm{j}t)f(t) \tag{2-85}$$

$$\mathscr{F}^{-1}\left[\frac{\mathrm{d}^n F(\omega)}{\mathrm{d}\omega^n}\right] = (-\mathrm{j}t)^n f(t) \tag{2-86}$$

例 2.4.8 已知三角脉冲信号

$$f(t) = \begin{cases} E\left(1 - \frac{2}{\tau}|t|\right) & |t| \leq \frac{\tau}{2} \\ 0 & |t| > \frac{\tau}{2} \end{cases}$$

如图 2-32(a)所示，求其频谱 $F(\omega)$。

解：对 $f(t)$ 取一阶和二阶导数得到

$$\frac{\mathrm{d}f(t)}{\mathrm{d}t} = \begin{cases} \frac{2E}{\tau} & -\frac{2}{\tau} < t < 0 \\ -\frac{2E}{\tau} & 0 < t < \frac{2}{\tau} \\ 0 & |t| > \frac{2}{\tau} \end{cases}$$

$$\frac{\mathrm{d}^2 f(t)}{\mathrm{d}t^2} = \frac{2E}{\tau}\left[\delta\left(t+\frac{\tau}{2}\right) + \delta\left(t-\frac{\tau}{2}\right) - 2\delta(t)\right]$$

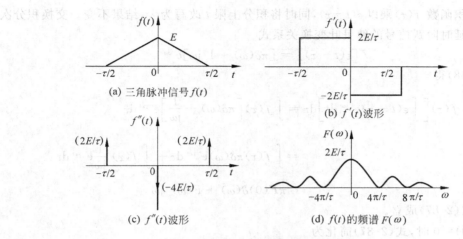

图 2-32 三角脉冲信号及其频谱

利用时域的微分性和平移性，$f''(t)$ 的傅里叶变换为

$$\mathscr{F}\left[\frac{\mathrm{d}^2 f(t)}{\mathrm{d}t^2}\right]=(\mathrm{j}\omega)^2 F(\omega)=\frac{2E}{\tau}\left[\mathrm{e}^{\mathrm{j}\frac{\omega\tau}{2}}+\mathrm{e}^{-\mathrm{j}\frac{\omega\tau}{2}}-2\right]=\frac{2E}{\tau}\left[2\cos\left(\frac{\omega\tau}{2}\right)-2\right]$$

$$=-\frac{8E}{\tau}\sin^2\left(\frac{\omega\tau}{4}\right)$$

$$F(\omega)=\frac{1}{(\mathrm{j}\omega)^2}\left[-\frac{8E}{\tau}\sin^2\left(\frac{\omega\tau}{4}\right)\right]=\frac{8E}{\omega^2\tau}\sin^2\left(\frac{\omega\tau}{4}\right)=\frac{E\tau}{2}\frac{\sin^2\left(\frac{\omega\tau}{4}\right)}{\left(\frac{\omega\tau}{4}\right)^2}$$

$$=\frac{E\tau}{2}\mathrm{sa}^2\left(\frac{\omega\tau}{4}\right)$$

频谱如图 2-32(d) 所示。在应用微分性质计算 $f(t)$ 的频谱 $F(\omega)$ 时，要注意应满足以下条件时才能继续计算，否则会出现错误，读者可验证之。应满足的条件为

$$\mathscr{F}[f'(t)]_{\omega=0}=F_1(\omega)\big|_{\omega=0}=F_1(0)=0$$

$$\mathscr{F}[f''(t)]_{\omega=0}=F_2(\omega)\big|_{\omega=0}=F_2(0)=0$$

……

2.4.8 积分性（integral property）

若 $\quad\mathscr{F}[f(t)]=F(\omega)$

则

$$\mathscr{F}\left[\int_{-\infty}^{t}f(\tau)\mathrm{d}\tau\right]=\frac{F(\omega)}{\mathrm{j}\omega}+\pi F(0)\delta(\omega) \tag{2-87}$$

证明：

$$\mathscr{F}\left[\int_{-\infty}^{t}f(\tau)\mathrm{d}\tau\right]=\int_{-\infty}^{\infty}\left[\int_{-\infty}^{t}f(\tau)\mathrm{d}\tau\right]\mathrm{e}^{-\mathrm{j}\omega t}\mathrm{d}t=\int_{-\infty}^{\infty}\left[\int_{-\infty}^{\infty}f(\tau)\varepsilon(t-\tau)\mathrm{d}\tau\right]\mathrm{e}^{-\mathrm{j}\omega t}\mathrm{d}t \tag{2-88}$$

此处,将被积函数 $f(\tau)$ 乘以 $\varepsilon(t-\tau)$,同时将积分上限 t 改写为 ∞,结果不变。交换积分次序,并引用延时阶跃信号的傅里叶变换关系式

$$\mathscr{F}[\varepsilon(t-\tau)] = [\pi\delta(\omega) + 1/j\omega]e^{-j\omega\tau}$$

则由式(2-88)得

$$\int_{-\infty}^{\infty} f(\tau)\left[\int_{-\infty}^{\infty}\varepsilon(t-\tau)e^{-j\omega t}dt\right]d\tau = \int_{-\infty}^{\infty} f(\tau)\left[\pi\delta(\omega) + \frac{1}{j\omega}\right]e^{-j\omega\tau}d\tau$$

$$= \int_{-\infty}^{\infty} f(\tau)\pi\delta(\omega)e^{-j\omega\tau}d\tau + \int_{-\infty}^{\infty} f(\tau)\frac{1}{j\omega}e^{-j\omega\tau}d\tau$$

$$= \pi F(0)\delta(\omega) + F(\omega)/j\omega$$

即可证明式(2-87)成立。

当 $F(0)=0$ 时,式(2-87)简化为

$$\mathscr{F}\left[\int_{-\infty}^{t} f(\tau)d\tau\right] = \frac{F(\omega)}{j\omega} \tag{2-89}$$

积分性质说明,如果信号的傅里叶变换符合上述条件,且积分的频谱函数存在,则它等于信号的频谱函数除以 $j\omega$。或者说,信号在时域中对时间积分等效于在频域中频谱 $F(\omega)$ 除以 $j\omega$。

将积分性质推广可知,对信号 $f(t)$ 在时域中进行 n 次积分等效于在频域中频谱 $F(\omega)$ 除以 $(j\omega)^n$,这里也是把 $\omega=0$ 点除外,即

$$\mathscr{F}\left[\int\int\cdots\int f(\tau)d\tau\right] = \frac{F(\omega)}{(j\omega)^n} \tag{2-90}$$

例 2.4.9 求图 2-33(a)所示截平信号

$$f(t) = \begin{cases} 0 & t < 0 \\ t/t_0 & 0 \leqslant t \leqslant t_0 \\ 1 & t > t_0 \end{cases}$$

的频谱 $F(\omega)$。

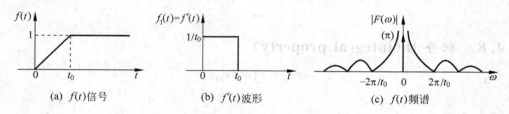

(a) $f(t)$信号   (b) $f'(t)$波形   (c) $f(t)$频谱

图 2-33 $f(t)$ 及其频谱波形

解:对 $f(t)$ 求导得

$$f_1(t) = \frac{df(t)}{dt} = \begin{cases} 0 & t < 0 \\ 1/t_0 & 0 \leqslant t \leqslant t_0 \\ 0 & t > t_0 \end{cases}$$

则对 $f_1(t)$ 的积分即为 $f(t)$,有

$$f(t) = \int_{-\infty}^{t} f_1(\tau) d\tau$$

根据矩形脉冲的频谱及时移性质,可得 $f_1(t)$ 的频谱 $F_1(\omega)$ 为

$$F_1(\omega) = \mathrm{sa}\left(\frac{\omega t_0}{2}\right) e^{-j\omega \frac{t_0}{2}}$$

由于 $F(0) = 1 \neq 0$,故不能用微分性质求 $F(\omega)$,只能用积分性质求 $F(\omega)$,利用式(2-89)得

$$F(\omega) = \mathscr{F}[f(t)] = \mathscr{F}\left[\int_{-\infty}^{t} f_1(\tau) d\tau\right] = \frac{F_1(\omega)}{j\omega} + \pi F_1(0)\delta(\omega)$$

$$= \frac{1}{j\omega} \mathrm{sa}\left(\frac{\omega t_0}{2}\right) e^{-j\omega \frac{t_0}{2}} + \pi\delta(\omega)$$

其频谱如图 2-33(c)所示。

上面讨论了傅里叶变换的 8 个基本性质,限于篇幅,有关傅里叶变换的其他性质可参考有关文献资料[2][6]。

2.5 卷积定理

第 1 章介绍了信号的卷积运算,并指出在通信系统和信号处理等许多领域中,卷积运算有广泛的应用。本节中所要讨论的卷积定理(convolution theorem)给出了卷积的傅里叶变换的形式,使我们多了一种从频域角度进行信号分析与处理的途径。

2.5.1 时域卷积定理

若给定两个时间函数 $f_1(t)$, $f_2(t)$,已知

$$\mathscr{F}[f_1(t)] = F_1(\omega), \quad \mathscr{F}[f_2(t)] = F_2(\omega)$$

则

$$\mathscr{F}[f_1(t) * f_2(t)] = F_1(\omega) F_2(\omega) \tag{2-91}$$

证明:根据第 1 章卷积的定义,已知

$$f_1(t) * f_2(t) = \int_{-\infty}^{\infty} f_1(\tau) f_2(t - \tau) d\tau$$

因此

$$\mathscr{F}[f_1(t) * f_2(t)] = \int_{-\infty}^{\infty} \left[\int_{-\infty}^{\infty} f_1(\tau) f_2(t - \tau) d\tau\right] e^{-j\omega t} dt$$

$$= \int_{-\infty}^{\infty} f_1(\tau) \left[\int_{-\infty}^{\infty} f_2(t - \tau) e^{-j\omega t} dt\right] d\tau = \int_{-\infty}^{\infty} f_1(\tau) F_2(\omega) e^{-j\omega \tau} d\tau$$

$$= F_2(\omega) \int_{-\infty}^{\infty} f_1(\tau) e^{-j\omega \tau} d\tau = F_1(\omega) F_2(\omega)$$

式(2-91)称为时域卷积定理,它说明两个时间函数卷积的频谱等于各个时间函数频谱的

乘积,即在时域中两信号的卷积等于在频域中两个频谱的乘积。通过这种关系,在进行信号处理时,可以将一个域的运算关系转换成另一个域中对应的运算关系。

例 2.5.1 利用卷积定理求图 2-34(a)所示的三角脉冲的频谱

$$f(t) = \begin{cases} E\left(1 - \dfrac{2|t|}{\tau}\right) & |t| \leqslant \dfrac{2}{\tau} \\ 0 & |t| > \dfrac{2}{\tau} \end{cases}$$

解:可以将该三角脉冲看成是两个相同的矩形脉冲的卷积,而矩形脉冲的幅值、宽度可以由卷积定义直接看出为 $\sqrt{\dfrac{2E}{\tau}}$ 及 $\tau/2$,如图 2-34(b)所示。根据时域卷积定理,可以方便地求出三角脉冲的频谱 $F(\omega)$。过程如下:

因为

$$f(t) = G(t) * G(t)$$

而

$$G(\omega) = \sqrt{\dfrac{2E}{\tau}} \dfrac{\tau}{2} \operatorname{sa}\left(\dfrac{\omega\tau}{2}\right)$$

所以

$$F(\omega) = \mathscr{F}[f(t)] = \mathscr{F}[G(t) * G(t)] = G(\omega)G(\omega) = \left[\sqrt{\dfrac{2E}{\tau}} \dfrac{\tau}{2} \operatorname{sa}\left(\dfrac{\omega\tau}{4}\right)\right]^2$$

$$= \dfrac{E\tau}{2} \operatorname{sa}^2\left(\dfrac{\omega\tau}{4}\right)$$

与例 2.4.8 得出的结论一致。其频谱如图 2-34(d)所示。

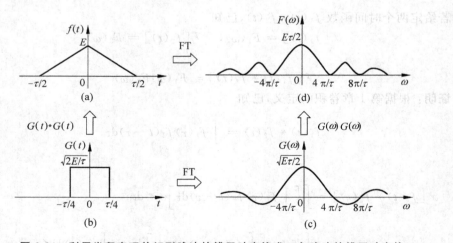

图 2-34 利用卷积定理从矩形脉冲的傅里叶变换求三角脉冲的傅里叶变换

2.5.2 频域卷积定理

与时域卷积类似,若 $\mathscr{F}[f_1(t)] = F_1(\omega)$,$\mathscr{F}[f_2(t)] = F_2(\omega)$,则

$$\mathscr{F}[f_1(t)f_2(t)] = \frac{1}{2\pi}F_1(\omega) * F_2(\omega) \tag{2-92}$$

其中

$$F_1(\omega) * F_2(\omega) = \int_{-\infty}^{\infty} F_1(u) F_2(\omega - u) \mathrm{d}u$$

式(2-92)称为频域卷积定理,证明方法与时域卷积定理类似,读者可自行证明,此处不再重复。

频域卷积定理说明:两时间函数在时域上相乘,其频谱为两时间函数频谱的卷积,并乘以 $\frac{1}{2\pi}$。显然时域卷积与频域卷积定理是对偶的,这仍然满足傅里叶变换的对称(对偶)性质。

频域卷积定理在通信系统中的调制与解调中有具体的应用,有兴趣的读者可阅读有关的专业书籍。本书不做具体论述。

2.6 周期信号的傅里叶变换

前面在推导傅里叶变换时,将非周期信号看成是周期 $T_1 \to \infty$ 时的周期信号的极限,从而得出了频谱密度函数的概念,将傅里叶级数演变成傅里叶变换。现在要研究周期信号的傅里叶变换的特点以及它与傅里叶级数之间的联系,目的是把周期信号与非周期信号的分析方法统一起来,使傅里叶变换这一工具得到更广泛的应用。

前面已指出,周期信号是不满足绝对可积条件的,但当允许冲激函数存在并认为它是有意义的前提下,绝对可积就成为不必要的限制了,在这种意义上说周期信号的傅里叶变换是存在的。

由于周期信号可以展成傅里叶级数,即展成一系列不同频率的复指数分量或正、余弦三角函数分量的叠加,因此首先求正、余弦信号的傅里叶变换,在此基础上再求任意周期信号的傅里叶变换。

2.6.1 正、余弦信号的傅里叶变换

在本章 2.4 节已知直流信号的傅里叶变换

$$\mathscr{F}[1] = 2\pi\delta(\omega) \tag{2-93}$$

根据频移性质可得复指数函数 $\mathrm{e}^{\mathrm{j}\omega_0 t}$ 的傅里叶变换为

$$\mathscr{F}[\mathrm{e}^{\mathrm{j}\omega_0 t}] = 2\pi\delta(\omega - \omega_0) \tag{2-94}$$

同理可得

$$\mathscr{F}[\mathrm{e}^{-\mathrm{j}\omega_0 t}] = 2\pi\delta(\omega + \omega_0) \tag{2-95}$$

由式(2-94)、式(2-95)及欧拉公式,可求出正、余弦信号的傅里叶变换为

$$\mathscr{F}[\cos(\omega_0 t)] = \mathscr{F}\left[\frac{1}{2}(\mathrm{e}^{\mathrm{j}\omega_0 t} + \mathrm{e}^{-\mathrm{j}\omega_0 t})\right] = \pi[\delta(\omega - \omega_0) + \delta(\omega + \omega_0)] \tag{2-96}$$

$$\mathscr{F}[\sin(\omega_0 t)] = \mathscr{F}\left[\frac{1}{2j}(e^{j\omega_0 t} - e^{-j\omega_0 t})\right] = -j\pi[\delta(\omega - \omega_0) - \delta(\omega + \omega_0)] \quad (2\text{-}97)$$

可见,复指数函数,正、余弦函数的频谱只包含位于 $\pm \omega_0$ 处的冲激函数,如图 2-35 所示。

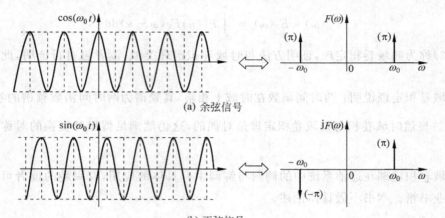

图 2-35 正、余弦信号的频谱

2.6.2 一般周期信号的傅里叶变换

对于一任意周期信号 $f(t)$,设其周期为 T_1,角频率为 $\omega_1 = 2\pi f_1 = \dfrac{2\pi}{T_1}$,可以将 $f(t)$ 展成傅里叶级数为

$$f(t) = \sum_{n=-\infty}^{\infty} F_n e^{jn\omega_1 t}$$

对上式两边取傅里叶变换为

$$F(\omega) = \mathscr{F}[f(t)] = \mathscr{F}\left[\sum_{n=-\infty}^{\infty} F_n e^{jn\omega_1 t}\right] = \sum_{n=-\infty}^{\infty} F_n \mathscr{F}[e^{jn\omega_1 t}]$$

由式(2-94)可知

$$\mathscr{F}[e^{jn\omega_1 t}] = 2\pi\delta(\omega - n\omega_1)$$

所以

$$F(\omega) = \mathscr{F}[f(t)] = \sum_{n=-\infty}^{\infty} 2\pi F_n \delta(\omega - n\omega_1) \quad (2\text{-}98)$$

上式中 F_n 为傅里叶级数的复指数形式的系数

$$F_n = \frac{1}{T_1}\int_{-\frac{T_1}{2}}^{\frac{T_1}{2}} f(t) e^{-jn\omega_1 t} dt$$

式(2-98)表明:周期信号的傅里叶变换是由一系列冲激函数组成的,这些冲激出现在离散的谐频点 $n\omega_1$ 处,它的冲激强度等于 $f(t)$ 的傅里叶系数 F_n 的 2π 倍,因此它是离散的冲激谱。当周期信号采用傅里叶级数频谱表示时,它是离散的有限幅度谱,所以两者是

不同的。这是由于傅里叶变换反映的是频谱密度概念，周期信号在各谐频点上，具有有限幅度，说明在这些谐频点上其频谱密度趋于无限大，所以变成冲激函数。这也说明了傅里叶级数是傅里叶变换的一种特例。

下面再来讨论周期性信号 $f(t)$ 的傅里叶级数与它的单个非周期信号 $f_0(t)$ 的傅里叶变换之间的关系，这也可以说是周期信号与非周期信号频谱之间的另一种关系。

已知周期信号的傅里叶级数为

$$f(t) = \sum_{n=-\infty}^{\infty} F_n e^{jn\omega_1 t}$$

$$F_n = \frac{1}{T_1} \int_{-\frac{T_1}{2}}^{\frac{T_1}{2}} f(t) e^{-jn\omega_1 t} dt \tag{2-99}$$

从周期信号 $f(t)$ 中截取第一个周期得到所谓的单个非周期信号 $f_0(t)$，它的傅里叶变换 $F_0(\omega)$ 为

$$F_0(\omega) = \mathscr{F}[f_0(t)] = \int_{-\infty}^{\infty} f_0(t) e^{-j\omega t} dt = \int_{-\frac{T_1}{2}}^{\frac{T_1}{2}} f(t) e^{-j\omega t} dt \tag{2-100}$$

比较式(2-99)和式(2-100)可知

$$F_n = \frac{1}{T_1} F_0(\omega) \big|_{\omega=n\omega_1} \tag{2-101}$$

或表示为

$$F_n = \frac{1}{T_1} \left[\int_{-\frac{T_1}{2}}^{\frac{T_1}{2}} f(t) e^{-j\omega t} dt \right] \bigg|_{\omega=n\omega_1} \tag{2-102}$$

式(2-101)、式(2-102)表明：周期信号的傅里叶级数的系数 F_n 等于单个非周期信号的傅里叶变换 $F_0(\omega)$ 在 $n\omega_1$ 频率点的值乘以 $\frac{1}{T_1}$。或者说，周期信号的频谱是单个非周期信号频谱在 $n\omega_1$ 处的抽样值乘以 $\frac{1}{T_1}$，这就为求周期信号频谱带来方便。

例 2.6.1 求周期单位冲激序列的傅里叶级数与傅里叶变换。

解：设周期单位冲激序列以 $\delta_T(t)$ 表示，T_1 为重复周期，即

$$\delta_T(t) = \sum_{n=-\infty}^{\infty} \delta(t - nT_1)$$

将 $\delta_T(t)$ 展成傅里叶级数，并求其系数 F_n。

$$\delta_T(t) = \sum_{n=-\infty}^{\infty} F_n e^{jn\omega_1 t}$$

$$F_n = \frac{1}{T_1} \int_{-\frac{T_1}{2}}^{\frac{T_1}{2}} \delta_T(t) e^{-jn\omega_1 t} dt = \frac{1}{T_1} \int_{-\frac{T_1}{2}}^{\frac{T_1}{2}} \delta(t) e^{-jn\omega_1 t} dt = \frac{1}{T_1}$$

故得

$$\delta_T(t) = \frac{1}{T_1} \sum_{n=-\infty}^{\infty} e^{jn\omega_1 t}$$

可知周期单位冲激序列的各离散谐频分量的大小均相等,且等于$\frac{1}{T_1}$,如图2-36(b)所示。

由于单位冲激信号$\delta(t)$的频谱$F_0(\omega)=1$,如图2-36(a)所示,根据式(2-101),周期单位冲激序列的傅里叶级数的系数应是单个冲激信号的傅里叶变换在$n\omega_1$处的抽样值乘以$\frac{1}{T_1}$,即

$$F_n = \frac{1}{T_1} F_0(\omega) \Big|_{\omega=n\omega_1} = \frac{1}{T_1}$$

则可得$\delta_T(t)$的傅里叶变换为(按式(2-98))

$$F(\omega) = \mathscr{F}[\delta_T(t)] = \sum_{n=-\infty}^{\infty} 2\pi F_n \delta(\omega - n\omega_1)$$

$$= \sum_{n=-\infty}^{\infty} \frac{2\pi}{T_1} \delta(\omega - n\omega_1) = \omega_1 \sum_{n=-\infty}^{\infty} \delta(\omega - n\omega_1)$$

可见周期单位冲激序列的傅里叶变换仍为周期冲激序列,其周期为ω_1,冲激强度亦为ω_1,如图2-36(b)所示。

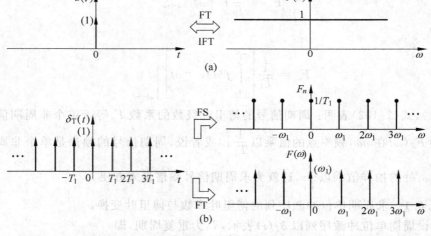

图 2-36　周期单位冲激信号(序列)的傅里叶级数(FS)与傅里叶变换(FT)波形

例 2.6.2　求周期矩形脉冲信号的傅里叶级数和傅里叶变换。

解:如图2-37所示周期矩形脉冲信号的第一个周期内信号$f_0(t)=EG_\tau(t)$,即由式(2-47)求得的傅里叶变换为

$$F_0(\omega) = E\tau \mathrm{sa}(\omega\tau/2)$$

而周期矩形脉冲信号的傅里叶级数的系数由式(2-25)给出

$$F_n = \frac{1}{T_1} \int_{-\frac{T_1}{2}}^{\frac{T_1}{2}} f_0(t) e^{-jn\omega_1 t} dt = \frac{E\tau}{T_1} \text{sa}\left(\frac{n\omega_1 \tau}{2}\right)$$

由此得 $f(t)$ 的傅里叶级数为

$$f(t) = \sum_{n=-\infty}^{\infty} F_n e^{jn\omega_1 t} = \frac{E\tau}{T_1} \sum_{n=-\infty}^{\infty} \text{sa}\left(\frac{n\omega_1 \tau}{2}\right) e^{jn\omega_1 t}$$

由式(2-98)可得周期矩形脉冲信号的傅里叶变换为

$$F(\omega) = \sum_{n=-\infty}^{\infty} 2\pi F_n \delta(\omega - n\omega_1) = \sum_{n=-\infty}^{\infty} 2\pi \frac{E\tau}{T_1} \text{sa}\left(\frac{n\omega_1 \tau}{2}\right) \delta(\omega - n\omega_1)$$

$$= \omega_1 E\tau \sum_{n=-\infty}^{\infty} \text{sa}\left(\frac{n\omega_1 \tau}{2}\right) \delta(\omega - n\omega_1)$$

以上结果如图 2-37 所示，图中还画出单脉冲频谱以作比较。

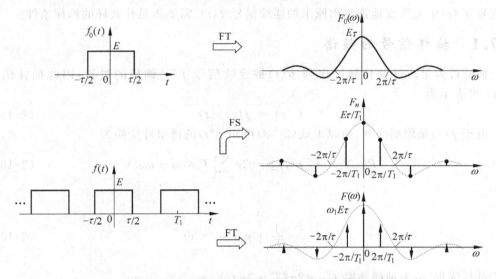

图 2-37 单脉冲信号的傅里叶变换与周期脉冲信号傅里叶变换比较

2.7 抽样信号的傅里叶变换

抽样(sampling)就是利用抽样脉冲序列 $p(t)$ 从连续信号 $f(t)$ 中"抽取"一系列离散样值，这种离散信号称为抽样信号(sampling signal)，用 $f_s(t)$ 表示，如图 2-38 所示。

由图 2-38 可见，连续信号经抽样作用后变为时间离散的抽样信号，若再经量化、编码就成为数字信号，从而在信号的传输过程中，以离散信号或数字信号替代原来的连续信号。

为了从理论上说明这种替换的可行性，必须弄清楚两个问题：

(1) 离散的抽样信号 $f_s(t)$ 的傅里叶变换是什么形式？它和原连续信号 $f(t)$ 的傅里叶变换有什么联系？

(2) 连续信号被抽样后，它是否保留了原信号 $f(t)$ 的全部信息？也就是说，要想从抽

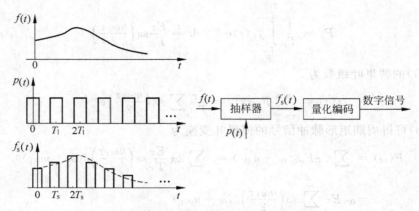

图 2-38 抽样波形及抽样原理框图

样信号 $f_s(t)$ 中无失真地恢复出原来的连续信号 $f(t)$，需要满足什么样的抽样条件？

2.7.1 抽样信号的频谱

抽样过程是通过抽样脉冲序列 $p(t)$ 被连续信号 $f(t)$ 调幅的过程，因此抽样信号 $f_s(t)$ 可表示为

$$f_s(t) = f(t)p(t) \tag{2-103}$$

由于 $p(t)$ 是周期序列，所以由式(2-98)可知 $p(t)$ 的傅里叶变换为

$$P(\omega) = \mathscr{F}[p(t)] = 2\pi \sum_{n=-\infty}^{\infty} P_n \delta(\omega - n\omega_s) \tag{2-104}$$

其中

$$P_n = \frac{1}{T_s}\int_{-\frac{T_s}{2}}^{\frac{T_s}{2}} p(t)\mathrm{e}^{-jn\omega_s t}\mathrm{d}t \tag{2-105}$$

T_s 为抽样周期，ω_s 为抽样频率 $(\omega_s = 2\pi/T_s = 2\pi f_s)$。

根据频域卷积定理，抽样信号 $f_s(t)$ 的傅里叶变换为

$$\begin{aligned}F_s(\omega) &= \mathscr{F}[f_s(t)] = \mathscr{F}[f(t)p(t)] = \frac{1}{2\pi}\mathscr{F}[f(t)] * \mathscr{F}[p(t)]\\ &= \frac{1}{2\pi}F(\omega) * \left[2\pi\sum_{n=-\infty}^{\infty}P_n\delta(\omega - n\omega_s)\right]\\ &= \sum_{n=-\infty}^{\infty}P_n F(\omega - n\omega_s)\end{aligned} \tag{2-106}$$

式(2-106)表明：信号在时域中被抽样后，其频谱 $F_s(\omega)$ 是由连续信号频谱 $F(\omega)$ 以抽样频率 ω_s 为间隔周期重复得到的。在此过程中幅度被 P_n 加权，傅里叶系数 P_n 取决于抽样脉冲序列的形状，且 P_n 只是 n(不是 ω)的函数，所以 $F(\omega)$ 在重复过程中不会使形状发生变化。下面讨论抽样脉冲的两种典型情况。

1. 矩形脉冲抽样

此时,$p(t)$ 为周期矩形脉冲,如图 2-39(b)所示,由式(2-105)可求出其傅里叶系数 P_n 为

$$P_n = \frac{1}{T_s}\int_{-\frac{T_s}{2}}^{\frac{T_s}{2}} p(t)\mathrm{e}^{-jn\omega_s t}\mathrm{d}t = \frac{1}{T_s}\int_{-\frac{\tau}{2}}^{\frac{\tau}{2}} E\mathrm{e}^{-jn\omega_s t}\mathrm{d}t = \frac{E\tau}{T_s}\mathrm{sa}\left(\frac{n\omega_s\tau}{2}\right)$$

将 P_n 值代入式(2-106),便可得矩形抽样信号的频谱为

$$F_s(\omega) = \frac{E\tau}{T_s}\sum_{n=-\infty}^{\infty}\mathrm{sa}\left(\frac{n\omega_s\tau}{2}\right)F(\omega - n\omega_s) \qquad (2\text{-}107)$$

而由例 2.6.2 可知周期矩形脉冲 $p(t)$ 的频谱为

$$P(\omega) = \omega_s E\tau\sum_{n=-\infty}^{\infty}\mathrm{sa}\left(\frac{n\omega_s\tau}{2}\right)\delta(\omega - n\omega_s) \qquad (2\text{-}108)$$

显然,在这种情况下,$F(\omega)$ 在以 ω_s 为周期的重复过程中幅度以 $\mathrm{sa}(n\omega_s\tau/2)$ 的规律变化,如图 2-39(c)所示。

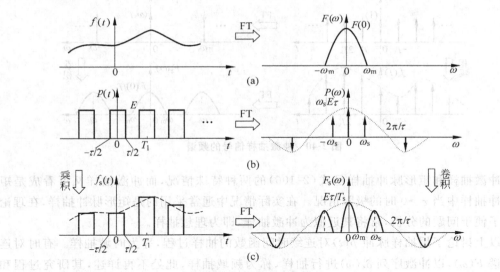

图 2-39 矩形抽样信号的频谱

2. 冲激抽样(理想抽样)

若抽样脉冲序列 $p(t)$ 为冲激序列,则称为冲激抽样或理想抽样。

因为

$$p(t) = \delta_T(t) = \sum_{n=-\infty}^{\infty}\delta(t - nT_s)$$

$$f_s(t) = f(t)p(t) = f(t)\delta_T(t)$$

所以,在这种情况下抽样信号 $f_s(t)$ 由一系列冲激函数构成,每个冲激的间隔为 T_s 而强度等于连续信号的抽样值 $f(nT_s)$,如图 2-40 所示。

由式(2-105)及例 2.6.1 可求出 $\delta_T(t)$ 的傅里叶系数

$$P_n = \frac{1}{T_s}\int_{-\frac{T_s}{2}}^{\frac{T_s}{2}}\delta_T(t)e^{-jn\omega_s t}dt = \frac{1}{T_s}\int_{-\frac{T_s}{2}}^{\frac{T_s}{2}}\delta(t)e^{-jn\omega_s t}dt = \frac{1}{T_s}$$

将其代入到式(2-106)中,得到冲激抽样信号的频谱为

$$F_s(\omega) = \frac{1}{T_s}\sum_{n=-\infty}^{\infty} F(\omega - n\omega_s) \tag{2-109}$$

式(2-109)表明:由于冲激序列的傅里叶系数 P_n 为常数,所以 $F(\omega)$ 是以 ω_s 为周期等幅地重复,如图 2-40 所示。

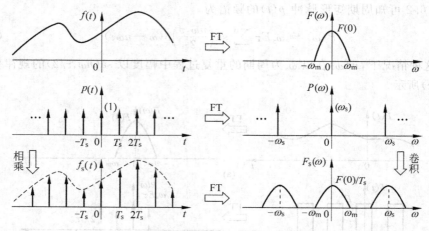

图 2-40 冲激抽样信号的频谱

冲激抽样和矩形脉冲抽样是式(2-106)的两种特殊情况,而冲激抽样又可看成是矩形脉冲抽样中当 $\tau \to 0$ 时的极限情况。在实际情况中通常采用的是矩形脉冲抽样,在理论上为了便于问题的分析,常将其近似为冲激抽样,即为理想抽样。

以上讨论了用抽样脉冲 $p(t)$ 对连续时间函数的抽样过程,称为时域抽样。有时对连续频谱 $F(\omega)$,以冲激序列 $\delta_s(\omega)$ 进行抽样,称为频域抽样,此处不再详述,其研究过程和计算方法与时域抽样类似。

通过上面对时域抽样性的讨论,得到傅里叶变换的又一条重要性质,即信号的时域与频域呈抽样(离散)与周期(重复)对应关系。表 2-3 给出了这一结论的要点。

表 2-3 信号的时域与频域的对应关系

时 域	频 域
周期信号	离散频谱
周期为 T_1	离散间隔 $\omega_1 = 2\pi/T_1$
抽样信号(离散)	重复频谱(周期)
抽样间隔 $T_s = 2\pi/\omega_s$	重复周期为 ω_s

2.7.2 抽样定理

由抽样信号的频谱分析可知,抽样过程在时域内产生了信息损失,在频域内与此相应的表现是在频谱中引入了以 ω_s 为周期的无限多个高频分量。显然,要在时域上以抽样信号 $f_s(t)$ 不失真地恢复原信号 $f(t)$,那么从频域上看,就应使此抽样信号的频谱通过一个理想低通滤波器进行滤波,滤去所有高频分量,只保留低频分量 $F(\omega)$,即在原点的第一个频谱。这样滤波器输出信号的频谱与原连续信号的频谱相同,仅差一比例系数,因此对应的时域输出将与原连续信号相同。这是假定抽样信号频谱中周期出现的频谱是相互分离的情况,如图 2-40 所示,但是实际上由于存在所谓的频谱混叠现象(phenomenon of spectrum aliasing),造成恢复原来的连续信号时产生失真情况,这就提出了一个问题,就是在什么条件下,可以不失真地恢复原来的连续信号,从而引出了抽样定理(sampling theorem)。

抽样定理回答了在什么条件下可以从抽样信号中无失真地恢复原连续信号这个问题,因此它在通信系统(communication system)、数字信号处理(digital signal processing)、信息传输(information transmission)理论等方面占有十分重要的地位,许多近代通信方式都以此定量作为理论基础。这里主要讨论抽样定理的内容及连续信号的恢复问题。

1. 频谱混叠现象

理想抽样信号的频谱在两种情况下,将产生频谱混叠现象。

(1) 连续信号 $f(t)$ 为频谱受限信号,即信号频谱的带宽是有限的,$|\omega|<\omega_m$,ω_m 为信号频谱最高频率。如果此时抽样脉冲频率 ω_s 太低,比如 $\omega_s<2\omega_m$,则抽样信号 $f_s(t)$ 的频谱中的周期延拓将不会像图 2-40 所示的那样是相互分离的,而是如图 2-41 所示产生相互交叠的现象,此即频谱混叠现象,由于抽样信号的频谱在 $\omega_s/2$ 处发生折叠,故 $\omega_s/2$ 又称折叠频率。频谱混叠使抽样信号的频谱与原连续信号频谱发生很大差别,以致无法利用滤波器过滤出原连续信号的频谱,达到无失真恢复原信号的目的。

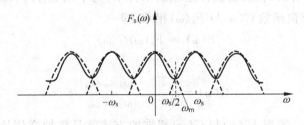

图 2-41 频谱混叠现象

(2) 连续信号的频谱是无限带宽的,实际上的信号一般都属于这种。此时无论怎样提高抽样频率 ω_s,频谱混叠将不可避免。

根据以上分析,即可得出抽样定理。

2. 抽样定理

通过以上分析可以看出,对于最高频率为 ω_m 的带限信号 $f(t)$,如果抽样周期 T_s 比较大,或者说抽样频率 ω_s 比较小,那么抽样会导致频域上相邻的两个被延拓的频谱发生混叠,从而使得原连续信号 $f(t)$ 的傅里叶变换 $F(\omega)$ 的形状无法从抽样后的信号的频谱 $F_s(\omega)$ 中分离出来。如果从 $(-\omega_m, \omega_m)$ 区间截取抽样信号的频谱作为对原连续信号的频谱的近似去恢复原连续信号,那么误差将会很大。

相反地,如果抽样周期足够小,或抽样频率足够大,满足

$$\omega_s - \omega_m \geqslant \omega_m$$

即

$$\omega_s \geqslant 2\omega_m$$

那么抽样信号在频域上将不会发生混叠,从而可以利用一个理想低通滤波器,使它不失真地恢复原连续信号。下面叙述抽样定理。

抽样定理:要保证从信号抽样后的离散时间信号无失真地恢复原始时间连续信号,必须满足以下两个条件:

(1) 信号必须是频带受限的(frequency band finite),即其频谱所含频率成分受限于某一个有限值最高频率 ω_m,信号的频谱中没有超过 ω_m 的频率成分。

(2) 抽样频率 ω_s 必须至少是信号最高频率的两倍,即

$$\omega_s \geqslant 2\omega_m \tag{2-110}$$

或

$$f_s \geqslant 2f_m \tag{2-111}$$

通常把允许的最低抽样频率 $\omega_s = 2\omega_m$ 或 $f_s = 2f_m$ 称为奈奎斯特频率(Nyquist frequency),而把允许的最大抽样间隔(周期) $T_s = \dfrac{1}{2f_m}$ 称为奈奎斯特间隔(Nyquist interval)。

从图 2-42 可以看出,在满足抽样定理的条件下,为了从频率 $F_s(\omega)$ 中无失真地恢复 $F(\omega)$,可以用一矩形窗函数 $G(\omega)$ 与 $F_s(\omega)$ 相乘,即

$$F(\omega) = F_s(\omega)G(\omega)$$

其中

$$G(\omega) = \begin{cases} T_s & |\omega| < \omega_m \\ 0 & |\omega| > \omega_m \end{cases}$$

第 6 章中将讨论,实现 $F_s(\omega)$ 与 $G(\omega)$ 相乘的方法就是将抽样信号 $f_s(t)$ 施加于理想低通滤波器(此滤波器的传输函数为 $G(\omega)$),这样在滤波器的输出端便可得到频谱为 $F(\omega)$ 的连续信号 $f(t)$。这相当于从图 2-42(b)中无混叠情况下的 $F_s(\omega)$ 中只取出 $|\omega| < \omega_m$ 的成分,显然,这就恢复了 $F(\omega)$,也就恢复了 $f(t)$。

以上从频域解释了由抽样信号的频谱恢复连续信号频谱的原理,第 6 章中还会介绍由 $f_s(t)$ 经理想低通滤波器产生 $f(t)$ 的原理。

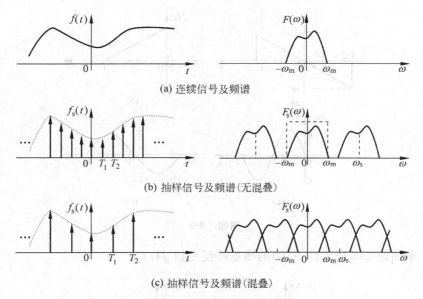

(a) 连续信号及频谱

(b) 抽样信号及频谱(无混叠)

(c) 抽样信号及频谱(混叠)

图 2-42 冲激抽样信号的频谱

习题

2.1 求图题 2-1 所示周期矩形信号的傅里叶级数(三角形式与指数形式)。

2.2 将下列信号在区间 $(-\pi,\pi)$ 中展开为三角形式的傅里叶级数。

(1) $f_1(t)=t$;   (2) $f_2(t)=|t|$。

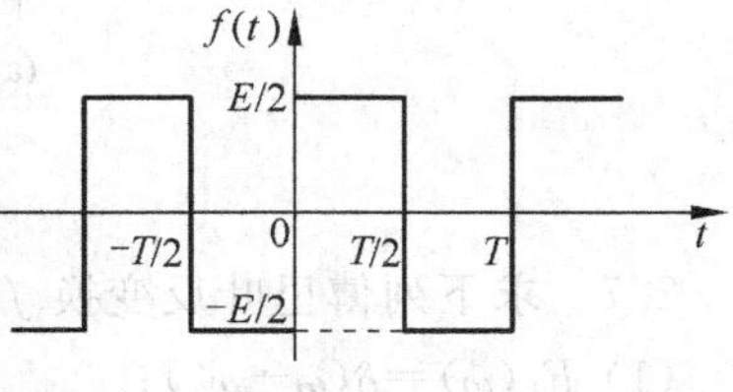

2.3 将下列信号在区间 $(0,1)$ 中展开为指数形式的傅里叶级数。

(1) $f_1(t)=e^t$;   (2) $f_2(t)=t^2$。

2.4 利用信号 $f(t)$ 的对称性,定性判断图题 2-4 中各周期信号的傅里叶级数中所含有的频率分量。

图题 2-1

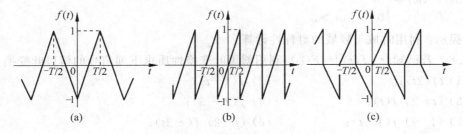

图题 2-4

2.5 求图题 2-5 所示单信号的傅里叶变换。

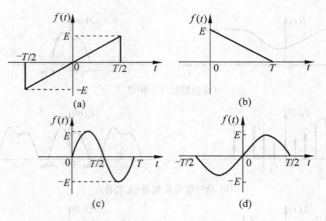

图题 2-5

2.6 求图题 2-6 所示的 $F(\omega)$ 的傅里叶反变换 $f(t)$。

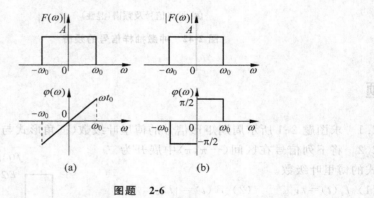

图题 2-6

2.7 求下列傅里叶反变换 $f(t)$ 的值。

(1) $F_1(\omega)=\delta(\omega-\omega_0)$；

(2) $F_2(\omega)=\varepsilon(\omega+\omega_0)-\varepsilon(\omega-\omega_0)$；

(3) $F_3(\omega)=\begin{cases}\dfrac{\omega_0}{\pi} & |\omega|\leqslant\omega_0 \\ 0 & |\omega|>\omega_0\end{cases}$。

（提示：利用时域与频域的对称性计算）

2.8 若已知 $\mathscr{F}[f(t)]=F(\omega)$，利用傅里叶变换性质求下列信号的傅里叶变换。

(1) $tf(2t)$； (2) $f(1-t)$；
(3) $(t-2)f(t)$； (4) $f(2t-5)$；
(5) $(1-t)f(1-t)$； (6) $(t-2)f(-2t)$；
(7) $t[df(t)/dt]$； (8) $f^2(t)\cos\omega_0 t$。

2.9 已知 $\mathscr{F}[f(t)]=F(\omega)$，证明：$\dfrac{df}{dt}*\dfrac{1}{\pi t}$ 的傅里叶变换为 $|\omega|F(\omega)$。

2.10 求下列频谱函数的傅里叶逆变换。

(1) $F_1(\omega) = j\pi\text{sgn}(\omega)$；

(2) $F_2(\omega) = (\sin 6\omega)/\omega$。

2.11 若已知矩形脉冲的频谱 $F(\omega) = E\tau\text{sa}(\omega\tau/2)$，利用时移性质求图题 2-11 所示信号的傅里叶变换，并大致画出其频谱。

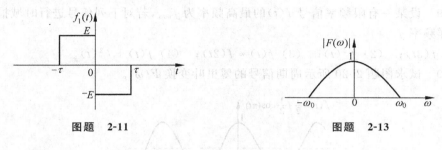

图题 2-11　　　　　　　　　　图题 2-13

2.12 证明下列结论：

(1) 实信号的奇偶分量满足

$$\mathscr{F}[f_e(t)] = \text{Re}[F(\omega)], \quad \mathscr{F}[f_o(t)] = j\text{Im}[F(\omega)]。$$

(2) 复信号的虚实分量满足

$$\mathscr{F}[f_r(t)] = \frac{1}{2}[F(\omega) + F^*(-\omega)],$$

$$\mathscr{F}[f_i(t)] = \frac{1}{2j}[F(\omega) - F^*(-\omega)]。$$

2.13 设 $f(t)$ 的频谱如图题 2-13 所示，试粗略画出 $f^2(t)$，$f^3(t)$ 的频谱（标出频谱范围说明展宽情况）。

2.14 利用卷积性质和傅里叶变换性质证明：

(1) $f_1(t) * f_2(t-t_0) = f_1(t-t_0) * f_2(t)$；

(2) $f_1(t-t_1) * f_2(t-t_2) = f_1(t-t_3) * f_2(t-t_4)$。

其中 $t_1 + t_2 = t_3 + t_4$。

2.15 利用偶函数的对称性，求下列函数的傅里叶变换，并粗略画出其频谱图。

(1) $f(t) = \dfrac{\sin 2\pi(t-2)}{\pi(t-2)}$；　(2) $f(t) = \dfrac{2a}{a^2+t^2}$；　(3) $f(t) = \left(\dfrac{\sin 2\pi t}{2\pi t}\right)^2$。

2.16 若 $f(t)$ 的频谱 $F(\omega)$ 如图题 2-16 所示，利用卷积定理粗略画出 $f(t)\cos\omega_0 t$，$f(t)e^{j\omega_0 t}$，$f(t)\cos\omega_1 t$ 的频谱（注明频谱的边界频率）。

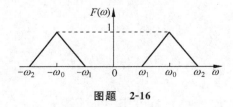

图题 2-16

2.17 确定下列信号的最低抽样频率与奈奎斯特间隔。

(1) $\text{sa}(100t)$; (2) $\text{sa}^2(100t)$;
(3) $\text{sa}(100t)+\text{sa}(50t)$; (4) $\text{sa}(100t)+\text{sa}^2(60t)$。

2.18 如果一个连续信号 $f(t)$ 的频谱仅分布在 (ω_1,ω_2) 区间内,则要使抽样信号不产生频谱混叠,最低抽样频率 ω_s 需要满足 $\omega_s=2\omega_2/m$ 的条件,其中 $m=\omega_2/(\omega_2-\omega_1)$,即 m 为不超过 $m=\omega_2/(\omega_2-\omega_1)$ 的最大整数。试证明该结论。

2.19 设某一有限频率信号 $f(t)$ 的最高频率为 $f_{\max}$,若对下列信号进行时域抽样,求最小抽样频率 f_s。
(1) $f(3t)$; (2) $f^2(t)$; (3) $f(t)*f(2t)$; (4) $f(t)+f^2(t)$。

2.20 试求图题 2-20 所示周期信号的傅里叶变换 $F(\omega)$。

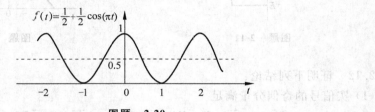

图题 2-20

第 3 章 序列及其 Z 变换

内容摘要

Z 变换是离散信号和离散系统分析的有力数学工具。本章首先建立序列的概念，介绍一些典型序列。其次从抽样信号的拉普拉斯变换出发，引出 Z 变换定义，同时给出 Z 变换收敛域的定义，说明收敛域的几种情况的特点，并给出一些基本序列的 Z 变换。然后介绍 Z 变换性质及基本定理。最后介绍用部分分式展开法、幂级数法求解 Z 反变换的方法，并从复变函数角度介绍用留数法求解 Z 反变换的方法。

通过学习 Z 变换及后续章节的逐步深入，我们也将对 Z 变换在离散系统和数字信号处理中应用的重要性有深刻的认识。

3.1 离散时间信号——序列

3.1.1 序列的定义

离散时间信号(discrete-time signal)是一离散时间变量 n 的函数，它只在规定的离散的时间点上才有定义，存在函数值，而在其他点无定义。在离散信号处理过程中，它表现为在时间上按一定先后次序排列的不连续的一组数的集合，故又称为时间序列(sequence)。

为此序列又可用一集合符号 $\{x(n)\}$ 表示，其中 n 取整数($n=0,\pm 1,\pm 2,\cdots$)。具体写出为

$$\{x(n)\} = \{x(-\infty),\cdots,x(-2),x(-1),x(0),x(1),x(2),\cdots,x(\infty)\}$$

为书写上方便，后面用 $x(n)$ 代替 $\{x(n)\}$，一般 $x(n)$ 可写成一闭式的表达式，也可逐个列出 $x(n)$ 的值。通常，把对应某序号 n 的函数 $x(n)$ 称为在第 n 个样点的样值。

序列也可用图形表示，如图 3-1 所示。

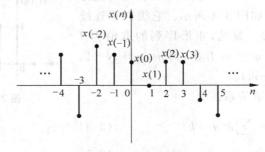

图 3-1 序列的图示

因序列可以由连续信号抽样得来,故又称为抽样序列,它是真正的离散时间信号,因此序列不能作用于连续时间系统,而只能作用在离散时间系统上以产生离散输出响应。

3.1.2 常用序列介绍

1. 单位抽样序列(unit sample sequence)

此序列也称为单位样值、单位冲激序列。其表达式为

$$\delta(n) = \begin{cases} 1 & n = 0 \\ 0 & n \neq 0 \end{cases} \tag{3-1}$$

如图 3-2 所示,其作用类似于连续时间信号中的单位冲激函数 $\delta(t)$,但它在数学上不像 $\delta(t)$ 那样比较难以理解,$\delta(n)$ 只在 $n=0$ 处取值为 1,其余点上的值为零。

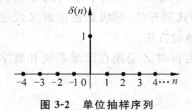
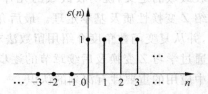

图 3-2 单位抽样序列　　　　图 3-3 单位阶跃序列

2. 单位阶跃序列(unit step sequence)

其表达式为

$$\varepsilon(n) = \begin{cases} 1 & n \geq 0 \\ 0 & n < 0 \end{cases} \tag{3-2}$$

如图 3-3 所示,它类似于连续系统中的单位阶跃信号 $\varepsilon(t)$。但应注意 $\varepsilon(t)$ 在 $t=0$ 点有跳变,故在 0 点往往不予定义(或定义为 1/2),而 $\varepsilon(n)$ 在 $n=0$ 点明确规定为 $\varepsilon(0)=1$。

3. 矩形序列(rectangular sequence)

其表达式为

$$G_N(n) = \begin{cases} 1 & 0 \leq n \leq N-1 \\ 0 & n < 0, n \geq N \end{cases} \tag{3-3}$$

从 $n=0$ 开始,到 $n=N-1$,共有 N 个幅度为 1 的序列值,其余各点皆为零,如图 3-4 所示。它类似于连续系统中的矩形脉冲信号。显然,矩形序列的取值为 1 的范围也可以从任一点 $n=m$ 开始,到 $n=m+N-1$。这种序列可写作 $G_N(n-m)$。

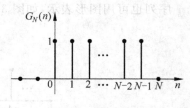

图 3-4 矩形序列

以上三种序列有如下关系:

$$\varepsilon(n) = \sum_{K=0}^{\infty} \delta(n-k) \tag{3-4}$$

$$\delta(n) = \varepsilon(n) - \varepsilon(n-1) \tag{3-5}$$

$$G_N(n) = \varepsilon(n) - \varepsilon(n-N) \tag{3-6}$$

4. 斜变序列（ramp sequence）

其表达式为

$$R(n) = n\varepsilon(n) \tag{3-7}$$

如图 3-5 所示，它与连续系统中的斜变信号 $R(t)$ 类似。

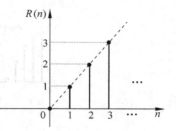

图 3-5 斜变序列

5. 单边指数序列（unilateral exponential sequence）

其表达式为

$$x(n) = a^n \varepsilon(n) \tag{3-8}$$

其中 $|a|>1$，序列发散；$|a|<1$，序列收敛；并且当 $a>0$ 时，序列均为正值；当 $a<0$ 时，序列值正负摆动。单边指数序列的波形如图 3-6 所示。

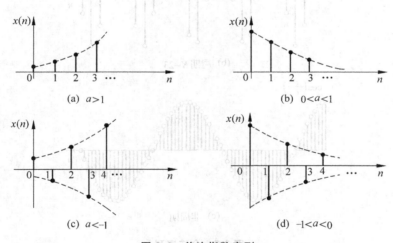

图 3-6 单边指数序列

6. 正弦序列（sinusoidal sequence）

其表达式为

$$x(n) = \sin(n\omega_0) \tag{3-9}$$

其中 ω_0 为正弦序列的频率，又称数字角频率，它反映序列依次按正弦包络线变化的速率。由于 n 为整数，所以 ω_0 的最大取值为 π，其取值范围为 $0\sim\pi$。如 $\omega_0=0.2\pi$，则序列值每 10 个重复一次；如 $\omega_0=0.02\pi$，则序列值经 100 个才重复一次。

相应地有余弦序列为

$$x(n) = \cos(n\omega_0) \tag{3-10}$$

及复指数序列为

$$x(n) = e^{jn\omega_0} = \cos(n\omega_0) + j\sin(n\omega_0) \tag{3-11}$$

余弦序列的波形如图 3-7 所示。

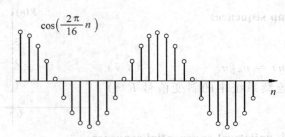

(a) 周期 $N=16$

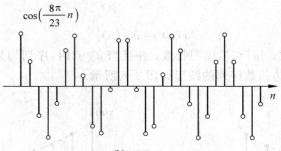

(b) 周期 $N=23$

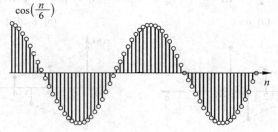

(c) 非周期

图 3-7 余弦序列

7. 周期序列（periodic sequence）

对于所有整数 n，有

$$x(n) = x(n+N) \quad (N \text{ 为整数}) \tag{3-12}$$

称 $x(n)$ 为周期序列，N 为周期。

根据以上定义，对于正弦序列来说，应满足

$$\sin(n\omega_0) = \sin[(n+N)\omega_0]$$

即

$$N\omega_0 = 2\pi m$$

或

$$\frac{2\pi}{\omega_0} = \frac{N}{m} \tag{3-13}$$

式中 N,m 均为整数,故 $\frac{2\pi}{\omega_0}$ 必须为整数或有理数时,正弦序列才是周期序列,否则正弦序列将不是周期序列。对于余弦、复指数序列,亦需满足上述条件才是周期序列。如图 3-7 中(a),(b)是余弦周期序列,而(c)为非周期余弦序列。

式(3-13)中若 $\frac{2\pi}{\omega_0}$ 为有理数 a,即 $\frac{2\pi}{\omega_0}=a$,则此时正弦序列仍为周期序列,但周期不是 a 而是 a 的整数倍。证明如下:

由周期序列定义,正弦序列可表示为

$$\cos(n\omega_0) = \cos[(n+N)\omega_0]$$

将 $\frac{2\pi}{\omega_0}=a$,即 $\omega_0=\frac{2\pi}{a}$ 代入上式,得

$$\cos\left(n\frac{2\pi}{a}\right) = \cos\left[(n+N)\frac{2\pi}{a}\right] = \cos\left(n\frac{2\pi}{a} + N\frac{2\pi}{a}\right)$$

等式成立的条件为

$$N\frac{2\pi}{a} = K2\pi$$

得

$$N = Ka \tag{3-14}$$

即正弦序列的周期 N 应为满足式(3-14)的最小整数。

如果 $\frac{2\pi}{\omega_0}=a$ 为无理数,则式(3-14)将恒不成立,此时正弦序列就不可能是周期序列。无论正弦序列是否呈周期性,我们都称 ω_0 为它的频率,对余弦序列、复指数序列亦然。值得注意的是非周期正余弦序列的包络线(envelop)依然具有周期性,如图 3-7(c)所示。

3.1.3 序列的运算

与连续时间系统研究类似,在离散系统分析中,经常遇到离散时间信号的运算,包括两信号的相加,相乘及序列自身的移位,反褶、尺度变换(时间展缩)以及离散信号分解,离散卷积等。

1. 序列相加

序列 $x(n)$ 与 $y(n)$ 相加是指两序列同序号的数值逐项对应相加构成一个新序列 $z(n)$。

$$z(n) = x(n) + y(n) \tag{3-15}$$

2. 序列相乘

序列相乘定义为两序列同序号的序列值对应相乘而构成新序列 $z(n)$。

$$z(n) = x(n)y(n) \tag{3-16}$$

3. 序列移位(延时)

序列移位(延时)$x(n-m)$ 指原序列 $x(n)$ 逐项依次移 m 位后形成的新序列,m 为正时

为右移，m 为负时为左移，如图 3-8 所示。

$$z(n) = x(n-m) \qquad (3\text{-}17)$$

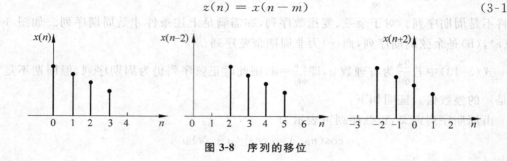

图 3-8　序列的移位

4. 序列反褶

序列的反褶（reversal）表示将自变量 n 更换为 $-n$，为

$$z(n) = x(-n) \qquad (3\text{-}18)$$

5. 序列的尺度变换

序列的尺度变换是将 $x(n)$ 波形压缩或扩展，若将自变量 n 乘以正整数 a，构成 $x(an)$ 为波形压缩，而 n 除以正整数 a 构成 $x(n/a)$ 则为波形扩展。必须注意，与连续时间函数的尺度变换不同之处在于序列的尺度变换要按压缩或扩展规律去除某些点或补足相应的零值（或不定义）。因此，这种运算也称为序列的重排。

例 3.1.1　若 $x(n)$ 波形如图 3-9(a)所示，求 $x(2n)$ 和 $x(n/2)$ 波形。

解：$x(2n)$ 波形如图 3-9(b)，这时对应 $x(n)$ 波形中 n 为奇数的各样值已不存在，只留下 n 为偶数的各样值，波形被压缩。而 $x(n/2)$ 波形如图 3-9(c)所示，对于 $x(n/2)$ 的 n 为奇数值各点补入零值，n 为偶数值各点取得 $x(n)$ 波形中依次对应的样值，因而波形被扩展。

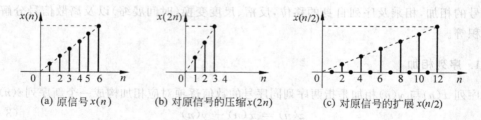

(a) 原信号 $x(n)$　　(b) 对原信号的压缩 $x(2n)$　　(c) 对原信号的扩展 $x(n/2)$

图 3-9　序列的尺度变换

6. 序列的分解

对于离散时间信号所常用的分解（decomposition）方法是将任意序列表示为加权、延迟的单位抽样信号之和，即

$$x(n) = \sum_{n=-\infty}^{\infty} x(m)\delta(n-m) \qquad (3\text{-}19)$$

很明显，由于

$$\delta(n-m) = \begin{cases} 1 & n = m \\ 0 & n \neq m \end{cases}$$

$$x(m)\delta(n-m) = \begin{cases} x(n) & n = m \\ 0 & n \neq m \end{cases}$$

因此式(3-19)成立。

7. 离散卷积

两个序列 $x(n)$，$y(n)$ 的卷积和，简称离散卷积(discrete convolution)，亦称为线卷积，其表达式为

$$x(n) * y(n) = \sum_{m=-\infty}^{\infty} x(m)y(n-m) \tag{3-20}$$

与在连续系统中，应用卷积方法求系统零状态响应类似，在离散系统中，也采用离散卷积法求离散系统的零状态响应，详细过程将在第 4 章离散时间系统基础中加以阐述。

3.2 序列的 Z 变换

3.2.1 Z 变换的定义

Z 变换(Z transform，ZT)的定义可以由抽样信号的拉普拉斯变换(LT)引出，也可以直接对离散信号定义。在数字信号处理中一般常采用后一种方式定义。为了便于理解这两种定义方法的区别与联系，我们同时阐述这两种定义方法。

首先来看抽样信号的拉普拉斯变换。连续信号 $x(t)$ 经周期单位冲激序列抽样，其抽样信号 $x_s(t)$ 的表达式为

$$x_s(t) = x(t)\delta_T(t) = \sum_{n=-\infty}^{\infty} x(nT)\delta(t-nT)$$

如果考虑对上式两边进行拉普拉斯变换(这里采用的是双边拉普拉斯变换)，则得 $x_s(t)$ 的拉普拉斯变换 $X_s(s)$ 为

$$X_s(s) = \int_{-\infty}^{\infty} x_s(t)e^{-st} dt = \int_{-\infty}^{\infty} \left[\sum_{n=-\infty}^{\infty} x(nT)\delta(t-nT)\right] e^{-st} dt$$

将积分与求和次序对调，并利用冲激函数的抽样性得

$$X_s(s) = \int_{-\infty}^{\infty} \left[\sum_{n=-\infty}^{\infty} x(nT)\delta(t-nT)\right] e^{-st} dt = \sum_{n=-\infty}^{\infty} x(nT)e^{-snT} \tag{3-21}$$

对上式如果引入一个新的复变量

$$z = e^{sT}$$

则式(3-21)成为复变量 z 的函数式 $X(z)$，即

$$X(z) = \sum_{n=-\infty}^{\infty} x(nT)z^{-n} \tag{3-22}$$

通常将 $x(nT)$ 简记为 $x(n)$,这可理解为是将抽样周期归一化的结果,则上式变为

$$X(z) = \sum_{n=-\infty}^{\infty} x(n)z^{-n} \tag{3-23}$$

上式即为抽样信号的双边 Z 变换(bilateral Z transform)定义式。如果考虑 $x(n)$ 为因果信号,即 $x(n)=0(n<0)$,则前述推导可采用单边拉普拉斯变换,从而得到单边 Z 变换(single sided Z transform)定义式,即

$$X(z) = \sum_{n=0}^{\infty} x(n)z^{-n} \tag{3-24}$$

式(3-23)、式(3-24)就是由拉普拉斯变换引导出来的离散信号 $x(nT)$ 的 Z 变换表达式。

其次,再给出直接对离散序列进行 Z 变换的定义。序列 $x(n)$ 的 Z 变换定义为

$$X(z) = \mathscr{Z}[x(n)] = \sum_{n=-\infty}^{\infty} x(n)z^{-n} \tag{3-25}$$

和

$$X(z) = \mathscr{Z}[x(n)] = \sum_{n=0}^{\infty} x(n)z^{-n} \tag{3-26}$$

式(3-25)为双边 Z 变换,式(3-26)为单边 Z 变换。如果 $x(n)$ 为单边序列,则双边 Z 变换和单边 Z 变换的结果相同。

3.2.2 Z 变换的收敛域

因为 Z 变换是 z^{-1} 的幂级数,只有当此复变函数项级数收敛时,Z 变换才有意义。对于任意给定序列 $x(n)$,使 Z 变换中的求和级数收敛的所有 z 值的集合称为 Z 变换的收敛域(region of convergence,ROC)。

根据复变函数项级数理论可知,其收敛条件满足绝对可和(absolutely summable)条件,即

$$\sum_{n=-\infty}^{\infty} |x(n)z^{-n}| < \infty \tag{3-27}$$

上式左边是一正项级数。

对于正项级数,可用比值法和根值法来判定其收敛性。对于求和式 $\sum_{n=-\infty}^{\infty} |a_n|$ 有

$$\lim_{n \to \infty} \frac{|a_{n+1}|}{|a_n|} = \rho \begin{cases} > 1 & (发散) \\ < 1 & (收敛) \\ = 1 & (不定) \end{cases} \tag{3-28}$$

或

$$\lim_{n \to \infty} \sqrt[n]{|a_n|} = \rho \begin{cases} > 1 & (发散) \\ < 1 & (收敛) \\ = 1 & (不定) \end{cases} \tag{3-29}$$

讨论 Z 变换收敛域的重要性在于:只有指明 Z 变换的收敛域,才能单值确定其对应的序列。从下例中可清楚地看出这点。

例 3.2.1 对下列两个不同序列求各自的 Z 变换。

$$x_1(n) = \begin{cases} a^n & n \geq 0 \\ 0 & n < 0 \end{cases} \qquad x_2(n) = \begin{cases} 0 & n \geq 0 \\ -a^n & n < 0 \end{cases}$$

解：
$$X_1(z) = \sum_{n=-\infty}^{\infty} x_1(n) z^{-n} = \sum_{n=0}^{\infty} a^n z^{-n} = \sum_{n=0}^{\infty} (az^{-1})^n$$
$$= 1 + az^{-1} + a^2 z^{-2} + a^3 z^{-3} + \cdots$$

由式(3-28)可知此级数收敛的条件为 $|az^{-1}| < 1$，即 $|z| > |a|$，由此得

$$X_1(z) = \frac{1}{1 - az^{-1}} = \frac{z}{z - a} \quad (|z| > |a|)$$

同理

$$X_2(z) = \sum_{n=-\infty}^{\infty} x_2(n) z^{-n} = \sum_{n=-\infty}^{-1} (-a^n) z^{-n} = 1 - \sum_{n=0}^{\infty} (a^{-1} z)^n$$

级数收敛条件为 $|a^{-1} z| < 1$，即 $|z| < |a|$，可得

$$X_2(z) = 1 - \frac{1}{1 - a^{-1} z} = \frac{z}{z - a} \quad (|z| < |a|)$$

从上例中看出，两个不同的序列对应相同的 Z 变换，但收敛域不同。因此为了单值地确定 Z 变换所对应的序列，除给出序列的 Z 变换式外，还必须同时说明其收敛域。

下面讨论 4 种序列的收敛域的特点。

1. 有限长序列（finite length sequence）

这类序列只在有限区间内（$n_1 \leq n \leq n_2$）具有非零值，如图 3-10 所示，其 Z 变换为

$$X(z) = \sum_{n=n_1}^{n_2} x(n) z^{-n}$$

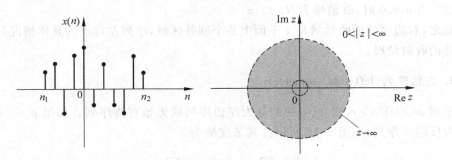

图 3-10 有限长序列及其 Z 变换的收敛域

一般都是收敛的，序列的左、右端点只会影响其在 0 和 ∞ 处的收敛，分以下 3 种情况：

(1) 当 $n_1 < 0, n_2 > 0$ 时，收敛域为 $0 < |z| < \infty$（除 $|z| = 0, \infty$ 点外）。

(2) 当 $n_1 < 0, n_2 \leq 0$ 时，收敛域为 $0 \leq |z| < \infty$（除 $|z| = \infty$ 点外）。

(3) 当 $n_1 \geq 0, n_2 > 0$ 时，收敛域为 $0 < |z| \leq \infty$（除 $|z| = 0$ 点外）。

总之，有限长序列的 Z 变换收敛域至少是 $0 < |z| < \infty$，视序列端点的具体情况还可

能包括 0 和 ∞。有限长序列亦称为有始有终序列。

2. 右边序列(right-side sequence)

序列 $x(n)$ 在 $n<n_1$ 时 $x(n)=0$，称为右边序列或有始无终序列。特别地，如果 $n_1=0$，则序列称为因果序列，如图 3-11 所示，其 Z 变换为

$$X(z)=\sum_{n=n_1}^{\infty}x(n)z^{-n}$$

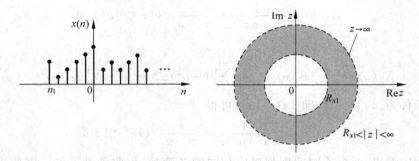

图 3-11　右边序列及其 Z 变换的收敛域

根据根值法式(3-29)，上述级数收敛条件为

$$\lim_{n\to\infty}\sqrt[n]{|x(n)z^{-n}|}<1$$

即

$$|z|>\lim_{n\to\infty}\sqrt[n]{|x(n)|}=R_{x1} \tag{3-30}$$

式中 R_{x1} 为收敛半径。考虑在 ∞ 处级数收敛的情况，可知

(1) 当 $n_1 \geqslant 0$ 时，收敛域为 $R_{x1}<|z|\leqslant\infty$。

(2) 当 $n_1 < 0$ 时，收敛域为 $R_{x1}<|z|<\infty$。

总之，右边序列的收敛域是 z 平面上某个圆外区域，序列左端点的具体情况只会影响到 ∞ 处的收敛情况。

3. 左边序列(left-side sequence)

序列 $x(n)$ 在 $n>n_2$ 时 $x(n)=0$，称为左边序列或无始有终序列。如果 $n_2=-1$，则序列称为反因果序列，如图 3-12 所示。其 Z 变换为

$$X(z)=\sum_{n=-\infty}^{n_2}x(n)z^{-n}=\sum_{n=-n_2}^{\infty}x(-n)z^n$$

根据根值法式(3-29)得此级数收敛条件为

$$\lim_{n\to\infty}\sqrt[n]{|x(-n)z^n|}<1$$

即

$$|z|<\frac{1}{\lim_{n\to\infty}\sqrt[n]{|x(-n)|}}=R_{x2} \tag{3-31}$$

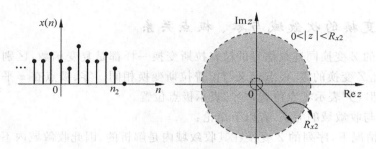

图 3-12 左边序列及其 Z 变换收敛域

可见左边序列收敛域是以 R_{x2} 为收敛半径的圆内区域。考虑到在 0 点处的收敛情况,有以下结论:

(1) 当 $n_2 > 0$ 时,收敛域为 $0 \leqslant |z| < R_{x2}$。
(2) 当 $n_2 \leqslant 0$ 时,收敛域为 $0 \leqslant |z| < R_{x2}$。

总之,左边序列的收敛域是 z 平面上某个圆的圆内区域,右端点的具体情况只会影响到原点处的收敛情况。

4. 双边序列(bilateral sequence)

序列 $x(n)$ 在 $-\infty < n < \infty$ 整个区间都有定义,则称为双边序列或无始无终序列,其 Z 变换为

$$X(z) = \sum_{n=-\infty}^{\infty} x(n) z^{-n} = \sum_{n=0}^{-1} x(n) z^{-n} + \sum_{n=0}^{\infty} x(n) z^{-n}$$

可以看成是一个左边序列与一个右边序列相加而成,因此可以用到上面的结论,对左边序列的 Z 变换收敛域为圆内区域 $|z| < R_{x2}$,对右边序列 Z 变换收敛域为圆外区域 $|z| > R_{x1}$。只有 $R_{x2} > R_{x1}$,两序列的收敛域重叠部分即为双边序列的收敛域,因此收敛域是一环形区域 $R_{x1} < |z| < R_{x2}$,如图 3-13 所示。

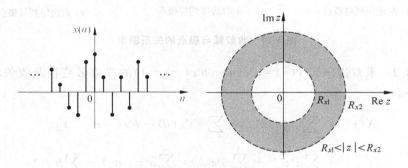

图 3-13 双边序列及其 Z 变换收敛域

如果 $R_{x2} < R_{x1}$,则两序列的 Z 变换收敛域无重叠部分,双序列的 Z 变换不收敛。

总之,若双边序列的收敛域存在,其收敛区域是复平面上的圆环形状。

从以上讨论的 Z 变换的收敛域可以看出它们与序列的类型有关。而任何序列的右边 Z 变换收敛域,与因果序列的 Z 变换收敛域相同,也是圆外区域($|z| > R_{x1}$)。

3.2.3 Z变换的收敛域与零、极点关系

由于序列的Z变换同连续信号的拉普拉斯变换一样都是复变函数，区别只是自变量名称不同，因此Z变换的零、极点定义与拉普拉斯变换相同。零、极点在z平面上的表示方法也相同，即"○"表示零点位置，"×"表示极点位置。

关于极点与收敛域的关系，有以下结论：

(1) 一般情况下，序列的Z变换在其收敛域内是解析的，因此收敛域内不应包含任何极点，且收敛域是连通的。

(2) 序列的Z变换的收敛域是以极点为边界。

(3) 右边序列的Z变换的收敛域是以模值最大的极点为半径的圆外区域（不含圆周），所有极点均在圆内。

(4) 左边序列的Z变换的收敛域是以模值为最小的极点为半径的圆内区域（不含圆周），所有极点均在圆外。

(5) 双边序列的Z变换的收敛域是以模值大小相邻近的两个极点为半径的圆环区域（不包含两个圆周）。它由左、右两个序列相加而成，其一部分极点在内圆内部（含内圆上），而另一部分极点在外圆外部（含外圆上）。

上述结论如图3-14所示。

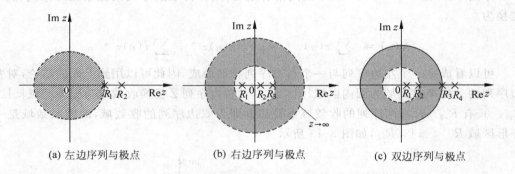

(a) 左边序列与极点　　(b) 右边序列与极点　　(c) 双边序列与极点

图3-14 收敛域与极点的关系图示

例3.2.2 求双边序列$x(n)=a^n\varepsilon(n)-b^n\varepsilon(-n-1)$的双边Z变换及收敛域（设$a>0, b>0, b>a$）。

解：
$$X(z) = \sum_{n=-\infty}^{\infty} x(n)z^{-n} = \sum_{n=-\infty}^{\infty}[a^n\varepsilon(n)-b^n\varepsilon(-n-1)]z^{-n}$$
$$= \sum_{n=0}^{\infty} a^n z^{-n} - \sum_{n=-\infty}^{-1} b^n z^{-n} = \sum_{n=0}^{\infty} a^n z^{-n} + 1 - \sum_{n=0}^{\infty} b^{-n} z^n$$

上式右边第一项为右边序列的Z变换，收敛域为$|z|>|a|$，第二、三项是左边序列的Z变换，其收敛域为$|z|<|b|$，故得

$$X(z) = \frac{z}{z-a} + 1 - \frac{b}{z-b} = \frac{z}{z-a} + \frac{z}{z-b} = \frac{2z^2-(a+b)z}{(z-a)(z-b)}$$

故$X(z)$有两个零点，$z=0, z=(a+b)/2$；两个极点，$z=a, z=b$；其收敛域为$a<|z|<b$

的环形区域，且以极点 a,b 为边界，如图 3-15 所示。

3.2.4 常用单边序列的 Z 变换

由于实际工程上用到的主要是因果序列，因此着重介绍一些常用单边序列的 Z 变换。由于序列的 Z 变换及其收敛域是不可分割的，因此在给出序列的 Z 变换表达式的同时，也要给出其收敛域。

1. 单位抽样序列

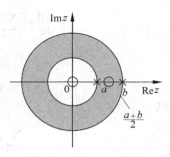

图 3-15 例 3.2.2 图示

$$\delta(n)=\begin{cases}1 & n=0\\ 0 & n\neq 0\end{cases}$$

$$\mathscr{L}[x(n)]=\sum_{n=-\infty}^{\infty}\delta(n)z^{-n}=1 \qquad (3\text{-}32)$$

收敛域为整个 z 平面 $(0\leqslant|z|\leqslant\infty)$。

2. 单位阶跃序列

$$\varepsilon(n)=\begin{cases}1 & n\geqslant 0\\ 0 & n<0\end{cases}$$

$$\mathscr{L}[\varepsilon(n)]=\sum_{n=-\infty}^{\infty}\varepsilon(n)z^{-n}=\sum_{n=-\infty}^{\infty}z^{-n}=1+z^{-1}+z^{-2}+\cdots$$

$$=\frac{1}{1-z^{-1}}=\frac{z}{z-1},\quad |z^{-1}|<1 \qquad (3\text{-}33)$$

收敛域为 $|z|>1$。

3. 矩形序列

$$G_N(n)=\begin{cases}1 & 0\leqslant n\leqslant N-1\\ 0 & \text{其余 } n\end{cases}$$

$$\mathscr{L}[G_N(n)]=\sum_{n=0}^{N-1}G_N(n)z^{-n}=\sum_{n=0}^{N-1}z^{-n}=1+z^{-1}+z^{-2}+\cdots+z^{-(N-1)}$$

$$=\frac{1-z^{-N}}{1-z^{-1}} \qquad (3\text{-}34)$$

矩形序列为有限长序列，故其收敛域为 $0<|z|\leqslant\infty$。

4. 斜变序列

$$R(n)=n\varepsilon(n)$$

$$\mathscr{L}[R(n)]=\sum_{n=0}^{\infty}nz^{-n}$$

对式(3-33)两边分别求对 z^{-1} 的导数，可得

$$\frac{d}{dz^{-1}}\left[\sum_{n=0}^{\infty}(z^{-1})^n\right] = \sum_{n=0}^{\infty}n(z^{-1})^{n-1} = z\sum_{n=0}^{\infty}nz^{-n}$$

且

$$\frac{d}{dz^{-1}}\left(\frac{1}{1-z^{-1}}\right) = \frac{1}{(1-z^{-1})^2}$$

所以

$$\sum_{n=0}^{\infty}nz^{-n} = \frac{1}{z(1-z^{-1})^2} = \frac{z}{(z-1)^2}$$

便可得斜变序列的 Z 变换为

$$\mathscr{L}[R(n)] = \sum_{n=0}^{\infty}nz^{-n} = \frac{z}{(z-1)^2} \tag{3-35}$$

收敛域为 $|z|>1$。

同样,若对式(3-35)再求对 z^{-1} 的导数,还可得到

$$\mathscr{L}[n^2\varepsilon(n)] = \frac{z(z+1)}{(z-1)^3} \quad (|z|>1) \tag{3-36}$$

及

$$\mathscr{L}[n^3\varepsilon(n)] = \frac{z(z^2+4z+1)}{(z-1)^4} \quad (|z|>1) \tag{3-37}$$

5. 单边指数序列

$$x(n) = a^n\varepsilon(n)$$

在例 3.2.1 中已求出其 Z 变换为

$$\mathscr{L}[a^n\varepsilon(n)] = \sum_{n=0}^{\infty}a^nz^{-n} = \frac{z}{z-a} \quad (|z|>|a|) \tag{3-38}$$

若令 $a=e^b$,则有

$$\mathscr{L}[e^{bn}\varepsilon(n)] = \frac{z}{z-e^b} \quad (|z|>|e^b|) \tag{3-39}$$

若令 $a=e^{\pm j\omega_0}$,则有

$$\mathscr{L}[e^{\pm j n\omega_0}\varepsilon(n)] = \frac{z}{z-e^{\pm j\omega_0}} \quad (|z|>|e^{\pm j\omega_0}|=1) \tag{3-40}$$

同理,对式(3-38)两边求对 z^{-1} 的导数,可得

$$\mathscr{L}[na^n\varepsilon(n)] = \sum_{n=0}^{\infty}na^nz^{-n} = \frac{az^{-1}}{(1-az^{-1})^2} = \frac{az}{(z-a)^2} \quad (|z|>|a|) \tag{3-41}$$

$$\mathscr{L}[n^2a^n\varepsilon(n)] = \sum_{n=0}^{\infty}n^2a^nz^{-n} = \frac{az(z+a)}{(z-a)^3} \quad (|z|>|a|) \tag{3-42}$$

6. 单边正弦和余弦序列

因单边正弦、余弦序列可以利用欧拉公式分解为两个复指数序列相加、减的形式,即

$$\cos(\omega_0 n)\varepsilon(n) = \frac{1}{2}(e^{j\omega_0 n} + e^{-j\omega_0 n})\varepsilon(n)$$

$$\sin(\omega_0 n)\varepsilon(n) = \frac{1}{2j}(e^{j\omega_0 n} - e^{-j\omega_0 n})\varepsilon(n)$$

所以它们的 Z 变换也为复指数序列的 Z 变换相加、减的形式,即为

$$\mathscr{Z}[\cos(\omega_0 n)\varepsilon(n)] = \frac{1}{2}\left(\frac{z}{z-e^{j\omega_0}} + \frac{z}{z-e^{-j\omega_0}}\right)$$

$$= \frac{z(z-\cos\omega_0)}{z^2 - 2z\cos\omega_0 + 1} \quad (|z|>1) \tag{3-43}$$

$$\mathscr{Z}[\sin(\omega_0 n)\varepsilon(n)] = \frac{1}{2j}\left(\frac{z}{z-e^{j\omega_0}} - \frac{z}{z-e^{-j\omega_0}}\right)$$

$$= \frac{z\sin\omega_0}{z^2 - 2z\cos\omega_0 + 1} \quad (|z|>1) \tag{3-44}$$

若令式(3-28)中 $a = \beta e^{\pm j\omega_0}$,则可得

$$\mathscr{Z}[\beta^n e^{\pm j n \omega_0} u(n)] = \frac{1}{1-\beta e^{\pm j\omega_0} z^{-1}} \quad (|z|>|\beta|) \tag{3-45}$$

亦可推得按指数衰减($\beta<1$)或指数递增($\beta>1$)的单边正、余弦序列的 Z 变换为

$$\mathscr{Z}[\beta^n \cos(\omega_0 n)\varepsilon(n)] = \frac{z(z-\beta\cos\omega_0)}{z^2 - 2\beta z\cos\omega_0 + \beta^2} \quad (|z|>|\beta|) \tag{3-46}$$

$$\mathscr{Z}[\beta^n \sin(\omega_0 n)\varepsilon(n)] = \frac{\beta z\sin\omega_0}{z^2 - 2\beta z\cos\omega_0 + \beta^2} \quad (|z|>|\beta|) \tag{3-47}$$

表 3-1 列出了一些常用单边序列的 Z 变换及其收敛域。

表 3-1 常用单边序列的 Z 变换及其收敛域

序号	序列 $x(n)$ ($n \geqslant 0$)	Z 变换 $X(z)$	收敛域
1	$\delta(n)$	1	$|z| \geqslant 0$
2	$\varepsilon(n)$	$\dfrac{z}{z-1}$	$|z|>1$
3	$a^n \varepsilon(n)$	$\dfrac{z}{z-a}$	$|z|>|a|$
4	$a^{n-1}\varepsilon(n-1)$	$\dfrac{1}{z-a}$	$|z|>|a|$
5	$n\varepsilon(n)$	$\dfrac{z}{(z-1)^2}$	$|z|>1$
6	$n^2\varepsilon(n)$	$\dfrac{z(z+1)}{(z-1)^3}$	$|z|>1$
7	$n^3\varepsilon(n)$	$\dfrac{z(z^2+4z+1)}{(z-1)^4}$	$|z|>1$
8	$na^{n-1}\varepsilon(n)$	$\dfrac{z}{(z-a)^2}$	$|z|>|a|$
9	$na^n\varepsilon(n)$	$\dfrac{az}{(z-a)^2}$	$|z|>|a|$
10	$e^{an}\varepsilon(n)$	$\dfrac{z}{z-e^a}$	$|z|>e^a$

续表

序号	序列 $x(n)$ （$n \geqslant 0$）	Z变换 $X(z)$	收敛域
11	$\cos(n\omega_0)\varepsilon(n)$	$\dfrac{z(z-\cos\omega_0)}{z^2-2z\cos\omega_0+1}$	$|z|>1$
12	$\sin(n\omega_0)\varepsilon(n)$	$\dfrac{z\sin\omega_0}{z^2-2z\cos\omega_0+1}$	$|z|>1$
13	$e^{an}\cos(n\omega_0)\varepsilon(n)$	$\dfrac{z(z-e^{-a}\cos\omega_0)}{z^2-2ze^{-a}\cos\omega_0+e^{-2a}}$	$|z|>e^{-a}$
14	$e^{an}\sin(n\omega_0)\varepsilon(n)$	$\dfrac{ze^{-a}\sin\omega_0}{z^2-2ze^{-a}\cos\omega_0+e^{-2a}}$	$|z|>e^{-a}$
15	$\dfrac{(n+1)(n+2)\cdots(n+m)}{m!}a^n\varepsilon(n)$	$\dfrac{z^{m+1}}{(z-a)^{m+1}}$	$|z|>|a|$
16	$\dfrac{n!}{(n-j+1)!\,(j-1)!}a^{n-j+1}\varepsilon(n)$	$\dfrac{z}{(z-a)^j}$	$|z|>|a|$

3.3 Z变换的性质和定理

由 Z 变换的基本定义可以推出 Z 变换的一些基本性质和定理，它们在解决离散信号的分析和处理中很有用，应认真掌握并运用它们解决一些具体问题。

3.3.1 线性性质

Z 变换的线性性质说明其具有叠加性和齐次性，所以是一种线性变换。

若 $\mathscr{L}[x(n)] = X(z) \quad (R_{x1} < |z| < R_{x2})$

$\mathscr{L}[y(n)] = Y(z) \quad (R_{y1} < |z| < R_{y2})$

则

$$\mathscr{L}[ax(n)+by(n)] = aX(z)+bY(z) \quad (R_1 < |z| < R_2) \tag{3-48}$$

其中 a, b 为任意常数。

相加后的序列的 Z 变换收敛域一般为两个收敛域的重叠部分，即 R_1 取 R_{x1} 和 R_{y1} 中的较大者，R_2 取 R_{x2} 和 R_{y2} 中的较小者，记作

$$\max(R_{x1}, R_{y1}) < |z| < \min(R_{x2}, R_{y2})$$

但如果线性组合后出现某些零、极点相抵消的情况，则收敛域可能扩大。

例 3.3.1 求序列 $a^n\varepsilon(n) - a^n\varepsilon(n-1)$ 的 Z 变换。

解：设 $x(n) = a^n\varepsilon(n)$，$y(n) = a^n\varepsilon(n-1)$，则它们各自的 Z 变换为

$$X(z) = \mathscr{L}[x(n)] = \mathscr{L}[a^n\varepsilon(n)] = \frac{z}{z-a} \quad (|z|>|a|)$$

$$Y(z) = \mathscr{L}[y(n)] = \mathscr{L}[a^n\varepsilon(n-1)] = \frac{a}{z-a} \quad (|z|>|a|)$$

由线性性质得

$$\mathscr{L}[a^n\varepsilon(n) - a^n\varepsilon(n-1)] = \mathscr{L}[x(n)] - \mathscr{L}[y(n)] = \frac{z}{z-a} - \frac{a}{z-a} = 1$$

可见线性叠加后序列的 Z 变换,由 $|z|>|a|$ 扩展至整个平面,这是由于两序列的 Z 变换相加后零点与极点正好相消所导致收敛域扩大。从时域看,$x(n)$ 与 $y(n)$ 相加后,由原来两个无限长序列变为有限长序列,使收敛域扩大至整个平面。

3.3.2 位移性质

位移性质(shifting property)表示序列位移后的 Z 变换与原序列的 Z 变换之间的关系。由于位移有序列的左移(超前)或右移(延迟)两种情况,所取的变换形式又可能有单边 Z 变换与双边 Z 变换,它们的位移性基本相同,但又各具不同特点。下面分别进行讨论。

1. 双边 Z 变换

若序列 $x(n)$ 的双边 Z 变换为

$$\mathscr{L}[x(n)] = X(z)$$

则序列右移后,它的双边 Z 变换等于

$$\mathscr{L}[x(n-m)] = z^{-m}X(z) \tag{3-49}$$

证明:根据双边 Z 变换的定义,可得

$$\mathscr{L}[x(n-m)] = \sum_{n=-\infty}^{\infty} x(n-m)z^{-n} = z^{-m}\sum_{k=-\infty}^{\infty} x(k)z^{-k} = z^{-m}X(z)$$

同理,可得出左移序列的双边 Z 变换

$$\mathscr{L}[x(n+m)] = z^m X(z) \tag{3-50}$$

从上述结果可以看出,序列位移可能会使 Z 变换在 $z=0$ 或 $z=\infty$ 处的零、极点情况发生变化。如果 $x(n)$ 是双边序列,$X(z)$ 的收敛域为环形区域,即 $R_{x1}<|z|<R_{x2}$,序列位移将不会使收敛域发生变化。

2. 单边 Z 变换

若 $x(n)$ 是双边序列,其单边 Z 变换为

$$\mathscr{L}[x(n)\varepsilon(n)] = X(z)$$

则序列左移后,其单边 Z 变换为

$$\mathscr{L}[x(n+m)\varepsilon(n)] = z^m\left[X(z) - \sum_{k=0}^{m-1} x(k)z^{-k}\right] \tag{3-51}$$

证明:根据单边 Z 变换定义,可得

$$\mathscr{L}[x(n+m)\varepsilon(n)] = \sum_{n=0}^{\infty} x(n+m)z^{-n} = z^m \sum_{k=0}^{\infty} x(n+m)z^{-(n+m)}$$

$$= z^m \sum_{k=m}^{\infty} x(k)z^{-k} = z^m\left[\sum_{k=0}^{\infty} x(k)z^{-k} - \sum_{k=0}^{m-1} x(k)z^{-k}\right]$$

$$= z^m\left[X(z) - \sum_{k=0}^{m-1} x(k)z^{-k}\right]$$

同理,可得右移序列的单边 Z 变换

$$\mathscr{L}[x(n-m)\varepsilon(n)] = z^{-m}\left[X(z) + \sum_{k=-m}^{-1} x(k)z^{-k}\right] \quad (3-52)$$

式中 m 取正整数。当 m 取 1,2 时,式(3-51)、式(3-52)可以写作

$$\mathscr{L}[x(n+1)\varepsilon(n)] = zX(z) - zx(0)$$

$$\mathscr{L}[x(n+2)\varepsilon(n)] = z^2 X(z) - z^2 x(0) - zx(1)$$

$$\mathscr{L}[x(n-1)\varepsilon(n)] = z^{-1} X(z) + x(-1)$$

$$\mathscr{L}[x(n-2)\varepsilon(n)] = z^{-2} X(z) + z^{-1} x(-1) + x(-2)$$

如果 $x(n)$ 为因果序列,则式(3-52)右边的 $\sum_{k=-m}^{-1} x(k)z^{-k}$ 项都等于零。于是右移序列的单边 Z 变换为

$$\mathscr{L}[x(n-m)\varepsilon(n)] = z^{-m} X(z) \quad (3-53)$$

而左移序列的单边 Z 变换不变,仍为式(3-51)。

例 3.3.2 求周期序列 $x(n)$ 的单边 Z 变换。

解:若周期序列 $x(n)$ 周期设为 N,即

$$x(n) = x(n \pm N) \quad (n \geq 0)$$

令 $x_1(n)$ 为 $x(n)$ 的第一个周期,其 Z 变换为

$$X_1(z) = \sum_{n=0}^{N-1} x_1(n) z^{-n} \quad (|z| > 0)$$

周期序列 $x(n)$ 可用 $x_1(n)$ 表示为

$$x(n) = x_1(n) + x_1(n-N) + x_1(n-2N) + x_1(n-3N) + \cdots$$

其 Z 变换为

$$X(z) = \mathscr{L}[x(n)] = \mathscr{L}[x_1(n)] + \mathscr{L}[x_1(n-N)] + \mathscr{L}[x_1(n-2N)] + \cdots$$

$$= X_1(z) + z^{-N} X_1(z) + z^{-2N} X_1(z) + \cdots$$

$$= X_1(z)(1 + z^{-N} + z^{-2N} + \cdots)$$

$$= X_1(z) \sum_{m=0}^{\infty} z^{-mN}$$

上式收敛域为 $|z| > 1$,故可求得

$$\sum_{m=0}^{\infty} z^{-mN} = \sum_{m=0}^{\infty} (z^{-N})^m = \frac{1}{1 - z^{-N}} = \frac{z^N}{z^N - 1}$$

所以周期序列 $x(n)$ 的单边 Z 变换为

$$X(z) = \frac{z^N}{z^N - 1} X_1(z)$$

3.3.3 z 域微分性(序列线性加权)

若 $x(n)$ 的 Z 变换为

$$X(z) = \mathscr{L}[x(n)]$$

则

$$\mathscr{L}[nx(n)] = -z\frac{\mathrm{d}}{\mathrm{d}z}X(z) \tag{3-54}$$

证明：因为

$$X(z) = \sum_{n=0}^{\infty} x(n)z^{-n}$$

将上式两边对 z 求微分，得

$$\frac{\mathrm{d}}{\mathrm{d}z}X(z) = \frac{\mathrm{d}}{\mathrm{d}z}\sum_{n=0}^{\infty} x(n)z^{-n}$$

交换求导与求和次序，上式变为

$$\frac{\mathrm{d}}{\mathrm{d}z}X(z) = \sum_{n=0}^{\infty} x(n)\frac{\mathrm{d}}{\mathrm{d}z}(z^{-n}) = -\sum_{n=0}^{\infty} nx(n)z^{-(n+1)} = -z^{-1}\sum_{n=0}^{\infty} nx(n)z^{-n}$$

所以

$$\mathscr{L}[nx(n)] = \sum_{n=0}^{\infty} nx(n)z^{-n} = -z\frac{\mathrm{d}}{\mathrm{d}z}X(z)$$

可见，序列线性加权(乘 n)等效于其 Z 变换取导数并乘以 $(-z)$。同理可得

$$\mathscr{L}[n^m x(n)] = \left[-z\frac{\mathrm{d}}{\mathrm{d}z}\right]^m X(z) \tag{3-55}$$

其中符号 $\left[-z\dfrac{\mathrm{d}}{\mathrm{d}z}\right]^m$ 中的 m 表示求导 m 次，即

$$\left[-z\frac{\mathrm{d}}{\mathrm{d}z}\right]^m X(z) = \underbrace{-z\frac{\mathrm{d}}{\mathrm{d}z}\left\{-z\frac{\mathrm{d}}{\mathrm{d}z}\left[-z\frac{\mathrm{d}}{\mathrm{d}z}\cdots\left(-z\frac{\mathrm{d}}{\mathrm{d}z}X(z)\right)\right]\right\}}_{m}$$

例 3.3.3 若已知 $\mathscr{L}[\varepsilon(n)] = \dfrac{z}{z-1}$，求斜变序列 $n\varepsilon(n)$ 的 Z 变换。

解：由式(3-54)可知

$$\mathscr{L}[n\varepsilon(n)] = -z\frac{\mathrm{d}}{\mathrm{d}z}\{\mathscr{L}[\varepsilon(n)]\} = -z\frac{\mathrm{d}}{\mathrm{d}z}\left[\frac{z}{z-1}\right] = \frac{z}{(z-1)^2} \quad (|z|>1)$$

与式(3-35)结果相同。

3.3.4 z 域尺度变换(序列指数加权)

若已知 $x(n)$ 的 Z 变换为

$$X(z) = \mathscr{L}[x(n)] \quad (R_{x1} < |z| < R_{x2})$$

则

$$\mathscr{L}[a^n x(n)] = X\left(\frac{z}{a}\right) \quad (R_{x1} < |z/a| < R_{x2}) \tag{3-56}$$

其中 a 为非零常数，称为尺度变换因子。

证明：因为

$$\mathscr{L}[a^n x(n)] = \sum_{n=0}^{\infty} a^n x(n) z^{-n} = \sum_{n=0}^{\infty} x(n)\left(\frac{z}{a}\right)^{-n}$$

所以

$$\mathscr{L}[a^n x(n)] = X\left(\frac{z}{a}\right)$$

可见,$x(n)$乘以指数序列等效于z平面尺度展缩。

同样,可以得到下列关系

$$\mathscr{L}[a^{-n} x(n)] = X(az) \quad (R_{x1} < |az| < R_{x2}) \tag{3-57}$$

$$\mathscr{L}[(-1)^n x(n)] = X(-z) \quad (R_{x1} < |z| < R_{x2}) \tag{3-58}$$

特别地,若$a = e^{j\omega_0}$,那么有

$$\mathscr{L}[e^{jn\omega_0} x(n)] = X(e^{-j\omega_0} z) \quad (R_{x1} < |z| < R_{x2}) \tag{3-59}$$

在上式中,如果将z用极坐标形式表示为$z = |z| e^{j\arg(z)}$,那么$e^{j\omega_0} z = |z| e^{j[\arg(z)+\omega_0]}$,即$z$平面旋转了一个$\omega_0$角度,那么其Z变换的零、极点位置也都相应发生了旋转。也就是说,用复指数序列$e^{jn\omega_0}$去调制一个信号序列时,只调制其相位特性。

例 3.3.4 若已知$\mathscr{L}[\cos(n\omega_0)\varepsilon(n)] = \dfrac{z(z - \cos\omega_0)}{z^2 - 2z\cos\omega_0 + 1}$,利用尺度变换求$\mathscr{L}[\beta^n \cos(n \times \omega_0)\varepsilon(n)]$。

解:由式(3-55)可以得到

$$\mathscr{L}[\beta^n \cos(n\omega_0)\varepsilon(n)] = \frac{\dfrac{z}{\beta}\left(\dfrac{z}{\beta} - \cos\omega_0\right)}{\left(\dfrac{z}{\beta}\right)^2 - 2\dfrac{z}{\beta}\cos\omega_0 + 1} = \frac{1 - \beta z^{-1}\cos\omega_0}{1 - 2\beta z^{-1}\cos\omega_0 + \beta^2 z^{-2}}$$

收敛域为$|z/\beta| > 1$,即$|z| > |\beta|$,显然该结果与式(3-47)完全一致。

3.3.5 时域卷积定理

已知两序列$x(n), y(n)$,其Z变换分别为

$$X(z) = \mathscr{L}[x(n)] \quad (R_{x1} < |z| < R_{x2})$$
$$Y(z) = \mathscr{L}[y(n)] \quad (R_{y1} < |z| < R_{y2})$$

则

$$\mathscr{L}[x(n) * y(n)] = X(z)Y(z) \tag{3-60}$$

在一般情况下,其收敛域是$X(z)$与$Y(z)$收敛域的重叠部分,即

$$\max(R_{x1}, R_{y1}) < |z| < \min(R_{x2}, R_{y2})$$

若位于某一Z变换收敛域边缘上的极点被另一Z变换的零点抵消,则收敛域将会扩大。

证明:序列$x(n)$与$y(n)$的卷积表达式为

$$x(n) * y(n) = \sum_{m=-\infty}^{\infty} x(m) y(n-m)$$

则

$$\mathscr{L}[x(n) * y(n)] = \sum_{n=-\infty}^{\infty} [x(n) * y(n)] z^{-n} = \sum_{n=-\infty}^{\infty} \left[\sum_{m=-\infty}^{\infty} x(m) y(n-m)\right] z^{-n}$$

在上式中交换求和顺序,则

$$\mathscr{L}[x(n) * y(n)] = \sum_{m=-\infty}^{\infty} x(m) \sum_{n=-\infty}^{\infty} y(n-m) z^{-n}$$

$$\xrightarrow{\diamondsuit k=n-m} \sum_{m=-\infty}^{\infty} x(m)\Big[\sum_{k=-\infty}^{\infty} y(k)z^{-k}\Big]z^{-m} = \Big[\sum_{m=-\infty}^{\infty} x(m)z^{-m}\Big]Y(z)$$
$$= X(z)Y(z)$$

可见两序列在时域中的卷积等效于在 z 域中两序列 Z 变换的乘积。

例 3.3.5 求下列两序列的卷积：$y(n)=x_1(n)*x_2(n)$
$$x_1(n)=\varepsilon(n)$$
$$x_2(n)=a^n\varepsilon(n)-a^{n-1}\varepsilon(n-1) \quad (|a|<1)$$

解：已知 $X_1(z)=\mathscr{L}[\varepsilon(n)]=\dfrac{z}{z-1} \quad (|z|>1)$

$$X_2(z)=\mathscr{L}[a^n\varepsilon(n)]-\mathscr{L}[a^{n-1}\varepsilon(n-1)] \quad (线性)$$
$$=\frac{z}{z-a}-\frac{z}{z-a}z^{-1} \quad (位移性)$$
$$=\frac{z-1}{z-a} \quad (|z|>|a|)$$

则
$$Y(z)=\mathscr{L}[x_1(n)*x_2(n)]=X_1(z)X_2(z)$$
$$=\frac{z}{z-1}\cdot\frac{z-1}{z-a}=\frac{z}{z-a} \quad (|z|>|a|)$$

其 Z 反变换为
$$y(n)=x_1(n)*x_2(n)=\mathscr{L}^{-1}[X_1(z)X_2(z)]$$
$$=a^n\varepsilon(n)$$

显然，$X_1(z)$ 的极点（$z=1$）被 $X_2(z)$ 的零点（$z=1$）所抵消，在 $|a|<1$ 条件下，$Y(z)$ 的收敛域比 $X_1(z)$ 和 $X_2(z)$ 的收敛域重叠部分要大，如图 3-16 所示。

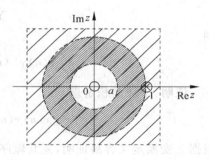

图 3-16 $Y(z)=\mathscr{L}[x_1(n)*x_2(n)]$ 的收敛域

3.3.6 z 域卷积定理（序列相乘）

已知两序列 $x(n),y(n)$ 的 Z 变换分别为
$$X(z)=\mathscr{L}[x(n)] \quad (R_{x1}<|z|<R_{x2})$$
$$Y(z)=\mathscr{L}[y(n)] \quad (R_{y1}<|z|<R_{y2})$$

则
$$\mathscr{L}[x(n)y(n)]=\frac{1}{2\pi\mathrm{j}}\oint_{c_1}X\Big(\frac{z}{v}\Big)Y(v)v^{-1}\mathrm{d}v \tag{3-61}$$

或
$$\mathscr{L}[x(n)y(n)]=\frac{1}{2\pi\mathrm{j}}\oint_{c_2}X(v)Y\Big(\frac{z}{v}\Big)v^{-1}\mathrm{d}v \tag{3-62}$$

上两式中 c_1 为 $X(z/v)$ 与 $Y(v)$ 收敛域重叠部分内逆时针旋转的围线，而 c_2 为 $X(v)$ 与 $Y(z/v)$ 收敛域重叠部分内逆时针旋转的围线。$\mathscr{L}[x(n)y(n)]$ 的收敛域一般为 $X(z/v)$ 与 $Y(v)$（或 $X(v)$ 与 $Y(z/v)$）的重叠部分，即 $R_{x1}R_{y1}<|z|<R_{x2}R_{y2}$。

证明：根据定义

$$\mathscr{Z}[x(n)y(n)] = \sum_{n=-\infty}^{\infty}[x(n)y(n)]z^{-n}$$

将 $x(n)$ 用 $X(z)$ 的反变换式表示（注意，反变换式中复变量 z 以 v 代替），则有

$$\mathscr{Z}[x(n)y(n)] = \sum_{n=-\infty}^{\infty}\left[\frac{1}{2\pi\mathrm{j}}\oint_{c_2} X(v)v^n \frac{\mathrm{d}v}{v}\right] y(n)z^{-n}$$

变换积分与求和次序，则

$$\mathscr{Z}[x(n)y(n)] = \frac{1}{2\pi\mathrm{j}}\oint_{c_2} X(v)\left[\sum_{n=-\infty}^{\infty} y(n)\left(\frac{z}{v}\right)^{-n}\right]\frac{\mathrm{d}v}{v} = \frac{1}{2\pi\mathrm{j}}\oint_{c_2} X(v)Y\left(\frac{z}{v}\right)v^{-1}\mathrm{d}v$$

同理可证明式(3-62)。

*3.3.7 帕塞瓦尔定理

若 $x(n), y(n)$ 为复序列，并且各自 Z 变换为

$$X(z) = \mathscr{Z}[x(n)]$$
$$Y(z) = \mathscr{Z}[y(n)]$$

则

$$\sum_{n=-\infty}^{\infty} x(n)y^*(n) = \frac{1}{2\pi\mathrm{j}}\oint_c X(z)Y^*\left(\frac{1}{z^*}\right)z^{-1}\mathrm{d}z \tag{3-63}$$

证明：z 域卷积定理

$$\mathscr{Z}[x(n)y(n)] = \frac{1}{2\pi\mathrm{j}}\oint_c X(v)Y\left(\frac{z}{v}\right)v^{-1}\mathrm{d}v \tag{3-64}$$

根据 Z 变换定义容易证明，复共轭序列的 Z 变换式为

$$\mathscr{Z}[y^*(n)] = Y^*(z^*) \tag{3-65}$$

将式(3-65)的结果应用于式(3-64)有

$$\sum_{n=-\infty}^{\infty} x(n)y^*(n)z^{-n} = \frac{1}{2\pi\mathrm{j}}\oint_c X(v)Y^*\left(\frac{z^*}{v^*}\right)v^{-1}\mathrm{d}v$$

令 $z = 1$，则上式变为

$$\sum_{n=-\infty}^{\infty} x(n)y^*(n) = \frac{1}{2\pi\mathrm{j}}\oint_c X(v)Y^*\left(\frac{1}{v^*}\right)v^{-1}\mathrm{d}v$$

令 $v = z$，则上式变为

$$\sum_{n=-\infty}^{\infty} x(n)y^*(n) = \frac{1}{2\pi\mathrm{j}}\oint_c X(z)Y^*\left(\frac{1}{z^*}\right)z^{-1}\mathrm{d}z$$

即可证明式(3-63)成立。

如果 $X(z), Y(z)$ 的收敛域包括单位圆，则令 $z = \mathrm{e}^{\mathrm{j}\omega}$，式(3-63)变为

$$\sum_{n=-\infty}^{\infty} x(n)y^*(n) = \frac{1}{2\pi}\int_{-\pi}^{\pi} X(\omega)Y^*(\omega)\mathrm{d}\omega \tag{3-66}$$

当 $x(n) = y(n)$ 时，上式变为

$$\sum_{n=-\infty}^{\infty} |x(n)|^2 = \frac{1}{2\pi}\int_{-\pi}^{\pi} |X(\omega)|^2 \mathrm{d}\omega \tag{3-67}$$

式(3-67)称为傅里叶变换的能量等式,即为帕塞瓦尔定理(Parseval theorem),它表示离散时间信号在实域的总能量等于频域中一个周期内的总能量。

Z变换的一些定理和性质列于表3-2中,读者可自行查阅。

表 3-2 Z 变换的主要性质(定理)

序号	序 列	Z 变换	收 敛 域
1	$x(n)$ $y(n)$	$X(z)$ $Y(z)$	$R_{x1} < |z| < R_{x2}$ $R_{y1} < |z| < R_{y2}$
2	$ax(n) + by(n)$	$aX(z) + bY(z)$	$\max(R_{x1}, R_{y1}) < |z| < \min(R_{x2}, R_{y2})$
3	$x(n \pm m)$	$z^{\pm m} X(z)$	$R_{x1} < |z| < R_{x2}$
4	$a^n x(n)$	$X(z/a)$	$|a| R_{x1} < |z| < |a| R_{x2}$
5	$x^*(n)$	$X^*(z^*)$	$R_{x1} < |z| < R_{x2}$
6	$x(-n)$	$X(z^{-1})$	$R_{x1} < |z^{-1}| < R_{x2}$
7	$(-1)^n x(n)$	$X(-z)$	$R_{x1} < |z| < R_{x2}$
8	$nx(n)$	$-z \dfrac{\mathrm{d}}{\mathrm{d}z} X(z)$	$R_{x1} < |z| < R_{x2}$
9	$x(n) * y(n)$	$X(z) Y(z)$	$\max(R_{x1}, R_{y1}) < |z| < \min(R_{x2}, R_{y2})$
10	$x(n) y(n)$	$\dfrac{1}{2\pi \mathrm{j}} \oint_c X(v) Y\left(\dfrac{z}{v}\right) \dfrac{\mathrm{d}v}{v}$	$R_{x1} R_{y1} < |z| < R_{x2} R_{y2}$
11	$\displaystyle\sum_{k=0}^{n} x(k)$	$\dfrac{z}{z-1} X(z)$	
12	$\dfrac{1}{n+a} x(n)$	$-z^a \displaystyle\int_0^z \dfrac{X(v)}{v^{a+1}} \mathrm{d}v$	
13	$\dfrac{1}{n} x(n)$	$-\displaystyle\int_0^z \dfrac{X(v)}{v} \mathrm{d}v$	
14	$x(0) = \lim\limits_{z \to \infty} X(z), x(n)$ 为因果序列		$R_{x2} < |z|$
15	$x(\infty) = \lim\limits_{z \to 1}(z-1) X(z), x(n)$ 为因果序列		$|z| \geq 1$ 时, $(z-1)X(z)$ 收敛
16	$x(n) y^*(n)$	$\dfrac{1}{2\pi \mathrm{j}} \oint_c X(v) Y^*\left(\dfrac{z^*}{v^*}\right) \dfrac{\mathrm{d}v}{v}$	$R_{x1} R_{y1} < |z| < R_{x2} R_{y2}$

3.4 Z 反变换

若已知序列 $x(n)$ 的 Z 变换为

$$X(z) = \mathscr{Z}[x(n)]$$

则 $X(z)$ 的反变换记作 $\mathscr{Z}^{-1}[X(z)]$,并由以下围线积分给出

$$x(n) = \mathscr{Z}^{-1}[X(z)] = \frac{1}{2\pi\mathrm{j}} \oint_c X(z) z^{n-1} \mathrm{d}z \tag{3-68}$$

c 是包围 $X(z)z^{n-1}$ 所有极点的逆时针闭合积分路线，通常选择在 z 平面收敛域内以原点为中心的圆，如图 3-17 所示。

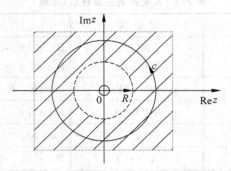

图 3-17　Z 反变换积分围线的选择

下面从 Z 变换定义表达式导出 Z 反变换式(3-68)，已知

$$X(z) = \sum_{n=-\infty}^{\infty} x(n) z^{-n}$$

对上式两边分别乘以 z^{m-1}，然后沿围线 c 积分，得到

$$\oint_c X(z) z^{m-1} \mathrm{d}z = \oint_c \left[\sum_{n=-\infty}^{\infty} x(n) z^{-n} \right] z^{m-1} \mathrm{d}z$$

将积分与求和次序互换，上式变为

$$\oint_c X(z) z^{m-1} \mathrm{d}z = \sum_{n=-\infty}^{\infty} x(n) \oint_c [z^{m-n-1}] \mathrm{d}z \tag{3-69}$$

根据复变函数中的柯西定理，有

$$\oint_c z^{k-1} \mathrm{d}z = \begin{cases} 2\pi\mathrm{j} & k = 0 \\ 0 & k \neq 0 \end{cases}$$

则得出式(3-69)的右边只存在 $m = n$ 这一项，其余均为零。于是式(3-69)变为

$$\oint_c X(z) z^{n-1} \mathrm{d}z = 2\pi\mathrm{j} x(n)$$

即

$$x(n) = \frac{1}{2\pi\mathrm{j}} \oint_c X(z) z^{n-1} \mathrm{d}z$$

Z 反变换式(3-69)得证。

求 Z 反变换的方法有三种：第一种就是对式(3-69)作围线积分(contour integral)亦称留数法(method of residue)。第二种是仿照拉普拉斯变换的方法将 $X(z)$ 的表达式用部分分式展开，经查表求出各项的 Z 反变换再取和。第三种是借助长除法(又称幂级数法)将 $X(z)$ 展开成幂级数求得 $x(n)$。一般来说，部分分式展开法比较简便，因此应用较多，我们将详细介绍，另外两种方法仅作简要介绍。

3.4.1 部分分式展开法(partial fraction expansion method)

通常情况下序列 $x(n)$ 的 Z 变换 $X(z)$ 是 z 的有理函数,可表示为有理分式的形式。类似于拉普拉斯变换中的部分分式展开,我们也可以将 $X(z)$ 展成一些简单而常见的部分分式之和,然后分别查表求出各部分分式的反变换,把各反变换相加即可得到 $x(n)$。

限于篇幅,我们只讨论单边(因果)序列的 Z 变换,对于因果序列的 Z 变换,它的收敛域为 $|z|>R$,为保证在 $z\to\infty$ 处 $X(z)$ 收敛,其分母多项式的阶次应不低于分子多项式的阶次。

由常用的单边序列 Z 变换表 3-1 可以看出,Z 变换的最基本形式是 $z/(z-a)$,因此通常先对 $X(z)/z$ 作展开,然后再乘以 z,这样,$X(z)$ 即可展成 $z/(z-a)$ 的形式,同时又满足了分母多项式的阶次应不低于分子多项式的阶次的条件。下面分三种情况讨论:

(1) $X(z)/z$ 为有理真分式,且只含一阶极点,则 $X(z)/z$ 可展开为

$$\frac{X(z)}{z} = \frac{A_0}{z} + \frac{A_1}{z-z_1} + \frac{A_2}{z-z_2} + \cdots + \frac{A_N}{z-z_N}$$

$$= \sum_{k=0}^{N} \frac{A_k}{z-z_k} \quad (z_0 = 0) \tag{3-70}$$

将上式两边各乘以 z,得

$$X(z) = \sum_{k=0}^{N} \frac{A_k z}{z-z_k} \tag{3-71}$$

式中:z_k 是 $X(z)/z$ 的极点;A_k 为极点 z_k 的留数,且

$$A_k = \left[(z-z_k)\frac{X(z)}{z}\right]_{z=z_k} \tag{3-72}$$

或将式(3-71)表示成

$$X(z) = A_0 + \sum_{k=1}^{N} \frac{A_k z}{z-z_k} \tag{3-73}$$

其中 A_0 是位于原点的极点的留数,且

$$A_0 = [X(z)]_{z=0} \tag{3-74}$$

由表 3-1 可以直接得出式(3-71)或式(3-73)的 Z 反变换为

$$x(n) = A_0 \delta(n) + \sum_{k=1}^{N} A_k (z_k)^n \varepsilon(n) \tag{3-75}$$

例 3.4.1 用部分分式展开法求 $X(z) = \dfrac{z^2}{z^2-1.5z+0.5}$ 的 Z 反变换 $x(n)$,收敛域为 $|z|>1$。

解:由于

$$X(z) = \frac{z^2}{z^2-1.5z+0.5} = \frac{z^2}{(z-0.5)(z-1)}$$

即

$$\frac{X(z)}{z} = \frac{z}{(z-0.5)(z-1)}$$

为有理真分式,有两个一阶极点 $z_1=0.5, z_2=1$,可展开成

$$\frac{X(z)}{z} = \frac{A_1}{z-0.5} + \frac{A_2}{z-1}$$

其中

$$A_1 = \left[(z-0.5)\frac{X(z)}{z}\right]_{z=0.5} = \left[\frac{z}{z-1}\right]_{z=0.5} = -1$$

$$A_2 = \left[(z-1)\frac{X(z)}{z}\right]_{z=1} = \left[\frac{z}{z-0.5}\right]_{z=1} = 2$$

所以

$$X(z) = \frac{2z}{z-1} - \frac{z}{z-0.5}$$

因为 $|z|>1$，所以 $x(n)$ 为因果序列，由表 3-1 可得

$$x(n) = 2\varepsilon(n) - 0.5^n\varepsilon(n) = (2-0.5^n)\varepsilon(n)$$

(2) 如果 $X(z)$ 中含有高阶极点，式(3-71)、式(3-73)应当加以修正。若 $X(z)$ 除含有 M 个一阶极点外，在 $z=z_i$ 处还含有一 r 阶重极点，此时 $X(z)$ 应展成为

$$X(z) = A_0 + \sum_{k=1}^{M}\frac{A_k z}{z-z_k} + \sum_{j=1}^{r}\frac{B_j z}{(z-z_i)^j} \tag{3-76}$$

式中 A_k 的确定方法与前述相同，而 B_j 为

$$B_j = \frac{1}{(r-j)!}\left[\frac{d^{r-j}}{dz^{r-j}}(z-z_i)^r \frac{X(z)}{z}\right]_{z=z_i} \tag{3-77}$$

由表 3-1 可以查得式(3-76)的 Z 反变换为

$$x(n) = A_0\delta(n) + \sum_{k=1}^{M}A_k(z_k)^n\varepsilon(n) + \sum_{j=1}^{r}B_j\frac{n!}{(n+j+1)!(j-1)!}(z_i)^{n-j+1}\varepsilon(n) \tag{3-78}$$

例 3.4.2 求 $X(z) = \dfrac{z^3+4z^2-4}{(z-1)(z+2)^2}$ ($|z|>2$)的 Z 反变换。

解：首先求 $X(z)/z$ 的部分分式展开，即

$$\frac{X(z)}{z} = \frac{z^3+4z^2-4}{z(z-1)(z+2)^2}$$

有两个单极点 $z_0=0, z_1=1$；一个二阶重极点 $z_2=-2$。则将 $X(z)/z$ 展开成部分分式形式为

$$\frac{X(z)}{z} = \frac{A_0}{z} + \frac{A_1}{z-1} + \frac{B_1}{z+2} + \frac{B_2}{(z+2)^2}$$

所以

$$X(z) = A_0 + \frac{A_1 z}{z-1} + \frac{B_1 z}{z+2} + \frac{B_2 z}{(z+2)^2}$$

其中

$$A_0 = [X(z)]_{z=0} = \frac{-4}{-1\times 4} = 1$$

$$A_1 = \left[(z-1)\frac{X(z)}{z}\right]_{z=1} = \left[\frac{z^3+z^2-4}{z(z+2)^2}\right]_{z=1} = \frac{1}{9}$$

$$B_1 = \frac{1}{(2-1)!}\left\{\frac{d^{(2-1)}}{dz^{(2-1)}}\left[(z+2)^2\frac{X(z)}{z}\right]\right\}\bigg|_{z=-2} = \frac{d}{dz}\left[\frac{z^3+4z^2-4}{z(z+2)^2}\right]_{z=-2}$$

$$= \frac{(3z^2+8z)(z-1)z-(2z-1)(z^3+4z^2-4)}{z^2(z-1)^2}\bigg|_{z=-2} = -\frac{1}{9}$$

$$B_2 = \frac{1}{(2-2)!}\left\{\frac{\mathrm{d}^{(2-2)}}{\mathrm{d}z^{(2-2)}}\left[(z+2)^2\frac{X(z)}{z}\right]\right\}\bigg|_{z=-2}$$

$$= \left[\frac{z^3+4z^2-4}{z(z-1)}\right]_{z=-2} = \frac{2}{3}$$

所以

$$X(z) = 1 + \frac{1}{9}\frac{z}{z-1} - \frac{1}{9}\frac{z}{z+2} + \frac{2}{3}\frac{z}{(z+2)^2}$$

由表 3-1 可查出部分分式展开式中的每一项所对应的 Z 反变换表达式，再由收敛域的性质可知

$$x(n) = \delta(n) + \frac{1}{9}\varepsilon(n) - \frac{1}{9}(-2)^n\varepsilon(n) + \frac{2}{3}n(-2)^{n-1}\varepsilon(n)$$

$$= \delta(n) + \left[\frac{1}{9} - \frac{1}{9}(-2)^n + \frac{2}{3}n(-2)^{n-1}\right]\varepsilon(n)$$

从上例可以看到，因其收敛域 $|z|>2$ 为圆外域，各项均对应因果序列。但如果给出的收敛域是圆内域或圆环域，则 Z 反变换将对应左边序列或双边序列，此时用部分分式展开法处理仍有效，但必须仔细确定哪些极点是对应于右边序列的，哪些极点是对应于左边序列的。

(3) 如果 $\frac{X(z)}{z}$ 不为有理真分式，则应先将其化成一个多项式和一有理真分式之和，再将有理真分式部分展成部分分式后求 $X(z)$ 的反变换 $x(n)$。

从上面对部分分式展开法的分析可以看出，我们总是把 $X(z)$ 分解为 $\frac{z}{z-a}$，$\frac{z}{(z-a)^m}$ 或 $\frac{z^m}{(z-a)^m}$ 等项的线性加权和的形式，利用表 3-1 提供的 Z 变换对，可以容易地求出各部分的 Z 反变换。

3.4.2 长除法（幂级数法）(power series expansion method)

因为 $x(n)$ 的 Z 变换定义为 z^{-1} 的幂级数，所以只要把 $X(z)$ 展成幂级数，级数中 z^{-n} 项的系数就是序列值 $x(n)$。对于常见的有理 Z 变换，可以用长除法将 $X(z)$ 展成幂级数形式。但在进行长除前，应先根据给定的收敛域是圆外域还是圆内域，确定 $x(n)$ 是右边序列还是左边序列，然后确定按 z 的降幂还是 z 的升幂长除。

应注意，幂级数展开法只适用于单边（左边或右边）序列的情况。

例 3.4.3 已知 $X(z) = \frac{z^2+z}{z^3-3z^2+3z-1}$ ($|z|>1$)，求其 Z 反变换。

解：由已知条件可知 $X(z)$ 的收敛域 $|z|>1$ 为圆外区域，故其 Z 反变换后的序列 $x(n)$ 为一右边序列。根据 Z 变换的定义，$X(z)$ 的级数表示应该为 z^{-1} 的升幂或 z 的降幂，因此用长除法求解时要把被除式和除式都按 z 的降幂排列。

即

$$z^3-3z^2+3z-1 \overline{\smash{\big)}\,z^2+z} \quad \text{商: } z^{-1}+4z^{-2}+9z^{-3}+\cdots$$

$$\underline{z^2-3z+3-z^{-1}}$$
$$4z-3+z^{-1}$$
$$\underline{4z-12+12z^{-1}}$$
$$9-11z^{-1}+4z^{-2}$$
$$\underline{9-27z^{-1}+27z^{-2}-9z^{-3}}$$
$$\vdots$$

由上式长除结果的规律,有

$$X(z) = z^{-1}+4z^{-2}+9z^{-3}+\cdots = \sum_{n=0}^{\infty} n^2 z^{-n}$$

从而

$$x(n) = n^2 \varepsilon(n)$$

实用中,如果只需求出序列 $x(n)$ 的前 N 个值,那么使用长除法就很方便。使用长除法求 Z 反变换的缺点是不易求得 $x(n)$ 的闭合形式的表达式。

3.4.3 围线积分法(留数法)(contour integral method)

由 Z 反变换式(3-68)可知,围线 c 在 $X(z)$ 的收敛域内,且包围坐标原点,而 $X(z)$ 又在 $|z|>R$ 的圆外区域内收敛(如图 3-68 所示),因此 c 包围了 $X(z)$ 的全部极点。通常 $X(z)z^{n-1}$ 是 z 的有理函数,其极点都是孤立极点,故可借助于留数定理(contour theorem)计算式(3-68)的围线积分,即

$$x(n) = \frac{1}{2\pi j} \oint_c X(z) z^{n-1} dz = \sum_i \text{Res}[X(z)z^{n-1}]_{z=z_i} \quad (3-79)$$

式中 Res 表示极点的留数,z_i 为 $X(z)z^{n-1}$ 的极点。

如果 $X(z)z^{n-1}$ 在 $z=z_i$ 处有 r 阶极点,则其留数由下式给出

$$\sum_i \text{Res}[X(z)z^{n-1}]_{z=z_i} = \frac{1}{(r-1)!} \left\{ \frac{d^{r-1}}{dz^{r-1}} [(z-z_i)^r X(z)z^{n-1}] \right\} \bigg|_{z=z_i} \quad (3-80)$$

若 $r=1$,即单极点情况,上式为

$$\sum_i \text{Res}[X(z)z^{n-1}]_{z=z_i} = [(z-z_i)X(z)z^{n-1}]_{z=z_i} \quad (3-81)$$

在应用式(3-79)～式(3-81)时,应随时注意收敛域内围线所包围的极点情况,对于不同的 n 值,在 $z=0$ 处的极点可能具有不同的阶次。

例 3.4.4 已知 $X(z) = \dfrac{z^2-z}{(z+1)(z-2)}$,$|z|>2$,试用留数法求其 Z 反变换。

解:因为 $X(z)$ 的收敛域 $|z|>2$,所以 $x(n)$ 必为右边序列,根据式(3-79)得

$$x(n) = \sum_i \text{Res}[X(z)z^{n-1}]_{z=z_i}$$

当 $n \geq 0$ 时,$X(z)z^{n-1}$ 有两个单极点 $z_1=-1$,$z_2=2$,此时

$$x(n) = [(z+1)X(z)z^{n-1}]_{z=-1} + [(z-2)X(z)z^{n-1}]_{z=2}$$

$$= \left[\frac{z-1}{z-2}z^n\right]_{z=-1} + \left[\frac{z-1}{z+1}z^n\right]_{z=2} = \frac{2}{3}(-1)^n + \frac{1}{3}2^n$$

当 $n<0$ 时，$X(z)z^{n-1}$ 除 $z=-1$，$z=2$ 两个极点外，在 $z=0$ 处还有多阶极点，阶次与 n 取值有关。

$n=-1$ 时，有

$$x(n) = \left[\frac{z-1}{z-2}z^{-1}\right]_{z=-1} + \left[\frac{z-1}{z+1}z^{-1}\right]_{z=2} + \left[\frac{z-1}{(z+1)(z-2)}\right]_{z=0}$$

$$= -\frac{2}{3} + \frac{1}{6} + \frac{1}{2} = 0$$

$n=-2$ 时，有

$$x(n) = \left[\frac{z-1}{z-2}z^{-2}\right]_{z=-1} + \left[\frac{z-1}{z+1}z^{-2}\right]_{z=2} + \left[\frac{\mathrm{d}}{\mathrm{d}z}\left(\frac{z-1}{(z+1)(z-2)}\right)\right]_{z=0}$$

$$= \frac{2}{3} + \frac{1}{12} - \frac{3}{4} = 0$$

依此类推，对于 $n<0$，则有

$$\sum \mathrm{Res}[X(z)z^{n-1}] = 0$$

即

$$x(n) = 0$$

所以

$$x(n) = \left[\frac{2}{3}(-1)^n + \frac{1}{3}2^n\right]\varepsilon(n)$$

如果本例中的 $X(z)$ 保持不变，而收敛域 $|z|<1$，则积分围线应选在半径为 1 的圆内。当 $n>-1$ 时，围线积分等于零，相应的 $x(n)$ 都为零；而当 $n<-1$ 时，$z=0$ 处有极点存在，求解围线积分后可得 $x(n)$ 为左边序列，此结果也与收敛条件 $|z|<1$ 相符合。

另一种情况是收敛域为圆环域 $1<|z|<2$。这时，积分围线应选在半径为 1 至 2 的圆环内部，则所求出的 $x(n)$ 是双边序列。

综上所述，对于同一个 $X(z)$ 表达式，当给定的收敛域不同时，所选择的围线积分的围线也不相同，最终的 Z 反变换结果也不相同，即对应的序列 $x(n)$ 也不同。

3.5 Z 变换与拉普拉斯变换

3.5.1 z 平面与 s 平面的映射关系

已知复变换 z 与 s 有下列关系

$$z = \mathrm{e}^{sT} \quad \text{或} \quad s = \frac{1}{T}\ln z$$

且

$$s = \sigma + \mathrm{j}\omega$$
$$z = |z|\mathrm{e}^{\mathrm{j}\varphi}$$

则有

$$z = |z|\mathrm{e}^{\mathrm{j}\varphi} = \mathrm{e}^{(\sigma+\mathrm{j}\omega)T} = \mathrm{e}^{\sigma T}\mathrm{e}^{\mathrm{j}\omega T} \tag{3-82}$$

所以

$$|z| = e^{\sigma T} \quad \varphi = \omega T \tag{3-83}$$

式(3-83)表示了复变量 z 的模量和辐角与复变量 s 的实部与虚部的关系。$s \sim z$ 平面之间的映射关系如图 3-18 所示。从图 3-18 和式(3-83)可得下列映射关系：

(1) s 平面上的虚轴($\sigma=0$)映射到 z 平面是单位圆 $|z|=1$；s 的右半平面($\sigma>0$)映射到 z 平面是单位圆的圆外区域 $|z|>1$；s 的左半平面($\sigma<0$)映射到 z 平面是单位圆的圆内区域 $|z|<1$。

(2) s 平面的原点 $s=0$，映射到 z 平面是 $z=1$，即单位圆与正实轴的交点。如图 3-18 中的 a 点和 a' 点。

(3) s 平面的实轴($\omega=0$)，映射到 z 平面是正实轴($\varphi=0$)。

(4) $z \sim s$ 的映射关系不是单值的。因为在 s 平面上沿虚轴移动对应于在 z 平面上沿单位圆周期性旋转，在 s 平面每平移 $2\pi/T$，则对应在 z 平面是沿单位圆转一周。如图 3-18(a) 中 c,d,e 三处极点具有相同的实部，而虚部相差 $2\pi/T$，映射到(b)图中的 z 平面上是同一点，即落在单位圆内实轴上的点 $c'=d'=e'$。

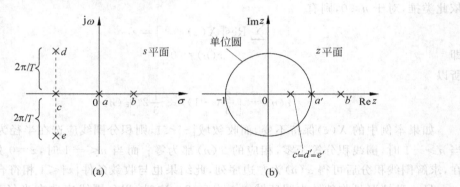

图 3-18　z 平面与 s 平面映射关系

3.5.2　Z 变换与拉普拉斯变换关系

在实际工作中，常会遇到根据一连续信号的拉普拉斯变换，求对此信号抽样后所得到离散序列的 Z 变换的要求。显然，在已知两个变换关系的基础上，就可以直接由拉普拉斯变换求得 Z 变换，而不必先由拉普拉斯变换求原函数，再经抽样而进行 Z 变换的过程转换。其过程如图 3-19 所示。

例 3.5.1　已知指数函数 $f(t) = e^{-at}\varepsilon(t)$ 的拉普拉斯变换为 $F(s) = \dfrac{1}{s+a}$，求抽样序列 $f(nT) = e^{-anT}\varepsilon(nT)$ 的 Z 变换。

解：已知
$$f(t) = e^{-at}\varepsilon(t)$$
$$F(s) = \frac{1}{s+a}$$

因 $F(s)$ 只有一个一阶极点 $p_1 = -a$，则可直接求出 $e^{-anT}\varepsilon(nT) = (e^{-aT})^n \varepsilon(nT)$ 的 Z 变换，利用拉普拉斯变换关系有下面关系式存在：

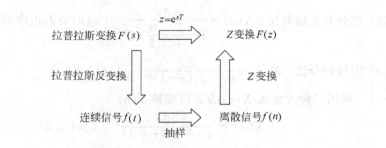

图 3-19

$$\mathscr{L}[f(t)] = \sum_{i=1}^{N} \frac{A_i}{s-p_i} \tag{3-84}$$

$$\mathscr{L}[f(nT)] = \sum_{i=1}^{N} \frac{A_i}{1-e^{p_i T}z^{-1}} \tag{3-85}$$

则有

$$F(z) = \mathscr{L}[f(nT)] = \frac{1}{1-e^{-aT}z^{-1}} = \frac{z}{z-e^{-aT}}$$

显然，若按定义求 $f(nT)$ 的 Z 变换与上结果完全相同。

习题

3.1 求下列函数的 Z 变换，并说明收敛域。

(1) $x(n)=\begin{cases} 2 & 0 \leqslant n \leqslant N-1 \\ 0 & n<0 \text{ 或 } n>N-1 \end{cases}$;

(2) $x(n) = 3\delta(n-2) + 2\delta(n-5)$;

(3) $x(n) = (0.5)^n \varepsilon(n)$;

(4) $x(n) = 0.5n\varepsilon(n)$;

(5) $x(n) = ne^{an}\varepsilon(n)$;

(6) $x(n) = e^{an}\cos(n\theta)\varepsilon(n)$;

(7) $x(n) = (0.5)^{|n|}$。

3.2 已知 $X(z) = \dfrac{-3z^{-1}}{2-5z^{-1}+2z^{-2}}$，按下面条件求

(1) 绘出 $X(z)$ 的零、极点图。

(2) $x(n)$ 是左边序列，收敛域为何？

(3) $x(n)$ 是右边序列，收敛域为何？

(4) $x(n)$ 是双边序列，收敛域为何？

3.3 已知 $X(z) = \mathscr{L}[x(n)]$，试证明

(1) $x^*(n) \Leftrightarrow X^*(z^*)$;

(2) $x(-n) \Leftrightarrow X(1/z)$;

(3) $\text{Re}[x(n)] \Leftrightarrow \dfrac{1}{2}[X(z) + X^*(z^*)]$;

(4) $\text{Im}[x(n)] \Leftrightarrow \dfrac{1}{2\text{j}}[X(z) - X^*(z^*)]$;

(5) $\mathscr{L}[a^n x(n)] = X\left(\dfrac{z}{a}\right)$;

(6) $\mathscr{L}[e^{-an}x(n)] = X(e^a z)$。

3.4 按指定方法，求下列各题的 Z 反变换

(1) 长除法：$X(z) = \dfrac{z^2}{(4-z)\left(z-\dfrac{1}{4}\right)}$ ($0.25 < |z| < 4$)。

(2) 部分分式展开法：$X(z) = \dfrac{3}{z - \dfrac{1}{4} - \dfrac{1}{8}z^{-1}}$，$x(n)$ 为右边序列。

(3) 围线积分法：$X(z) = \dfrac{z}{(z-2)(z-1)^2}$ $(|z|>2)$。

3.5 利用三种方法求 $X(z)$ 的 Z 反变换 $x(n)$
$$X(z) = \dfrac{10z}{(z-2)(z-1)} \quad (|z|>2)$$

3.6 求 $X(z) = z^{-1} + 6z^{-4} - 2z^{-7}$ $(|z|>0)$ 的 Z 反变换。

3.7 利用卷积定理求 $y(n) = x(n) * h(n)$，已知
(1) $x(n) = a^n \varepsilon(n)$，$h(n) = b^n \varepsilon(-n)$。
(2) $x(n) = a^n \varepsilon(n)$，$h(n) = \delta(n-2)$。
(3) $x(n) = a^n \varepsilon(n)$，$h(n) = b^{n-1} \varepsilon(n-1)$。

*3.8 证明(利用 Z 变换性质或定理)
(1) $[a^n f(n)] * [a^n g(n)] = a^n [f(n) * g(n)]$。
(2) $n[f(n) * g(n)] = [nf(n)] * g(n) + f(n) * [ng(n)]$。

(3) 若 $H(z) = \mathscr{Z}[h(n)]$，$X(z) = \mathscr{Z}[x(n)]$；则 $\mathscr{Z}\left[\sum\limits_{m=-\infty}^{\infty} h(m)x(m-n)\right] = H(z)X\left(\dfrac{1}{z}\right)$。

*3.9 利用 z 域卷积定理求序列 $e^{-bn}\sin(n\omega_0)\varepsilon(n)$ 的 Z 变换。

3.10 求双边序列 $x(n) = a^{|n|}$ $(0<a<1)$ 的双边 Z 变换及收敛域，画出序列及收敛域图形。

3.11 画出序列 $x(n) = \delta(n+1) + \delta(n) - \dfrac{1}{2}\delta(n-3)$ 的波形图，并求其 Z 变换，指出收敛域。

3.12 判断下列各序列是否周期序列，如是则确定其周期。
(1) $x(n) = A\cos\left(\dfrac{3\pi}{7}n - \dfrac{\pi}{8}\right)$；
(2) $x(n) = Ae^{j\left(\frac{n}{8} - \pi\right)}$；
(3) $x(n) = \cos(2n) + \sin(3n)$。

3.13 已知 $X(z) = \ln(1+a/2)$ $|z|>|a|$；试求 $X(z)$ 的 Z 反变换 $x(n)$。

3.14 设 $x(n)$ 是一个实偶序列，即 $x(n) = x(-n)$，同时又知 z_0 是 $X(z)$ 的一个零点，即 $X(z_0) = 0$。
(1) 证明：$X(1/z_0) = 0$。
(2) $X(z)$ 还有其他零点吗？(仅根据上述已知信息)

第 4 章 离散时间系统

内容摘要

信号的数字处理方法简言之,就是采用离散时间系统对输入信号序列进行运算、变换并获得所需输出信号序列的过程。因此,离散时间系统理论构成其理论基础。本章主要介绍线性时(移)不变离散系统的概念,离散系统的差分方程描述,差分方程的数学模型的建立及递推解法,离散卷积法;同时引入离散系统的 z 域分析方法,介绍差分方程的 Z 变换求解,并导出系统函数、频率响应概念,此外还简要介绍离散系统的因果性和稳定性条件。本章是后续各章特别是数字滤波器一章的理论基础。

4.1 线性时(移)不变离散系统及其数学模型

4.1.1 离散时间系统及分类

离散(时间)系统(discrete-time system)就是输入、输出都是序列的系统。系统的功能是完成输入序列至输出序列的运算、变换。图 4-1 中 $T[\cdot]$ 表示运算变换关系,即

$$y(n) = T[x(n)] \tag{4-1}$$

一般简记为

$$x(n) \rightarrow y(n)$$

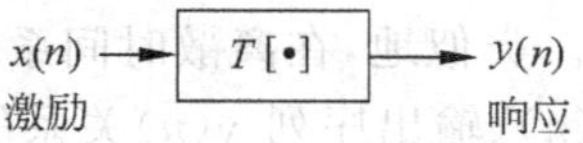

图 4-1 离散时间系统基本框图

与连续(时间)系统类似,离散(时间)系统响应也分为零状态响应(zero-state response)(系统处于零初始状态时对应的响应),零输入响应(zero-input response)(系统处于无激励时对应的响应),全响应(total response)(系统处于既有初始状态又有激励时所对应的响应)。

按离散系统的性能,可分为线性(linear)、非线性(non-linear)、时(移)变(time-variant)与时(移)不变(time-invariant)等类型。本章及后续各章中,我们主要讨论最常用的线性时(移)不变离散系统(linear time-invariant discrete-time system)。

1. 线性离散系统

线性离散系统满足线性(包括齐次性与可加性)条件,即对任意一组常数 $a_k(1 \leqslant k \leqslant N)$,若系统输入序列为 $x_1(n)$,输出为 $y_1(n)$,输入为 $x_2(n)$,输出为 $y_2(n)$ 等,即

$$y_1(n) = T[x_1(n)]$$
$$y_2(n) = T[x_2(n)]$$

$$y_N(n) = T[x_N(n)]$$

则当离散系统输入为 $a_1x_1(n)+a_2x_2(n)+\cdots+a_Nx_N(n)$ 时,其输出为

$$\begin{aligned}y(n) &= T[a_1x_1(n)] + T[a_2x_2(n)] + \cdots + T[a_Nx_N(n)] \\ &= a_1T[x_1(n)] + a_2T[x_2(n)] + \cdots + a_NT[x_N(n)] \\ &= \sum_{k=1}^{N} a_k T[x_k(n)] = \sum_{k=1}^{N} a_k y_k(n)\end{aligned} \quad (4\text{-}2)$$

满足式(4-2)的系统称为线性系统,否则为非线性系统。因此线性离散系统可以应用叠加原理。

2. 时(移)不变离散系统

在相同的初始状态下,系统响应特性与激励施加于系统的时刻无关,换句话说,若激励时移 N,响应也时移相同的 N,即对任意整数 N,当

$$y(n) = T[x(n)]$$

有
$$y(n-N) = T[x(n-N)]$$

这样的系统称为时(移)不变系统。如果一个系统不是时(移)不变系统,那么它就是时(移)变系统。

4.1.2 差分方程数学表示法

在连续时间系统中,输入输出信号均是连续时间变量的函数,描述其输入输出关系的数学模型通常为微分方程,其中包含输入信号 $x(t)$、输出信号 $y(t)$ 及其各阶导数的线性组合。类似地,在离散时间系统中,其输入输出信号均是离散变量的函数,描述其输入序列 $x(n)$、输出序列 $y(n)$ 关系的数学模型通常为差分方程(difference equation),其中包含着输入、输出序列 $x(n),y(n)$ 及其各阶移位序列。

在离散时间系统中,基本运算关系是延时(移位)、乘系数、相加。因此它的基本单元是单位延时(移位)单元、乘系数单元、相加器等,如图 4-2 所示。

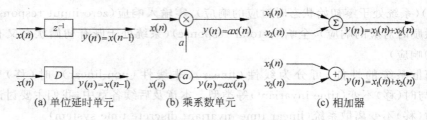

(a) 单位延时单元　　(b) 乘系数单元　　(c) 相加器

图 4-2　离散系统的基本单元符号

一般情况下,线性时不变离散时间系统可以用常系数线性差分方程式描述。如图 4-3 所示的离散系统可以用下面的常系数线性差分方程表示:

$$y(n) = \frac{1}{a_0}[b_0 x(n) + b_1 x(n-1) - a_1 y(n-1)]$$

则线性时不变离散的差分方程的一般形式是

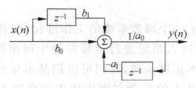

图 4-3 一个离散系统示例

$$\sum_{k=0}^{N} a_k y(n-k) = \sum_{r=0}^{M} b_r x(n-r) \qquad (4-3)$$

式中 a_k, b_r 为相应各项系数。未知序列移序的最大值与最小值之差称为此差分方程的阶次,故式(4-3)为 N 阶差分方程。

4.2 离散系统时域分析

离散系统分析的目的是,在已知系统的初始状态和输入激励信号下,求解系统的输出响应。一般分为时域分析和 z 域分析。本节主要介绍时域分析中的递推解法与离散卷积法。还有一种差分方程的时域经典求解法,类似于求解连续系统的微分方程的时域经典法,即先求出齐次方程解与特解,然后代入初始条件求待定系数得出完全解。这种方法较繁,已被 Z 变换方法取代,此处就不作介绍。

4.2.1 差分方程的递推解法

在上节中介绍过,一个线性时不变离散系统可以用一个 N 阶的差分方程来表示,如式(4-3)。它的物理意义为某一时刻的输出 $y(n)$,可以由当时的输入 $x(n)$ 及前 M 个时刻的输入值 $x(n-1)$ 至 $x(n-M)$ 和前 N 个时刻的输出值 $y(n-1)$ 至 $y(n-N)$ 来求出,也即系统的现时输出与过去的历史状态有关,它们之间存在着递推或迭代关系,因此可以采用递推方法求解差分方程。

例 4.2.1 用递推法求由下面的一阶差分方程 $y(n)-ay(n-1)=x(n)$ 表示的离散系统的输出响应序列,设系统初始条件为:$n<0, y(n)=0$,输入 $x(n)=\delta(n)$ 为单位抽样序列。

解:由给定的初始条件及已知输入激励进行递推求解

$$y(n) - ay(n-1) = x(n)$$
$$n = 0 \quad y(0) = ay(-1) + x(0) = x(0) = 1$$
$$n = 1 \quad y(1) = ay(0) + x(1) = ay(0) = a$$
$$n = 2 \quad y(2) = ay(1) + x(2) = aa = a^2$$
$$n = 3 \quad y(3) = ay(2) + x(3) = aa^2 = a^3$$
$$\vdots$$

依此类推下去,可以看出

$$y(n) = a^n \varepsilon(n)$$

此处,$y(n)$ 是在初始状态为零时,系统在单位抽样序列作用下的输出响应,称为系统的单位抽样响应。

递推法非常直观地说明了一个离散系统的工作过程,或者说它的实现原理,即其输入序列 $x(n)$ 的数据流如何依次进入系统进行运算并逐个得出输出序列 $y(n)$,这种运算包括了延时、相加、乘系数等基本运算步骤,我们可以用基本单元构成的方框图来形象地表示这种过程。图 4-4 为例 4.2.1 的差分方程所代表的离散系统框图。某一离散时刻 n 所对应的输入序列 $x(n)$,输出序列 $y(n)$ 经过延时单元 z^{-1} 后得到前一时刻的输出序列 $y(n-1)$,经乘系数 a 后得 $ay(n-1)$,然后与 $x(n)$ 经加法器相加后,即得到当时的输出序列值 $y(n)$。框图也说明了组成一个离散系统所需要的基本运算单元部件是延时器、乘法器及加法器。总之递推解法的原理正是离散系统在数字计算机或数字系统中实现的基本原理。

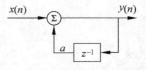

图 4-4　例 4.2.1 框图

递推解法可以求出在任意初始状态及任意输入序列下的输出响应,但其缺点是:在一般情况下,不易得出一个闭式解答,只能得到数值解,因此不便于对系统作深入的分析。关于差分方程的一般求解方法还可用变换域法,我们在下一节讨论变换域法求解差分方程的方法。

4.2.2　离散卷积法

在连续时间系统中,可以利用卷积的方法求系统的零状态响应,其原理我们已在第 1 章中进行了较为详细的介绍。类似地,在离散时间系统中,也可以采用离散卷积法来求系统的零状态响应,其原理是先把输入激励序列分解为许多具有不同延时和加权的单位抽样序列之和,然后求每一抽样序列单独作用的解,最后再叠加出系统对输入序列的总的响应。因为离散量的叠加无须积分,叠加过程表现为求和,故称为离散卷积和,简称离散卷积(discrete convolution)。

1. 离散卷积和的推导

与连续系统卷积的思路相似,对于离散系统,首先将输入序列分解,任意激励信号 $x(n)$ 可以表示为单位抽样序列加权取和的形式,即

$$x(n) = \sum_{m=-\infty}^{\infty} x(m)\delta(n-m) \tag{4-4}$$

设系统处于零状态下,其对单位抽样序列 $\delta(n)$ 激励下的响应为 $h(n)$,由时不变特性可知,对 $\delta(n-m)$ 的响应是 $h(n)$ 的移序 $h(n-m)$,再由线性系统的齐次性可知,对 $x(m)\delta(n-m)$ 的响应为 $x(m)h(n-m)$,最后根据叠加性,得到系统对由这些分序列合成的输入序列 $x(n)$ 的输出响应 $y(n)$ 为

$$y(n) = \sum_{m=-\infty}^{\infty} x(m)h(n-m) \tag{4-5}$$

式(4-5)称为离散卷积和,它表征了系统响应 $y(n)$ 与 $x(n)$ 及单位抽样响应 $h(n)$ 之间的关系,$y(n)$ 是 $x(n)$ 与 $h(n)$ 的卷积,简记为

$$y(n) = x(n) * h(n) \tag{4-6}$$

对式(4-5)作简单的变量置换可得

$$y(n) = \sum_{m=-\infty}^{\infty} h(m)x(n-m) = h(n) * x(n) \quad (4-7)$$

这说明卷积的次序可以互换,符合交换律。很容易证明离散卷积的代数运算与连续卷积的运算规则相似,亦服从分配律与结合律,即

$$x(n) * [h_1(n) + h_2(n)] = x(n) * h_1(n) + x(n) * h_2(n) \quad \text{(分配律)} \quad (4-8)$$

$$[x(n) * h_1(n)] * h_2(n) = x(n) * [h_1(n) * h_2(n)] \quad \text{(结合律)} \quad (4-9)$$

在连续时间系统中,$\delta(t)$ 与 $f(t)$ 的卷积仍等于 $f(t)$,类似地,在离散时间系统中也有

$$x(n) = x(n) * \delta(n) \quad (4-10)$$

上式说明序列与单位抽样序列的离散卷积仍为序列自身。

2. 离散卷积的计算

按定义式,求解卷积的过程仍可分解为变量置换、反褶、平移、相乘、求和等步骤。如图 4-5,先对图 4-5(a)中两序列 $x(n),h(n)$ 作变量置换,将 n 置换为 m,然后对不同 n 值求卷积值。图 4-5(b)中 $n=0$ 时,$x(n)$ 与 $h(0-m)$ 相乘求和,$h(0-m)$ 即 $h(-m)$ 在图形上相当于 $h(m)$ 的图形对纵坐标反褶,此时只在 $m=0$ 处图形有重叠,相乘后有值,其他处均为零,故得 $y(n) = 1/2$。图 4-5(c)中 $n=1$ 时,$x(m)$ 与 $h(1-m)$ 相乘求和,而 $h(1-m)$ 在图形上相当于 $h(-m)$ 向右移一位,图形中有两处非零值重叠,将其相乘后求和,得

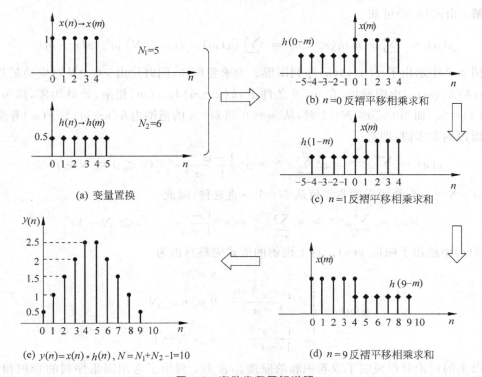

图 4-5 离散卷积图解说明

$y(1)=(1/2)\times 1+(1/2)\times 1=1$。如此类推至图 4-5(d)中 $n=9$ 时，$h(9-m)$ 与 $x(m)$ 只在 $m=4$ 处有一非零值重叠，将其相乘后求和得 $y(9)=1/2$。当 $n=10$ 后，$h(10-m)$ 与 $x(m)$ 已无非零值重叠，故相乘求和为零，即卷积值均为零。最后可得 $y(n)=x(n)*h(n)$ 的图形如图 4-5(e)所示。

根据上述原理，在具体计算时可以将 $x(n)$ 与 $h(n)$ 分别写在两张纸条上，$x(n)$ 按序号从左向右写，$h(n)$ 则从右向左写，将两纸条相对移位，每移位一格求两纸条各重叠处序列值的乘积并求和得出一个卷积值，直至无重叠为止，如图 4-6 所示。

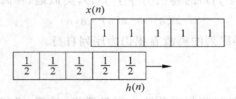

图 4-6 方格平移法求卷积

以上方法适于求短序列的卷积，当序列较长时，这种方法的工作量太大。对于有规律性的长序列卷积运算，可以直接代入式(4-5)中求闭式解。下面举一例说明。

例 4.2.2 某系统的单位抽样响应为 $h(n)=a^n\varepsilon(n)$，其中 $0<a<1$。若激励信号为 $x(n)=\varepsilon(n)-\varepsilon(n-N)$，试求响应 $y(n)$。

解：由式(4-5)可知

$$y(n)=\sum_{m=-\infty}^{\infty}x(m)h(n-m)=\sum_{m=-\infty}^{\infty}[\varepsilon(m)-\varepsilon(m-N)]a^{n-m}\varepsilon(n-m)$$

图 4-7 中示出了 $x(n),h(n)$ 序列图形。为求卷积和，同时绘出 $x(m)$ 及对应的某几个 n 值的 $h(n-m)$。由图看出，在 $n<0$ 条件下，$h(n-m)$ 与 $x(m)$ 相乘，处处为零，即 $n<0$ 时，$y(n)=0$。而当 $0\leqslant n\leqslant N-1$ 时，从 $m=0$ 到 $m=n$ 的范围内 $h(n-m)$ 与 $x(m)$ 有交叠相乘而得的非零值，即有

$$y(n)=\sum_{m=0}^{n}a^{n-m}=a^n\sum_{m=0}^{n}a^{-m}=a^n\frac{1-a^{-(n+1)}}{1-a^{-1}} \quad (0\leqslant n\leqslant N-1)$$

对于 $n>N-1$，交叠相乘的非零值从 $N-1$ 一直延伸，因此

$$y(n)=\sum_{m=0}^{N-1}a^{n-m}=a^n\sum_{m=0}^{N-1}a^{-m}=a^n\frac{1-a^{-N}}{1-a^{-1}} \quad (n\geqslant N-1)$$

图 4-7(c)中绘出了响应 $y(n)$。将上面解的形式完整写出为

$$y(n)=\begin{cases}0 & n<0 \\ a^n\dfrac{1-a^{-(n+1)}}{1-a^{-1}} & 0\leqslant n\leqslant N-1 \\ a^n\dfrac{1-a^{-N}}{1-a^{-1}} & n>N-1\end{cases}$$

以上的讨论着重说明了求卷积和的原理。表 4-1 列出了常用因果序列的卷积和，可以使一些比较复杂的卷积运算通过查表解决。

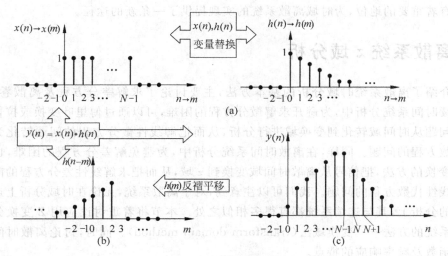

图 4-7 例 4.2.2 的示意图

表 4-1 一些常用因果序列的离散卷积和

序号	$x_1(n)$	$x_2(n)$	$x_1(n)*x_2(n) = x_2(n)*x_1(n)$
1	$\delta(n)$	$x(n)$	$x(n)$
2	a^n	$\varepsilon(n)$	$\dfrac{1-a^{n+1}}{1-a}$
3	$\varepsilon(n)$	$\varepsilon(n)$	$n+1$
4	a_1^n	a_2^n	$\dfrac{a_1^{n+1}-a_2^{n+1}}{a_1-a_2}(a_1 \neq a_2)$
5	a^n	a^n	$(n+1)a^n$
6	a^n	n	$\dfrac{n}{1-a}+\dfrac{a(a^n-1)}{(1-a)^2}$
7	n	n	$\dfrac{1}{6}(n-1)n(n+1)$
8	$a_1^n\cos(n\omega_0+\theta)$	a_2^n	$\dfrac{a_1^{n+1}\cos[\omega_0(n+1)+\theta-\varphi]-a_2^{n+1}\cos(\theta-\varphi)}{\sqrt{a_1^2-a_2^2-2a_1a_2\cos\omega_0}}$ $\left(\text{其中 } \varphi=\arctan\left[\dfrac{a_1\sin\omega_0}{a_1\cos\omega_0-a_2}\right]\right)$

用离散卷积法求离散系统输出响应需先求出系统的零状态响应 $h(n)$。一般求 $h(n)$ 可以由已知系统的差分方程用时域法求出,与求解连续系统的微分方程类似,但较为方便的还是通过求离散系统的系统函数 $H(z)$ 的 Z 反变换求得,即 $h(n)=\mathscr{L}^{-1}[H(z)]$,下节将着重介绍。

离散卷积与连续卷积在系统分析中的地位不同,连续卷积在模拟系统中的地位主要是理论上的应用,而离散卷积不仅可用于离散系统而且可作为模拟系统中卷积积分的数值计算,在理论上有着极为重要的作用,同时也可以在计算机上快速实现,因此在实际的应用中也有着重要的地位,为时域离散系统的实现提供了一条新的途径。

4.3 离散系统 z 域分析

上节介绍了离散系统时域分析的基本方法,主要讨论了求解差分方程及离散卷积。回顾在连续时间系统分析中,为避开求解微分方程的困难,可以通过傅里叶变换或拉普拉斯变换把问题从时间域转化到变换域进行分析,从而把解线性微分方程的问题转化为求解线性代数方程的问题。同样,在离散时间系统分析中,为避免解差分方程的困难,也可以通过 Z 变换的方法,把信号从离散时间域变换到 z 域,从而把求解线性差分方程的问题变为求解线性代数方程的问题。我们可以注意到,对于离散系统,无论在时域分析上还是在变换域的分析上,其与连续系统都有很多相似之处。本节将着重讨论应用 Z 变换分析离散时间系统的方法——变换域法(transform domain method)。同时,讨论离散时间系统的系统函数及频率响应的特点。

4.3.1 利用 Z 变换解差分方程

下面将要介绍利用 Z 变换求解差分方程获得系统响应的方法,因考虑到实际的情况中激励和响应一般都是有始序列,所以所采用的 Z 变换均指单边 Z 变换。

利用 Z 变换求解差分方程主要是利用 Z 变换的线性、位移等性质,将差分方程转化为代数方程,从而使求解过程简化。

线性时不变离散系统的差分方程一般形式是

$$\sum_{k=0}^{N} a_k y(n-k) = \sum_{r=0}^{M} b_r x(n-r) \tag{4-11}$$

将上式两边取单边 Z 变换,并利用 Z 变换的位移性质可以得到

$$\sum_{k=0}^{N} a_k z^{-k} \left[Y(z) + \sum_{l=-k}^{-1} y(l) z^{-l} \right] = \sum_{r=0}^{M} b_r z^{-r} \left[X(z) + \sum_{m=-r}^{-1} x(m) z^{-m} \right] \tag{4-12}$$

1. 零输入响应

若激励信号 $x(n)=0$,则系统处于零输入状态,此时差分方程式(4-11)成为齐次方程,即

$$\sum_{k=0}^{N} a_k y(n-k) = 0 \tag{4-13}$$

而式(4-12)则为

$$\sum_{k=0}^{N} a_k z^{-k} \left[Y(z) + \sum_{l=-k}^{-1} y(l) z^{-l} \right] = 0 \tag{4-14}$$

于是

$$Y(z) = -\frac{\sum_{k=0}^{N} \left[a_k z^{-k} \sum_{l=-k}^{-1} y(l) z^{-l} \right]}{\sum_{k=0}^{N} a_k z^{-k}} \tag{4-15}$$

对应的响应序列是上式的 Z 反变换，即

$$y_{zi}(n) = \mathscr{Z}^{-1}[Y(z)]$$

上式为零输入响应，是由系统的初始状态 $y(l)(-N \leqslant l \leqslant -1)$ 所引起的。

2. 零状态响应

若系统的初始状态 $y(l)=0(-N \leqslant l \leqslant -1)$，即系统处于零初始状态，此时式(4-12)变为

$$\sum_{k=0}^{N} a_k z^{-k} Y(z) = \sum_{r=0}^{M} b_r z^{-r} \left[X(z) + \sum_{m=-r}^{-1} x(m) z^{-m} \right] \tag{4-16}$$

如果激励信号 $x(n)$ 又为因果序列，上式可以写成

$$\sum_{k=0}^{N} a_k z^{-k} Y(z) = \sum_{r=0}^{M} b_r z^{-r} X(z) \tag{4-17}$$

于是

$$Y(z) = X(z) \frac{\sum_{r=0}^{M} b_r z^{-r}}{\sum_{k=0}^{N} a_k z^{-k}} \tag{4-18}$$

令

$$H(z) = \frac{Y(z)}{X(z)} = \frac{\sum_{r=0}^{M} b_r z^{-r}}{\sum_{k=0}^{N} a_k z^{-k}} \tag{4-19}$$

则

$$Y(z) = X(z) H(z)$$

此时对应的响应序列为

$$y_{zs}(n) = \mathscr{Z}^{-1}[Y(z)] = \mathscr{Z}^{-1}[X(z) H(z)] \tag{4-20}$$

即为系统的零状态响应，它完全是由激励信号 $x(n)$ 而产生的。这里所引入的 Z 变换式 $H(z)$ 是由系统的特性所决定的，亦称为系统函数(system function)或传递函数(transfer function)，在后面还要详细讨论。

3. 全响应状态

若激励信号 $x(n)$ 及系统的初始状态 $y(l)(-N \leqslant l \leqslant -1)$ 均存在，则系统为全响应状态。求离散系统的全响应可以在分别求出了零输入响应和零状态响应后，将二者相加得到，即

$$y(n) = y_{zi}(n) + y_{zs}(n) \tag{4-21}$$

我们知道，对于连续时间系统，应用拉普拉斯变换求解系统响应，可以一次求出全响应，而不必分别求零输入和零状态响应。类似地，对于离散时间系统也可以应用 Z 变换法，一次性求出全响应。下面举例加以讨论。

例 4.3.1 一离散系统差分方程为 $y(n) - by(n-1) = x(n)$，若激励 $x(n) = a^n \varepsilon(n)$，

初始值 $y(-1)=0$,求响应 $y(n)$。

解:对差分方程两边取单边 Z 变换,由式(4-12)得到

$$Y(z) - bz^{-1}Y(z) - by(-1) = X(z)$$

因为 $y(-1)=0$,所以

$$Y(z) - bz^{-1}Y(z) = X(z)$$

$$Y(z) = \frac{X(z)}{1-bz^{-1}}$$

已知 $x(n)=a^n\varepsilon(n)$ 的 Z 变换为

$$X(z) = \frac{z}{z-a} \quad (|z|>|a|)$$

于是

$$Y(z) = \frac{z^2}{(z-a)(z-b)}$$

其极点位于 $z=a$ 及 $z=b$,利用部分分式展开上式,得

$$Y(z) = \frac{1}{a-b}\left(\frac{az}{z-a} - \frac{bz}{z-b}\right)$$

进行 Z 反变换,得到响应

$$y(n) = \frac{1}{a-b}(a^{n+1} - b^{n+1})\varepsilon(n)$$

由于该系统处于零状态,所以系统的完全响应就是零状态响应。

例 4.3.2 一离散系统施加单位阶跃序列后,由如下差分方程描述

$$y(n+2) - 5y(n+1) + 6y(n) = \varepsilon(n)$$

其在施加激励之前的初始状态为 $y_{zi}(0)=0$,$y_{zi}(1)=3$,求系统的响应。

解:方法一:首先求零输入响应 $y_{zi}(n)=0$。按照前面讨论的步骤,首先对齐次差分方程

$$y(n+2) - 5y(n+1) + 6y(n) = 0$$

两边进行 Z 变换,得

$$z^2 Y_{zi}(z) - z^2 y_{zi}(0) - z y_{zi}(1) - 5z Y_{zi}(z) + 5z y_{zi}(0) + 6 Y_{zi}(z) = 0$$

代入 $y_{zi}(0)$,$y_{zi}(1)$ 的值,解得

$$Y_{zi}(z) = \frac{z^2 y_{zi}(0) + z y_{zi}(1) - 5z y_{zi}(0)}{z^2 - 5z + 6} = \frac{3z}{(z-3)(z-2)}$$

$$= 3\left(\frac{z}{z-3} - \frac{z}{z-2}\right)$$

由 Z 反变换,得

$$y_{zi}(n) = 3(3^n - 2^n)\varepsilon(n)$$

再求零状态响应 $y_{zs}(n)$。由激励序列的 Z 变换,得

$$\mathscr{Z}[\varepsilon(n)] = \frac{z}{z-1} = X(z)$$

再由式(4-19),求得系统函数 $H(z)$ 为

$$H(z) = \frac{1}{z^2 - 5z + 6}$$

零状态响应 $Y_{zs}(z)$ 为

$$Y_{zs}(z) = H(z)X(z) = \frac{z}{(z-1)(z^2-5z+6)} = \frac{z}{(z-1)(z-2)(z-3)}$$

$$= \frac{1}{2}\frac{z}{z-1} - \frac{z}{z-2} + \frac{1}{2}\frac{z}{z-3}$$

所以

$$y_{zs}(n) = \mathscr{Z}^{-1}[Y_{zs}(z)] = \left[\frac{1}{2} - 2^n + \frac{1}{2}3^n\right]\varepsilon(n)$$

系统的全响应为

$$y(n) = y_{zi}(n) + y_{zs}(n) = \left[\frac{1}{2} - 2^{n+2} + \frac{7}{2}3^n\right]\varepsilon(n)$$

方法二：直接用 Z 变换求全响应。直接对差分方程两边进行 Z 变换得

$$z^2 Y(z) - z^2 y(0) - zy(1) - 5zY(z) + 5zy(0) + 6Y(z) = \mathscr{Z}[\varepsilon(n)]$$

$$(z^2 - 5z + 6)Y(z) - z^2 y_{zi}(0) - zy_{zi}(1) + 5zy_{zi}(0) = \frac{z}{z-1}$$

$$(z^2 - 5z + 6)Y(z) - 3z = \frac{z}{z-1}$$

$$Y(z) = \frac{3z^2 - 2z}{(z-1)(z^2-5z+6)} = \frac{z(3z-2)}{(z-1)(z-2)(z-6)}$$

$$= \frac{1}{2}\frac{z}{z-1} - \frac{4z}{z-2} + \frac{7}{2}\frac{z}{z-3}$$

所以

$$y(n) = \left[\frac{1}{2} - 2^{n+2} + \frac{7}{2}3^n\right]\varepsilon(n)$$

4.3.2 离散系统的系统函数

1. 系统函数定义

一个线性时不变离散系统可由下面的常系数线性差分方程描述：

$$\sum_{k=0}^{N} a_k y(n-k) = \sum_{r=0}^{M} b_r x(n-r)$$

若激励 $x(n)$ 是因果序列，且系统处于零状态，则对上式进行 Z 变换得到

$$Y(z)\sum_{k=0}^{N} a_k z^{-k} = X(z)\sum_{r=0}^{M} b_r z^{-r}$$

于是

$$H(z) = \frac{Y(z)}{X(z)} = \frac{\sum_{r=0}^{M} b_r z^{-r}}{\sum_{k=0}^{N} a_k z^{-k}} \tag{4-22}$$

$H(z)$ 称为离散系统的系统函数,它表示系统的零状态响应与激励的 Z 变换之比值。

式(4-22)的分子、分母多项式经因式分解可改写为

$$H(z) = \frac{H_0 \prod_{r=1}^{M}(z-z_r)}{\prod_{k=1}^{N}(z-p_k)} \tag{4-23}$$

其中,z_r 是 $H(z)$ 的零点,p_k 是 $H(z)$ 的极点,它们由差分方程的系数 a_k 与 b_r 决定。

由式(4-23)可见,如果不考虑常数因子 H_0,那么由极点 p_k 和零点 z_r 就完全可以确定系统函数 $H(z)$。也就是说,根据极点 p_k 和零点 z_r 就可以确定系统的特性,例如系统的时域特性、系统的稳定性等。

2. 零、极点分布与离散系统的时域特性

由于系统函数 $H(z)$ 与单位抽样响应 $h(n)$ 是一对 Z 变换,即

$$H(z) = \mathscr{L}[h(n)] \tag{4-24}$$

$$h(n) = \mathscr{L}^{-1}[H(z)] \tag{4-25}$$

所以,完全可以从 $H(z)$ 的零极点的分布情况,确定单位抽样响应 $h(n)$ 的性质。

根据 $H(z)$ 和 $h(n)$ 的对应关系,如果把 $H(z)$ 展开为部分分式,即

$$H(z) = \sum_{i=0}^{N} \frac{A_i z}{z-p_i} \tag{4-26}$$

那么 $H(z)$ 的每个极点将对应一项时间序列,即

$$h(n) = \mathscr{L}^{-1}\left[\sum_{k=0}^{N} \frac{A_i z}{z-p_i}\right] = \sum_{i=0}^{N} A_i p_i^n \varepsilon(n) \tag{4-27}$$

如果上式中 $p_0 = 0$,则

$$h(n) = A_0 \delta(n) + \sum_{i=0}^{N} A_i p_i^n \varepsilon(n) \tag{4-28}$$

上面式子中的极点 p_i 可能为实数,也可能是成对出现的共轭复数。由上式可知,单位抽样响应 $h(n)$ 的时间特性取决于 $H(z)$ 的极点,而幅值由系数 A_i 决定,且 A_i 与 $H(z)$ 的零点分布有关。正像 s 域系统函数 $H(s)$ 的极、零点对冲激响应 $h(t)$ 的影响一样,$H(z)$ 的极点决定 $h(n)$ 的函数形式,而零点只影响 $h(n)$ 的幅值与相位。

系统函数 $H(s)$ 的极点处于 z 平面的不同位置将对应 $h(n)$ 的不同函数形式,如图 4-8 所示。当 p_i 为实数时,对应 $h(n)$ 的特性如下:

(1) $p_i > 0$,$h(n)$ 恒为正值,具体细分为:$p_i > 1$,$h(n)$ 单调递增;$p_i = 1$,$h(n)$ 恒定不变;$p_i < 1$,$h(n)$ 单调递减。

(2) $p_i < 0$,$h(n)$ 正负交替变化,具体细分为:$p_i > -1$,$h(n)$ 正负交替递减;$p_i = -1$,$h(n)$ 正负交替变化,但幅度不变;$p_i < -1$,$h(n)$ 正负交替递增。

当 p_i 为复数时,一对共轭复数极点对应于 $h(n)$ 的一项为振幅按 $|p_i|^n$ 规律变化的正弦项。例如,共轭复数极点 $p_{1,2} = \rho e^{\pm j\varphi}$,相应的单位函数响应为

$$p_1^n + p_2^n = \rho^n(e^{j\varphi} + e^{-j\varphi}) = 2\rho\cos(n\varphi)$$

(1) $|\rho| < 1$,按正弦规律衰减振荡。

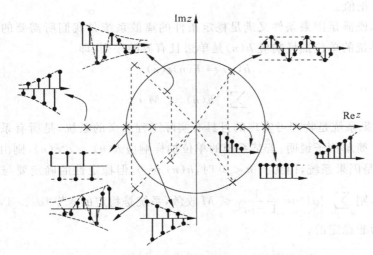

图 4-8　$H(z)$ 的极点位置与 $h(n)$ 波形的关系

(2) $|\rho|=1$，按正弦规律等幅振荡。
(3) $|\rho|>1$，按正弦规律递增振荡。

4.4　离散系统的因果性、稳定性

在离散时间系统卷积分析中可知，单位抽样响应 $h(n)$ 表征了系统自身的性能，因此，在时域分析中可以根据 $h(n)$ 来判断系统的某些特性，如因果性（causality）、稳定性（stability），以此区分因果系统（causal system）与非因果系统（non-causal system），稳定系统（stable system）与非稳定系统（non-stable system）。

4.4.1　因果系统与稳定系统

因果系统是输出变化不领先于输入变化的系统，也即输出响应 $y(n)$ 只取决于此时以及此时之前的激励，即 $x(n),x(n-1),x(n-2),\cdots$。如果 $y(n)$ 不仅取决于当前及过去的输入，而且还取决于未来的输入 $x(n+1),x(n+2),\cdots$，那么在时间上违反了因果关系，因而是非因果系统，即是物理上不可实现的系统。

根据因果系统定义及离散卷积式(4-5)可以证明：线性时不变离散系统满足因果系统的充分必要条件是

$$h(n)=0 \quad (n<0) \tag{4-29}$$

或

$$h(n)=h(n)\varepsilon(n) \tag{4-30}$$

由此也将 $n<0$ 时 $x(n)=0$ 的序列 s 称为因果序列。

若输入有界，则输出必有界的系统定义为稳定系统。对于离散时间系统，稳定系统的充分必要条件是单位抽样响应绝对可加，即

$$\sum_{n=-\infty}^{\infty}|h(n)|\leqslant M \tag{4-31}$$

式中 M 为有界正值。

归纳起来,既满足因果条件又满足稳定条件的离散系统是我们所需要的并主要研究的系统,这种系统的单位抽样响应 $h(n)$ 是单边且有界的序列,即

$$\left. \begin{array}{c} h(n) = h(n)\varepsilon(n) \\ \sum_{n=-\infty}^{\infty} |h(n)| \leqslant M \end{array} \right\} \tag{4-32}$$

稳定的因果系统是物理可实现的且具有实际工程意义的系统,是所有系统设计的目标。下面举一个简单例子说明。若某系统的单位抽样响应 $h(n) = a^n \varepsilon(n)$,则由因果性定义很容易判断它是因果系统,因为当 $n < 0$ 时,$h(n) = 0$。但稳定性的确定要与 a 的数值有关,若 $|a| < 1$,则 $\sum_{n=-\infty}^{\infty} |a|^n = \frac{1}{1-|a|} \leqslant M$ 收敛,系统是稳定的;若 $|a| > 1$,则该几何级数发散,系统为非稳定的。

4.4.2 系统函数与系统的因果性、稳定性

前一小节从时域特性研究了离散时间系统的稳定性和因果性,现在从 z 域特征考察离散系统的稳定性与因果特性。

离散系统稳定的充分必要条件是单位抽样响应 $h(n)$ 绝对可加,即

$$\sum_{n=-\infty}^{\infty} |h(n)| \leqslant M$$

式中 M 为有限正值,因此上式也可写成

$$\sum_{n=-\infty}^{\infty} |h(n)| < \infty \tag{4-33}$$

由 Z 变换定义和系统函数定义可知

$$H(z) = \sum_{n=-\infty}^{\infty} h(n) z^{-n} \tag{4-34}$$

当 $|z| = 1$,即在 z 平面单位圆上时,因

$$|H(z)| = \left[\sum_{n=-\infty}^{\infty} |h(n)| \cdot |z|^{-n} \right]_{|z|=1} = \sum_{n=-\infty}^{\infty} |h(n)| \tag{4-35}$$

为使系统稳定应满足

$$\sum_{n=-\infty}^{\infty} |h(n)| < \infty \tag{4-36}$$

上式表明,对于稳定系统,要求 $h(n)$ 序列绝对可加也就是要求其 Z 变换 $H(z)$ 在单位圆上收敛,收敛域为单位圆外区域且包含单位圆在内。

对于因果系统,$h(n) = h(n)\varepsilon(n)$ 为因果序列,它的 Z 变换之收敛域包含 ∞ 点,且为某一圆外区域,即

$$R < |z| \leqslant \infty \tag{4-37}$$

式中 R 为收敛半径。在实际问题中经常遇到的稳定因果系统应同时满足以上两方面的条件,即

$$\left.\begin{array}{r}R<|z|\leqslant\infty\\ R<1\end{array}\right\} \tag{4-38}$$

此时，系统函数 $H(z)$ 的全部极点应落在单位圆内。

例 4.4.1 某离散系统的差分方程为
$$y(n)+0.2y(n-1)-0.24y(n-2)=x(n)+x(n-1)$$
（1）求系统函数 $H(z)$；
（2）讨论此因果系统的 $H(z)$ 收敛域及稳定性；
（3）求单位抽样响应；
（4）当激励为 $x(n)=\varepsilon(n)$，求系统的零状态响应 $y(n)$。

解：（1）将差分方程两边取 Z 变换，得
$$Y(z)+0.2z^{-1}Y(z)-0.24z^{-2}Y(z)=X(z)+z^{-1}X(z)$$
于是有
$$H(z)=\frac{Y(z)}{X(z)}=\frac{1+z^{-1}}{1+0.2z^{-1}-0.2z^{-2}}=\frac{z(z+1)}{(z-0.4)(z+0.6)}$$

（2）$H(z)$ 的两个极点分别为 $p_1=0.4$，$p_2=-0.6$，都是位于单位圆内，则此因果系统的收敛域 $|z|>0.6$，且包含 $z=\infty$ 点，因此该因果系统是一个稳定的因果系统。

（3）将 $H(z)/z$ 展成部分分式，得
$$H(z)=\frac{1.4z}{z-0.4}-\frac{0.4z}{z+0.6} \quad (|z|>0.6)$$

取 Z 反变换，得单位抽样响应
$$h(n)=[1.4(0.4)^n-0.4(-0.6)^n]\varepsilon(n)$$

（4）若激励为 $x(n)=\varepsilon(n)$，即单位阶跃序列，则
$$X(z)=\frac{z}{z-1} \quad (|z|>1)$$
于是
$$Y(z)=H(z)X(z)=\frac{z^2(z+1)}{(z-0.4)(z+0.6)(z-1)}$$

将 $Y(z)/z$ 展开成部分分式，得到 $Y(z)$ 为
$$Y(z)=\frac{2.08z}{z-1}-\frac{0.93z}{z-0.4}-\frac{0.15z}{z+0.6}$$

取 Z 反变换后，得到零状态响应 $y(n)$ 为
$$y(n)=[2.08-0.93(0.4)^n-0.15(-0.6)^n]\varepsilon(n)$$

4.5 离散系统的频率响应

4.5.1 序列的傅里叶变换

与连续信号分析类似，对于离散信号的研究，傅里叶变换同样占有重要地位，本小节通过讨论利用抽样得到的序列的傅里叶变换，为后面利用 $H(z)$ 研究离散系统频率响应（frequency response）特性作准备。

抽样序列的傅里叶变换，可以直接定义也可以通过 Z 变换引出，我们从 Z 变换引出其定义。设序列 $x(n)$ 的 Z 变换为

$$\left.\begin{array}{l} X(z) = \sum_{n=-\infty}^{\infty} x(n) z^{-n} \\ x(n) = \dfrac{1}{2\pi\mathrm{j}} \oint_c X(z) z^{n-1} \mathrm{d}z \end{array}\right\} \quad (4\text{-}39)$$

由第 3.5 节所阐述的 $s\text{-}z$ 平面的映射关系可知，s 平面上的虚轴（$s=\mathrm{j}\omega$）对应于 z 平面上的单位圆（$|z|=1$，$z=\mathrm{e}^{\mathrm{j}\omega}$），这样，单位圆上的 Z 变换就是抽样序列的傅里叶变换 $X(\mathrm{e}^{\mathrm{j}\omega T})$，即

$$X(z)\big|_{z=\mathrm{e}^{\mathrm{j}\omega T}} = X(\mathrm{e}^{\mathrm{j}\omega T}) = \sum_{n=-\infty}^{\infty} x(n) \mathrm{e}^{-\mathrm{j}n\omega T} \quad (4\text{-}40)$$

其中，T 为抽样间隔，ω 为角频率。

从式（4-40）可以看出，序列 $x(n)$ 的傅里叶变换 $X(\mathrm{e}^{\mathrm{j}\omega T})$ 是 ω 的周期连续函数，周期为 $2\pi/T$，而式（4-40）又相当于是周期连续函数 $X(\mathrm{e}^{\mathrm{j}\omega T})$ 的傅里叶级数展开，于是 $x(n)$ 为傅里叶级数系数，即有

$$x(n) = \frac{1}{\dfrac{2\pi}{T}} \int_{-\frac{\pi}{T}}^{\frac{\pi}{T}} X(\mathrm{e}^{\mathrm{j}\omega T}) \mathrm{e}^{\mathrm{j}n\omega T} \mathrm{d}\omega \quad (4\text{-}41)$$

式（4-41）称为序列 $x(n)$ 的傅里叶反变换。式（4-41）也可通过求 $X(z)$ 的反变换得出，即

$$x(n) = \frac{1}{2\pi\mathrm{j}} \oint_{|z|=1} X(z) z^{n-1} \mathrm{d}z = \frac{1}{2\pi\mathrm{j}} \oint_{|z|=1} X(\mathrm{e}^{\mathrm{j}\omega T}) \mathrm{e}^{\mathrm{j}(n-1)\omega T} \mathrm{d}(\mathrm{e}^{\mathrm{j}\omega T})$$

$$= \frac{1}{2\pi\mathrm{j}} \int_{-\frac{\pi}{T}}^{\frac{\pi}{T}} X(\mathrm{e}^{\mathrm{j}\omega T}) \mathrm{e}^{\mathrm{j}n\omega T} \mathrm{e}^{-\mathrm{j}\omega T} \mathrm{e}^{\mathrm{j}\omega T} \mathrm{j}T \mathrm{d}\omega$$

$$= \frac{1}{\dfrac{2\pi}{T}} \int_{-\frac{\pi}{T}}^{\frac{\pi}{T}} X(\mathrm{e}^{\mathrm{j}\omega T}) \mathrm{e}^{\mathrm{j}n\omega T} \mathrm{d}\omega$$

当取归一化抽样间隔，即 $T=1$ 时，得序列的傅里叶变换对为

$$\left.\begin{array}{l} X(\mathrm{e}^{\mathrm{j}\omega}) = \sum_{n=-\infty}^{\infty} x(n) \mathrm{e}^{-\mathrm{j}n\omega} \\ x(n) = \dfrac{1}{2\pi} \int_{-\pi}^{\pi} X(\mathrm{e}^{\mathrm{j}\omega}) \mathrm{e}^{\mathrm{j}n\omega} \mathrm{d}\omega \end{array}\right\} \quad (4\text{-}42\mathrm{a})$$

上式又称为离散时间傅里叶变换对（discrete-time Fourier transform pair），一般表示为

$$\left.\begin{array}{l} X(\mathrm{e}^{\mathrm{j}\omega}) = \mathrm{DTFT}[x(n)] \\ x(n) = \mathrm{IDTFT}[X(\mathrm{e}^{\mathrm{j}\omega})] \end{array}\right\} \quad (4\text{-}42\mathrm{b})$$

4.5.2 频率响应特性

对于稳定的因果系统，如果输入激励是角频率为 ω 的复指数序列，即

则离散系统的零状态响应为

$$x(n) = e^{jn\omega}$$

$$y(n) = h(n) * x(n) = \sum_{m=-\infty}^{\infty} h(m) e^{j\omega(n-m)} = e^{jn\omega} \sum_{m=-\infty}^{\infty} h(m) e^{-jm\omega} \quad (4\text{-}43)$$

由于系统函数

$$H(z) = \mathscr{Z}[h(n)] = \sum_{n=-\infty}^{\infty} h(m) z^{-n}$$

故式(4-43)可以写为

$$y(n) = e^{jn\omega} H(e^{j\omega}) \quad (4\text{-}44)$$

由此可以看出,系统对离散复指数序列的稳态响应仍是一个离散复指数序列,该响应的复振幅是 $H(e^{j\omega})$。$H(e^{j\omega})$ 称为系统频率响应特性,它可以由系统函数 $H(z)$ 得出,即

$$H(e^{j\omega}) = H(z)\big|_{z=e^{j\omega}} = |H(e^{j\omega})| e^{j\varphi(\omega)} \quad (4\text{-}45)$$

上式中,$|H(e^{j\omega})|$ 称为幅频特性,$\varphi(\omega)$ 称为相频特性。

由于 $e^{j\omega}$ 是 ω 的周期函数,因而频率响应 $H(e^{j\omega})$ 也是 ω 的周期函数,周期为 2π。这是离散系统与连续系统之间的明显区别。但与连续系统类似的是,离散系统的幅频特性仍是频率的偶函数,相频特性是频率的奇函数。

例 4.5.1 求图 4-9 所示一阶离散系统的频率响应。

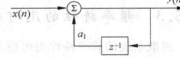

图 4-9 一阶离散系统

解:由图示一阶离散系统结构得到该系统的差分方程为

$$y(n) = a_1 y(n-1) + x(n)$$

通常系统为因果序列,其系统函数为

$$H(z) = \frac{Y(z)}{X(z)} = \frac{z}{z - a_1} \quad (|z| > a_1)$$

单位抽样响应为

$$h(n) = a_1^n \varepsilon(n)$$

因此,该一阶离散系统的频率响应为

$$H(e^{j\omega}) = \frac{e^{j\omega}}{e^{j\omega} - a_1} = \frac{1}{(1 - a_1 \cos\omega) + ja_1 \sin\omega}$$

于是,幅频特性

$$|H(e^{j\omega})| = \frac{1}{\sqrt{(1 - a_1 \cos\omega)^2 + (a_1 \sin\omega)^2}} = \frac{1}{\sqrt{1 + a_1^2 - 2a_1 \cos\omega}}$$

相频特性

$$\varphi(\omega) = -\arctan\left(\frac{a_1 \sin\omega}{1 - a_1 \cos\omega}\right)$$

显然,为保证该系统是稳定的,$H(z)$ 的极点 $p_1 = a_1$ 应在单位圆内,即 $|a_1| < 1$。由此我们在图 4-10(a),(b),(c),(d)中给出零、极点图,$h(n)$ 的波形序列及 $|H(e^{j\omega})|$,$\varphi(\omega)$ 的频谱曲线。

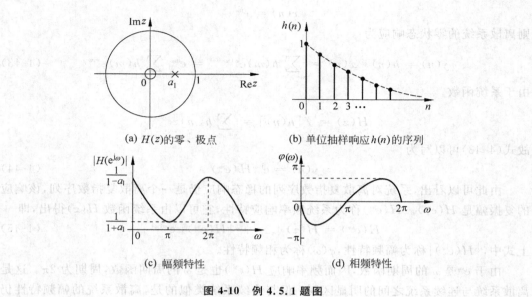

(a) $H(z)$ 的零、极点 (b) 单位抽样响应 $h(n)$ 的序列

(c) 幅频特性 (d) 相频特性

图 4-10 例 4.5.1 题图

4.5.3 频率特性的几何表示法

离散系统的频率特性也可应用与连续系统类似的方法分析，用系统函数 $H(z)$ 在 z 平面上的零、极点分布，通过几何方法简便而直观地求出。

前已讨论过离散系统的 $H(z)$ 为

$$H(z) = \frac{\sum_{r=0}^{M} b_r z^{-r}}{\sum_{k=0}^{N} a_k z^{-k}}$$

若 $H(z)$ 的零、极点均为单阶，则 $H(z)$ 可写为

$$H(z) = H_0 \frac{\prod_{r=1}^{M}(z-z_r)}{\prod_{k=1}^{N}(z-p_k)}$$

令 $z = e^{j\omega}$，有

$$H(e^{j\omega}) = H_0 \frac{\prod_{r=1}^{M}(e^{j\omega}-z_r)}{\prod_{k=1}^{N}(e^{j\omega}-p_k)} = |H(e^{j\omega})| e^{j\varphi(\omega)} \qquad (4-46)$$

又令

$$e^{j\omega} - z_r = A_r e^{j\varphi_r}, \quad e^{j\omega} - p_k = B_k e^{j\theta_k}$$

于是幅频特性

$$|H(e^{j\omega})| = H_0 \frac{\prod_{r=1}^{M} A_r}{\prod_{k=1}^{N} B_k} \tag{4-47}$$

相频特性

$$\varphi(\omega) = \sum_{r=1}^{M} \psi_r - \sum_{k=1}^{N} \theta_k \tag{4-48}$$

显然,式中 A_r,ψ_r 分别表示 z 平面上零点 z_r 到单位圆上某点 $e^{j\omega}$ 的矢量 $(e^{j\omega}-z_r)$ 的长度与夹角,B_k,θ_k 则表示极点 p_k 到 $e^{j\omega}$ 的矢量 $(e^{j\omega}-p_k)$ 的长度与夹角,如图 4-11 所示。如果单位圆上的点 D 不断移动,那么由式(4-47)和式(4-48)就可求出系统的全部频率响应。图中 C 点对应 $\omega=0$,E 点对应 $\omega=\frac{\omega_s}{2}$(即 $\omega=\pi$),由于离散系统频率特性是周期性的,因此只要 D 点转一周就可以了。利用这种方法可以比较方便地由 $H(z)$ 的零、极点位置求出该系统的频率特性。可见频率特性的形状取决于 $H(z)$ 的零、极点分布,也就是说,取决于离散系统的形式及差分方程各系数的大小。

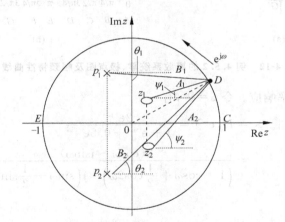

图 4-11 频率特性 $H(e^{j\omega})$ 的几何确定法

不难看出,位于 $z=0$ 处的零、极点对幅度响应不产生作用,因而在 $z=0$ 处加入或除去零、极点,不会使幅度响应发生变化,而只会影响相位特性。此外,还可以看出,当 $e^{j\omega}$ 点旋转到某个极点 p_i 附近时,如果矢量的长度 B_i 最短,则频率响应在该点可能出现峰值。若极点 p_i 愈靠近单位圆,B_i 愈短,则频率响应在峰值附近愈尖锐。如果极点 p_i 落在单位圆上,$B_i=0$,则频率响应的峰值趋于无穷大。对于零点来说其作用与极点恰恰相反。

例 4.5.2 已知一离散系统差分方程为

$$y(n) + y(n-1) + \frac{1}{2}y(n-2) = 2x(n-1)$$

(1) 试求系统函数 $H(z)$,并画出零、极点图;
(2) 试求系统的频率响应 $H(e^{j\omega})$,并画出幅频特性曲线。

解:(1) 对此差分方程两边进行 Z 变换,可求得系统函数 $H(z)$ 为

$$H(z) = \frac{Y(z)}{X(z)} = \frac{2z^{-1}}{1+z^{-1}+0.5z^{-2}} = \frac{2}{\left[z+\left(\frac{1}{2}-j\frac{1}{2}\right)\right]\left[z+\left(\frac{1}{2}+j\frac{1}{2}\right)\right]}$$

只有一个零点 $z_1=0$，有两个极点

$$p_1 = -\frac{1}{2} + j\frac{1}{2}, \quad p_2 = -\frac{1}{2} - j\frac{1}{2}$$

零、极点图如图 4-12(a)所示，可见极点落在单位圆内，因此该离散系统为因果稳定系统。

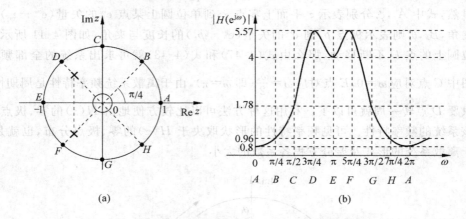

图 4-12　例 4.5.2 的离散系统零、极点图及幅频特性曲线

（2）求系统的频率响应。令 $z=e^{j\omega}$，有

$$H(z)|_{z=e^{j\omega}} = H(e^{j\omega}) = \frac{2e^{-j\omega}}{1+e^{-j\omega}+0.5e^{-2j\omega}}$$
$$= \frac{2(\cos\omega - j\sin\omega)}{\left(1+\cos\omega+\frac{1}{2}\cos2\omega\right) - j\left(\sin\omega+\frac{1}{2}\sin2\omega\right)}$$

其幅频特性为

$$|H(e^{j\omega})| = \frac{2}{\sqrt{\left(1+\cos\omega+\frac{1}{2}\cos2\omega\right)^2 - \left(\sin\omega+\frac{1}{2}\sin2\omega\right)^2}}$$
$$= \frac{2}{\sqrt{2.25+3\cos\omega+\cos2\omega}}$$

从幅频特性曲线可以看出频率响应是周期性的，且当单位圆上的点转到距极点最近的点 D 和 F 位置时，频率响应出现峰值，而 A 点距极点距离最远，对应的频率响应为最小值。由此例可以看出 $H(z)$ 的零、极点分布对系统的频率特性的影响。

本节所讨论的是利用抽样序列的傅里叶变换来研究离散时间系统的频率特性，也是我们后面将要涉及的数字滤波器内容的理论基础，同时也为下一章研究离散傅里叶变换作了准备。

习题

4.1 已知一离散系统的差分方程描述为

$$y(n) = x(n) + \frac{1}{4}y(n-1)$$

试用递推法求出以下两种条件下的单位抽样响应 $h(n)$。

(1) 初始条件 $y(n)=0(n<0)$；

(2) 初始条件 $y(n)=0(n\geq 0)$。

4.2 利用离散卷积式证明因果系统的充要条件是其单位抽样响应 $h(n)=0(n<0)$。

4.3 求矩形序列 $G_N(n)=\varepsilon(n)-\varepsilon(n-4)$ 与 $x(n)=n\varepsilon(n)$（$0\leq n\leq 5$）的离散卷积和 $y(n)=G_N(n)*x(n)$，并绘出 $y(n)$ 的波形图。

4.4 已知离散系统的单位抽样响应为 $h(n)=\left(\frac{1}{2}\right)^n\varepsilon(n)$，当输入为 $x(n)=\varepsilon(n)$ 时，试用离散卷积法求系统的零状态响应 $y(n)$。

4.5 证明以下各题：

(1) $[a^n f(n)]*[a^n g(n)] = a^n[f(n)*g(n)]$；

(2) $n[f(n)*g(n)] = [nf(n)]*g(n) + f(n)*[ng(n)]$；

(3) 若 $H(z)=\mathscr{Z}[h(n)], X(z)=\mathscr{Z}[x(n)]$，则有

$$\mathscr{Z}\left[\sum_{m=-\infty}^{\infty}h(m)x(m-n)\right]=H(z)X\left(\frac{1}{z}\right)。$$

*4.6 已知 Z 变换式

$$X(z)=\frac{1}{1-0.5z^{-1}} \quad (|z|>0.5)$$

$$Y(z)=\frac{1}{1-2z} \quad (|z|<0.5)$$

利用 z 域卷积定理求 $x(n)$ 与 $y(n)$ 乘积的 Z 变换。

4.7 用单边 Z 变换求解下列差分方程。

(1) $y(n+2)+y(n+1)+y(n)=\varepsilon(n)$
$y(0)=1, y(1)=2$；

(2) $y(n)+0.9y(n-1)=0.05\varepsilon(n)$
$y(-1)=0$；

(3) $y(n)+2y(n-1)=(n-2)\varepsilon(n)$
$y(0)=1$；

(4) $y(n)+0.1y(n-1)-0.02y(n-2)=10\varepsilon(n)$
$y(-1)=4, y(-2)=6$。

4.8 由下列差分方程画出离散系统的结构图，并求系统函数 $H(z)$ 及单位抽样响应。

(1) $3y(n)-6y(n-1)=x(n)$；

(2) $y(n)=x(n)-5x(n-1)+8x(n-3)$;

(3) $y(n)-3y(n-1)+3y(n-2)-y(n-3)=x(n)$;

(4) $y(n)-5y(n-1)+6y(n-2)=x(n)-3x(n-2)$。

4.9 写出图题 4-9 所示离散系统的差分方程,并求系统函数 $H(z)$ 及单位抽样响应 $h(n)$。

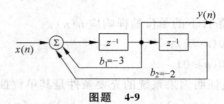

图题 4-9

4.10 一线性时不变离散系统的输入是

$$x(n) = \left(\frac{1}{2}\right)^n \varepsilon(n) + 2^n \varepsilon(-n-1)$$

输出为

$$y(n) = 6\left(\frac{1}{2}\right)^n \varepsilon(n) - 6\left(\frac{3}{4}\right)^n \varepsilon(n)$$

(1) 求该系统的系统函数 $H(z)$,画出零极点图,并标明收敛域;

(2) 求单位抽样响应 $h(n)$;

(3) 写出表征该系统的差分方程,并画出其结构图。

4.11 已知系统函数 $H(z)=\dfrac{z}{z-k}$ (k 为常数)。

(1) 写出对应的差分方程;

(2) 画出该系统的结构图;

(3) 求该系统的频率响应,并画出 $k=0,0.5,1$ 三种情况下系统的幅度响应和相位响应。

4.12 根据下面各线性时不变离散系统的单位抽样响应,分析系统的因果性和稳定性。

(1) $h(n)=a^n \varepsilon(n)$;

(2) $h(n)=-a^n \varepsilon(-n-1)$;

(3) $h(n)=\dfrac{1}{n^2}\varepsilon(n)$;

(4) $h(n)=\delta(n+a)$。

4.13 绘出下列系统的零极点图,并指出系统是否稳定。

(1) $H(z)=\dfrac{6(1-z^{-1}-z^{-2})}{2+5z^{-1}+2z^{-2}}$;

(2) $H(z)=\dfrac{z-2}{2z^2+z-1}$;

(3) $H(z)=\dfrac{z+2}{8z^2-2z-3}$;

(4) $H(z) = \dfrac{1-z^{-1}}{1-z^{-1}-z^{-2}}$。

4.14 利用 z 平面零极点矢量作图方法大致画出下列系统函数所对应的系统幅度响应。

(1) $H(z) = \dfrac{1}{z-0.5}$；

(2) $H(z) = \dfrac{z}{z-0.5}$；

(3) $H(z) = \dfrac{z+0.5}{z}$。

4.15 试求图题 4-15 所示系统的系统函数 $H(z)$。

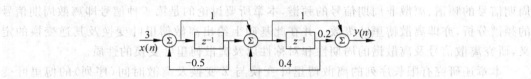

图题 4-15

第 5 章 离散傅里叶变换

内容摘要

本章从数字信号的研究方面入手,从概念上分析对连续信号的数字分析法所采取的方法与步骤。通过前面已经讨论过 3 种时域信号的频谱,即时域非周期信号的频谱、时域周期信号的频谱、离散非周期信号的频谱,本章所要讨论的是第 4 种信号即离散周期信号的频谱分析,亦即离散傅里叶级数。并在此基础上给出离散傅里叶变换及其逆变换的定义,研究离散信号及离散谱的周期性和对称性以及离散傅里叶变换的性质。

本章还研究有限长序列的离散傅里叶变换与 Z 变换及离散时间(序列)的傅里叶变换三者之间关系,以加深对概念的理解。同时讨论离散傅里叶变换的快速算法(FFT),着重介绍由库利(J. W. Cooley)和图基(J. W. Tukey)提出的基 2 时析型 FFT 及算法实现流程,并对离散傅里叶变换及其在离散系统分析中的应用作一简要介绍。

5.1 离散傅里叶级数(DFS)

由第 2 章可知,一个连续非周期信号 $x_a(t)$,其傅里叶变换即它的频谱 $|X_a(\omega)|$ 是一个非周期连续谱,如图 5-1(a)所示。而一个连续周期信号 $x_p(t)$ 的频谱即它的傅里叶级数 $|X_p(k\omega_1)|$ 则是非周期离散谱,如图 5-1(b)所示。如果 $x_p(t)$ 是 $x_a(t)$ 经周期延拓得到的,则前者的频谱 $|X_p(k\omega_1)|$ 正是后者的频谱 $|X_a(\omega)|$ 以基频 $\omega_1=2\pi/T_1$ 的等间隔抽样,从而得出一个结论,即时域上的周期性将产生频谱的离散性。现在再来看第 3 种信号即离散非周期信号及其频谱。假如它是由 $x_a(t)$ 经抽样得来的,我们曾用两种不同的方式来描述过这种信号。一种是第 2 章中用冲激抽样信号 $x_s(t)$ 描述,一种是在第 3 章中用序列 $x(n)$ 来表示。对于 $x_s(t)$,其傅里叶变换(频谱)为 $|X_s(\omega)|$,对于序列 $x(n)$,其傅里叶变换(频谱)在第 4 章中给出为 $|X(e^{j\omega})|$,如图 5-1(c)所示,两者在数值上是相等的,仅是频率坐标比例不同而已,因两者都是被抽样的连续信号频谱的周期延拓,因此又得出一个结论,即时域上的离散性将产生频谱的周期性。由以上两个结论可以定性地推断出第 4 种信号即离散周期信号的频谱特性来。

对于第 4 种信号,可以用周期信号的冲激抽样 $x_{ps}(t)$ 或周期序列 $x_p(n)$ 来描述,它们的频谱相应地可以用 $|X_s(k\omega_1)|$ 和 $|X(e^{jk\omega_1})|$ 来描述,根据冲激抽样信号的频谱与序列频谱的一般关系可知,它们在数值上相等,在频率坐标及其比例尺上不同。对于这种离散周期信号,在时域上可以看作是对连续周期信号 $x_p(t)$ 的抽样使之具离散性,由于 $x_p(t)$ 的频谱是离散的,并根据时域离散性将使频谱具周期性的结论,因此离散的周期信号 $x_{ps}(t)$ 或 $x_p(n)$ 的频谱应该是一个周期的离散谱。我们也可以把 $x_{ps}(t)$ 或 $x_p(n)$ 在时域上看作是离

散信号的周期谱,由于离散信号的频谱是连续周期谱,而根据时域周期性将使频谱具离散性的结论,得到下面结论,即时域上离散周期信号在频域上对应着一个周期离散频谱,如图 5-1(d)所示。通过以上分析,可以把 4 种信号在时域和频域之间的对称规律归纳于表 5-1 中。

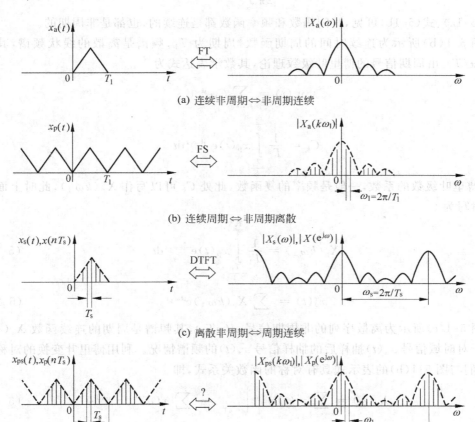

图 5-1 信号在时、频域中的对称规律

表 5-1 信号在时域、频域的对称规律

时 域	频 域	时 域	频 域
连续非周期	非周期连续	离散非周期	周期连续
连续周期	非周期离散	离散周期	周期离散

由表 5-1 可以将信号的傅里叶变换在时域、频域中关于离散性与周期性的规律性充分反映出来,而这种对称规律正是由傅里叶变换的对称性质所决定的。

图 5-1(a)中所示为连续时间信号 $x_a(t)$ 及其傅里叶变换,其数学表示式为

$$X_a(\omega) = \int_{-\infty}^{\infty} x_a(t) e^{j\omega t} dt \quad (5\text{-}1a)$$

$$x_a(t) = \frac{1}{2\pi} \int_{-\infty}^{\infty} X_a(\omega) e^{-j\omega t} d\omega \quad (5\text{-}1b)$$

从式(5-1a)、式(5-1b)可见,时间函数和频率函数都是连续的,也都是非周期的。

图 5-1(b)所示为连续时间的周期函数,周期为 T_1,频谱是离散的线状频谱,其中 $\omega_1 = 2\pi/T_1$。由周期信号的傅里叶级数理论,其数学表达式为

$$x_p(t) = \sum_{k=-\infty}^{\infty} C_k e^{jk\omega_1 t}$$

$$C_k = \frac{1}{T_1} \int_{-\frac{T_1}{2}}^{\frac{T_1}{2}} x_p(t) e^{-jk\omega_1 t} dt$$

C_k 为傅里叶级数的系数,一般是频率的复函数,此处 C_k 可以写作 $X_p(k\omega_1)$,此时上面的变换对写为

$$X_p(k\omega_1) = \frac{1}{T_1} \int_{-\frac{T_1}{2}}^{\frac{T_1}{2}} x_p(t) e^{-jk\omega_1 t} dt \quad (5\text{-}2a)$$

$$x_p(t) = \sum_{k=-\infty}^{\infty} X_p(k\omega_1) e^{jk\omega_1 t} \quad (5\text{-}2b)$$

图 5-1(c)所示为离散序列的非周期信号 $x(nT_s)$,其频谱是周期的连续函数 $X_s(\omega)$,相当于对时域信号 $x_a(t)$ 抽样后的抽样信号 $x_s(t)$ 的频谱情况。利用傅里叶变换的对称性质,它们与图 5-1(b)的表示式具有对称的函数关系式,即

$$X_s(\omega) = \sum_{n=-\infty}^{\infty} x_s(t) e^{-j\omega t} \Big|_{t=nT_s} = \sum_{n=-\infty}^{\infty} x(nT_s) e^{-jn\omega T_s} \quad (5\text{-}3a)$$

$$x_s(nT_s) = x_s(t) \Big|_{t=nT_s} = \frac{1}{\omega_s} \int_{-\frac{\omega_s}{2}}^{\frac{\omega_s}{2}} X_s(\omega) e^{jn\omega T_s} d\omega \quad (5\text{-}3b)$$

其中,T_s 为抽样间隔,$\omega_s = 2\pi/T_s$ 为抽样角频率。上面两式也可由式(4-40)、式(4-41)导出。

图 5-1(d)所示为周期离散时间信号 $x_{ps}(t)$,它是由连续非周期信号 $x(t)$ 经周期延拓、抽样后得到的,亦可表示为 $x_p(n)$ 形式。其傅里叶变换是周期离散频率函数 $X_{ps}(k\omega_1)$,我们可以由式(5-3a)、式(5-3b)经修正后导出其傅里叶变换对。由于其时间函数由图 5-1(c)变到图 5-1(d),使其既具有离散性又具有周期性,故式(5-3a)的级数和应限制在一个周期之内,设一个周期内抽样数为 N,故 n 应从 0 到 $N-1$,同时考虑到时间函数的周期性导致频谱函数的离散性,变量 ω 用 $k\omega_1$ 代替,于是式(5-3a)变为

$$X_{ps}(k\omega_1) = \sum_{n=0}^{N-1} x_{ps}(nT_s) e^{-jnk\omega_1 T_s} \quad (5\text{-}4a)$$

在式(5-3b)中的符号也应作相应变化：

$$\omega \to k\omega_1, \quad d\omega \to \omega_1 = \frac{\omega_s}{N}, \quad \int_{-\frac{\omega_s}{2}}^{\frac{\omega_s}{2}} \to \sum_{k=0}^{N-1}$$

于是得到

$$x_{ps}(nT_s) = x_{ps}(t)\Big|_{t=nT_s} = \frac{1}{\omega_s}\sum_{k=0}^{N-1}X_{ps}(k\omega_1)e^{jnk\omega_1 T_s}\frac{\omega_s}{N}$$

$$= \frac{1}{N}\sum_{k=0}^{N-1}X_{ps}(k\omega_1)e^{jnk\omega_1 T_s} \tag{5-4b}$$

考虑到，在时域和频域各自的一个周期内分别有如下关系：

$$T_1 = NT_s, \quad \omega_1 T_s = \frac{2\pi}{T_1}T_s = \frac{2\pi}{N}$$

将以上关系代入式(5-4a)、式(5-4b)可得

$$X_{ps}(k\omega_1) = \sum_{n=0}^{N-1}x_{ps}(nT_s)e^{-j\frac{2\pi}{N}nk} \tag{5-5a}$$

$$x_{ps}(nT_s) = \frac{1}{N}\sum_{k=0}^{N-1}X_{ps}(k\omega_1)e^{j\frac{2\pi}{N}nk} \tag{5-5b}$$

上两式即为图 5-1(d)的数学表达式。读者可自行验证其正确性。

式(5-5b)称为周期序列 $x_{ps}(nT_s)$ 傅里叶级数；式(5-1a)是傅里叶级数的系数 $X_{ps}(k\omega_1)$。式中 $e^{j\frac{2\pi}{N}n}$ 是周期序列的基波分量，$e^{j\frac{2\pi}{N}nk}$ 是 k 次谐波分量。由于因子 $e^{j\frac{2\pi}{N}nk}$ 的周期性，即

$$e^{j\frac{2\pi}{N}n(k+N)} = e^{j\frac{2\pi}{N}nk}$$

所以周期序列频谱的全部谐波成分中只有 N 个是独立的。为书写方便，引用符号 W_N，令

$$W_N = e^{-j\frac{2\pi}{N}}$$

此外，用 DFS[·]表示取离散傅里叶级数(discrete Fourier series)的运算(求系数)，$X_{ps}(k\omega_1)$ 改成 $X(k\omega_1)$，$x_{ps}(nTs)$ 改成 $x(nTs)$，用 IDFS[·]表示取离散傅里叶级数的逆运算(求时间序列)。这样就得到离散傅里叶级数的定义，写为

$$X(k\omega_1) = \text{DFS}[x(nT_s)] = \sum_{n=0}^{N-1}x(nT_s)W_N^{nk} \tag{5-6a}$$

$$x(nT_s) = \text{IDFS}[X(k\omega_1)] = \frac{1}{N}\sum_{k=0}^{N-1}X(k\omega_1)W_N^{-nk} \tag{5-6b}$$

5.2 离散傅里叶变换(DFT)的基本概念

在上一节分析的基础上，本节将离散傅里叶级数作为一种过渡形式，由此引出离散傅里叶变换(discrete Fourier transform)。下面就会看到，离散傅里叶级数用于分析周期序列，而离散傅里叶变换则是针对有限长序列。

为了便于在今后的讨论中区分周期序列和有限长序列，用带有下标 p 的符号来表示

周期序列,例如 $x_p(n)$,$y_p(n)$ 等。于是离散傅里叶级数表达式表示为

$$X_p(k) = \text{DFS}[x_p(n)] = \sum_{n=0}^{N-1} x_p(n) W_N^{nk} \tag{5-7a}$$

$$x_p(n) = \text{IDFS}[X_p(k)] = \frac{1}{N} \sum_{k=0}^{N-1} X_p(k) W_N^{-nk} \tag{5-7b}$$

此处将时间间隔 T_s 和频率间隔 ω_1 均作为 1 处理。

现在,借助于周期序列的离散傅里叶级数的概念来对有限长序列进行傅里叶变换的分析。在进行分析之前,首先介绍主值序列(principal value sequence)的概念。

5.2.1 主值序列

对于一个周期序列 $x_p(n)$,定义它的第一个周期的序列值为此周期序列的主值序列,用 $x(n)$ 表示,设周期为 N,则有

$$x(n) = \begin{cases} x_p(n) & 0 \leqslant n \leqslant N-1 \\ 0 & n\text{ 为其余值} \end{cases} \tag{5-8}$$

显然 $x(n)$ 是一个有限长序列,周期序列 $x_p(n)$ 可以看作是由以 N 为周期将 $x(n)$ 进行周期延拓(periodic delay)而成,两者关系为

$$x_p(n) = \sum_{r=-\infty}^{\infty} x(n+rN) \quad (r \text{ 为整数}) \tag{5-9}$$

为书写方便,亦可将式(5-8)、式(5-9)表示为

$$x_p(n) = x((n))_N \tag{5-10}$$

$$x(n) = x_p(n)[\varepsilon(n) - \varepsilon(n-N)] = x_p(n) G_N(n) \tag{5-11}$$

其中,$G_N(n) = \varepsilon(n) - \varepsilon(n-N)$ 为矩形序列;$((n))_N$ 表示 n 对 N 取余数,或 n 对 N 取模值。

若 $n = rN + n_1$,其中 $0 \leqslant n_1 \leqslant N-1$,$r$ 取整数,则

$$x((n))_N = x((rN + n_1))_N = x(n_1)$$

显然,对于周期序列 $x_p(n)$,有

$$x_p(n) = x((n))_N = x((rN + n_1))_N = x(n_1) \tag{5-12}$$

例如,若 $x_p(n)$ 是周期 $N=5$ 的序列,当 $n=19$ 时

$$x_p(19) = x((19))_5 = x((3 \times 5 + 4))_5 = x(4)$$

按以上方法,若以 $X(k)$ 来表示周期序列 $X_p(k)$ 的主值序列,则 $X(k)$ 与 $X_p(k)$ 的关系为

$$X(k) = \begin{cases} X_p(k) & 0 \leqslant k \leqslant N-1 \\ 0 & k \text{ 为其余值} \end{cases} \tag{5-13}$$

$$X_p(k) = \sum_{r=-\infty}^{\infty} X(k+rN) \quad (r \text{ 为整数}) \tag{5-14}$$

或

$$X_p(k) = X((k))_N \tag{5-15}$$

$$X(k) = X_p(k) G_N(k) \tag{5-16}$$

建立起主值序列的概念,下面就可以讨论离散傅里叶变换(DFT)的定义及性质了。

5.2.2 离散傅里叶变换(DFT)定义

首先重新考察离散傅里叶级数(DFS)的定义式：

$$X_p(k) = \text{DFS}[x_p(n)] = \sum_{n=0}^{N-1} x_p(n) W_N^{nk} \quad (0 \leq k \leq N-1)$$

$$x_p(n) = \text{IDFS}[X_p(k)] = \frac{1}{N} \sum_{k=0}^{N-1} X_p(k) W_N^{-nk} \quad (0 \leq n \leq N-1)$$

从 DFS 定义可以看到，无限长周期序列 $X_p(k)$ 只须取周期序列 $x_p(n)$ 的一个周期的序列值 $n=0 \sim N-1$ 可求得，或者说只取 $x_p(n)$ 的主值序列 $x(n)$ 可求得。既然一个无限长周期序列 $X_p(k)$ 可以用 $x(n)$ 来表达，那么作为它的一个周期的主值序列 $X(k)$ 也可以用 $x(n)$ 来表达。这样将 DFS 定义式中的周期序列符号 $X_p(k), x_p(n)$ 都改成它们的主值序列 $X(k), x(n)$ 后，运算式仍然成立。同理，对于 IDFS 定义式也可同样处理。这样就得到了两个任意的有限长序列的相互变换式，即

$$X(k) = \text{DFT}[x(n)] = \sum_{n=0}^{N-1} x(n) W_N^{nk} \quad (0 \leq k \leq N-1) \tag{5-17a}$$

$$x(n) = \text{IDFT}[X(k)] = \frac{1}{N} \sum_{k=0}^{N-1} X(k) W_N^{-nk} \quad (0 \leq n \leq N-1) \tag{5-17b}$$

式(5-17a)称为离散傅里叶正变换，以符号 DFT[·]表示；式(5-17b)称为离散傅里叶反变换(inverse discrete Fourier transform)，以符号 IDFT[·]表示。对于一个任意的 N 点有限长序列 $x(n)$，通过式(5-17a)可以求得它的 DFT[·]为 $X(k)$，亦是一个 N 点的有限长序列；反之，由此 N 点序列 $X(k)$，通过式(5-17b)求其 IDFT[·]为 $x(n)$，这样式(5-17a)和式(5-17b)形成了一个变换对，即为离散傅里叶变换对的定义式。

上面的离散傅里叶变换对也可以写成矩阵形式

$$\begin{bmatrix} X(0) \\ X(1) \\ \vdots \\ X(N-1) \end{bmatrix} = \begin{bmatrix} W^0 & W^0 & W^0 & \cdots & W^0 \\ W^0 & W^{1 \times 1} & W^{2 \times 1} & \cdots & W^{(N-1) \times 1} \\ \vdots & \vdots & \vdots & & \vdots \\ W^0 & W^{1 \times (N-1)} & W^{2 \times (N-1)} & \cdots & W^{(N-1) \times (N-1)} \end{bmatrix} \begin{bmatrix} x(0) \\ x(1) \\ \vdots \\ x(N-1) \end{bmatrix} \tag{5-18}$$

$$\begin{bmatrix} x(0) \\ x(1) \\ \vdots \\ x(N-1) \end{bmatrix} = \frac{1}{N} \begin{bmatrix} W^0 & W^0 & W^0 & \cdots & W^0 \\ W^0 & W^{-1 \times 1} & W^{-1 \times 2} & \cdots & W^{-1 \times (N-1)} \\ \vdots & \vdots & \vdots & & \vdots \\ W^0 & W^{-(N-1) \times 1} & W^{-(N-1) \times 2} & \cdots & W^{-(N-1) \times (N-1)} \end{bmatrix} \begin{bmatrix} X(0) \\ X(1) \\ \vdots \\ X(N-1) \end{bmatrix} \tag{5-19}$$

简写为

$$\boldsymbol{X}(k) = \boldsymbol{W}^{nk} \boldsymbol{x}(n) \tag{5-20}$$

$$\boldsymbol{x}(n) = \frac{1}{N} \boldsymbol{W}^{-nk} \boldsymbol{X}(k) \tag{5-21}$$

式中，$\boldsymbol{X}(k)$ 与 $\boldsymbol{x}(n)$ 分别为 N 行的列矩阵，而 $\boldsymbol{W}^{nk}$ 和 $\boldsymbol{W}^{-nk}$ 分别为 $N \times N$ 方阵，且为对称矩阵。

例 5.2.1 求矩形脉冲序列 $x(n)=G_4(n)$ 的 DFT。

(1) 用定义式直接计算；
(2) 用矩阵表示式计算。

解：(1) 用定义式求解

$$X(k) = \sum_{n=0}^{3} G_4(n) W^{nk} = \sum_{n=0}^{3} (e^{-j\frac{2\pi}{4}k})^n$$

$$= 1 + e^{-j\frac{\pi}{2}k \times 1} + e^{-j\frac{\pi}{2}k \times 2} + e^{-j\frac{\pi}{2}k \times 3}$$

$$= 1 + e^{-j\frac{\pi}{2}k} + e^{-jk\pi} + e^{-j\frac{3\pi}{2}k} = \frac{1-(e^{-j\frac{\pi}{2}k})^4}{1-(e^{-j\frac{\pi}{2}k})} = \begin{cases} 4 & k=0 \\ 0 & k \neq 0 \end{cases}$$

(2) 用矩阵形式求解

$$\begin{bmatrix} X(0) \\ X(1) \\ X(2) \\ X(3) \end{bmatrix} = \begin{bmatrix} W^0 & W^0 & W^0 & W^0 \\ W^0 & W^{1\times 1} & W^{2\times 1} & W^{3\times 1} \\ W^0 & W^{1\times 2} & W^{2\times 2} & W^{3\times 2} \\ W^0 & W^{1\times 3} & W^{2\times 3} & W^{3\times 3} \end{bmatrix} \begin{bmatrix} x(0) \\ x(1) \\ x(2) \\ x(3) \end{bmatrix} = \begin{bmatrix} W^0 & W^0 & W^0 & W^0 \\ W^0 & W^1 & W^2 & W^3 \\ W^0 & W^2 & W^4 & W^6 \\ W^0 & W^3 & W^6 & W^9 \end{bmatrix} \begin{bmatrix} x(0) \\ x(1) \\ x(2) \\ x(3) \end{bmatrix}$$

$$= \begin{bmatrix} 1 & 1 & 1 & 1 \\ 1 & -j & -1 & j \\ 1 & -1 & 1 & -1 \\ 1 & j & -1 & -j \end{bmatrix} \begin{bmatrix} 1 \\ 1 \\ 1 \\ 1 \end{bmatrix} = \begin{bmatrix} 4 \\ 0 \\ 0 \\ 0 \end{bmatrix}$$

$x(n)$ 与 $X(k)$ 的波形如图 5-2 所示，可见，矩阵脉冲序列的离散谱是一个单位抽样序列。

图 5-2 例 5.2.1 波形图

5.3 离散傅里叶变换的性质

DFT 的许多性质与 FT 的性质相似，有些证明方法也很类似，同时 DFT 的性质又是数字信号处理的理论基础，因此有必要认真加以掌握。

5.3.1 线性性质

若
$$X(k) = \text{DFT}[x(n)]$$
$$Y(k) = \text{DFT}[y(n)]$$

则
$$\text{DFT}[ax(n) \pm by(n)] = aX(k) \pm bY(k) \tag{5-22}$$

式中 a,b 为任意常数，序列 $x(n), y(n)$ 的长度分别为 N_1, N_2；所得时间序列的长度 N 取二者中的最大者，即 $N = \max(N_1, N_2)$。

5.3.2 位移性质

为了便于研究有限长序列的位移特性，首先讨论并建立圆周移位(circular shifting)的概念。

设有限长序列 $x(n)$ 位于 $0 \leqslant n \leqslant N-1$ 区间，将其左移 m 位，得序列 $x(n-m)$，如图 5-3 所示，这是序列的线性移位。若将图 5-3 所示的两个序列分别求 DFT，则它们的级数取和范围出现差异，前者从 0 到 $N-1$，后者则从 m 到 $N+m-1$，当时移位数不同时，DFT 取和范围要随之改变，这就给位移序列的 DFT 研究带来不便。为解决这个矛盾，以适应 DFT 运算，需要重新定义位移的含义，即考虑 DFT 的隐含的周期性。首先将 $x(n)$ 周期延拓为周期序列 $x_p(n)$，然后移 m 位得 $x_p(n-m)$，再取 $x_p(n-m)$ 的主值区间(principal value region)($0 \leqslant n \leqslant N-1$)序列，即 $x_p(n-m)G_N(n)$，图 5-4 表示出此移位过程。

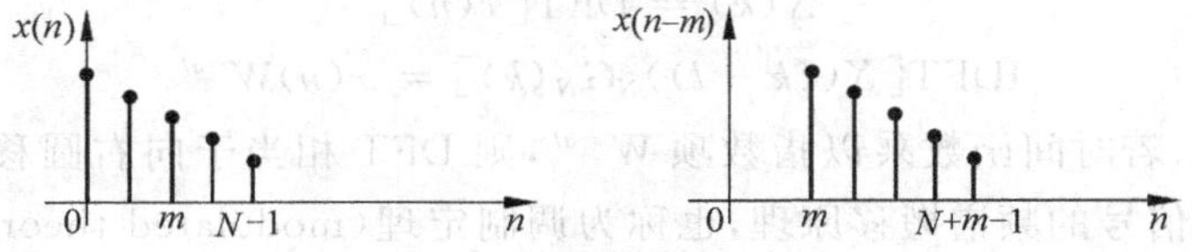

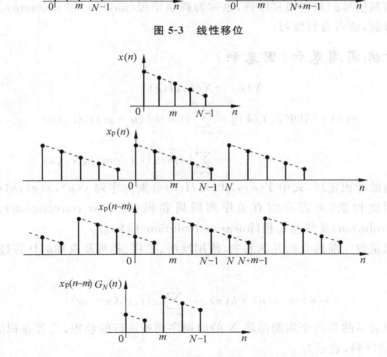

图 5-3 线性移位

图 5-4 $x(n)$ 经周期延拓、移位后取主值序列

由图 5-4 可见，当序列 $x(n)$ 向右移 m 位时，超出 $N-1$ 以外的部分样值从左边又依次填补了空位，这就好像将有限长序列 $x(n)$ 的各个样值放在一个 N 等分的圆周上，序列的移位就好像 $x(n)$ 在圆周上的旋转，这种序列的移位称为循环移位或圆周移位。当有限长序列进行任意位数的圆周移位时，它的 DFT 取值范围始终保持从 0 到 $N-1$ 不变。

在理解了圆周移位的基础上，我们对 DFT 的时移特性进行讨论。

若
$$X(k) = \text{DFT}[x(n)]$$
则
$$W^{mk}X(k) = \text{DFT}[x(n-m)] \tag{5-23}$$

证明：
$$\text{DFT}[x(n-m)] = \text{DFT}[x((n-m))_N]G_N(k) = \Big[\sum_{n=0}^{N-1} x_p(n-m)W^{nk}\Big]G_N(k)$$
$$= \Big[\sum_{n=-m}^{N-m-1} x_p(n)W^{nk}W^{mk}\Big]G_N(k) = [W^{mk}X_p(k)]G_N(k) = W^{mk}X(k)$$

注意到 $x_p(n)$ 和 W^{nk} 均是以 N 为周期的周期性函数，因此，式中方括号内的求和范围可改为从 $n=0$ 到 $n=N-1$。

5.3.3 频移性质

若
$$X(k) = \text{DFT}[x(n)]$$
则
$$\text{IDFT}[X((k-l))_N G_N(k)] = x(n)W^{-nl} \tag{5-24}$$

此性质表明，若时间函数乘以指数项 W^{-nl}，则 DFT 相当于向右圆移 l 位，这就是信号处理中的调制信号的频谱搬移原理，也称为调制定理（modulated theorem）。有关定理的证明留作习题，读者自行练习。

5.3.4 时域圆周卷积（圆卷积）

若
$$Y(k) = X(k)H(k)$$
则
$$y(n) = \text{IDFT}[Y(k)] = \sum_{m=0}^{N-1} x(m)h((n-m))_N G_N(n)$$
$$= \sum_{m=0}^{N-1} h(m)x((n-m))_N G_N(n) \tag{5-25}$$

上式又称为离散卷积定理，式中 $Y(k), X(k), H(k)$ 分别为序列 $y(n), x(n), h(n)$ 的 DFT。

为了证明此性质，尚需介绍有关序列圆周卷积（circular convolution）、周期卷积（periodic convolution）及线性卷积（linear convolution）的概念。

线性卷积是曾在前面介绍并熟悉的，使用反褶、平移、相乘及求和的计算过程，其表达式为
$$y(n) = x(n) * h(n) = \sum_{m=-\infty}^{\infty} x(m)h(n-m)$$

周期卷积表示的是两个周期都是 N 的周期序列所进行的卷积，二者卷积的结果仍为一周期为 N 的序列，表示为
$$y_p(n) = x_p(n) \circledast h_p(n)$$
$$= \sum_{m=0}^{N-1} x_p(m)h_p(n-m) = \sum_{m=0}^{N-1} x((m))_N h((n-m))_N$$

如果将周期卷积的结果仅截取主值序列，即
$$y(n) = y_p(n)G_N(n) = \Big[\sum_{m=0}^{N-1} x((m))_N h((n-m))_N\Big]G_N(n)$$

而 $x_p(n)$ 和 $h_p(n)$ 的主值序列为 $x(n)$ 和 $h(n)$，则 $y(n)$ 就称为 $x(n)$ 和 $h(n)$ 的圆周卷积，表示为

$$y(n) = x(n) \circledast h(n) = \sum_{m=0}^{N-1} x((m))_N h((n-m))_N G_N(n) \tag{5-26}$$

上式所表示的卷积过程可以这样理解：把序列 $x(n)$ 分布在 N 等分的圆周上，而序列 $h(n)$ 经反褶后分布在另一个 N 等分的同心圆周上，每当两圆周停在一定的相对位置时，两序列对应点相乘、取和，即得卷积序列中的一个值。然后将一个圆周相对于另一个圆周旋转移位，依次在不同位置相乘、求和，就得到全部卷积序列。故圆周卷积又称为循环卷积。

下面证明圆周卷积定理

$$y(n) = \text{IDFT}[Y(k)] = \frac{1}{N} \sum_{k=0}^{N-1} X(k) H(k) W^{-nk}$$

证明：因为

$$X(k) = \sum_{m=0}^{N-1} x(m) W^{mk}$$

所以

$$y(n) = \frac{1}{N} \sum_{k=0}^{N-1} \left[\sum_{m=0}^{N-1} x(m) W^{mk} \right] H(k) W^{-nk}$$

交换 m,n 求和次序，则上式为

$$y(n) = \frac{1}{N} \sum_{m=0}^{N-1} x(m) \left[\sum_{k=0}^{N-1} H(k) W^{mk} W^{-nk} \right] = \sum_{m=0}^{N-1} x(m) h((n-m))_N G_N(n)$$

同理也可证明

$$y(n) = \sum_{m=0}^{N-1} h(m) x((n-m))_N G_N(n)$$

因此式(5-25)可以表示为圆周卷积形式，即

$$y(n) = x(n) \circledast h(n)$$
$$= \sum_{m=0}^{N-1} x(m) h((n-m))_N G_N(n) = \sum_{m=0}^{N-1} h(m) x((n-m))_N G_N(n) \tag{5-27}$$

一般情况下，信号 $x(n)$ 通过单位抽样响应为 $h(n)$ 的系统，其输出（零状态响应）为线卷积 $y(n) = x(n) * h(n)$。而在卷积的计算方面，使用圆周卷积可借助快速傅里叶变换技术，以较高速度完成运算。下面通过例子看圆卷积与线卷积的区别。

例 5.3.1 求如下两个有限长序列的圆卷积：

$$x(n) = (n+1) G_4(n)$$
$$h(n) = (4-n) G_4(n)$$

解：我们采用作图方法求 $y(n) = x(n) \circledast h(n)$。

由 $h(n), x(n)$ 作变量替换为 $h(m), x(m)$。再将 $h(m)$ 反褶作出 $h((0-m))_4 G_4(m)$，然后将 $h((0-m))_4 G_4(m)$ 依次平移为 $h((1-m))_4 G_4(m), h((2-m))_4 G_4(m)$ 以及 $h((3-m))_4 G_4(m)$，并分别绘于图 5-5 中。

依次将 $h((n-m))_4 G_4(m)$ 与 $x(m)$ 相乘、求和,可得

$$y(0) = (1 \times 4) + (2 \times 1) + (3 \times 2) + (4 \times 3) = 24$$
$$y(1) = (1 \times 3) + (2 \times 4) + (3 \times 1) + (4 \times 2) = 22$$
$$y(2) = (1 \times 2) + (2 \times 3) + (3 \times 4) + (4 \times 1) = 24$$
$$y(3) = (1 \times 1) + (2 \times 2) + (3 \times 3) + (4 \times 4) = 30$$

最后得出

$$y(n) = 24\delta(n) + 22\delta(n-1) + 24\delta(n-2) + 30\delta(n-3)$$

其圆卷积图形亦绘于图 5-5 中。

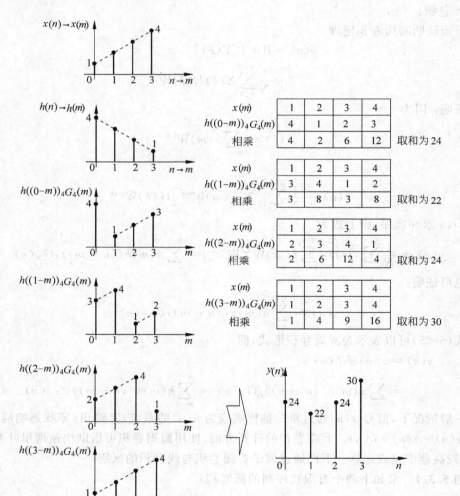

图 5-5 例 5.3.1 中有限长序列圆卷积图解

下面讨论有限长序列线卷积和圆卷积的区别与联系。

设有限长序列 $x(n), h(n)$ 的长度分别为 N 和 M,它们的线卷积 $y(n) = x(n) * h(n)$

也应当是有限长序列。由定义知

$$y(n) = \sum_{m=-\infty}^{\infty} x(m)h(n-m)$$

已知 $x(m)$ 的非零值区间是 $0 \leqslant m \leqslant N-1$，而 $h(n-m)$ 的非零区间位于 $0 \leqslant n-m \leqslant M-1$，联立这两个不等式，得到

$$0 \leqslant n \leqslant N+M-2 \tag{5-28}$$

在式(5-28)之外区间不论 $x(m)$ 为零还是 $y(n-m)$ 为零，都将造成 $y(n)=0$。因此，$y(n)$ 是一个长度等于 $N+M-1$ 的有限长序列。例如图 5-6(a)中，$x(n)$ 是 $N=4$ 的矩形序列，$h(n)$ 是 $M=6$ 的矩形序列，两者的线卷积 $y(n)$ 的长度是 $N+M-1=9$。

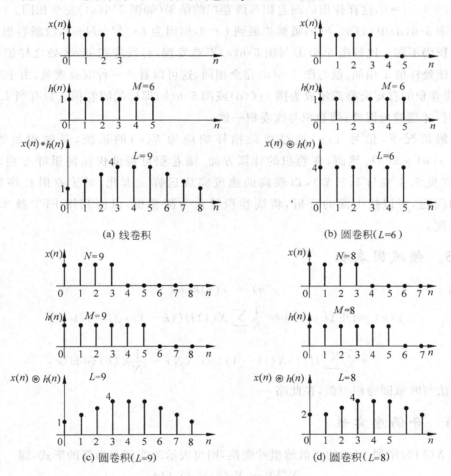

图 5-6 线卷积与圆卷积的比较

再看圆卷积，两个有限长序列进行圆卷积时，必须规定它们的长度相等，这样经圆卷积后所得序列长度仍与原序列长度相等。图 5-6(b)中表示出圆卷积的情况，此图中，$x(n)$,$h(n)$ 与图 5-6(a)中 $x(n)$,$h(n)$ 相同，但是明显可以看出圆卷积与线卷积结果完全不同。出现这种差异的实质是：线卷积过程中，经反褶再向右平移的序列，在左端将依次

留出空位,而圆卷积过程中,经反褶作圆移的序列,向右移去的样值又从左端循环出现,这样就使两种情况下相乘、叠加所得之数值截然不同。

如果把序列 $x(n),h(n)$ 都适当地补一些零值,以扩展它们的长度,那么,在作圆卷积时,为补充向右移去的零值而从左端补上零值,此类情况下,两种卷积的结果就有可能一致。那么补零值应为多少才能使两种卷积的结果一致?分析计算结果表明,补零扩展后的长度 L 不应小于前面求得的线卷积序列长度 $M+N-1$,亦即满足

$$L \geqslant M+N-1 \tag{5-29}$$

的条件下,圆卷积与线卷积结果一致。图 5-6(c)中将序列 $x(n),h(n)$ 均补零扩展其长度为 $L=4+6-1=9$,这样作出的圆卷积与线卷积的结果(如图 5-6(a))完全相同。

在图 5-6(d)中,$x(n),h(n)$ 虽然扩展到 $L=8$,但因为 $L<M+N-1$,故圆卷积之结果与线卷积仍不同。比较图 5-6(d)与图 5-6(a)不难发现,将线卷积 $n=8$ 处之样值 1 移到 $n=0$ 与该处样值 1 相加,就与图 5-6(d)完全相同,这可以看作一种混叠现象,由于 L 不够长,使线卷积的首尾交叠混淆成为图 5-6(d)或图 5-6(b)那样的圆卷积。只有当 $L \geqslant M+N-1$ 时,才能避免混叠,圆卷积与线卷积一致。

一般情况下,信号 $x(n)$ 通过单位抽样响应为 $h(n)$ 的系统,其输出是线卷积 $y(n)=x(n)*h(n)$。然而,在卷积的计算方面,圆卷积可借助快速傅里叶变换(FFT)技术(详见 5.4 节与 5.5 节),以较高的速度完成运算。因此,对于有限长序列求线卷积的问题,可以按上面的分析,将线卷积转化为圆卷积,以便利用 FFT 技术,提高计算速度。

5.3.5 频域圆卷积

若
$$y(n) = x(n)h(n)$$

则
$$Y(k) = \text{DFT}[y(n)] = \frac{1}{N}\sum_{l=0}^{N-1} X(l) H((k-l))_N G_N(N)$$

$$= \frac{1}{N}\sum_{l=0}^{N-1} H(l) X((k-l))_N G_N(N) = \frac{1}{N} X(k) \circledast H(k) \tag{5-30}$$

证明方法与时域圆卷积类似,在此略。

5.3.6 奇偶虚实性

若 $X(k)$ 为序列 $x(n)$ 的离散傅里叶变换,则可表示为实部和虚部的形式,即

$$X(k) = X_r(k) + jX_i(k)$$

由 DFT 的定义有

$$X(k) = \sum_{n=0}^{N-1} x(n) e^{-j\frac{2\pi}{N}nk}$$

$$= \sum_{n=0}^{N-1} x(n)\cos\left(\frac{2\pi}{N}nk\right) - j\sum_{n=0}^{N-1} x(n)\sin\left(\frac{2\pi}{N}nk\right) \tag{5-31}$$

若 $x(n)$ 为实序列，则 $X(k)$ 的实部和虚部分别为

$$X_r(k) = \sum_{n=0}^{N-1} x(n)\cos\left(\frac{2\pi}{N}nk\right)$$

$$X_i(k) = -\sum_{n=0}^{N-1} x(n)\sin\left(\frac{2\pi}{N}nk\right)$$

可见 $X_r(k)$ 为频率的偶函数，$X_i(k)$ 为频率的奇函数。也就是说，实序列的 DFT 是复数序列，其实部是 k 的偶函数，虚部是 k 的奇函数。

$x(n)$ 为实序列，且又为 n 的偶函数 ($x(n) = x(-n)$)，则 $X(k)$ 的实部和虚部分别为

$$X_r(k) = \sum_{n=0}^{N-1} x(n)\cos\left(\frac{2\pi}{N}nk\right)$$

$$X_i(k) = -\sum_{n=0}^{N-1} x(n)\sin\left(\frac{2\pi}{N}nk\right) = 0$$

即序列 $x(n)$ 为 n 的实偶函数，其离散傅里叶变换也为 k 的实偶函数。

$x(n)$ 为实序列，且又为 n 的奇函数 ($x(n) = -x(-n)$)，则 $X(k)$ 的实部和虚部分别为

$$X_r(k) = \sum_{n=0}^{N-1} x(n)\cos\left(\frac{2\pi}{N}nk\right) = 0$$

$$X_i(k) = -\sum_{n=0}^{N-1} x(n)\sin\left(\frac{2\pi}{N}nk\right)$$

即 $x(n)$ 为 n 的实奇函数，其离散傅里叶变换为 k 的虚奇函数。

$x(n)$ 为纯虚数序列，则 $X(k)$ 的实部和虚部分别为

$$X_r(k) = \sum_{n=0}^{N-1} x(n)\sin\left(\frac{2\pi}{N}nk\right)$$

$$X_i(k) = \sum_{n=0}^{N-1} x(n)\cos\left(\frac{2\pi}{N}nk\right)$$

可见纯虚数序列的 DFT 为复数，其实部是 k 的奇函数，虚部是 k 的偶函数。

$x(n)$ 为纯虚序列，且为 n 的偶函数，则 $X(k)$ 的实部和虚部为

$$X_r(k) = \sum_{n=0}^{N-1} x(n)\sin\left(\frac{2\pi}{N}nk\right) = 0$$

$$X_i(k) = \sum_{n=0}^{N-1} x(n)\cos\left(\frac{2\pi}{N}nk\right)$$

即 $x(n)$ 是虚偶函数，其离散傅里叶变换也是 k 的虚偶函数。

$x(n)$ 为纯虚序列，且又为 n 的奇函数，则 $X(k)$ 的实部和虚部为

$$X_r(k) = \sum_{n=0}^{N-1} x(n)\sin\left(\frac{2\pi}{N}nk\right)$$

$$X_i(k) = \sum_{n=0}^{N-1} x(n)\cos\left(\frac{2\pi}{N}nk\right) = 0$$

即 $x(n)$ 是虚奇函数，其离散傅里叶变换是 k 的实奇函数。

在本章习题 5.12 中,有证明练习留给读者。以上特性列于表 5-2 中。

表 5-2 奇偶虚实性

$x(n)$	$X(k)$	$X_r(k), X_i(k)$
实序列	实部为偶	$X_r(k) = X_r((-k))_N G_N(k), X(k) = X^*((-k))_N G_N(k)$
	虚部为奇	$X_i(k) = -X_i((-k))_N G_N(k), X(k) = X^*(N-k)$
实偶序列	实偶函数	$X(k) = X(N-k), \arg|X(k)| = 0$
实奇序列	虚奇函数	$X(k) = X(N-k), \arg|X(k)| = -\pi/2$
虚序列	实部为奇	$X_r(k) = -X_r((-k))_N G_N(k), X(k) = -X^*((-k))_N G_N(k)$
	虚部为偶	$X_i(k) = X_i((-k))_N G_N(k), X(k) = -X^*(N-k)$
虚偶序列	虚偶函数	$|X(k)| = |X(N-k)|, \arg|X(k)| = \pi/2$
虚奇序列	实奇函数	$|X(k)| = |X(N-k)|, \arg|X(k)| = 0$

*5.3.7 相关特性

若有限长序列 $x(n)$ 和 $y(n)$ 的互相关函数定义为

$$r_{xy}(n) = \sum_{m=0}^{N-1} x(m) y((m-n))_N G_N(N)$$

则

$$R_{xy}(k) = X(k) Y^*(k) \tag{5-32}$$

其中 $R_{xy}(k)$ 是互相关函数 $r_{xy}(n)$ 的频谱,且

$$X(k) = \mathrm{DFT}[x(n)]$$
$$Y(k) = \mathrm{DFT}[y(n)]$$
$$R_{xy}(k) = \mathrm{DFT}[r_{xy}(n)]$$

式(5-32)称为循环相关定理或圆相关定理(circular correlation theorem)。证明略。

根据循环相关定理,有

$$\sum_{m=0}^{N-1} x(m) y((m-n))_N G_N(N) = \mathrm{IDFT}[X(k) Y^*(k)]$$

$$= \frac{1}{N} \sum_{k=0}^{N-1} [X(k) Y^*(k)] W^{-nk} \tag{5-33}$$

当 $x(n) = y(n)$ 时,上式又可写为

$$\sum_{m=0}^{N-1} x(m) x((m-n))_N G_N(N) = \frac{1}{N} \sum_{k=0}^{N-1} [X(k) X^*(k)] W^{-nk} \tag{5-34}$$

上式中,若取 $n=0$,则互相关函数达到最大值,有

$$\sum_{n=0}^{N-1} x^2(n) = \frac{1}{N} \sum_{k=0}^{N-1} |X(k)|^2 \tag{5-35}$$

上式称为帕塞瓦尔(Parseval)定理,左端表示有限长序列在时间域计算的能量,右端表示在频域计算的能量。因此,帕塞瓦尔定理表明:对于有限长序列,在离散域求得的信号能量与在频域中求得的信号能量相等。

5.4　离散傅里叶变换与 Z 变换的关系

5.4.1　$X(z)$ 的抽样

若有限长序列 $x(n)$ 的长度为 N，则其 Z 变换表示式为

$$X(z)=\mathscr{Z}[x(n)]=\sum_{n=0}^{N-1}x(n)z^{-n}$$

一般情况下，若有限长序列满足绝对可和条件，则其收敛域包括单位圆在内。在 z 平面，围绕单位圆取 N 个等间距点（间距 $2\pi/N$）如图 5-7 所示，计算各点上的 Z 变换：

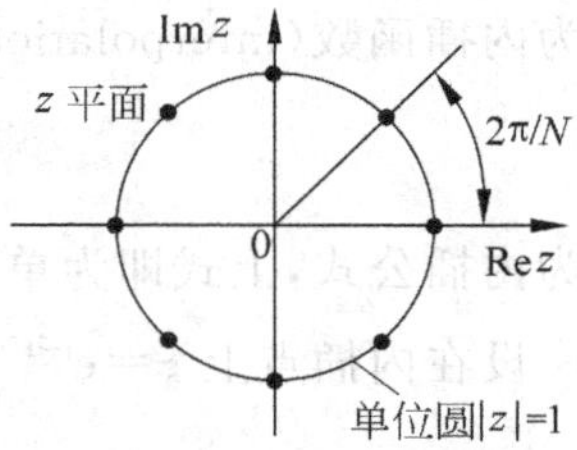

图 5-7　z 平面单位圆上 N 个等间距点

$$X(z)\Big|_{z=e^{j\frac{2\pi}{N}k}}=\sum_{n=0}^{N-1}x(n)e^{-j\frac{2\pi}{N}nk}$$

利用 $W=e^{-j\frac{2\pi}{N}}$，则上式变为

$$\begin{aligned}X(z)\Big|_{z=W^{-k}}&=\sum_{n=0}^{N-1}x(n)W^{nk}\\&=\mathrm{DFT}[x(n)]=X(k)\end{aligned}\qquad(5\text{-}36)$$

此式表明，在 z 平面的单位圆上，取辐角为 $\omega=\frac{2\pi}{N}k$ 的等间距点（$k=0,1,2,\cdots,N-1$，共 N 个点），计算各点上的 Z 变换，就可得到有限长序列的离散傅里叶变换的 N 个值，即

$$X(k)=X(z)\Big|_{z=W^{-k}}\qquad(5\text{-}37)$$

式(5-37)说明有限长序列的 DFT，等于其 Z 变换在单位圆上的均匀抽样。

必须注意，用 $X(k)$ 和 $X(z)$ 分别表示 $x(n)$ 的 DFT 和 ZT，虽然两种变换都用符号"X"，但两个函数的形式不同，不允许将 k 与 z 相置换，即

$$X(k)\neq X(z)\Big|_{z=k}$$

正确关系是 $z=W^{-k}$。

5.4.2　$X(z)$ 的恢复

由以上分析可知，对于长度为 N 的有限长序列 $x(n)$，利用其 DFT$[x(n)]$的 N 个样值，即从单位圆上取 $X(z)$的 N 个样值，就可以正确恢复序列 $x(n)$。显然也可以从这 N 个样值正确恢复其 Z 变换 $X(z)$。因此 $x(n)$，$X(z)$，$X(k)$三个函数之间的相互关系可由图 5-8 表示。下面导出由 $X(k)$确定的 $X(z)$的表达式。

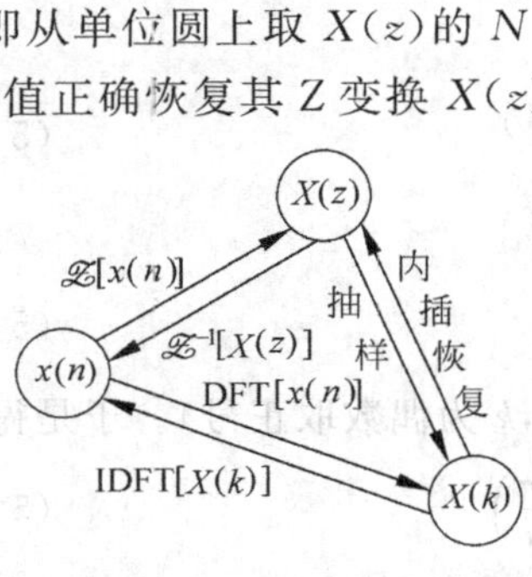

图 5-8　$x(n)$，$X(z)$，$X(k)$相互关系图

$$X(z)=\sum_{n=0}^{N-1}x(n)z^{-n}$$

式中 $x(n)$可利用 IDFT 的形式来表示，即

$$x(n)=\frac{1}{N}\sum_{k=0}^{N-1}X(k)W^{-nk}$$

因而

$$X(z) = \sum_{n=0}^{N-1} \left[\frac{1}{N} \sum_{k=0}^{N-1} X(k) W^{-nk} \right] z^{-n} = \frac{1}{N} \sum_{k=0}^{N-1} X(k) \left(\sum_{n=0}^{N-1} W^{-nk} z^{-n} \right)$$

$$= \frac{1}{N} \sum_{k=0}^{N-1} X(k) \frac{1 - W^{-Nk} z^{-N}}{1 - W^{-k} z^{-1}} = \sum_{k=0}^{N-1} X(k) \left(\frac{1}{N} \frac{1 - z^{-N}}{1 - W^{-k} z^{-1}} \right)$$

注意,此处用到几何级数求和公式以及 W 的性质 $W^{-Nk} = 1$。

令

$$\Phi_k(z) = \frac{1}{N} \frac{1 - z^{-N}}{1 - W^{-k} z^{-1}} \tag{5-38}$$

称为内插函数(interpolation function),则

$$X(z) = \sum_{k=0}^{N-1} X(k) \Phi_k(z) \tag{5-39}$$

称为内插公式,上式即为单位圆上的抽样点 $X(k)$ 确定的 $X(z)$ 的表达式。

设在内插点上 $z = e^{j\frac{2\pi}{N}k'}$,此时内插函数具有如下性质:

$$\Phi_k(e^{j\frac{2\pi}{N}k'}) = 1 \quad (k' = k) \tag{5-40}$$

式中 k 表示 z 平面单位圆上的抽样点,k' 表示内插点。上式的证明可利用洛必达法则,此处从略。因此,当 $k' = k$ 时,式(5-40)变为

$$X(z) \Big|_{z = e^{j\frac{2\pi}{N}k'}} = X(k) \tag{5-41}$$

即内插点上的 $X(z)$ 函数值正好是 $X(z)$ 上原抽样点的值,内插点与抽样点重合。而当 z 不是抽样点时,$\Phi_k(z)$ 是连续函数,$X(k)\Phi_k(z)$ 经 N 次叠加而得到连续函数 $X(z)$。

5.4.3 以 $X(k)$ 表示的频率响应特性

将上面所得 $X(z)$ 内插表示式中的 z 限于单位圆周上,即令 $z = e^{j\omega}$,则得到以 $X(k)$ 表示的频率响应特性:

$$X(e^{j\omega}) = \sum_{k=0}^{N-1} X(k) \Phi_k(e^{j\omega}) \tag{5-42}$$

$$\Phi_k(e^{j\omega}) = \frac{1}{N} \frac{1 - e^{-j\omega N}}{1 - e^{-j(\omega - \frac{2\pi}{N}k)}} = \frac{1}{N} \frac{\sin(\omega N/2)}{\sin\left(\frac{\omega - k 2\pi/N}{2}\right)} e^{-j\left(\frac{\omega N}{2} - \frac{\omega}{2} + \frac{k\pi}{N}\right)} \tag{5-43}$$

为使上式简化,引入符号

$$\Psi(\omega) = \frac{1}{N} \frac{\sin(\omega N/2)}{\sin(\omega/2)} e^{-j\omega\left(\frac{N-1}{2}\right)} \tag{5-44}$$

则式(5-43)改写为

$$\Phi_k(e^{j\omega}) = \Psi\left(\omega - k\frac{N}{2}\right) \tag{5-45}$$

此处用到 $\sin(\alpha - k\pi) = \pm \sin\alpha$,$e^{-jk\pi} = \pm 1$($k$ 为奇数取负号,k 为偶数取正号)。于是得出

$$X(e^{j\omega}) = \sum_{k=0}^{N-1} X(k) \Psi\left(\omega - k\frac{2\pi}{N}\right) \tag{5-46}$$

与式(5-40)类似,式(5-46)就是单位圆上的抽样点 $X(k)$ 确定的 $X(e^{j\omega})$ 的内插表达

式。此处内插函数 $\Psi(\omega)$ 的幅度与相位特性如图 5-9（其中 $N=5$）所示。在 $\omega=0$ 点，$\Psi(\omega)=1$，而在 $\omega=k(2\pi/N)$（$k=1,2,\cdots,N-1$）点，$\Psi(\omega)=0$。式(5-46)表明，$X(e^{j\omega})$ 是由 N 个 $\Psi(\omega-k(2\pi/N))$ 函数组合而成，其中每个函数的加权值（系数）为 $X(k)$。显然，每个抽样点相应的 $X(e^{j\omega})$ 就等于该点 $X(k)$ 的值，因为其余各抽样点的内插函数在这里都等于零。样点之间的 $X(e^{j\omega})$ 值则由各内插函数延伸叠加构成。这样，频率抽样信号从频域恢复为原信号。

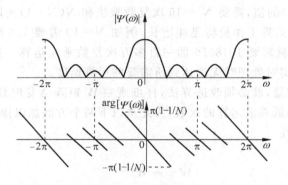

图 5-9　内插函数 $\Psi(\omega)$ 的幅度特性和相位特性

5.5　快速傅里叶变换(FFT)

离散傅里叶变换（DFT）是利用计算机对信号作频谱分析的理论依据，可以解决计算信号的频谱、功率谱等许多方面的实际问题。但直接应用 DFT 的计算工作量太大，以至于在实践中无法广泛应用。1965 年 Cooley 和 Tukey 提出了快速傅里叶变换算法，简记为 FFT(fast Fourier transform)，它以较少的计算量实现 DFT 的快速运算，使具体计算 DFT 的理论成为现实。此后 FFT 引起广泛重视，各种改进的及创新的 FFT 算法层出不穷，已成为信号分析与处理的强有力的工具。

下面着重介绍由 Cooley 和 Tukey 提出的基 2 时间抽取 FFT 算法（也称 Cooley-Tukey FFT 算法）。

5.5.1　减少 DFT 运算次数的途径

按 DFT 的定义有

$$X(k) = \text{DFT}[x(n)] = \sum_{n=0}^{N-1} x(n) W^{nk} \quad (0 \leqslant k \leqslant N-1)$$

$$x(n) = \text{IDFT}[x(k)] = \frac{1}{N} \sum_{k=0}^{N-1} X(k) W^{-nk} \quad (0 \leqslant n \leqslant N-1)$$

因此，在进行 $X(k)$ 的运算时，每计算一个 $X(k)$ 的值，需要进行 N 次复数乘法和 $N-1$ 次复数加法。对于 N 个 $X(k)$ 点，应重复 N 次以上的运算，所以完成全部的 DFT 的运算共需 N^2 次复数乘法和 $N(N-1)$ 次复数加法。

例如设 $N=4$，将 $X(k)=\text{DFT}[x(n)]$ 写成矩阵形式，即有

$$\begin{bmatrix} X(0) \\ X(1) \\ X(2) \\ X(3) \end{bmatrix} = \begin{bmatrix} W^0 & W^0 & W^0 & W^0 \\ W^0 & W^1 & W^2 & W^3 \\ W^0 & W^2 & W^4 & W^6 \\ W^0 & W^3 & W^6 & W^9 \end{bmatrix} \begin{bmatrix} x(0) \\ x(1) \\ x(2) \\ x(3) \end{bmatrix} \tag{5-47}$$

显然，为了求得每个 $X(k)$ 值，需要 $N=4$ 次复数乘法和 $N-1=3$ 次复数加法，要得到全部 $N=4$ 的 $X(k)$ 的值，需要 $N^2=16$ 次复数乘法和 $N(N-1)=12$ 次复数加法。

随着 N 值加大，运算工作量将迅速增长，例如 $N=10$ 需要 100 次复数乘，而当 $N=1024$（即 $N=2^{10}$）时，就需要 1048576 即一百多万次复数乘法运算。按照这一规律，当 N 较大时，对信号进行实时处理时无法达到所需要的运算速度。

要减少运算工作量，就必须改进算法，仔细观察 W 矩阵会发现其中的许多系数有可以简化的特性可以降低乘法运算的次数，为此从以下两个方面加以探讨。

(1) W^{nk} 的周期性

容易证明

$$W^{nk} = W^{((nk))_N} \tag{5-48}$$

符号 $((nk))_N$ 表示取 nk 除以 N 所得之余数，即 nk 的模 N 运算。例如，对于 $N=4$，有 $W^6=W^2$，$W^9=W^1$ 等。上式可写成下面更直观的形式：

$$W^{n(k+N)} = W^{nk}$$

或

$$W^{k(n+N)} = W^{nk} \tag{5-49}$$

(2) W^{nk} 的对称性

因为 $W^{N/2}=-1$，于是有

$$W^{(nk+N/2)} = -W^{nk} \tag{5-50}$$

以 $N=4$ 为例，$W^2=-W^0$，$W^3=-W^1$。

应用 W^{nk} 的周期性和对称性，式(5-47)中的 W 矩阵可以简化。经简化的 W 矩阵中，存在着大量的雷同元素。因此可知，在 DFT 的运算中，存在着大量的不必要的重复计算。对 W 矩阵进行因子化简以避免大量的重复的运算，称为矩阵 W 因子化，可以说是简化运算的关键。各种 FFT 的算法也正是建立在这个基础上的，例如基 2 时间抽取算法。

下面主要讨论 DFT 矩阵 W 因子化及按输入序列 $x(n)$ 在时域上以 2 为基底进行奇偶分组，即所谓的时间抽取 FFT 算法等。

5.5.2 W 矩阵因子化

将 DFT 的定义式(5-17a)、式(5-17b)称为 N 点 DFT，因为它有 N 个输入、N 个输出。DFT 定义也可写成矩阵形式为

$$\boldsymbol{X}(k) = \boldsymbol{W}\boldsymbol{x}(n) \tag{5-51}$$

其中

$$\boldsymbol{X}(k) = [X(0), X(1), X(2), \cdots, X(N-1)]^{\text{T}}$$
$$\boldsymbol{x}(n) = [x(0), x(1), x(2), \cdots, x(N-1)]^{\text{T}}$$

均为 $N\times 1$ 阶列矩阵，$\boldsymbol{W}$ 为 $N\times N$ 阶 DFT 矩阵。

以 $N=8$ 为例,利用 W^{nk} 的周期性和对称性,得 W 矩阵形式为

$$W = \begin{bmatrix} W^0 & W^0 & W^0 & W^0 & W^0 & W^0 & W^0 & W^0 \\ W^0 & W^1 & W^2 & W^3 & W^4 & W^5 & W^6 & W^7 \\ W^0 & W^2 & W^4 & W^6 & W^0 & W^2 & W^4 & W^6 \\ W^0 & W^3 & W^6 & W^1 & W^4 & W^7 & W^2 & W^5 \\ W^0 & W^4 & W^0 & W^4 & W^0 & W^4 & W^0 & W^4 \\ W^0 & W^5 & W^2 & W^7 & W^4 & W^1 & W^6 & W^3 \\ W^0 & W^6 & W^4 & W^2 & W^0 & W^6 & W^4 & W^2 \\ W^0 & W^7 & W^6 & W^5 & W^4 & W^3 & W^2 & W^1 \end{bmatrix} \tag{5-52}$$

$W_N = \mathrm{e}^{-\mathrm{j}\frac{2\pi}{N}}$ 一般是确定的,因此分析 W 矩阵时关键在于 W 中 W_N^{nk} 的指数排列方式。将 W_N^{nk} 的指数单独组成一个矩阵 F,使分析的问题看起来更直观。当 $N=8$ 时,F 为

$$F = \begin{bmatrix} 0 & 0 & 0 & 0 & 0 & 0 & 0 & 0 \\ 0 & 1 & 2 & 3 & 4 & 5 & 6 & 7 \\ 0 & 2 & 4 & 6 & 0 & 2 & 4 & 6 \\ 0 & 3 & 6 & 1 & 4 & 7 & 2 & 5 \\ 0 & 4 & 0 & 4 & 0 & 4 & 0 & 4 \\ 0 & 5 & 2 & 7 & 4 & 1 & 6 & 3 \\ 0 & 6 & 4 & 2 & 0 & 6 & 4 & 2 \\ 0 & 7 & 6 & 5 & 4 & 3 & 2 & 1 \end{bmatrix} \tag{5-53}$$

这样,W 矩阵表示为 W^F 形式。为提高 DFT 的运算速度,需要对矩阵 W^F 进行变换分解,即利用矩阵运算原理,将 W^F 分解成若干个矩阵相乘的形式,亦称为 W 矩阵因子化。

下面以 $N=4$ 为例讨论 W 矩阵因子化,利用式(5-47)及 W^{nk} 的周期性和对称性,DFT 的矩阵形式为

$$\begin{bmatrix} X(0) \\ X(1) \\ X(2) \\ X(3) \end{bmatrix} = \begin{bmatrix} W^0 & W^0 & W^0 & W^0 \\ W^0 & W^1 & W^2 & W^3 \\ W^0 & W^2 & W^0 & W^2 \\ W^0 & W^3 & W^2 & W^1 \end{bmatrix} \begin{bmatrix} x(0) \\ x(1) \\ x(2) \\ x(3) \end{bmatrix}$$

将 n 重新排序为 $0,2,1,3$ 后,对上式矩阵两边分别转置,则有

$$[X(0) \ X(2) \ X(1) \ X(3)] = [x(0) \ x(2) \ x(1) \ x(3)] \begin{bmatrix} W^0 & W^0 & W^0 & W^0 \\ W^0 & W^2 & W^0 & W^2 \\ W^0 & W^1 & W^2 & W^3 \\ W^0 & W^3 & W^2 & W^1 \end{bmatrix} \tag{5-54}$$

于是 W 矩阵为

$$W^F = \left[\begin{array}{cc|cc} W^0 & W^0 & W^0 & W^0 \\ W^0 & W^2 & W^0 & W^2 \\ \hline W^0 & W^1 & W^2 & W^3 \\ W^0 & W^3 & W^2 & W^1 \end{array}\right] \tag{5-55}$$

上式可看成是由虚线划分的四个子矩阵组成的,而每个子矩阵又可分解为

$$\begin{bmatrix} W^0 & W^0 \\ W^0 & W^2 \end{bmatrix} = \begin{bmatrix} W^0 & 0 \\ 0 & W^0 \end{bmatrix}\begin{bmatrix} W^0 & W^0 \\ W^0 & W^2 \end{bmatrix}$$

$$\begin{bmatrix} W^0 & W^1 \\ W^0 & W^3 \end{bmatrix} = \begin{bmatrix} W^0 & 0 \\ 0 & W^1 \end{bmatrix}\begin{bmatrix} W^0 & W^0 \\ W^0 & W^2 \end{bmatrix}$$

$$\begin{bmatrix} W^2 & W^3 \\ W^0 & W^1 \end{bmatrix} = \begin{bmatrix} W^2 & 0 \\ 0 & W^1 \end{bmatrix}\begin{bmatrix} W^0 & W^0 \\ W^0 & W^2 \end{bmatrix}$$

将以上三式代入式(5-55),按分块矩阵乘法原理,W 矩阵可表示为

$$\begin{aligned} \boldsymbol{W}^F &= \begin{bmatrix} \begin{bmatrix} W^0 & 0 \\ 0 & W^0 \end{bmatrix} & \begin{bmatrix} W^0 & W^0 \\ W^0 & W^2 \end{bmatrix} & \begin{bmatrix} W^0 & 0 \\ 0 & W^0 \end{bmatrix} & \begin{bmatrix} W^0 & W^0 \\ W^0 & W^2 \end{bmatrix} \\ \begin{bmatrix} W^0 & 0 \\ 0 & W^0 \end{bmatrix} & \begin{bmatrix} W^0 & W^1 \\ W^0 & W^3 \end{bmatrix} & \begin{bmatrix} W^2 & 0 \\ 0 & W^1 \end{bmatrix} & \begin{bmatrix} W^0 & W^0 \\ W^0 & W^2 \end{bmatrix} \end{bmatrix} \\ &= \begin{bmatrix} \begin{bmatrix} W^0 & 0 \\ 0 & W^0 \end{bmatrix} & \begin{bmatrix} W^0 & 0 \\ 0 & W^0 \end{bmatrix} & \begin{bmatrix} W^0 & W^0 \\ W^0 & W^2 \end{bmatrix} & \begin{bmatrix} 0 & 0 \\ 0 & 0 \end{bmatrix} \\ \begin{bmatrix} W^0 & 0 \\ 0 & W^0 \end{bmatrix} & \begin{bmatrix} W^2 & 0 \\ 0 & W^2 \end{bmatrix} & \begin{bmatrix} 0 & 0 \\ 0 & 0 \end{bmatrix} & \begin{bmatrix} W^0 & W^1 \\ W^0 & W^3 \end{bmatrix} \end{bmatrix} \end{aligned} \tag{5-56}$$

令

$$\boldsymbol{W}^{F_1} = \begin{bmatrix} \begin{bmatrix} W^0 & 0 \\ 0 & W^0 \end{bmatrix} & \begin{bmatrix} W^0 & 0 \\ 0 & W^0 \end{bmatrix} \\ \begin{bmatrix} W^0 & 0 \\ 0 & W^0 \end{bmatrix} & \begin{bmatrix} W^2 & 0 \\ 0 & W^2 \end{bmatrix} \end{bmatrix} \quad \boldsymbol{W}^{F_2} = \begin{bmatrix} \begin{bmatrix} W^0 & W^0 \\ W^0 & W^2 \end{bmatrix} & \begin{bmatrix} 0 & 0 \\ 0 & 0 \end{bmatrix} \\ \begin{bmatrix} 0 & 0 \\ 0 & 0 \end{bmatrix} & \begin{bmatrix} W^0 & W^1 \\ W^0 & W^3 \end{bmatrix} \end{bmatrix}$$

则 $\boldsymbol{W}^F$ 矩阵表示为

$$\boldsymbol{W}^F = \boldsymbol{W}^{F_1}\boldsymbol{W}^{F_2} \tag{5-57}$$

通过对 W 矩阵的处理,可看出 DFT 矩阵中含有大量的零元素及相同元素,并且随着 N 的增加,零元素和相同元素就更多,这就为 DFT 的快速计算指出了方向。我们将经过上述处理的 $\boldsymbol{W}^F$ 矩阵称为稀疏矩阵。

以上关于 $N=2^2$ 点的 DFT 矩阵因子化的分析可推广到任意 $N=2^M$ 点的 DFT 矩阵。下面通过基 2 时间抽取 FFT 算法基本原理的分析进行阐述。

5.5.3 基 2 时间抽取 FFT 算法基本原理

基 2 时间抽取 FFT 算法利用前述的 $N=2^M$ 点的 DFT 矩阵因子化的特点,将 $x(n)$ 分解为较短的序列,然后从这些较短的 DFT 中求得 $X(k)$。

设 $x(n)$ 长度为 $N=2^M$,M 为正整数。将 $x(n)$ 的 DFT 运算按 n 为偶数和 n 为奇数分解为两部分,即

$$\begin{aligned} X(k) &= \text{DFT}[x(n)] = \sum_{n=0}^{N-1} x(n) W_N^{nk} \\ &= \sum_{\text{偶数}n} x(n) W_N^{nk} + \sum_{\text{奇数}n} x(n) W_N^{nk} \quad (0 \leqslant k \leqslant N-1) \end{aligned}$$

以 $2r$ 表示偶数 n，$2r+1$ 表示奇数 n，相应的 r 取值范围是 $0,1,\cdots,N/2-1$，则有

$$X(k) = \sum_{r=0}^{\frac{N}{2}-1} x(2r) W_N^{2rk} + \sum_{r=0}^{\frac{N}{2}-1} x(2r+1) W_N^{(2r+1)k}$$

$$= \sum_{r=0}^{\frac{N}{2}-1} x(2r)(W_N^2)^{rk} + W_N^k \sum_{r=0}^{\frac{N}{2}-1} x(2r+1)(W_N^2)^{rk}$$

由于式中 $W_N^2 = \mathrm{e}^{-\mathrm{j}\frac{2\pi}{N}2} = \mathrm{e}^{-\mathrm{j}\frac{2\pi}{N/2}} = W_{N/2}$，于是有

$$X(k) = \sum_{r=0}^{\frac{N}{2}-1} x(2r) W_{N/2}^{rk} + W_N^k \sum_{r=0}^{\frac{N}{2}-1} x(2r+1) W_{N/2}^{rk} = G(k) + W_N^k H(k) \qquad (5\text{-}58)$$

上式中

$$G(k) = \sum_{r=0}^{\frac{N}{2}-1} x(2r) W_{N/2}^{rk}$$

$$H(k) = \sum_{r=0}^{\frac{N}{2}-1} x(2r+1) W_{N/2}^{rk}$$

这样一个 N 点的 DFT 已被分解为两个 $N/2$ 点的 DFT。必须注意，$G(k)$ 和 $H(k)$ 都是 $N/2$ 点的 DFT，只有 $N/2$ 个点，即 $k=0,1,2,\cdots,N/2-1$；而 $X(k)$ 却需要 N 个点，$k=0,1,2,\cdots,N-1$；如果以 $G(k)$，$H(k)$ 表达全部 $X(k)$，则应利用 $G(k)$ 与 $H(k)$ 仍为周期序列这一条件。由周期性可知

$$G(k+N/2) = G(k) \qquad (5\text{-}59)$$
$$H(k+N/2) = H(k) \qquad (5\text{-}60)$$

又由于

$$W_N^{(\frac{N}{2}+k)} = W_N^{\frac{N}{2}} W_N^k = -W_N^k \qquad (5\text{-}61)$$

将式(5-59)、式(5-60)、式(5-61)代入式(5-58)中，就可得到以 $G(k)$，$H(k)$ 表达 $X(k)$ 的全部关系式：

$$X(k) = G(k) + W_N^k H(k) \qquad (5\text{-}62)$$

$$X\left(\frac{N}{2}+k\right) = G\left(\frac{N}{2}+k\right) + W_N^{\frac{N}{2}+k} H\left(\frac{N}{2}+k\right) = G(k) - W_N^k H(k) \qquad (5\text{-}63)$$

其中 $k=0,1,2,\cdots,N/2-1$，式(5-62)、式(5-63)分别给出 $X(k)$ 的前 $N/2$ 点与后 $N/2$ 点的数值，总共有 N 个值。

为便于理解，以 $N=4$ 为例说明。此时式(5-62)、式(5-63)可写为

$$\left.\begin{array}{l} X(0) = G(0) + W_4^0 H(0) \\ X(1) = G(1) + W_4^1 H(1) \\ X(2) = G(0) - W_4^0 H(0) \\ X(3) = G(1) - W_4^1 H(1) \end{array}\right\} \qquad (5\text{-}64)$$

图 5-10 为 $N=4$ 点的 DFT 分解为两个 $N/2=2$ 点的 DFT 流程图。该图的右半部分代表式(5-63)的运算，自左向右进行运算，两条线的汇合点表示两数值相加，线旁标注加权系数 W（复数），表示与相应数值作乘法运算，标注 1 表示单位传输。在此流程图中，基本

运算单元呈蝴蝶形,又称蝶形运算单元(butterfly computation unit)图,如图 5-11(a)所示。由此图可见,一个蝶形运算包括两次复数乘法和两次复数加法。蝶形运算还可简化为图 5-11(b)所示情况。其运算过程是:输入端的 $H(0)$ 先与 W_4^0 相乘,再与输入端的 $G(0)$ 分别作加、减运算,得到输出 $X(0)$ 与 $X(2)$。这样,运算量可减少至只有一次复数乘法和两次复数加(减)法。

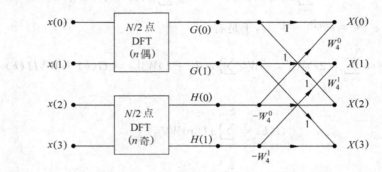

图 5-10 将 4 点 DFT 分解成 2 点 DFT 流程图

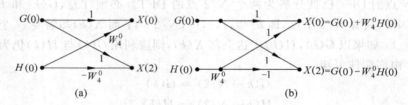

图 5-11 蝶形运算单元

图 5-10 左半边的 4/2＝2 点的 DFT 运算,可以写为

$$\left. \begin{array}{l} G(0) = x(0) + W_2^0 x(2) \\ G(1) = x(0) - W_2^0 x(2) \\ H(0) = x(1) + W_2^0 x(3) \\ H(1) = x(1) - W_2^0 x(3) \end{array} \right\} \quad (5\text{-}65)$$

以上运算也画成蝶形,则 $N=4$ 点的 DFT 流程图如图 5-12 所示。由图可见,左半平面也是由 $N/2=2$ 个蝶形组成。这样,当完成了图 5-12 中的全部运算,共需 $2 \times N/2 = 4$ 次复

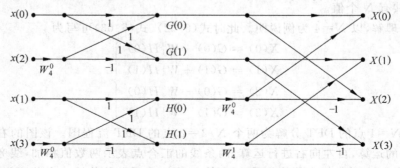

图 5-12 $N=4$ 的 FFT 流程图

数乘法和 $2\times N=8$ 次复数加法,而直接进行 $N=4$ 的 DFT 全部运算量为 $N^2=16$ 次乘法和 $N(N-1)=12$ 次复数加法,可见,采用 FFT 算法后使 DFT 的运算工作量显著减少。

对于 $N=2^M$ 的任意情况,需要把这种奇偶分解逐级进行下去。当 $N=2^3=8$ 时,分组运算的方框图如图 5-13。按同样原理,将其画成的蝶形图如图 5-14。这里共分成三级蝶形运算,每组仍需乘法 $N/2$ 次,加减法 N 次。全部运算量是 $3\times N/2=12$ 次复数乘,$3\times N=24$ 次复数加(减);而直接 DFT 的运算量是 $N^2=64$ 次复数乘,$N(N-1)=56$ 次复数加。

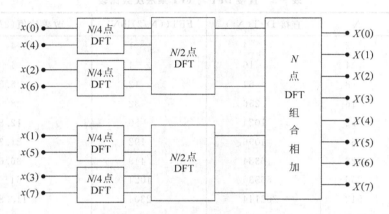

图 5-13 $N=8$ 的 DFT 运算逐级分解为两个 $N/2$ 点、四个 $N/4$ 点的 DFT 运算

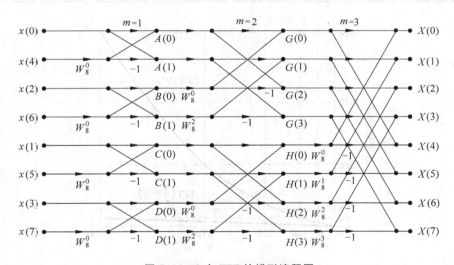

图 5-14 8 点 FFT 的蝶形流程图

当 $N=2^M$ 时,全部 DFT 运算可分解为 M 级蝶形图,其中每级都包含 $N/2$ 次复数乘,N 次加(减),因此 FFT 的全部运算工作量如下:

复数乘法: $\qquad N/2\times M=(N/2)\log_2 N$ 次

复数加(减)法: $\qquad N\times M=N\log_2 N$ 次

而直接 DFT 运算工作量如下：

复数乘法： N^2 次

复数加法： $N(N-1)$ 次

在表 5-3 和图 5-15 中给出了 FFT 算法与直接 DFT 算法所需乘法工作量的比较。从这些具体数字可以看到，当 N 较高时，FFT 算法对于 DFT 算法得到的改善相当可观，例如 $N=2^{11}=2048$ 时，直接按 DFT 定义计算所需时间是 FFT 算法的三百多倍。

表 5-3　直接 DFT 与 FFT 乘法次数比较

M	N	直接 DFT(N^2)	FFT(($N/2$)lb$N$)	改善比值($2N/$lb$N$)
1	2	4	1	4
2	4	16	4	4
3	8	64	12	5.3
4	16	256	32	8
5	32	1024	80	12.8
6	64	4096	192	21.3
7	128	16384	448	36.6
8	256	65536	1024	64
9	512	262144	2304	113.8
10	1204	1048576	5120	204.8
11	2048	4194304	11264	372.4

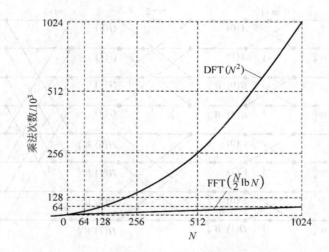

图 5-15　直接 DFT 与 FFT 算法所需乘法次数的比较

最后讨论 FFT 算法流程图中的某些具体考虑，主要是码位顺序(bit-order)与即位运算(in-place computation)这两个问题。

在给出图 5-12 或图 5-14 时，输入序列 $x(n)$ 的排列不符合自然顺序，而是以 $x(0)$, $x(2)$, $x(1)$, $x(3)$(对于 $N=4$)以及 $x(0)$, $x(4)$, $x(2)$, $x(6)$, $x(1)$, $x(5)$, $x(3)$, $x(7)$(对于

$N=8$)的次序进入计算机的存储单元的。此现象是由于按 n 的奇、偶分组进行 DFT 运算所造成的,这种排列方式称为码位倒读(bit-reversal)的顺序。所谓倒读是指按二进制表示的数字首尾位置颠倒,重新按十进制读数。表 5-4 列出 $N=8$ 时两种排列顺序的互换规律,在表中,第一列是自然顺序的十进制数字,把它们表示为二进制以后,将码位倒置,例如 001 变为 100,再按十进制读出已倒置的数字,即得第 4 列的码位倒读顺序,也就是图 5-14 的输入排列顺序。

表 5-4 自然顺序与码位倒读顺序($N=8$)

自然顺序	二进制表示	码位倒置	码位倒读顺序
0	000	000	0
1	001	100	4
2	010	010	2
3	011	110	6
4	100	001	1
5	101	101	5
6	110	011	3
7	111	111	7

能否把输入序列按自然顺序排序进行 FFT 运算呢?当然可以。图 5-16 表示出 $N=4$ 的另一形式的流程图,不难发现,它所执行的运算内容与图 5-12 一致,但此处输入序列为自然顺序排列,而输出却成了码位倒读顺序。

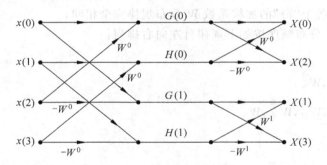

图 5-16 $N=4$ 的 FFT 流程图

还可以构成输入、输出序列都按自然顺序(都不按码位倒读顺序)的 FFT 流程图,示于图 5-17。然而这种排序构成的流程存在的缺陷是:不能进行即位运算,需要较多的存储器。

什么是即位运算呢?就是当数据输入到存储器后,每级运算结果仍然储存在原有的同一组存储器中,直到最后一级算完,中间无需增设其他存储设备。例如图 5-12 与图 5-16 都是符合即位运算的。对于图 5-12 左上端的一个蝶形运算单元,由输入 $x(0),x(2)$ 求得 $G(0),G(1)$ 之后,数据 $x(0),x(2)$ 即可清除,而将 $G(0),G(1)$ 送入到原存放数据 $x(0),x(2)$ 的存储单元之中。同理,求得 $H(0),H(1)$ 后也即送入原存放 $x(1),x(3)$ 的存储单元中。可见,在完成第一级运算过程中,只利用了原输入数据的存储器,即可获得顺序符合要求的中间数据,立即执行下一级运算。然而对于图 5-17 容

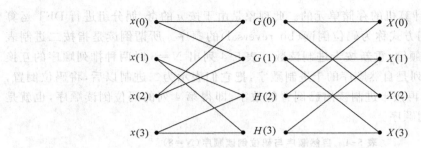

图 5-17　$N=4$ 的 FFT 流程图

易看出,第一级运算的蝶形单元发生"倾斜",无法实现即位运算,需附加存储器供中间数据使用。

实际上,宁可在输入、输出端附加码位倒读的转换程序(亦称变址处理),也不愿增加更多的存储器。因此,一般多采用图 5-12 或图 5-16 那样的具有即位运算能力的算法。

综上所述,当 $N=2^M$ 时,输入序列按码位倒读顺序,输出序列按自然顺序的 FFT 流程图排列规律如下:

① 全部运算分解为 M 级(M 次迭代);
② 输入序列按码位倒读顺序排列,输出序列按自然顺序排列;
③ 每级都包含 $N/2$ 个蝶形单元,但其几何形状各不相同,自左至右第 1 级的 $N/2$ 个蝶形单元分为 $N/2$ 个"群",第 2 级分为 $N/2^2$ 个"群",……,第 i 级分为 $N/2^i$ 个"群","……",最后一级只有 $N/2^M$ 个"群",也就是一个"群";
④ 同一级中各个"群"的加权系数 W 分布规律完全相同;
⑤ 各级的 W 分布顺序按如下规律自左向右排列:

第 1 级:W_N^0

第 2 级:$W_N^0, W_N^{\frac{N}{2}}$

第 3 级:$W_N^0, W_N^{\frac{N}{8}}, W_N^{\frac{2N}{8}}, W_N^{\frac{3N}{8}}$

⋮

第 i 级:$W_N^0, W_N^{\frac{N}{2^i}}, W_N^{\frac{2N}{2^i}}, \cdots, W_N^{(2^{i-1}-1)\frac{N}{2^i}}$

⋮

第 M 级:$W_N^0, W_N^1, W_N^2, W_N^3, \cdots, W_N^{\frac{N}{2}-1}$

读者可按上述规律练习排列任意 $N=2^M$(M 整数)值的 FFT 流程图。

离散傅里叶变换的快速算法原理同样适用于求逆变换(用 IFFT 表示),其差别仅在于取 IFFT 时,加权系数改为 W^{-nk},且运算结果都应乘以系数 $1/N$。

例 5.5.1　已知有限长序列 $x(n)=\delta(n)+2\delta(n-1)-\delta(n-2)+3\delta(n-3)$,按 FFT 运算流程求 $X(k)$,再以所得 $X(k)$ 利用 IFFT 反求 $x(n)$。

解:方法一:画出求 DFT 的流程图如图 5-18,逐级计算求得 $X(k)$ 的结果为

$$X(0) = 5, \quad X(1) = 2+j, \quad X(2) = -5, \quad X(3) = 2-j$$

再画出求 IDFT 的流程图如图 5-19，逐级计算求得 $x(n)$。

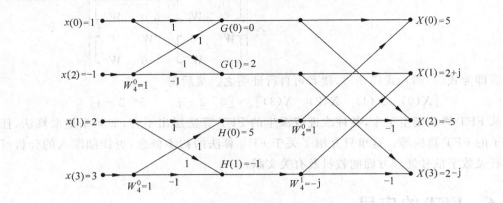

图 5-18　例 5.5.1 的 FFT 运算

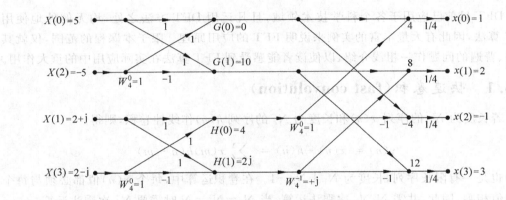

图 5-19　例 5.5.1 的 IFFT 运算

方法二：利用 DFT 矩阵因子化及 W^{nk} 的周期性和对称性，由式(5-17)分解得

$$[X(0)\ X(2)\ X(1)\ X(3)] = [x(0)\ x(2)\ x(1)\ x(3)]$$

$$\times \begin{bmatrix} \begin{bmatrix} W^0 & 0 \\ 0 & W^0 \end{bmatrix} & \begin{bmatrix} W^0 & 0 \\ 0 & W^0 \end{bmatrix} \\ \begin{bmatrix} W^0 & 0 \\ 0 & W^0 \end{bmatrix} & \begin{bmatrix} W^2 & 0 \\ 0 & W^2 \end{bmatrix} \end{bmatrix} \begin{bmatrix} \begin{bmatrix} W^0 & W^0 \\ W^0 & W^2 \end{bmatrix} & \begin{bmatrix} 0 & 0 \\ 0 & 0 \end{bmatrix} \\ \begin{bmatrix} 0 & 0 \\ 0 & 0 \end{bmatrix} & \begin{bmatrix} W^0 & W^1 \\ W^0 & W^3 \end{bmatrix} \end{bmatrix}$$

$$[X(0)\ X(1)\ X(2)\ X(3)] = [G(0)\ G(1)\ H(0)\ H(1)]$$

$$\times \begin{bmatrix} \begin{bmatrix} W^0 & W^0 \\ W^0 & W^2 \end{bmatrix} & \begin{bmatrix} 0 & 0 \\ 0 & 0 \end{bmatrix} \\ \begin{bmatrix} 0 & 0 \\ 0 & 0 \end{bmatrix} & \begin{bmatrix} W^0 & W^1 \\ W^0 & W^3 \end{bmatrix} \end{bmatrix}$$

其中

$$[G(0)\ G(1)\ H(0)\ H(1)] = [x(0)\ x(2)\ x(1)\ x(3)]$$

$$\times \begin{bmatrix} W^0 & 0 & W^0 & 0 \\ 0 & W^0 & 0 & W^0 \\ W^0 & 0 & W^2 & 0 \\ 0 & W^0 & 0 & W^2 \end{bmatrix}$$

展开后即为式(5-64)、式(5-65),读者可自行证明之。最后得

$$[X(0)\ X(1)\ X(2)\ X(3)] = [5\ \ 2+j\ \ -5\ \ 2-j]$$

从 FFT 算法诞生至今,各种改进或派生的 FFT 算法层出不穷,如频率抽取算法、任意因子的 FFT 算法等。这里只介绍了关于 FFT 算法的初步概念,更详细深入的分析可参考有关数字信号处理方面的教材及有关文献。

*5.6 FFT 的应用

DFT 目前已应用于各个科学技术领域,且凡运用 DFT 方法之处,均无例外地使用 FFT 算法,因此有大量丰富的实例来说明 FFT 的应用原理。限于本课程的范围,仅就其典型、普遍的问题作一粗浅介绍,以使读者能感受到 FFT 算法在实际应用中的重大作用。

5.6.1 快速卷积(fast convolution)

若长度为 N_1 的序列 $x(n)$ 和长度为 N_2 的序列 $h(n)$ 作线性卷积,则得

$$y(n) = x(n) * h(n) = \sum_{m=-\infty}^{\infty} x(m) h(n-m)$$

$y(n)$ 也是一有限长序列,长度为 $N_1 + N_2 - 1$。在卷积运算中,每个 $x(n)$ 值都必须与每个 $h(n)$ 值相乘,因此,共需 $N_1 N_2$ 次乘法运算,当 $N_1 = N_2 = N$ 时需要 N^2 次乘法运算。

直接使用圆卷积运算与线卷积结果完全不同。这是因为:在线卷积过程中,经反褶再向右平移的序列,在左端将依次留出空位,而在圆卷积过程中,经反褶,作圆移位的序列,向右移去的样值又从左端循环出现,如图 5-20 所示。

如果要把求线卷积改为求圆卷积而又保持卷积结果不变,就需将两序列分别补零加长至 $(N_1 + N_2 - 1)$。此时,若借助 FFT 技术计算圆周卷积,则可以大大减少求卷积所需的运算工作量。

图 5-21 表示出直接卷积和快速卷积两种方案的原理方框图。由图可见,在快速卷积的过程中,共需两次 FFT 一次 IFFT 运算,相当于三次 FFT 的运算量。在一般的数字滤波器中,由 $h(n)$ 求 $H(k)$ 这一步是预先设计好的,数据已置于存储器之中,故实际只需两个 FFT 的运算量。如果假设 $N_1 = N_2 = N$,并考虑到 $X(k)$ 和 $H(k)$ 相乘,则全部复数乘法运算次数为

$$2 \times N/2 \times M + N = 2 \times (N/2) \times \log_2 N + N = N(1 + \log_2 N) \quad (5\text{-}66)$$

显然,当 N 值越大,上式的乘法运算次数要远小于 N^2。因此圆卷积的方案可以快速完成卷积运算。

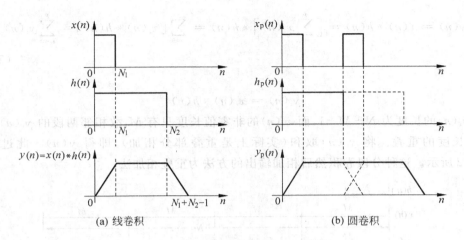

图 5-20 线卷积与圆卷积的示意图

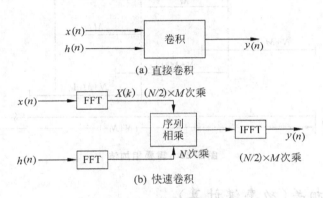

图 5-21 两种卷积比较

快速卷积的意义在于力求信号处理的实时性。在实际工作中,常会遇到所要处理的信号很长,甚至长度趋于无限长,例如语言信号、地震波动信号、宇宙通信中产生的某些信号等,对于这类信号的处理不能使用前面的方法,而应采用分段卷积的方法。

一般,代表滤波器系统特性的 $h(n)$ 是有限长的,设为 N,代表信号 $x(n)$ 的长度 N_1 很大,$N_1 > N$,将 N_1 等分为若干小段,每段长 M,以 $x_i(n)$ 表示第 i 小段。为完成 $x_i(n)$ 与 $h(n)$ 之圆卷积应将 $x_i(n)$ 补零,使其长度达到 $N+M-1$,输入序列可表示为

$$x(n) = \sum_{i=0}^{p} X_i(n) \tag{5-67}$$

式中

$$x_i(n) = \begin{cases} x(n) & iM \leqslant n \leqslant (i+1)M-1 \\ 0 & 其他 \end{cases}$$

$$p = \frac{N_1}{M}$$

此时,输出序列为

$$y(n) = x(n) * h(n) = \Big[\sum_{i=0}^{p} x_i(n)\Big] * h(n) = \sum_{i=0}^{p} [x_i(n) * h(n)] = \sum_{i=0}^{p} y_i(n)$$
(5-68)

其中
$$y_i(n) = x_i(n) * h(n)$$

由于 $y_i(n)$ 的长度为 $N+M-1$，而 $x_i(n)$ 的非零值长度只有 M，故相邻两段的 $y_i(n)$ 必有 $N-1$ 长度的重叠。将 $y_i(n)$ 取和（实际上是重叠部分相加），即得 $y(n)$。此过程如图 5-22 所示。这种分段卷积然后相加输出的方法为重叠相加法。

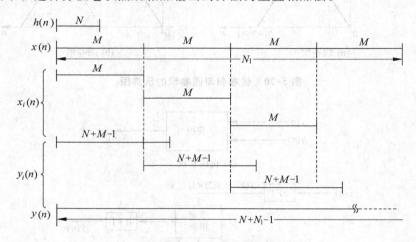

图 5-22 重叠相加法

5.6.2 快速相关（功率谱计算）

快速相关（fast correlation）与快速卷积的原理相似，也可以借助于 FFT 技术加以实现，如图 5-23 所示。相关运算的应用常见于雷达系统或声纳系统中，在那里，以这种运算来确定隐藏在可加性噪声中的信号时延。人们早已利用连续时间系统实现相关接收，随着 FFT 技术的发展，数字式相关处理器已被广泛采用，在许多方面其性能优于传统的模拟相关器。

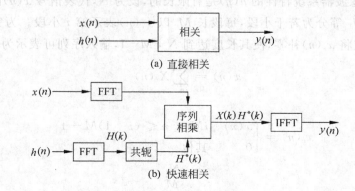

图 5-23 直接相关与快速相关

利用式(5-68)原理,也可求序列的功率谱,在图 5-23 中 $x(n)$ 与 $h(n)$ 应是同一信号(省去一个 FFT 运算),$y(n)$ 是自相关函数,$Y(k)$ 是 $x(n)$ 的功率谱。

习题

5.1 如图题 5-1 所示周期序列,试求 $X_p(k) = \text{DFS}[x_p(n)]$。

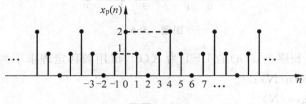

图题 5-1

5.2 一周期序列如图题 5-2 所示,其 DFS 为 $X_p(k)$,试判断以下等式是否正确。

(1) $X_p(k) = X_p(-k)$;

(2) $X_p(0) = 0$;

(3) $X_p(k) = X_p(k+12)$。

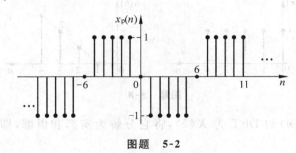

图题 5-2

5.3 已知周期序列

$$x_p(n) = \begin{cases} 10 & 2 \leqslant n \leqslant 6 \\ 0 & n = 0,1,7,8,9 \end{cases}$$

其周期 $N=10$,试求 $X_p(k) = \text{DFS}[x_p(n)]$,并画出 $X_p(k)$ 的幅度和相位特性。

5.4 已知序列

$$x(n) = \begin{cases} a^n & 0 \leqslant n \leqslant 9 \\ 0 & \text{其余 } n \end{cases}$$

分别求其 10 点和 20 点 DFT。

5.5 求下列各有限长序列 $x(n)$ 的 DFT,并求 IDFT 进行验证。假设 $x(n)$ 用向量表示为

(1) $\boldsymbol{x}(n) = [1, 2, -1, 3]$;

(2) $\boldsymbol{x}(n) = [2, 1, 0, 1]$。

5.6 一有限长序列 $x(n)$ 如图题 5-6 所示,绘出 $x_1(n), x_2(n)$ 序列。

$$x_1(n) = x((n-1))_4 G_4(n)$$
$$x_2(n) = x((-n))_4 G_4(n)$$

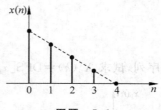

图题 5-6

5.7 已知有限长序列 $x(n)$ 的 DFT 为 $X(k)$，试用频移定理求下列的 DFT。
(1) $x(n)\cos(2\pi rn/N)$；
(2) $x(n)\sin(2\pi rn/N)$。

5.8 已知有限长序列 $x(n)$ 与 $h(n)$ 如图题 5-8 所示，试画出：
(1) $x(n)$ 与 $h(n)$ 的线卷积；
(2) $x(n)$ 与 $h(n)$ 的 5 点圆卷积；
(3) $x(n)$ 与 $h(n)$ 的 8 点圆卷积。

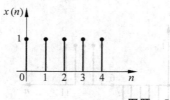

图题 5-8

5.9 设序列 $x(n)$ 的 DFT 为 $X(k)$，将它分解为实部和虚部，即 $X(k) = X_r(k) + jX_i(k)$。证明：
(1) 若序列 $x(n)$ 是实序列，则 $X_r(k)$ 是偶函数，$X_i(k)$ 是奇函数；
(2) 若序列 $x(n)$ 是纯虚序列，则 $X_r(k)$ 是奇函数，$X_i(k)$ 是偶函数。

5.10 如图题 5-10 所示为 $N=4$ 的有限长序列 $x(n)$，试绘图解答：
(1) $x(n)$ 与 $x(n)$ 之线卷积；
(2) $x(n)$ 与 $x(n)$ 之 4 点圆卷积；
(3) $x(n)$ 与 $x(n)$ 之 10 点圆卷积；
(4) 欲使 $x(n)$ 与 $x(n)$ 的圆卷积和线卷积相同，求长度 L 之最小值。

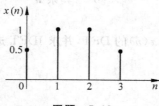

图题 5-10

5.11 设 N 点序列 $x(n)$ 的 DFT 为 $X(k)$，再按 k 对 $X(k)$ 作 DFT 运算，得 $x_1(n) = \sum_{k=0}^{N-1} X(k) W_N^{kn}$。试求 $x_1(n)$ 与 $x(n)$ 关系。

5.12 若已知实数有限长序列 $x_1(n), x_2(n)$，长度均为 N，且

$$\text{DFT}[x_1(n)] = X_1(k)$$
$$\text{DFT}[x_2(n)] = X_2(k)$$
$$x_1(n) + j x_2(n) = x(n)$$
$$\text{DFT}[x(n)] = X(k)$$

试证明下列关系式成立：

$$X_1(k) = \frac{1}{2}[X(k) + X^*(N-k)]$$

$$X_2(k) = \frac{1}{2}j[X(k) - X^*(N-k)]$$

5.13 Cooley-Tukey FFT 算法也可解释为 W 矩阵的分解简化，例如 $N=4$ 时有

$$\begin{bmatrix} X(0) \\ X(1) \\ X(2) \\ X(3) \end{bmatrix} = \begin{bmatrix} 1 & W^0 & 0 & 0 \\ 0 & 0 & 1 & W^1 \\ 1 & -W^0 & 0 & 0 \\ 0 & 0 & 1 & -W^1 \end{bmatrix} \cdot \begin{bmatrix} 1 & 0 & W^0 & 0 \\ 0 & 1 & 0 & W^0 \\ 1 & 0 & -W^0 & 0 \\ 0 & 1 & 0 & -W^0 \end{bmatrix} \cdot \begin{bmatrix} x(0) \\ x(1) \\ x(2) \\ x(3) \end{bmatrix}$$

试证明此矩阵表示式与式(5-47)一致，并指出此矩阵相乘的过程与前面的那一张 FFT 流程图相对应。

5.14 修改流程图 5-14，仍要求 $N=8$，但输入序列为自然顺序，输出序列为码位倒读顺序。

5.15 设 $x(n)$ 为一有限长序列，当 $n<0$ 及 $n \geqslant N$ 时 $x(n) = 0$，且 N 为偶数。已知 DFT$[x(n)] = X(k)$，试利用 $X(k)$ 表示以下各序列的 DFT。

(1) $x_1(n) = x(N-1-n)$；

(2) $x_2(n) = (-1)^n x(n)$；

(3) $x_3(n) = \begin{cases} x(n) & 0 \leqslant n \leqslant N-1 \\ x(n-N) & N \leqslant n \leqslant 2N-1, \text{DFT 有限长度为 } 2N \\ 0 & n \text{ 为其他值} \end{cases}$

(4) $x_4(n) = \begin{cases} x(n) + x\left(n + \dfrac{N}{2}\right) & 0 \leqslant n \leqslant \dfrac{N}{2} - 1 \\ 0 & n \text{ 为其他值} \end{cases}$；

(5) $x_5(n) = \begin{cases} x(n) & 0 \leqslant n \leqslant N-1 \\ 0 & N \leqslant n \leqslant 2N-1, \text{DFT 有限长度为 } 2N \\ 0 & n \text{ 为其他值} \end{cases}$；

(6) $x_6(n) = \begin{cases} x\left(\dfrac{N}{2}\right) & n \text{ 为偶} \\ 0 & n \text{ 为奇} \end{cases}$；

(7) $x_7(n) = x(2n)$ (DFT 有限长度取 $N/2$)。

5.16 推导 $N=16$ 的 Cooley-Tukey FFT 算法,并画出其流程图,输入序列按码位倒读顺序排列,输出按自然顺序排列。

*5.17 一个长度为 $N=8129$ 的复序列 $x(n)$ 与一个长度为 $L=512$ 的复序列 $h(n)$ 卷积。

(1) 求直接进行卷积所需(复)乘法次数;

(2) 若用 1024 点基 2 按时间抽取 FFT 重叠相加法计算卷积,重复问题(1)。

5.18 以 10kHz 采样率对一语音信号进行采样,并对其进行实时处理,所需的部分运算包括采集 1024 点语音值块、计算一个 1024 点的 DFT 变换和一个 1024 点的 IDFT 反变换。若每次实乘所需时间为 $1\mu s$,那么计算完 DFT 和 IDFT 后还剩多少时间来处理数据?

第 6 章 滤波器原理与设计

内容摘要

本章分两部分。第一部分主要介绍模拟滤波器的基本概念,包括信号无失真传输条件,滤波器理想与实际特性;模拟滤波器设计方法,着重介绍两种最常用的滤波器——巴特沃思滤波器和切比雪夫滤波器的设计及计算实例,重点介绍低通滤波器,简要介绍其他滤波器的设计原理。

模拟滤波器在各种模拟电子系统、通信系统及测控系统中都是重要的组成部件,同时它也是数字滤波器设计的基础。

第二部分主要介绍数字滤波器的原理及设计方法,其中主要包括 IIR 及 FIR 两类数字滤波器的基本概念、设计方法及构成原理。

对于 IIR 数字滤波器介绍了冲激响应不变法及双线性变换法两种设计方法,并阐述了如何应用模拟滤波器的设计成果。

对于 FIR 数字滤波器介绍了它的特点及窗口法、频率采样法两种设计方法。对于数字滤波器的实现问题,简单介绍软件实现与硬件实现的概念,着重介绍数字滤波器的结构选择及有限字长效应等概念。

6.1 模拟滤波器原理

6.1.1 模拟滤波器概述

滤波技术在信号处理中是一种最基本且重要的技术。利用该技术可以从接收到的各种信号中提取所需要的信号,抑制或消除不必要的干扰信号。滤波器正是采用滤波技术的具有一定传输选择性的信号处理装置。当信号输入后,它将使信号中某些需要的成分得以传输直至输出,而使其中的另一些不需要的成分受到抑制而不被传输。因此,滤波器的功用可以理解为对输入信号进行某种运算、处理并变换为人们所需要的输出信号。

根据滤波器所处理的信号不同,分模拟滤波器(analog filter)和数字滤波器(digital filter)两大类。

模拟滤波器是指它所处理的输入、输出信号均为模拟信号,其本身是线性时不变模拟系统。

下面以工业控制中常用的简单 RC 无源低通滤波器说明其原理。

如图 6-1(a),输入电压信号 $u_i(t)$ 中含有高频干扰信号,通过 RC 低通滤波器电路,高频分量受抑制得不到输出,只有所需的低频信号通过。由于滤除了高频干扰信号,输出信

号 $u_o(t)$ 变光滑了。RC 电路的低通滤波特性是由其频率响应特性所决定的。具体分析如下：

因为
$$RC\frac{du_o(t)}{dt}+u_o(t)=u_i(t)$$

上式两边进行拉普拉斯变换，并求其系统函数 $H(s)$ 为

$$H(s)=\frac{U_o(s)}{U_i(s)}=\frac{1}{1+RCs}$$

令 $s=j\omega$，代入上式有

$$H(j\omega)=\frac{U_o(j\omega)}{U_i(j\omega)}=\frac{1}{1+j\omega RC}=\frac{1/RC}{1/RC+j\omega}$$

其幅频与相频特性为

$$|H(j\omega)|=\frac{1/RC}{\sqrt{\omega^2+(1/RC)^2}}=\frac{\omega_c}{\sqrt{\omega^2+\omega_c^2}}\quad\left(\omega_c=\frac{1}{RC}\right)$$

$$\varphi(\omega)=\arg|H(j\omega)|=-\arctan(\omega/\omega_c)$$

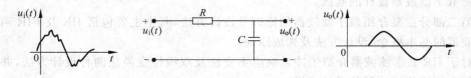

(a) RC 低通滤波器

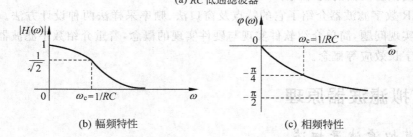

(b) 幅频特性　　　　　(c) 相频特性

图 6-1　RC 低通滤波器及频率响应

由图 6-1(b)幅频特性可知，当 $\omega<\omega_c$ 时，$|H(j\omega)|$ 取得相对较大值，低通网络允许低频信号通过；当 $\omega>\omega_c$ 时，$|H(j\omega)|$ 相对减小，高频信号受到抑制，衰减较大，低通网络不允许高频信号通过。在图 6-1(c)中看到，在通过低频信号时，网络有一定的相移，这是允许的。

模拟滤波器的系统框图如图 6-2 所示。作为一个线性时不变连续系统，模拟滤波器的传输特性可分为时域和频域表示。在时域上可用滤波器的单位冲激响应 $h(t)$ 表示，在频域上用系统函数 $H(s)$ 或频率响应 $H(\omega)$ 来表示。图 6-2 中 $x(t)$ 为输入信号，$X(s)$，$X(\omega)$ 为其拉普拉斯变换和傅里叶变换的频谱，$y(t)$ 为输出信号，$Y(s)$，$Y(\omega)$ 为其拉普拉斯变换和频谱。

经典的模拟滤波器种类很多，一般可按其功能分为：低通滤波器(low-pass filter，LP)，高通滤波器(high-pass

图 6-2　模拟滤波器系统框图

filter，HP)，带通滤波器(band-pass filter，BP)，带阻滤波器(band-stop filter，BS)及全通滤波器(all-pass filter，AP)。其分类如图 6-3 所示。

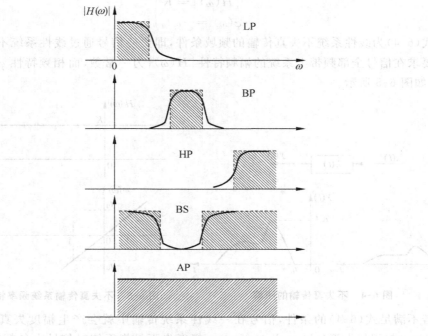

图 6-3 滤波器按功能分类

滤波器电路实现方式有：无源滤波器，其电路均由无源元件组成；有源滤波器，其电路中含有有源器件。

下面先介绍滤波理论的一些重要概念，然后再介绍模拟滤波器的设计。

6.1.2 信号不失真传输条件

一个理想滤波器的特性应保证完全抑制无用信号，而使输入信号中有用信号不失真地输出。因此，首先研究信号的不失真传输条件(distortionless transmission condition，DTC)，从而得出理想滤波器特性。

信号不失真传输是指：输入信号通过系统后，输出信号的幅度是输入信号的比例放大，而波形无畸变，在出现的时间上允许有一定的滞后，如图 6-4 所示。故输入信号与输出信号之间的关系为

$$y(t) = K x(t - t_0) \tag{6-1}$$

K 为比例常数。上式为无失真传输的时域条件，对式(6-1)两边进行傅里叶变换，根据傅里叶变换的延时特性，可得不失真传输的频域条件，其输出信号与输入信号频谱之间关系为

$$Y(\omega) = K e^{-j\omega t_0} X(\omega) \tag{6-2}$$

且

$$Y(\omega) = H(\omega) X(\omega)$$

则得传输系统的频率响应为

$$H(\omega) = Ke^{-j\omega t_0} = |H(\omega)|e^{j\varphi(\omega)} \quad (6\text{-}3)$$

$$\left.\begin{array}{r}|H(\omega)| = K \\ \varphi(\omega) = -\omega t_0\end{array}\right\} \quad (6\text{-}4)$$

式(6-4)为线性系统不失真传输的频域条件,即要使信号通过线性系统不失真,其条件是要求在信号全部频带上系统的幅频特性$|H(\omega)|$为一常数,而相频特性$\varphi(\omega)$与ω成正比,如图 6-5 所示。

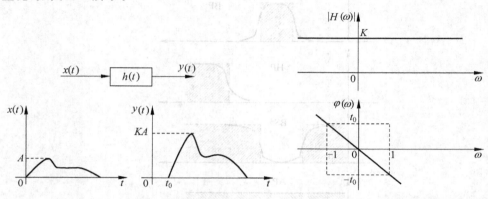

图 6-4 不失真传输的图解　　图 6-5 不失真传输系统频率特性

若不满足式(6-4)的条件,信号在一线性系统传输中就会产生幅度失真(amplitude distortion)与相位失真(phase distortion)。幅度失真是指系统对信号中各频率分量的幅度产生不同程度的衰减,使各频率分量幅度的相对比例产生变化。而相位失真是因线性系统对各频率分量产生的相移不与频率成正比,结果造成各频率分量在时间轴上的相对位置产生变化。因此,要使输出信号与输入信号波形不失真,一方面要保证它们的波形中所包含的各频率分量的相对幅度不变,另一方面还必须保证它们的相对位置不变,也即要求输出中的各频率分量与输入中相应分量滞后同样的时间。而延迟时间与相移对应,如图 6-6 所示,一含有基波和二次谐波的输入信号$x(t)$,通过不失真传输系统后,输出信号$y(t)$中基波与二次谐波的幅度关系保持不变,延迟时间也相同,均为t_0。

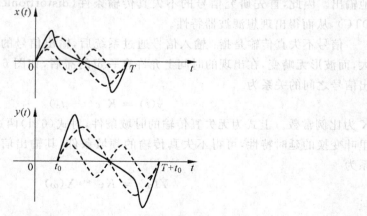

图 6-6 不失真传输时的$y(t)$与$x(t)$中各频率分量关系

这样,输出与输入波形完全相同,不产生失真。下面具体分析,设图 6-6 中的输入信号 $x(t)$ 表达式为

$$x(t) = A_{m1}\sin\omega_1 t + A_{m2}\sin 2\omega_1 t$$

当其通过一线性系统后,各幅度分量均放大 K 倍,同时各频率分量产生相同相移,故输出信号 $y(t)$ 为

$$\begin{aligned} y(t) &= KA_{m1}\sin(\omega_1 t + \phi_1) + KA_{m2}\sin(2\omega_1 t + \phi_2) \\ &= KA_{m1}\sin\left[\omega_1\left(t+\frac{\phi_1}{\omega_1}\right)\right] + KA_{m2}\sin\left[2\omega_1\left(t+\frac{\phi_2}{2\omega_1}\right)\right] \end{aligned}$$

为使基波与二次谐波得到相同的延迟时间 t_0,应有

$$\frac{\phi_1}{\omega_1} = \frac{\phi_2}{2\omega_1} = -t_0 = 常数$$

说明谐波相移应满足

$$\frac{\phi_1}{\phi_2} = \frac{\omega_1}{2\omega_1} = \frac{1}{2}$$

将以上关系推广到有高次谐波的情况,可以得出结论:为了使信号传输时不产生相位失真,信号通过系统时谐波相移必须与其频率成正比,也就是说系统的相频特性应为经过原点的直线,即

$$\varphi(\omega) = -\omega t_0$$

而信号通过系统的延迟时间即为相频特性的斜率,又称群延迟(group delay)。

$$t_0 = -\frac{\mathrm{d}\varphi(\omega)}{\mathrm{d}\omega} \tag{6-5}$$

综上所述,不失真传输系统的理想条件为:系统应具有无限带宽的恒定幅频特性和线性相频特性。

实际系统的频率特性一般都无法满足以上理想条件。一般只能要求在信号占有的有效频带范围内,系统的幅频与相频特性基本上满足要求即可。

6.1.3 滤波器的理想特性与实际特性

一个理想滤波器应具备可以完全抑制无用的干扰信号,不失真传输有效信号的功能特性。从理想滤波器频域范围考虑,因一般情况下有用信号与无用信号分别占有不同频带。因此理想滤波器只需在有用信号的频带内,保持幅值为一常数,相位为线性,而在该频带以外,幅频特性必须下降为零,相频特性则是无关紧要的。在理想滤波器中使信号容易通过的频带称为通(频)带,抑制信号通过的频带则称为阻带。

理想滤波器仍分为低通、高通、带通、带阻及全通等几种,如图 6-3 所示。理想滤波器是一个非因果系统,因此是物理不可实现的。对此,下面以一个理想低通滤波器为例加以说明。

一理想低通滤波器的频率特性表示为

$$H(\omega) = \begin{cases} Ke^{-j\omega t_d} & |\omega| < \omega_c \\ 0 & |\omega| > \omega_c \end{cases} \tag{6-6}$$

式中 ω_c 为理想低通滤波器通带截止频率,t_d 为延迟时间。

下面着重分析理想低通滤波器的冲激响应。因该系统频率特性的傅里叶反变换即为该系统的单位冲激响应。为简化设 $K=1$，则冲激响应

$$h(t) = \mathscr{F}^{-1}[H(\omega)] = \frac{1}{2\pi}\int_{-\infty}^{\infty} e^{-j\omega t_d} e^{j\omega t}\,d\omega$$

$$= \frac{1}{2\pi}\int_{-\infty}^{\infty}[\cos\omega(t-t_d) + j\sin\omega(t-t_d)]\,d\omega$$

$$= \frac{1}{\pi}\int_0^{\infty}\cos\omega(t-t_d)\,d\omega = \frac{1}{\pi}\int_0^{\omega_c}\cos\omega(t-t_d)\,d\omega$$

$$= \frac{\omega_c}{\pi}\frac{\sin\omega_c(t-t_d)}{\omega_c(t-t_d)} = \frac{\omega_c}{\pi}\text{sa}[\omega_c(t-t_d)] \tag{6-7}$$

$h(t)$ 的波形如图 6-7 所示。在图中可见，当 $t=0$ 瞬间，输入为一冲激激励 $\delta(t)$，在延迟了 t_d 时间后输出的响应值 $h(t)$ 才达到最大值。当 $t<0$ 时，$h(t)\neq 0$，说明 $t<0$ 区域内也存在响应，这显然违反因果系统的要求，因此，这种理想滤波器在物理上无法实现。

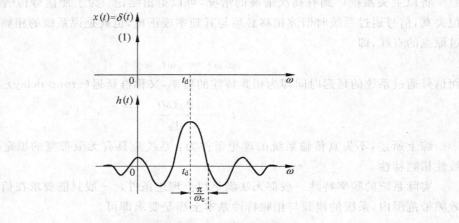

图 6-7　理想低通滤波器的冲激响应

因果性在时域中表现为响应必须出现在激励之后，而在频域上可以证明，因果系统的幅频特性 $|H(\omega)|$ 应满足下列必要条件，即在 $(-\infty<\omega<\infty)$ 的区间内，$|H(\omega)|^2$ 曲线下面的面积为有限值，其数学表达式为

$$\int_{-\infty}^{\infty}|H(\omega)|^2\,d\omega < \infty \tag{6-8}$$

且还应满足

$$\int_{-\infty}^{\infty}\frac{|\ln|H(\omega)||}{1+\omega^2}\,d\omega < \infty \tag{6-9}$$

式(6-9)称为佩利-维纳准则(Paley-Wiener criterion)。

可以看出，如果系统的幅频特性 $|H(\omega)|$ 在某一有限频带中为零，则 $|\ln|H(\omega)||\to\infty$，式(6-9)的积分值不再是有限值，而是趋于无穷大，系统将不满足因果性，即该系统是

物理上无法实现的。因此如果一个系统要为物理可实现的,则只能允许其幅频特性 $|H(\omega)|$ 在某些频率点上为零,而不能在一个有限频带内为零。从这点可以看出,所有的理想滤波器都是物理上不可实现的。

由于理想滤波器均为非因果系统,因而是物理不可实现的,因此实际滤波器特性只能是理想特性的足够近似的逼近。例如一个实际的低通滤波器除了存在通带和阻带外,还应在通带和阻带之间设置一个过渡带,而不是从通带到阻带的突然下降,如图6-8所示。在通带内幅频特性并不是完全平直的直线,而是近似的,它们与理想特性的偏差应在规定的范围之内。在阻带内幅频特性也不是零,而是在一个规定的偏差范围内衰减。在过渡带内的幅度衰减一般不再提要求。

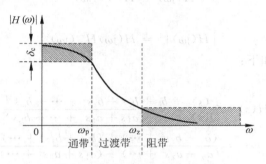

图6-8 实际滤波器特性(低通)

在实际设计中,幅频特性通常用以分贝值表示的增益 $G(\omega)$ 或衰减 $\delta(\omega)$ 表示。
增益 $G(\omega)$(dB)定义为

$$G(\omega) = 20\lg|H(\omega)|\,\mathrm{dB} = 20\lg\left|\frac{Y(\omega)}{X(\omega)}\right|\,\mathrm{dB} \tag{6-10}$$

衰减 $\delta(\omega)$(dB)定义为

$$\delta(\omega) = -20\lg|H(\omega)|\,\mathrm{dB} = 20\lg\left|\frac{X(\omega)}{Y(\omega)}\right|\,\mathrm{dB} \tag{6-11}$$

有时 $|H(\omega)|$ 还采取归一化形式,将频率特性 $H(\omega)$ 表示为对于某一参考值的相对值。若使其最大值为1,最小值为零,则衰减为零至无穷大。

6.2 模拟滤波器设计

模拟滤波器设计主要分为两步:第一步是按给定的频率响应特性寻求一种可实现的有理函数 $H(s)$,使它满足设计要求,称为"逼近(approximation)"。第二步是根据选定的 $H(s)$ 实现由具体电路元件构成的二端口网络,一般称为"网络综合(network synthesis)"。本节主要讨论由给定的滤波器的幅度特性 $|H(\omega)|$ 求 $H(s)$ 的问题。因为 $|H(\omega)|$ 一般不是有理函数,因此通常按幅度平方函数来设计 $H(s)$。

6.2.1 幅度平方函数

前面已阐述了模拟滤波器的设计就是要按给定的频响特性选择适当的 $H(s)$,以满足容差要求。经过长期的研究与实践,科学家及工程师已选定了若干种典型的$H(s)$函数,可以很好地适应不同特点频响特性的要求,因而在一般情况下并不需要滤波器设计者重新建立$H(s)$函数式。随着计算机技术的逐步应用,人们又计算出了大量的设计参数并绘出了图表,因此设计者只要根据给定的容差要求,查相应的图表,就可得到符合要求的滤波器电路结构及元件参数。在下面的讨论中读者将了解这种设计方法的原理。

对于典型的可实现$H(s)$函数,往往先求$|H(j\omega)|^2$,由此寻找$H(s)$,待求的$H(s)$应满足系统稳定性要求,并且$h(t)=\mathscr{L}^{-1}[H(s)]$是$t$的实函数,这样$H(j\omega)$应具有共轭对称性,即

$$H(j\omega) = H^*(-j\omega) \tag{6-12}$$

由此得

$$|H(j\omega)|^2 = H(j\omega)H^*(j\omega) \tag{6-13}$$

式(6-12)可证明如下:

设

$$H(s) = \frac{P(s)}{Q(s)} = \frac{b_0 + b_1 s + b_2 s^2 + \cdots + b_M s^M}{a_0 + a_1 s + a_2 s^2 + \cdots + b_N s^N}$$

$$= \frac{(b_0 + b_2 s^2 + \cdots) + (b_1 s + b_3 s^3 + \cdots)}{(a_0 + a_2 s^2 + \cdots) + (a_1 s + a_3 s^3 + \cdots)}$$

令$P(s)$的偶数部分$M_1(s) = b_0 + b_2 s^2 + \cdots$,$P(s)$的奇数部分$N_1(s) = b_1 s + b_3 s^3 + \cdots$,$Q(s)$的偶数部分$M_2(s) = a_0 + a_2 s^2 + \cdots$,$Q(s)$的奇数部分$N_2(s) = a_1 s + a_3 s^3 + \cdots$,得

$$H(s) = \frac{M_1(s) + N_1(s)}{M_2(s) + N_2(s)}$$

$$H(-s) = \frac{M_1(s) - N_1(s)}{M_2(s) - N_2(s)}$$

当$s = j\omega$时有

$$H(j\omega) = \frac{M_1(j\omega) + N_1(j\omega)}{M_2(j\omega) + N_2(j\omega)}$$

$$H(-j\omega) = \frac{M_1(j\omega) - N_1(j\omega)}{M_2(j\omega) - N_2(j\omega)}$$

由于$M_1(s)$,$M_2(s)$均为s的偶次幂函数,因而$M_1(j\omega)$和$M_2(j\omega)$必为实部;而$N_1(s)$,$N_2(s)$均为s的奇次幂函数,所以$N_1(j\omega)$和$N_2(j\omega)$必为虚部。可见$H(-j\omega)$必为$H(j\omega)$的共轭,式(6-12)成立。

将式(6-12)代入式(6-13)得

$$|H(j\omega)|^2 = H(j\omega)H^*(j\omega) = H(j\omega)H(-j\omega) = H(s)H(-s)\Big|_{s=j\omega}$$

$$= \frac{M_1^2(s) - N_1^2(s)}{M_2^2(s) - N_2^2(s)}\Big|_{s=j\omega} \tag{6-14}$$

因上式中分子、分母中各项均为s^2的函数,当以$s = j\omega$代入时,均为ω^2的函数,即

$$|H(j\omega)|^2 = A(\omega^2) \tag{6-15}$$

上式为幅度平方函数,是以ω^2为变量的有理函数。

6.2.2 由幅度平方函数求系统函数

按式(6-15)得到幅度平方函数与系统函数的关系为

$$|H(j\omega)|^2 = A(\omega^2) = H(s)H(-s)\big|_{s=j\omega}$$

$$A(\omega^2) = A(-s^2)\big|_{s=j\omega}$$

比较上两式

$$A(-s^2) = H(s)H(-s) = A(\omega^2)\big|_{\omega^2=-s^2}$$

最后得

$$A(\omega^2)\big|_{\omega^2=-s^2} = A(-s^2) = H(s)H(-s) = |H(s)|^2 \tag{6-16}$$

由上式可知，已知幅度平方函数 $A(\omega^2)$ 时，以 $\omega^2 = -s^2$ 代入可求得变量 s^2 的有理函数 $A(-s^2)$，然后求此有理函数的零、极点并作适当分配，作为 $H(s)$ 和 $H(-s)$ 的零、极点，可求得 $H(s)$。

问题是如何分配零、极点，由于 $A(-s^2) = H(s)H(-s)$，如果 $H(s)$ 有一个零点或极点时，则 $H(-s)$ 必然有一等值异号的零点或极点与其对应，因此 $A(\omega^2)$ 的零极点必然具有象限对称性。具体分析如下：

(1) 当 $H(s)$ 有一零点或极点在负实轴上，则 $H(-s)$ 必有一零点或极点在正实轴上。

(2) 当 $H(s)$ 有一零点或极点为 $\pm a \pm jb$ 时，则 $H(-s)$ 必有相应的零点或极点 $\mp a \mp jb$。

(3) 当 $H(s)$ 的零点或极点位于虚轴上时，必为二阶的重零点或极点。因此在 s 平面上，$H(s)$ 与 $H(-s)$ 的零、极点分布如图 6-9 所示，这种对称形式称为象限对称，在 $j\omega$ 轴上用双重圆环表示它的阶次。

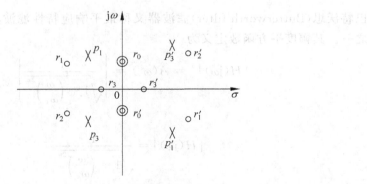

图 6-9 $H(s)$ 与 $H(-s)$ 零、极点的象限对称性

下面考虑如何从 $A(-s^2)$ 在 s 平面上的零、极点分布来确定 $H(s)$ 的零、极点。

为使滤波器系统稳定，它的极点必须落在 s 平面上的左半平面，因此所有落在 s 左半平面的极点都属于 $H(s)$，而落在 s 右半平面的极点则属于 $H(-s)$。零点的选择原则上并无这种限制，任取其中一半零点即可，因此解答不是惟一的。但是如果要求 $H(s)$ 为具有最小相位(minimum-phase)的系统函数,则它的零点亦应全部选择为 s 的左半平面,这样,$H(s)$ 的选择就是惟一的。

例 6.2.1 设给定滤波特性的平方函数 $A(\omega^2)$ 为

$$A(\omega^2) = \frac{(1-\omega^2)^2}{(4+\omega^2)(9-\omega^2)}$$

求最有最小相位特性的系统函数 $H(s)$。

解:因为

$$A(-s^2) = A(\omega^2)\Big|_{\omega^2=-s^2} = \frac{(1+s^2)^2}{(4-s^2)(9-s^2)}$$

$$= \frac{(1+s^2)^2}{(s-2)(s+2)(s-3)(s+3)} = H(s)H(-s)$$

上式在虚轴上有一对重零点,位于 $\pm j$(二阶重零点),因而 $H(s)$ 可以作为可实现滤波器的系统函数,取 s 左半平面的极点及 $j\omega$ 轴上的一对共轭零点,得 $H(s)$ 的最小相位解为

$$H(s) = \frac{1+s^2}{(s+2)(s+3)} = \frac{s^2+1}{s^2+5s+6}$$

本节已指出,实际滤波器的幅度特性 $|H(\omega)|$ 只能是理想特性的逼近,因而实际幅度平方函数 $A(\omega^2)$ 亦将是对理想幅度平方函数的近似逼近函数(approximation function)。解决滤波器系统函数 $H(s)$ 设计的关键是要找到这种逼近函数。目前已经找到了多种逼近函数。根据所采用的近似逼近函数的不同,滤波器的名称不同。下面介绍两种常用的滤波器——巴特沃思与切比雪夫滤波器。

6.3 巴特沃思滤波器

6.3.1 巴特沃思滤波器的幅频特性

巴特沃思(Butterworth filter)滤波器又称最平响应特性滤波器,它是最基本的逼近函数之一。其幅度平方函数定义为

$$|H(j\omega)|^2 = A(\omega^2) = \left[\frac{1}{\sqrt{1+\left(\frac{\omega}{\omega_c}\right)^{2n}}}\right]^2 \tag{6-17}$$

或

$$|H(j\omega)| = \frac{1}{\sqrt{1+\left(\frac{\omega}{\omega_c}\right)^{2n}}}$$

式(6-17)中 n 为滤波器阶数,取正整数。ω_c 为滤波器截止角频率,当 $\omega=\omega_c$ 时,$H(j\omega_c) = \frac{1}{\sqrt{2}}$,衰减 $\delta(\omega_c) = -20\lg|H(j\omega_c)| = -20\lg\left(\frac{1}{\sqrt{2}}\right) = 3\text{dB}$,称 ω_c 是滤波器的电压-3dB 点或半功率点。

不同阶次 n 的巴特沃思滤波器幅频特性如图 6-10 所示,其具有以下特点:

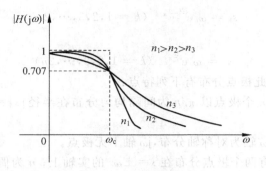

图 6-10 巴特沃思滤波器特性

(1) 最大平坦性

在 $\omega=0$,可以证明:$|H(j\omega)|$ 的前 $(2n-1)$ 阶导数都等于零,这表明巴特沃思滤波器在 $\omega=0$ 附近的一段范围内是非常平直的,它以原点的最大平坦性来逼近理想低通滤波器,最平响应亦因此而得名。

(2) 3dB 不变性

在
$$\omega=\omega_c, \quad |H(j\omega)|_{\omega=\omega_c}=\frac{1}{\sqrt{2}}|H(0)|$$

即幅频特性在 ω_c 点下降 3dB,随着 n 的增加,频带下降的边缘越陡峭,越接近理想特性,但不论 n 为多少,幅频特性都要通过 -3dB。当 $\omega>\omega_c$ 时,幅频特性以 $20n$dB/dec 速度下降。

(3) 通带、阻带下降的单调性

由通带、阻带上幅频特性下降的单调性,可知该滤波器具有较好的相频特性。

6.3.2 巴特沃思滤波器系统函数与极点分布关系

巴特沃思滤波器幅度平方函数 $|H(j\omega)|^2=A(\omega^2)$ 无零点分布,其极点为 $2n$ 个,且成等角度分布在以 $|s|=\omega_c$ 为半径的圆周上,称为巴特沃思圆。具体分析如下:

$$|H(s)|^2\big|_{\omega=\frac{s}{j}}=\frac{1}{1+\left(\frac{s}{j\omega_c}\right)^{2n}}$$

为求出 $|H(s)|^2$ 的 $2n$ 个极点,由

$$1+\left(\frac{s}{j\omega_c}\right)^{2n}=0$$

得
$$1+(-1)^n\left(\frac{s}{\omega_c}\right)^{2n}=0$$

由此得

$$(-1)^n\left(\frac{s}{\omega_c}\right)^{2n}=-1=e^{j(2k\pi-\pi)} \quad (k=1,2,3,\cdots,2n)$$

所以

$$s_k=j\omega e^{j\frac{2k-1}{2n}\pi}=\omega_c e^{j\left(\frac{2k-1}{2n}\pi+\frac{\pi}{2}\right)} \quad (k=1,2,3,\cdots,2n) \qquad (6\text{-}18)$$

当 n 为偶数时

$$s_k = \omega_c e^{j\frac{2k-1}{2n}\pi} \quad (k=1,2,3,\cdots,2n) \tag{6-19}$$

当 n 为奇数时

$$s_k = \omega_c e^{j\frac{2k}{2n}\pi} \quad (k=1,2,3,\cdots,2n) \tag{6-20}$$

s_k 为 $|H(s)|^2$ 的极点,此极点分布有下列特点:

(1) $|H(s)|^2$ 的 $2n$ 个极点以 π/n 为间隔均匀分布在半径 $|s|=\omega_c$ 的圆周上,称为巴特沃思圆。

(2) 所有极点以 $j\omega$ 轴为对称轴分布,$j\omega$ 轴上无极点。

(3) n 为奇数时,有两个极点分布在 $s=\pm\omega_c$ 的实轴上;n 为偶数时,实轴上无极点,所有复数极点均以 $j\omega$ 轴呈对称分布。图 6-11(a)、(b)分别画出了 $n=3$ 时和 $n=4$ 时 $|H(s)|^2$ 的极点分布。

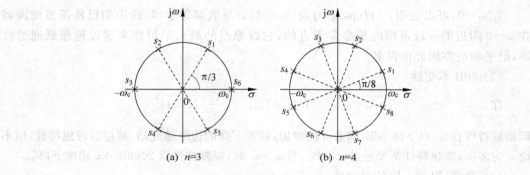

图 6-11 $|H(s)|^2$ 函数极点分布

为了得到稳定的 $H(s)$,取全部 s 左半平面的极点:

$$H(s) = \frac{\omega_c^n}{\prod\limits_{k=1}^{n}(s-s_k)} \tag{6-21}$$

当 n 为偶数时,得

$$H(s) = \frac{\omega_c^n}{\prod\limits_{k=1}^{\frac{n}{2}}(s-s_k)(s-s_k^*)} = \frac{\omega_c^n}{\prod\limits_{k=1}^{\frac{n}{2}}\left(s^2 - 2\omega_c\left(\cos\left(\frac{2k-1}{2n}\pi + \frac{\pi}{2}\right)\right)s + \omega_c^2\right)} \tag{6-22}$$

当 n 为奇数时,得

$$H(s) = \frac{\omega_c^n}{\prod\limits_{k=1}^{\frac{n-1}{2}}(s+\omega_c)\left(s^2 - 2\omega_c\left(\cos\left(\frac{2k-1}{2n}\pi + \frac{\pi}{2}\right)\right)s + \omega_c^2\right)} \tag{6-23}$$

为应用方便一般将式(6-22)和式(6-23)对 ω_c 进行归一化处理,为此,分子、分母各除 ω_c^n,并令 $s'=s/\omega_c$,s' 称为归一化复频率,得

$$H(s') = \frac{1}{\prod\limits_{k=1}^{\frac{n}{2}}\left((s')^2 - 2\left(\cos\left(\frac{2k-1}{2n}\pi + \frac{\pi}{2}\right)\right)s' + 1\right)} \quad (n \text{ 为偶}) \tag{6-24}$$

$$H(s) = \cfrac{1}{\prod_{k=1}^{\frac{n-1}{2}}(s'+1)\left((s')^2 - 2\left(\cos\left(\frac{2k-1}{2n}\pi + \frac{\pi}{2}\right)\right)s' + 1\right)} \quad (n \text{ 为奇}) \quad (6\text{-}25)$$

将式(6-24)、式(6-25)的分母多项式制成相应的表格如表 6-1 所示,该分母多项式亦称为巴特沃思多项式(此处 s' 仍写为 s)。

表 6-1 巴特沃思系统函数分母多项式形式

n	巴特沃思多项式 $B_n(s)$
1	$s+1$
2	$s^2 + \sqrt{2}s + 1$
3	$(s+1)(s^2+s+1)$
4	$(s^2+0.7654s+1)(s^2+1.8478s+1)$
5	$(s+1)(s^2+0.618s+1)(s^2+1.618s+1)$
6	$(s^2+0.5176s+1)(s^2+1.412s+1)(s^2+1.9319s+1)$
7	$(s+1)(s^2+0.445s+1)(s^2+1.247s+1)(s^2+1.802s+1)$
8	$(s^2+0.3902s+1)(s^2+1.111s+1)(s^2+1.1663s+1)(s^2+1.9616s+1)$

由此可见,设计者只需根据设计要求及容差范围,选择合适的滤波器,查图表即可得到符合要求的系统函数。

例 6.3.1 给定模拟滤波器设计指标,如图 6-12 所示。要求:

通带内允许起伏为 -1dB $(0 \leq \omega \leq 2\pi \times 10^4 \text{rad/s})$;

阻带衰减 $\leq -15\text{dB}$ $(\omega \geq 2\pi \times 2 \times 10^4 \text{rad/s})$。

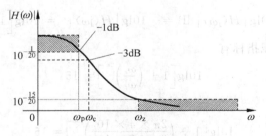

图 6-12 实际滤波器设计

求用巴特沃思低通滤波器实现时所需阶数 n,截止角频率 ω_c 及 $H(s)$ 表达式。

解:(1) 求阶数 n。按图 6-12,由给定的条件写出 $|H(j\omega)|$ 在 ω_p 和 ω_z 两特定点的方程(-1dB 对应 $10^{-\frac{1}{20}}$,-15dB 对应 $10^{-\frac{15}{20}}$),由此联立方程求解 n 及 ω_c。

$$|H(j\omega_p)| = \frac{1}{\sqrt{1+\left(\frac{2\pi \times 10^4}{\omega_c}\right)^{2n}}} = 10^{-\frac{1}{20}}$$

$$|H(j\omega_z)| = \frac{1}{\sqrt{1+\left(\frac{2\pi \times 2 \times 10^4}{\omega_c}\right)^{2n}}} = 10^{-\frac{15}{20}}$$

联立上两式得

$$n = \frac{\lg\left(\dfrac{10^{\frac{15}{10}}-1}{10^{\frac{1}{10}}-1}\right)}{2\lg\left(\dfrac{2\pi \times 2 \times 10^4}{2\pi \times 10^4}\right)} = 3.443$$

取整得 $n=4$。

(2) 求 ω_c（-3dB 的截止角频率）。将 $n=4$ 代入 $|H(j\omega_z)|$ 的表达式得

$$|H(j\omega_z)| = \frac{1}{\sqrt{1+\left(\dfrac{2\pi \times 2 \times 10^4}{\omega_c}\right)^{2n}}} = 10^{-\frac{15}{20}}$$

$$\omega_c = \frac{2\pi \times 2 \times 10^4}{\sqrt[8]{10^{\frac{15}{10}}-1}} = 2\pi \times 1.304 \times 10^4 \text{ rad/s}$$

(3) 求滤波器系统函数 $H(s)$。由表 6-1 查得 $n=4$ 的巴特沃思多项式，可写出 $H(s')$，再令 $s'=s/\omega_c$ 代入 $H(s')$，可得

$$H(s) = \frac{4.505 \times 10^{19}}{s^4 + 2.14 \times 10^5 s^3 + 2.292 \times 10^{10} s^2 + 1.437 \times 10^{15} s + 4.505 \times 10^{19}}$$

例 6.3.2 试设计一低通巴特沃思滤波器的系统函数 $H(s)$，要求在通带截止频率 $f_c=2\text{kHz}$ 处，衰减为 $\delta_c=3\text{dB}$，在阻带始点频率 $f_z=4\text{kHz}$ 处，衰减为 $\delta_z=15\text{dB}$。

解：巴特沃思滤波器系统函数为

$$|H(j\omega)| = \frac{1}{\sqrt{1+\left(\dfrac{\omega}{\omega_c}\right)^{2n}}}$$

其衰减定义由式(6-11)可知为

$$\delta(\omega) = -20\lg|H(j\omega)|\text{ dB} = -10\lg|H(j\omega)|^2 = 10\lg\left[1+\left(\frac{\omega}{\omega_c}\right)^{2n}\right]$$

按阻带始点频率处衰减指标有

$$10\lg\left[1+\left(\frac{\omega_z}{\omega_c}\right)^{2n}\right] = 15$$

所以

$$10\lg\left[1+\left(\frac{2\pi \times 4 \times 10^3}{2\pi \times 2 \times 10^3}\right)^{2n}\right] = 15$$

$$n = \frac{\lg(10^{1.5}-1)}{2\lg\left(\dfrac{2\pi \times 4 \times 10^3}{2\pi \times 2 \times 10^3}\right)} = 2.468$$

取 $n=3$，即用 3 阶巴特沃思滤波器可达到设计指标的要求，由表 6-1 查出 $n=3$ 的 $H(s')$ 形式，令 $s'=s/\omega_c$，可得

$$H(s) = \frac{1}{\left(\dfrac{s}{\omega_c}+1\right)\left(\left(\dfrac{s}{\omega_c}\right)^2+\dfrac{s}{\omega_c}+1\right)}$$

$$= \frac{64\pi^3 \times 10^9}{(s+4\pi \times 10^3)(s^2+4\pi \times 10^3 s+16\pi^2 \times 10^6)}$$

6.4 切比雪夫滤波器

巴特沃思滤波器的幅频特性是随 ω 的增加而单调衰减，当 n 较小时，阻带幅频特性下降较慢，与理想滤波器的特性相差较大，如果要求阻带特性迅速衰减，就需要增加滤波器的阶数，则滤波器实现时电结构趋于复杂，元件数及参数均要复杂得多。而本节所介绍的切比雪夫滤波器(Chebyshev filter)在通带内具有等波纹的幅度特性并且在阻带内具有更大的衰减特性，故又称为通带等波纹滤波器。

6.4.1 切比雪夫多项式

切比雪夫多项式 $T_n(\omega)$ 定义为

$$T_n(\omega) = \begin{cases} \cos(n\arccos\omega) & |\omega| \leqslant 1 \\ \cosh(n\mathrm{arcosh}\,\omega) & |\omega| > 1 \end{cases} \tag{6-26}$$

式中 n 为切比雪夫多项式的阶次。

若记 $x = \arccos\omega$，则可得 $|\omega| \leqslant 1$ 时，$T_n(\omega)$ 的各阶多项式为

$$T_1(\omega) = \cos x = \omega$$
$$T_2(\omega) = \cos 2x = 2\cos^2 x - 1 = 2\omega^2 - 1$$
$$T_3(\omega) = \cos 3x = 4\omega^3 - 3\omega$$
$$T_4(\omega) = \cos 4x = 2\cos^2 2x - 1 = 8\omega^4 - 8\omega^2 + 1$$
$$\vdots$$
$$T_n(\omega) = \cos(nx)$$

由三角恒等式得

$$\cos(n+1)x = \cos(nx)\cos x - \sin(nx)\sin x$$
$$= \cos(nx)\cos x + \frac{1}{2}\cos(n+1)x - \frac{1}{2}\cos(n-1)x$$

上式合并 $\cos(n+1)x$ 项，并整理有

$$\cos(n+1)x = 2\cos(nx)\cos x - \cos(n-1)x$$

即

$$T_{n+1}(\omega) = 2\omega T_n(\omega) - T_{n-1}(\omega) \tag{6-27}$$

上式称为三项递推公式，利用它可求得 $|\omega| \leqslant 1$ 时任意阶次的切比雪夫多项式，表 6-2 列出了 1～10 阶的切比雪夫多项式。

图 6-13 画出了 $|\omega| \leqslant 1$ 时，n 分别为 1，2，3，4 时，切比雪夫多项式 $T_n(\omega) \sim \omega$ 的曲线。观察式(6-26)与图 6-13 可以发现 $T_n(\omega)$ 有如下特点：

(1) $|\omega| \leqslant 1$ 时，$T_n(\omega)$ 在 ± 1 之间波动；

(2) $\omega = 1$ 时，$T_n(1) = 1$；

(3) $\omega = 0$ 时，若 n 为奇数，$T_n(0) = 0$；若 n 为偶数，$T_n(0) = \mp 1$；

(4) n 为奇数时，$T_n(\omega)$ 为奇函数；n 为偶数时，$T_n(\omega)$ 为偶函数；

(5) $|\omega| > 1$ 时，$T_n(\omega)$ 随 ω 增加而单调增大，n 越大 $T_n(\omega)$ 增加的越迅速。

表 6-2 $|\omega| \leqslant 1$ 时的切比雪夫多项式

n	$T_n(\omega)$
1	ω
2	$2\omega^2 - 1$
3	$4\omega^3 - 3\omega$
4	$8\omega^4 - 8\omega^2 + 1$
5	$16\omega^5 - 20\omega^3 + 5\omega$
6	$32\omega^6 - 48\omega^4 + 18\omega^2 - 1$
7	$64\omega^7 - 112\omega^5 + 56\omega^3 - 7\omega$
8	$128\omega^8 - 256\omega^6 + 160\omega^4 - 32\omega^2 + 1$
9	$256\omega^9 - 576\omega^7 + 432\omega^5 - 120\omega^3 + 9\omega$
10	$512\omega^{10} - 1280\omega^8 + 1120\omega^6 - 400\omega^4 + 50\omega^2 - 1$

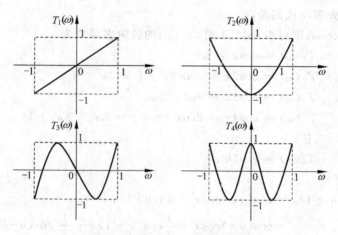

图 6-13 切比雪夫多项式曲线

6.4.2 切比雪夫滤波器的幅频特性

切比雪夫幅度平方函数定义为

$$|H(j\omega)|^2 = A(\omega^2) = \left(\frac{1}{\sqrt{1 + \varepsilon^2 T_n^2 \left(\frac{\omega}{\omega_c} \right)}} \right)^2 \tag{6-28}$$

其中 $T_n\left(\dfrac{\omega}{\omega_c}\right)$ 为切比雪夫多项式($n=1,2,3,\cdots$),n 为滤波器阶数;ω_c 为通带截止角频率,此处 ω_c 是被通带波纹所限制的最高角频率,$\omega_c \neq \omega_{3dB}$;$\varepsilon$ 为小于 1 的正数,它表示通带内幅度波动的程度,ε 越小,幅度波动也越小。

图 6-14(a)是按式(6-28)画出的切比雪夫滤波器的幅频特性,n 为 3,4,5,图 6-14(b)是 $n=5$ 时通带内起伏与 $T_n\left(\dfrac{\omega}{\omega_c}\right)$ 的关系。由图 6-14 可见 $|H(j\omega)|$ 曲线有如下特性:

(1) 当 $0 \leqslant \omega \leqslant \omega_c$ 时，$|H(j\omega)|$ 在 $1 \sim \dfrac{1}{\sqrt{1+\varepsilon^2}}$ 之间等幅波动，ε 越小，波动幅度越小。

(2) 当 $\omega=0$ 时，若 n 为奇数，$|H(0)|=1$；若 n 为偶数，$|H(0)|=\dfrac{1}{\sqrt{1+\varepsilon^2}}$。

(3) 无论 n 为何值，当 $\omega=\omega_c$ 时，$|H(j\omega_c)|=\dfrac{1}{\sqrt{1+\varepsilon^2}}$。

(4) 当 $\omega>\omega_c$ 时，曲线呈单调下降，下降速度为 $20n\,\mathrm{dB/dec}$，n 越大，特性曲线衰减越快。

(5) 由于滤波器通带内有起伏，因而使通带内的相频特性也有相应的起伏波动，即相位是非线性的，这给信号传输时带来非线性畸变，所以在要求群延时为常数时不宜采用这种滤波器。

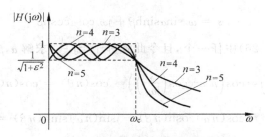

(a) 切比雪夫滤波器幅频特性曲线

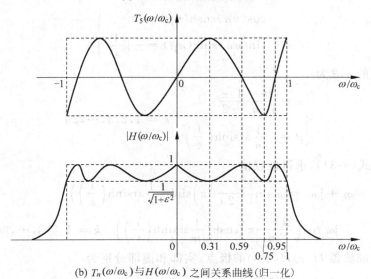

(b) $T_n(\omega/\omega_c)$ 与 $H(\omega/\omega_c)$ 之间关系曲线（归一化）

图 6-14

6.4.3 切比雪夫滤波器系统函数与极点分布

与巴特沃思滤波器类似，根据式(6-28)求切比雪夫滤波器的系统函数 $H(s)$。将 $\omega=s/\mathrm{j}$ 代入式(6-28)得

$$H(s)H(-s) = \frac{1}{1+\varepsilon^2 T_n^2\left(\frac{s}{j\omega_c}\right)} \quad (6-29)$$

为求上式的极点分布,需求解方程

$$1+\varepsilon^2 T_n^2\left(\frac{s}{j\omega_c}\right) = 0$$

或

$$T_n\left(\frac{s}{j\omega_c}\right) = \pm j\frac{1}{\varepsilon} \quad (6-30)$$

考虑到 $\frac{s}{j\omega_c}$ 是复变量,为解出切比雪夫多项式,设

$$\frac{s}{j\omega_c} = \cos\theta = \cos(\alpha+j\beta) = \cos\alpha\cosh\beta - j\sin\alpha\sinh\beta$$

$$s = \omega_c \sin\alpha\sinh\beta + j\omega_c\cos\alpha\cosh\beta \quad (6-31)$$

把 $\frac{s}{j\omega_c} = \cos\theta$ 代入式(6-26)中任一个,且令此式等于 $\pm j\frac{1}{\varepsilon}$,求解 α,β

$$T_n\left(\frac{s}{j\omega_c}\right) = \cos\left(n\arccos\left(\frac{s}{j\omega_c}\right)\right) = \cos(n\theta) = \cos(n(\alpha+j\beta))$$

$$= \cos(n\alpha)\cosh(n\beta) - j\sin(n\alpha)\sinh(n\beta) = \pm j\frac{1}{\varepsilon}$$

得

$$\left.\begin{array}{l}\cos(n\alpha)\cosh(n\beta) = 0 \\ \sin(n\alpha)\sinh(n\beta) = \pm j\frac{1}{\varepsilon}\end{array}\right\} \quad (6-32)$$

解得满足上式的 α,β 为

$$\begin{cases}\alpha = \dfrac{2k-1}{n}\dfrac{\pi}{2} \\ \beta = \pm\dfrac{1}{n}\mathrm{arsinh}\left(\dfrac{1}{\varepsilon}\right)\end{cases} \quad k=1,2,3,\cdots,2n \quad (6-33)$$

把 α,β 值代回式(6-31),求得极点值

$$s_k = \sigma_k + j\omega_k = \omega_c\sin\left(\frac{2k-1}{2n}\pi\right)\sinh\left(\frac{1}{n}\mathrm{arsinh}\left(\frac{1}{\varepsilon}\right)\right)$$

$$+ j\omega_c\cos\left(\frac{2k-1}{2n}\pi\right)\cosh\left(\frac{1}{n}\mathrm{arsinh}\left(\frac{1}{\varepsilon}\right)\right) \quad k=1,2,3,\cdots,2n \quad (6-34)$$

s_k 为切比雪夫滤波器 $H(s)H(-s)$ 的极点,实部和虚部分别为

$$\begin{cases}\sigma_k = \omega_c\sin\left(\dfrac{2k-1}{2n}\pi\right)\sinh\left(\dfrac{1}{n}\mathrm{arsinh}\left(\dfrac{1}{\varepsilon}\right)\right) \\ \omega_k = \omega_c\cos\left(\dfrac{2k-1}{2n}\pi\right)\cosh\left(\dfrac{1}{n}\mathrm{arsinh}\left(\dfrac{1}{\varepsilon}\right)\right)\end{cases} \quad k=1,2,\cdots,2n \quad (6-35)$$

令

$$a = \omega_c \sinh\left(\frac{1}{n}\operatorname{arsinh}\left(\frac{1}{\varepsilon}\right)\right)$$
$$b = \omega_c \cosh\left(\frac{1}{n}\operatorname{arsinh}\left(\frac{1}{\varepsilon}\right)\right) \quad (6\text{-}36)$$

将式(6-35)中 σ_k 除以 a，ω_k 除以 b，再平方相加得

$$\frac{\sigma_k^2}{a^2} + \frac{\omega_k^2}{b^2} = 1 \quad (6\text{-}37)$$

式(6-37)是一个在 s 平面上的椭圆方程，它的短轴和长轴分别位于 s 平面的实轴和虚轴上。$H(s)H(-s)$ 的极点分布在该椭圆的圆周上。给定 ε，n 及 ω_c 即可由式(6-35)求出全部极点 s_k，取左半平面的极点作为 $H(s)$ 的极点，可推出 $H(s)$ 的表达式为

$$H(s) = \frac{A}{\prod_{k=1}^{n}(s - s_k)} \quad (6\text{-}38)$$

其中 $s_k = \sigma_k + \mathrm{j}\omega_k$，$A$ 为待求常数，由式(6-28)得

$$H(s) = \frac{A}{\prod_{k=1}^{n}(s - s_k)} = \frac{1}{\sqrt{1 + \varepsilon^2 T_n^2(s/\mathrm{j}\omega_c)}} \quad (6\text{-}39)$$

考虑到 $T_n(s/\mathrm{j}\omega_c)$ 是 $s/\mathrm{j}\omega_c$ 的多项式，最高阶次系数为 2^{n-1}，因此常数 A 满足

$$A = \frac{\omega_c^n}{\varepsilon 2^{n-1}} \quad (6\text{-}40)$$

则切比雪夫滤波器的系统函数 $H(s)$ 表示为

$$H(s) = \frac{\dfrac{\omega_c^n}{\varepsilon 2^{n-1}}}{\prod_{k=1}^{n}(s - s_k)} \quad (6\text{-}41)$$

图 6-15 画出了 $n=3$，$n=4$ 时切比雪夫滤波器极点分布。极点所在的椭圆可以和半径为 a 的圆与半径为 b 的圆联系起来，这两个圆分别称为巴特沃思小圆和巴特沃思大圆。n 阶切比雪夫滤波器极点的纵坐标($\mathrm{j}\omega_k$)等于 n 阶巴特沃思大圆极点的纵坐标，而横坐标(σ_k)等于 n 阶巴特沃思小圆极点的横坐标。切比雪夫滤波器的截止角频率 ω_c 不是像巴特沃思滤波器所规定的 $-3\mathrm{dB}$ 处角频率，而是通带边缘的频率。若波纹参数满足 $\dfrac{1}{\sqrt{1+\varepsilon^2}} > 0.5$，可以求得 $-3\mathrm{dB}$ 处的角频率为

$$\omega_{(-3\mathrm{dB})} = \omega_c \cosh\left(\frac{1}{n}\operatorname{arsinh}\left(\frac{1}{\varepsilon}\right)\right) \quad (6\text{-}42)$$

和巴特沃思滤波器一样，若将式(6-41)所表示的 $H(s)$ 对 ω_c 归一化，就得到切比雪夫 I 型低通原型滤波器的系统函数 $H(s')\big|_{s'=s/\omega_c}$ 的分母多项式在不同的 n 时制成的如表 6-3 所示的表格，供设计参考。由于波纹参数 ε 的不同，这种表格有很多种，此处只列出通带起伏波纹为 1dB 时分母多项式与 n 的关系。则归一化的切比雪夫 I 型低通原型滤波器的系统函数为

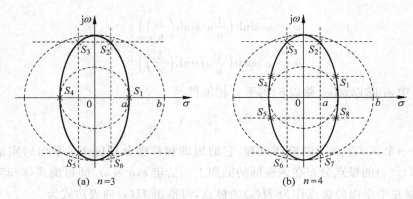

(a) $n=3$ (b) $n=4$

图 6-15 切比雪夫滤波器极点分布

$$H(s') = \frac{\frac{1}{\varepsilon 2^{n-1}}}{s'^n + a_{n-1}s'^{n-1} + \cdots + a_1 s' + a_0} \tag{6-43}$$

表 6-3 切比雪夫 I 型低通原型滤波器分母多项式 $B_n(s)$
（1dB 波纹，$\varepsilon = 0.5088471$）

n	a_0	a_1	a_2	a_3	a_4	a_5	a_6
1	1.9652						
2	1.1025	1.0977					
3	0.4913	1.2384	0.9883				
4	0.2756	0.7426	1.4539	0.9528			
5	0.1228	0.5805	0.9744	1.6888	0.9368		
6	0.0689	0.3071	0.9393	1.2021	1.9308	0.9283	
7	0.0307	0.2137	0.5486	1.3575	1.4288	2.1761	0.9231

例 6.4.1 设计满足下列技术指标的切比雪夫 I 型低通滤波器：

通带允许起伏为 -1dB ($0 \leqslant \omega \leqslant 2\pi \times 10^4 \text{rad/s}$)；

阻带衰减 $\leqslant -15\text{dB}$ ($\omega \geqslant 2\pi \times 2 \times 10^4 \text{rad/s}$)。

求：(1) 波纹起伏参数 ε；

(2) 阶数 n；

(3) $H(s) = ?$

解：(1) 求 ε

因为
$$|H(\omega)| = \frac{1}{\sqrt{1+\varepsilon^2}} = 10^{-\frac{1}{20}}$$

所以
$$\varepsilon = 0.50885$$

(2) 求阶数 n

因通带边缘角频率 $\omega_c = 2\pi \times 10^4 \text{rad/s}$，阻带边缘角频率 $\omega_z = 2\pi \times 2 \times 10^4 \text{rad/s}$，按衰减要求有

$$|H(\omega)| = \frac{1}{\sqrt{1+\varepsilon^2 T_n^2\left(\frac{2\pi \times 2 \times 10^4}{2\pi \times 10^4}\right)}} = 10^{-\frac{15}{20}}$$

$$T_n(2) = \cosh(n\,\mathrm{arcosh}\,2) = \frac{1}{\varepsilon}\sqrt{10^{\frac{15}{10}}-1} = 10.8751$$

求得

$$n = \frac{\mathrm{arcosh}\left(\frac{1}{\varepsilon}\sqrt{10^{\frac{15}{10}}-1}\right)}{\mathrm{arcosh}\,2} = 2.34$$

取 $n=3$。

(3) 求 $H(s)$

按本题要求,即 1dB 波纹、$n=3$,查表 6-3,同时利用式(6-40)求出分子值 A,得出归一化的切比雪夫逼近函数为

$$H(s') = \frac{0.4913}{s'^3 + 0.9883s'^2 + 1.2384s' + 0.4913}$$

令 $s'=s/\omega_c$,去归一化求得

$$H(s) = \frac{1.2187 \times 10^{14}}{s^3 + 6.2104 \times 10^4 s^2 + 4.8893 \times 10^9 s + 1.2187 \times 10^{14}}$$

6.5 模拟滤波器的频率变换

前两节讨论了低通滤波器系统函数 $H(s)$ 的实现问题,在工程实际设计中,高通、带通、带阻滤波器设计的常用方法是借助对应的低通原型滤波器,经频率变换和元件变换得到,图 6-16 给出了设计流程示意图。

图 6-16 模拟滤波器设计流程图

频率变换是指其他各类型滤波器 $H(s)$ 与低通原型滤波器 $H(s)$ 中的频率自变量之间的变换关系。通过这种频率变换关系,高通、带通、带阻等滤波器的综合设计问题转化为一个低通设计问题。

本节主要讨论一种低通到高通的变换的设计过程,其余类型的变换读者可参阅参考文献[6],此处就不再详述。

按图 6-16 流程,为寻求相应的低通原型,用高通滤波器截止角频率 ω_c 对 $H(j\omega)$ 进行归一化,得到归一化的高通系统函数 $H_h(j\lambda)$。

设低通滤波器系统函数为 $H(s)$,角频率为 ω,截止角频率为 ω_c;高通系统函数为 $H_h(s')$,角频率为 λ,通带始点频率为 λ_c。

考虑如下变换关系

$$s = \frac{\omega_c \lambda_c}{s'} \tag{6-44}$$

当 $s' = j\lambda$ 时，得

$$s = \frac{\omega_c \lambda_c}{j\lambda} = j\left(-\frac{\omega_c \lambda_c}{\lambda}\right) = j\omega \tag{6-45}$$

上式说明 s' 平面中虚轴正好映射到 s 平面的虚轴上，其频率变换关系为

$$\lambda = -\frac{\omega_c \lambda_c}{\omega} \tag{6-46}$$

ω 与 λ 的关系曲线如图 6-17 所示。

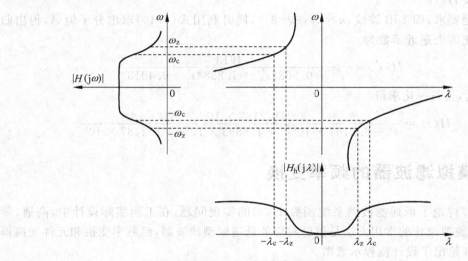

图 6-17 低通至高通的变换

当 $\omega = 0, \lambda \to \pm\infty$；$\omega \to \pm\infty, \lambda \to 0$；$\omega = \pm\omega_c, \lambda = \lambda_c$。此时由图 6-17 可见此频率变换的结果是：低通滤波器原型从直流至截止频率的通带内的幅频特性，经变换后被平移到 $\lambda_c \to \infty$ 的高通频带内。在一般情况下，如选择 $\lambda_c = \omega_c$，则低通滤波器的带宽正好等于高通通带的始点频率。

利用这种变换方法得到高通系统函数的步骤为：

(1) 将高通滤波器的特性指标转换成低通原型滤波器的特性指标。

如已知高通通带始点频率为 λ_c、阻带始点频率为 λ_z，按式(6-46)求得低通原型的通带截止频率 ω_c 和阻带始点频率 ω_z。高通的通带衰减 δ_1 和阻带衰减 δ_2 即为对低通原型通带与阻带衰减的要求。

(2) 根据求得的低通原型指标 $\omega_c, \omega_z, \delta_1, \delta_2$ 设计低通原型滤波器的系统函数 $H(s)$。

(3) 代入式(6-44)，即求得所要求的高通滤波器系统函数 $H_h(s')$（去归一化）为

$$H_h(s') = H(s)\Big|_{s = \omega_c \lambda_c / s'}$$

例 6.5.1 给定高通滤波器技术指标，如图 6-18 所示：

通带内起伏为 -1dB （$2\pi \times 1.5 \times 10^4 \text{rad/s} \leqslant \lambda < \infty$）；

阻带衰减$\leqslant -15\text{dB}$ ($0\leqslant \lambda \leqslant 2\pi \times 10^4 \text{rad/s}$)。
用巴特沃思滤波形式实现，求该高通滤波器的$H_h(s)$。

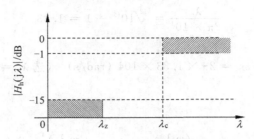

图 6-18 例 6.5.1 设计高通滤波器的技术指标

解：设高通滤波器在 30dB 处截止角频率为λ_c。低通原型滤波器频率及对应指标为

$$\omega_p = -\frac{\omega_c \lambda_c}{\lambda_p} = -\frac{\omega_c \lambda_c}{2\pi \times 1.5 \times 10^4}$$

$$\omega_z = -\frac{\omega_c \lambda_c}{\lambda_z} = -\frac{\omega_c \lambda_c}{2\pi \times 10^4}$$

则通带内衰减

$$\delta_p(\omega_p) = -20\lg|H(j\omega_p)| = 20\lg\sqrt{1+\left(\frac{\omega_p}{\omega_c}\right)^{2n}} = 1\text{dB}$$

即为

$$\lg\left[1+\left(\frac{\lambda_c}{\lambda_p}\right)^{2n}\right] = \frac{1}{10}$$

所以

$$\left(\frac{\lambda_c}{2\pi \times 1.5 \times 10^4}\right)^{2n} = 10^{\frac{1}{10}} - 1 \tag{1}$$

同理，阻带内衰减

$$\delta_z(\omega_z) = -20\lg|H(j\omega_z)| = 20\lg\sqrt{1+\left(\frac{\omega_z}{\omega_c}\right)^{2n}} = 15\text{dB}$$

$$\lg\left[1+\left(\frac{\lambda_c}{\lambda_z}\right)^{2n}\right] = \frac{15}{10}$$

所以

$$\left(\frac{\lambda_c}{2\pi \times 10^4}\right)^{2n} = 10^{\frac{15}{10}} - 1 \tag{2}$$

联立式(1)、式(2)求得

$$n = \frac{\lg\left(\frac{10^{\frac{15}{10}}-1}{10^{\frac{1}{10}}-1}\right)}{2\lg\left(\frac{2\pi \times 1.5 \times 10^4}{2\pi \times 10^4}\right)} = 5.888$$

取$n=6$，查表 6-1 得巴特沃思低通原型滤波器归一化的传递函数

$$H(s) = \frac{1}{s^6 + 3.8637s^5 + 7.4641s^4 + 9.1416s^3 + 7.4641s^2 + 3.8637s + 1}$$

从而求得高通滤波器的系统函数 $H_h(s')$（非归一化）。

由式(2)可求出 λ_c。

$$\frac{\lambda_c}{2\pi \times 10^4} = \sqrt[12]{10^{15} - 1} = 1.33$$

得

$$\lambda_c = \omega_c = 2\pi \times 1.33 \times 10^4 \text{（rad/s）}\quad（选 \lambda_c = \omega_c）$$

所以

$$H_h(s') = H(s)\Big|_{s=\frac{\omega_c \lambda_c}{s'}}$$

$$H_h(s') = 1\Big/\Big[\left(\frac{\omega_c\lambda_c}{s'}\right)^6 + 3.8637\left(\frac{\omega_c\lambda_c}{s'}\right)^5 + 7.4641\left(\frac{\omega_c\lambda_c}{s'}\right)^4 + 9.1416\left(\frac{\omega_c\lambda_c}{s'}\right)^3$$

$$+ 7.4641\left(\frac{\omega_c\lambda_c}{s'}\right)^2 + 3.8637\left(\frac{\omega_c\lambda_c}{s'}\right) + 1\Big]$$

$$= \left(\frac{s'}{\lambda_c}\right)^6 \Big/ \Big[\left(\frac{s'}{\lambda_c}\right)^6 + 3.23\times 10^5\left(\frac{s'}{\lambda_c}\right)^5 + 5.21\times 10^4\left(\frac{s'}{\lambda_c}\right)^4 + 5.33\times 10^{15}\left(\frac{s'}{\lambda_c}\right)^3$$

$$+ 3.64\times 10^{20}\left(\frac{s'}{\lambda_c}\right)^2 + 1.57\times 10^{25}\left(\frac{s'}{\lambda_c}\right) + 3.41\times 10^{29}\Big]$$

则归一化高通滤波器系统函数 $H_h(s) = H(s)\big|_{s=s'/\lambda_c}$ 为

$$H_h(s) = s^6/(s^6 + 3.23\times 10^5 s^5 + 5.21\times 10^4 s^4 + 5.33\times 10^{15} s^3 + 3.64\times 10^{20} s^2$$

$$+ 1.57\times 10^{25} s + 3.41\times 10^{29})$$

6.6 数字滤波器概述

6.6.1 数字滤波器基本工作原理

数字滤波器(digital filter)是数字信号处理的主要装置之一。所谓数字滤波是指通过一种数值运算，改变输入信号中所含频率分量的相对比例，或者滤除某些频率分量，因此数字滤波器和模拟滤波器有同样滤波概念，但实现方式不同。数字滤波器是采用数值运算的方法达到滤波的目的，即可以采用软件方式，通过编写算法软件，利用通用计算机实现滤波；也可以按算法选用硬件组成专用计算机实现滤波。目前已研制出多种专用数字信号处理芯片，可以很方便地实现一个数字滤波器。正是因为数字滤波的数字运算方式，使其具有高精度、高稳定性、可采用超大规模集成电路、体积小、重量轻、实现灵活且不要求阻抗匹配等优点。如果在数字滤波系统的前后加上 A/D 和 D/A 变换，它的作用就等效于模拟滤波器，也可用来处理模拟信号。

在本节中，为了使读者能明确区别模拟信号频率和数字信号频率，以避免混淆，故专门用 ω 表示模拟角频率，用 Ω 表示数字角频率。

下面进一步说明数字滤波器的基本工作原理，了解它是如何利用其频谱特性滤除输入信号的无用频率分量，并且能够代替模拟滤波器对信号进行滤波处理。

(1) 设输入模拟信号 $x(t)$ 中包含有用信号成分为 $x_a(t)$、无用信号成分为 $x_b(t)$，并设它们的频谱(傅里叶变换)分别为 $X(\omega), X_a(\omega), X_b(\omega)$，并设它们分别占有不同的频

带，即
$$x(t) = x_a(t) + x_b(t)$$
$$X(\omega) = X_a(\omega) + X_b(\omega)$$

其中：$X_a(\omega), |\omega| < \omega_a$；

$X_b(\omega), \omega_a < |\omega| < \omega_b$；

$X(\omega), |\omega| < \omega_s/2$ （ω_s 为抽样角频率）。

且有 $\omega_a < \omega_b < \omega_s$，如图 6-19(a) 所示。

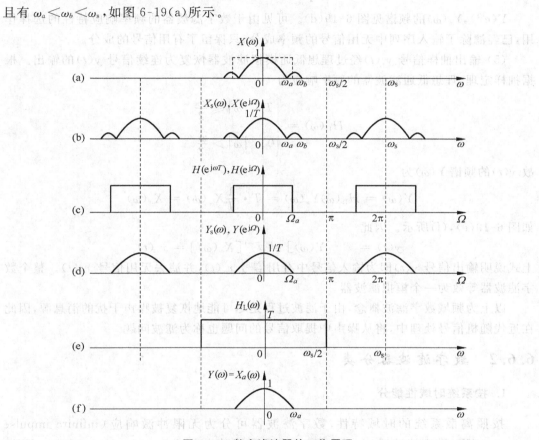

图 6-19 数字滤波器的工作原理

(2) 输入信号 $x(t)$ 经冲激抽样后的信号 $x_s(t)$，其频谱 $X_s(\omega)$ 应为 $x(t)$ 的频谱 $X(\omega)$ 的周期延拓，并与序列 $x(n)$ 的频谱 $X(e^{j\Omega})$ 存在频率坐标的线性映射关系，即

$$X_s(\omega) = \frac{1}{T} \sum_{m=-\infty}^{\infty} X(\omega - m\omega_s) = X(e^{j\Omega})\Big|_{\Omega = \omega T}$$

式中 T 为抽样周期，其频谱图如图 6-19(b) 所示。

(3) 设数字滤波器系统函数 $H(e^{j\Omega})$ 在 $0 \leq \Omega \leq \pi$ 区间具有理想低通特性为

$$H(e^{j\Omega}) = \begin{cases} 1 & |\Omega| < \Omega_a = \omega_a T \\ 0 & \Omega_a < |\Omega| < \pi \end{cases}$$

其频响特性如图 6-19(c) 所示。

(4) 经过数字滤波器后,输出序列 $y(n)$ 的频谱 $Y(e^{j\Omega})$ 根据离散系统的理论得
$$Y(e^{j\Omega}) = H(e^{j\Omega})X(e^{j\Omega})$$
而输出冲激抽样信号 $y_s(t)$ 的频谱 $Y_s(\omega)$ 与 $Y(e^{j\Omega})$ 关系为
$$Y_s(\omega) = Y(e^{j\Omega})\Big|_{\Omega=\omega T} = [H(e^{j\Omega})\ X(e^{j\Omega})]\Big|_{\Omega=\omega T} = H(e^{j\omega T})X_s(\omega)$$
$$= \frac{1}{T}\sum_{m=-\infty}^{\infty} X_a(\omega - m\omega_s)$$

$Y(e^{j\Omega}), Y_s(\omega)$ 的频谱见图 6-19(d)。可见由于数字滤波器的频率响应特性的选择作用,已经滤除了输入序列中无用信号的频率成分,只保留了有用信号的成分。

(5) 输出抽样信号 $y_s(t)$ 经过理想低通模拟滤波器恢复为连续信号 $y(t)$ 的输出。根据抽样定理,理想低通滤波器的频率响应为
$$H_L(\omega) = \begin{cases} T & |\omega| \leqslant \dfrac{\omega_s}{2} \\ 0 & |\omega| > \dfrac{\omega_s}{2} \end{cases}$$

故 $y(t)$ 的频谱 $Y(\omega)$ 为
$$Y(\omega) = H_L(\omega)Y_s(\omega) = T \cdot \frac{1}{T}X_a(\omega) = X_a(\omega)$$

如图 6-19(e),(f)所示。因此
$$y(t) = \mathscr{F}^{-1}[Y(\omega)] = \mathscr{F}^{-1}[X_a(\omega)] = x_a(t)$$

上式说明输出信号 $y(t)$ 即为输入信号中有用信号 $x_a(t)$,并滤去无用信号 $x_b(t)$。整个数字滤波器等效为一个模拟滤波器。

以上为频域数字滤波概念,由于滤波过程是尽可能地恢复被噪声干扰的消息源,因此在近代随机信号处理中,将从噪声中提取信号的问题也称为滤波问题。

6.6.2 数字滤波器分类

1. 按系统时域性能分

按照离散系统的时域特性,数字滤波器可分为无限冲激响应(infinite impulse response,IIR)数字滤波器(digital filter)和有限冲激响应(finite impulse response,FIR)数字滤波器两大类。前者指序列 $h(n)$ 为无限长序列,后者指 $h(n)$ 为有限长序列。

一般离散系统可以用 N 阶差分方程表示为
$$y(n) + \sum_{k=1}^{N} b_k y(n-k) = \sum_{r=0}^{M} a_r x(n-r) \tag{6-47}$$

其系统函数为
$$H(z) = \frac{Y(z)}{X(z)} = \frac{\sum_{r=0}^{M} a_r z^{-r}}{1 + \sum_{k=1}^{N} b_k z^{-k}} \tag{6-48}$$

当 b_k 不全为零时,$H(z)$ 为有理分式形式,则其 $h(n) = \mathscr{Z}^{-1}[H(z)]$ 为无限长序列,称

为 IIR 系统；当 b_k 全为零时，$H(z)$ 为多项式形式，此时 $h(n)=\mathscr{Z}^{-1}[H(z)]$ 为有限长序列，称为 FIR 系统。

例 6.6.1 设一离散系统差分方程为 $y(n)=x(n)-0.5y(n-1)$，求此系统的单位抽样响应 $h(n)$。

解： 由该系统的差分方程可知 $N=1, b_1=0.5, M=0, a_0=1$，为一阶差分方程。其系统函数为

$$H(z)=\frac{Y(z)}{X(z)}=\frac{1}{1+0.5z^{-1}}=\frac{z}{z+0.5}$$

$$h(n)=\mathscr{Z}^{-1}[H(z)]=(-0.5)^n\varepsilon(n)$$

其输出与输入序列如图 6-20 所示，可见 $h(n)$ 为无限长序列，故为 IIR 系统。

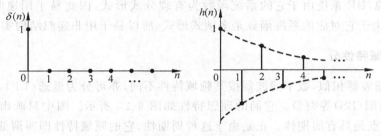

图 6-20 例 6.6.1 输出与输入序列

例 6.6.2 设一离散系统差分方程为

$$y(n)=x(n)+0.5x(n-1)$$

求其单位抽样响应 $h(n)$。

解：
$$H(z)=\frac{Y(z)}{X(z)}=1+0.5z^{-1}$$

$$h(n)=\mathscr{Z}^{-1}[H(z)]=\delta(n)+0.5\delta(n-1)$$

其输出、输入序列如图 6-21 所示。$h(n)$ 为一有限长序列，故为 FIR 系统。

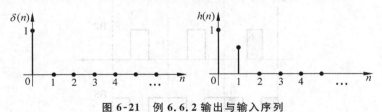

图 6-21 例 6.6.2 输出与输入序列

2. 按系统的结构分

按照离散系统实现的结构不同，数字滤波器又可分为递归(recursive)与非递归(non-recursive)两种形式。当 $H(z)$ 的 $b_k\neq 0$，$H(z)$ 为有理分式形式时，从其对应的差分方程来看，输出 $y(n)$ 不仅与输入有关，而且与输出的移序值有关。在这种系统的结构图上存在着反馈环路。采用这种结构的数字滤波器称为递归结构。例 6.6.1 的系统即为递归结构，如图 6-22(a)所示。

当 $H(z)$ 的 $b_k=0$，$H(z)$ 为多项式形式，以它对应的差分方程来看，输出 $y(n)$ 只与输入及其移序值有关，而与输出的移序值无关。这种系统的结构图不存在反馈环路，采用这种结构的数字滤波器称为非递归滤波器。例 6.6.2 系统即为非递归结构，如图 6-22(b) 所示。

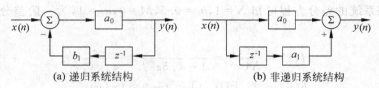

图 6-22　数字滤波器的系统结构

一般来说，IIR 系统由于它的系统函数为有理分式形式，因此易于用递归结构实现，而 FIR 系统由于它对应的系统函数是多项式形式，所以易于用非递归结构实现。

3. 按频域特性分

与模拟滤波器相似，数字滤波器按其频域特性不同，亦可分为低通（LP）、高通（HP）、带通（BP）、带阻（BS）等类型。它们的理想特性如图 6-23 所示。图中只画出其正频率部分，但它的特点是具有周期性。正是由于这种周期性，它的频域特性即所谓低通、高通、带通、带阻等均是指数字角频率在 $\Omega=0\sim\pi$ 的范围内而言的。

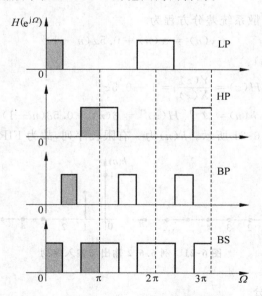

图 6-23　数字滤波器的理想幅频特性

6.6.3　数字滤波器特点及功能

由于数字滤波器实际是采用数字系统实现的一种运算过程，因此它具有一般数字系统的基本特点，与模拟滤波器相比，具有一系列的优点。

(1) 高精度特性：在模拟网络中，元件精度能达到 10^{-3} 以上就很不易了，而数字系统若为 16 位字长就可达 10^{-5} 精度，因此可用在精密系统及测量中。

(2) 系统稳定性好：模拟系统中各器件参数均有一定的温度系数并随环境条件而变，且易受感应、杂散效应影响。而构成数字滤波器的数字部件，只在 0,1 两种电平状态下工作，因此电路受以上的环境因素的影响要小得多。

(3) 应用灵活性：数字滤波器本质上只是一个序列的运算加工过程，其基本构成部件是加法器、乘法器、寄存器、存储器及控制器等。只要改变存储器中的系数或计算程序，即可改变系统的特性，因此应用非常灵活。而模拟滤波器通常是由 R,L,C 及有源器件组成，要改变系统特性，必须改变硬件的构成。

由于这种灵活性，数字滤波器可以进行时分复用，即在不同时刻，使一套设备具有不同特性，并处理几路独立信号。在处理器内部，一节低阶滤波器多次循环复用，可以等效于一个高阶滤波器，因此节省硬件，降低成本。

(4) 处理功能强：数字滤波器可以完成某些模拟滤波器很难完成的信号处理任务。例如在某些工业生产过程中，干扰信号频率很低，需要进行频率低至几赫兹信号的滤波，此时模拟滤波就很难实现，而数字滤波却不感到困难。数字系统可以具有庞大的存储单元，可以做各种复杂的运算，因此能够进行许多复杂的信号处理，而模拟系统确感到很困难有时甚至无法实现。因此数字滤波技术已广泛应用于诸如语音处理、图像处理、医学生物信号处理、自适应信号处理、自动测试与控制系统等各种科学技术领域之中。

当然，数字滤波器也存在不足之处。主要是处理速度慢，一方面是 A/D 转换速度还不够快，另外是数字系统运算需要时间，因此对于很高频率的信号处理就感到困难，这就是所谓的实时处理问题。随着大规模集成电路技术的不断发展，各种高速信号处理器件不断出现，如后面将要介绍的 DSP 芯片等，数字滤波器本身存在的问题正逐渐被克服，数字滤波器必然获得更广泛的应用。

6.7 IIR 数字滤波器设计

理想数字滤波器频率特性如图 6-23 所示，这些频率特性都是以 2π 为周期的连续函数，当系统单位样值响应 $h(n)$ 为 n 的实函数时，幅频特性呈周期偶对称、相频特性呈周期奇对称。因此数字滤波器频率特性只要给出 Ω 在 0 到 π 之间 $H(e^{j\Omega})$ 的变化情况即可。图 6-24 给了数字低通滤波频域设计的容差图，与模拟滤波器一样，设计数字滤波器的第一步仍然是寻求满足性能要求的系统函数 $H(z)$，因此也是一个逼近问题。

IIR 滤波器的设计任务就是用式 (6-50) 的系统函数逼近给定的幅频特性 $|H_d(e^{j\Omega})|$，亦即确定 $M,N,b_k(k=1,2,\cdots,N)$ 和 $a_r(r=0,1,\cdots,M)$ 各参数。设计方法有两种：一种称为直接法设计，是利用计算机辅助设计，有时也称为算法设计法；另一种是间接设计法，它是借助模拟滤波器原型导出所需数字滤波器，我们只讨论后者。由于模拟滤波器有简便的设计公式，有大量的设计图表可供使用，所以用成熟的模拟滤波器技术来设计数字滤波器是方便易行的。这种设计方法的流程如图 6-25 所示。

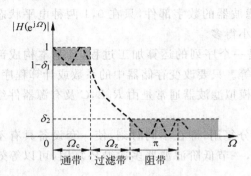

图 6-24　数字低通频域容差图

图 6-25　IIR 滤波器间接法设计流程图

从流程图可以看出,此方法实际上是 s 域与 z 域之间的映射转换。为使数字滤波器保持模拟滤波器的特性,这种映射关系应满足下列条件:

(1) 为使模拟滤波器的频率特性 $H_a(j\omega)$ 和数字滤波器的频率特性 $H_d(e^{j\Omega})$ 有相互对应关系,要求 s 平面的虚轴 $j\omega(|\omega|<\infty)$ 映射为 z 平面的单位圆 $z=e^{j\Omega}(|\Omega|\leqslant\pi)$。

(2) s 域左半平面($\text{Re}[s]<0$)映射到 z 平面的单位圆内部($|z|<1$),也就是稳定的模拟滤波器经映射后仍是稳定的数字滤波器。

下面先介绍两种常用的方法,然后讨论结构实现。

6.7.1　冲激响应不变法

此方法是把模拟滤波器的冲激响应 $h_a(t)$ 进行等间隔抽样,其抽样值 $h_a(nT)$ 作为数字滤波器的单位抽样响应 $h(n)$,即

$$h(n) = h_a(nT) = h_a(t)\Big|_{t=nT} \tag{6-49}$$

式中 T 为抽样间隔。

对 $h(n)$ 取 Z 变换求得 $H(z)=\mathscr{Z}[h(n)]$ 作为该滤波器的系统函数。下面推导模拟滤波器系统函数 $H_a(s)$ 与数字滤波器系统函数 $H(z)$ 之间的对应关系。

设模拟滤波器的系统函数 $H_a(s)$ 具有单极点,表达式为

$$H_a(s) = \frac{Y(z)}{X(z)} = \frac{\sum_{r=0}^{M}a_r s^r}{1+\sum_{k=1}^{N}b_k s^k} = \sum_{k=1}^{N}\frac{A_k}{s-s_k} \tag{6-50}$$

$$A_k = (s-s_k)H_a(s)\Big|_{s=s_k} \tag{6-51}$$

对式(6-50)取反变换,得

$$h_a(t) = \sum_{k=1}^{N}A_k e^{s_k t}\varepsilon(t) \tag{6-52}$$

按式(6-49)方式对 $h_a(t)$ 抽样并取 Z 变换,得

$$h(n) = h_a(t)\big|_{t=nT} = \sum_{k=1}^{N} A_k e^{s_k nT} \varepsilon(n) \tag{6-53}$$

$$H(z) = \sum_{n=0}^{\infty} h(n) z^{-n} = \sum_{n=0}^{\infty} \Big[\sum_{k=1}^{N} A_k e^{s_k nT} \varepsilon(n)\Big] z^{-n}$$

$$= \sum_{k=1}^{N} \frac{A_k}{1 - e^{s_k T} z^{-1}} \tag{6-54}$$

对比式(6-50)和式(6-54)可见,冲激响应不变法(impulse response invariance)原理就是把 $H_a(s)$ 部分分式展开式中的 $\frac{1}{s-s_k}$ 代之以 $\frac{1}{1-e^{s_k T} z^{-1}}$,即得 $H(z)$,可写出下面示意式:

$$\frac{1}{s-s_k} \Rightarrow \frac{1}{1-e^{s_k T} z^{-1}} \tag{6-55}$$

此结果表明,s 平面极点 s_k 映射到 z 平面,是位于 $z = e^{s_k T}$ 处的极点,若 s_k 在 s 平面的左半平面,则 $e^{s_k T}$ 必位于 z 平面的单位圆内,从而保证了数字滤波器的稳定性。

上面只给出了 $h_a(t)$ 经抽样产生 $h(n)$ 之后 $H_a(s)$ 与 $H(z)$ 的对应关系,还没建立 $H_a(s)$ 与 $H(z)$ 之间的关系式,下面就推导之。

因为

$$\mathscr{L}\Big[\sum_{n=-\infty}^{\infty} h_a(t)\delta(t-nT)\Big] = \sum_{n=-\infty}^{\infty} h_a(nT) e^{-nsT}$$

$$= \sum_{n=-\infty}^{\infty} h_a(nT) z^{-n}\Big|_{z=e^{sT}} = H(z)\Big|_{z=e^{sT}} \tag{6-56}$$

如果将冲激序列 $\sum_{n=-\infty}^{\infty} \delta(t-nT)$ 用傅里叶级数展开,取抽样信号的拉普拉斯变换并借助 s 域频移定理可得

$$\mathscr{L}\Big[h_a(t) \sum_{n=-\infty}^{\infty} \delta(t-nT)\Big] = \mathscr{L}\Big[h_a(t) \frac{1}{T} \sum_{k=-\infty}^{\infty} e^{j\frac{2\pi}{T}kt}\Big]$$

$$= \frac{1}{T} \mathscr{L}\Big[\sum_{k=-\infty}^{\infty} h_a(t) e^{j\frac{2\pi}{T}kt}\Big] = \frac{1}{T} \sum_{k=-\infty}^{\infty} H_a\Big(s + j\frac{2\pi}{T}k\Big) \tag{6-57}$$

由以上两式结果得出

$$H(z)\Big|_{z=e^{sT}} = \frac{1}{T} \sum_{k=-\infty}^{\infty} H_a\Big(s - j\frac{2\pi}{T}k\Big) \tag{6-58}$$

上式表明,z 平面与 s 平面的映射呈多值多元关系。若 $s = \sigma + j\omega$,$z = re^{j\Omega}$,则 $r = e^{\sigma T}$,$\Omega = \omega T$。多值映射关系也可以从下式看出

$$z = e^{sT} = e^{\sigma T} e^{j(\omega - \frac{2\pi}{T}k)T} \tag{6-59}$$

当 σ 不变,ω 以 $2\pi/T$ 整倍数改变时,映射值不变,也就是将 s 平面沿着 $j\omega$ 轴分割成一条条宽为 $2\pi/T$ 的水平带,每条带都按前面分析的关系映射成整个 z 平面,如图 6-26 所示。s 平面与 z 平面间映射的多值性是冲激响应不变法的一个缺点。

由于冲激响应不变法是对 $h_a(t)$ 的抽样结果,因而就频率特性而言就有频谱混叠的现象,s 平面的虚轴 $j\omega$ 可以映射到 z 平面的单位圆内,而且 ω 与 Ω 呈线性关系。由

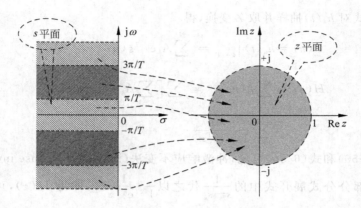

图 6-26 冲激响应不变法 s 平面与 z 平面之间映射关系

式(6-58)得

$$H(e^{j\Omega}) = \frac{1}{T}\sum_{k=-\infty}^{\infty} H_a\left(j\frac{\Omega}{T} - j\frac{2\pi}{T}k\right)\bigg|_{\Omega=\omega T}$$

$$= \frac{1}{T}\sum_{k=-\infty}^{\infty} H_a\left(j\omega - j\frac{2\pi}{T}k\right) \qquad (6-60)$$

图 6-27 表示出这种频谱混叠的现象。

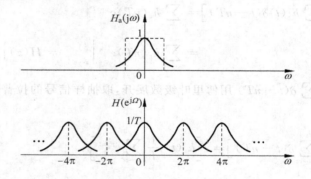

图 6-27 冲激响应不变法中的频谱混叠现象

综上所述,冲激响应不变法有如下结论:它可以把稳定的模拟滤波器变换成稳定的数字滤波器,变换时频率呈线性关系 $\Omega = \omega T$,频率特性形状基本上与模拟滤波器相同(在混叠不严重情况下),在时域上两者的冲激响应形状一致。由于混叠的结果,使频率特性高端严重失真,因而只适用于低通滤波器或限带($0 \leqslant \omega T \leqslant \pi$)的高通或带通场合。再由式(6-60)可见,数字滤波器的增益与 T 成反比,过高的抽样率可减小混叠,但同时使滤波器增益过高,为此常将 $h(n)$ 的设计值定为 $T \cdot h_a(nT)$,以保持转换后数字滤波器增益不变。

例 6.7.1 给定通带内具有 3dB 起伏(对应 $\varepsilon = 0.9976$)、$n = 2$ 的二阶切比雪夫低通模拟滤波器系统函数为

$$H_a(s) = \frac{0.5012}{s^2 + 0.6449s + 0.7079}$$

用冲激响应不变法求对应的数字滤波器系统函数 $H(z)$。

解：将 $H_a(s)$ 展开成部分分式形式得

$$H_a(s) = \frac{j0.3224}{s+0.3224+j0.7772} + \frac{-j0.3224}{s+0.3224-j0.7772}$$

利用式(6-55)的变换关系得

$$H_a(s) = \frac{j0.3224}{1-e^{-(0.3224+j0.7772)T}z^{-1}} + \frac{-j0.3224}{1-e^{-(0.3224-j0.7772)T}z^{-1}}$$

$$= \frac{0.6448e^{-0.3224T}\sin(0.7772T)z^{-1}}{1-2e^{-0.3224T}\cos(0.7772T)z^{-1}+e^{-0.3224T}z^{-2}}$$

由于给定的是 $H_a(s)$，因而变换到数字滤波器时与抽样间隔 T 有关，图 6-28 分别画出了不同 T 时，数字滤波器的对数幅频特性 $20\lg|H(e^{j\Omega})|$（为了便于比较，图中横坐标用 Ω/T 进行标注）。

当 $T=1$s 时
$$H(z) = \frac{0.3276z^{-1}}{1-1.328z^{-1}+0.5247z^{-2}}$$

当 $T=0.1$s 时
$$H(z) = \frac{0.0485z^{-1}}{1-1.9307z^{-1}+0.9375z^{-2}}$$

从图 6-28 看到模拟与数字滤波器幅频特性主要差异在 $\Omega/T=\pi$ 处，因为冲激响应不变法在此频率处有混叠，提高抽样率可以减小混叠效应。

例 6.7.2 试用冲激响应不变法设计一数字低通滤波器。给定技术指标为：

通带允许起伏为 -3dB （$0 \leqslant \Omega' \leqslant 0.318\pi$）；

阻带衰减 $\leqslant -15$dB （$0.8\pi \leqslant \Omega' \leqslant \pi$）。

通带内具有等波纹特性，求此数字滤波器 $H(z)$ 等于多少？

解：按图 6-25 设计流程图。

(1) 求模拟滤波器技术指标。

由于要求用冲激响应不变法设计，因此模拟角频率 ω 与数字角频率 Ω 之间关系是 $\Omega=\omega T$。现给定 Ω 指标，因为 T 可以任意选择，为方便计算选 $T=1$，则模拟滤波器指标

$$\omega_c = \frac{\Omega_c}{T} = 0.318\pi \quad \text{rad/s}$$

$$\omega_z = \frac{\Omega_z}{T} = 0.8\pi \quad \text{rad/s}$$

(2) 设计模拟滤波器，并求 $H_a(s)$。

要求通带内具有等波纹，所以用切比雪夫滤波器，求其 $H_a(s)$。

求波纹参数 ε：

$$\frac{1}{\sqrt{1+\varepsilon^2}} = 10^{-\frac{3}{20}}$$

得

$$\varepsilon = 0.99763$$

求滤波器的阶数 n：

$$\frac{1}{\sqrt{1+\varepsilon^2 T_n^2\left(\frac{0.8\pi}{0.318\pi}\right)}} = 10^{-\frac{15}{20}}$$

得

$$T_n\left(\frac{0.8\pi}{0.318\pi}\right) = \frac{1}{0.99763}\sqrt{10^{\frac{15}{20}}-1} = 5.5469$$

最后得

$$n = \frac{\text{arcosh}(5.5469)}{\text{arcosh}\left(\frac{0.8\pi}{0.318\pi}\right)} = 1.5$$

取 $n=2$,在冲激响应不变法设计中为减小高频端的混叠,通常让通带满足指标要求,阻带指标留有余地。

可见,本例的条件(ε 值与 n 值)与例 6.7.1 完全一致,于是可写出

$$H_a(s) = \frac{0.5012}{s^2 + 0.6449s + 0.7079}$$

(3) 用冲激响应不变法求 $H(z)$。

用于(2)中的 $H_a(s)$ 就是例 6.7.1 中的 $H_a(s)$,所以最终结果同例 6.7.1,对应数字滤波器的对数幅频特性如图 6-28 中的虚线($T=1s$)所示。混叠现象比较明显。

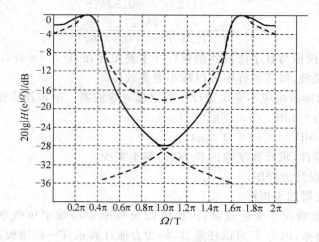

图 6-28 例 6.7.1 数字滤波器对数幅频特性

6.7.2 双线性变换法

冲激响应不变法是使模拟滤波器与数字滤波器的冲激响应相互模仿,从而达到两者的频率响应特性的相互模仿。而双线性变换(bilinear transform)法基本思想则是使模拟滤波器与数字滤波器在输入输出上相互模仿,从而达到频率响应相互模仿的目的,其模仿关系如图 6-29 所示。

使两者之间输入输出相互模仿,其含义是使数字滤波器的差分方程成为表征模拟滤波器微分方程的数值近似解。通常采用的是将微分方程作积分,然后再对积分采用数值近似的方法。下面以最简单的一阶微分方程为例,讨论双线性变换关系。

设一模拟滤波器的微分方程为

$$c_1 \frac{\mathrm{d}y_a(t)}{\mathrm{d}t} + c_0 y_a(t) = d_0 x_a(t) \tag{6-61}$$

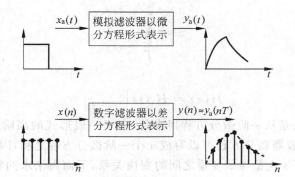

图 6-29　双线性变换法的基本思想

上式对模拟系统的传递函数为

$$H_a(s) = \frac{d_0}{c_1 s + c_0} \tag{6-62}$$

将 $y_a(t)$ 写成 $y_a'(t)$ 的积分形式为

$$y_a(t) = \int_{t_0}^{t} y_a'(\tau) d\tau + y_a(t_0)$$

设 $t_0 = (n-1)T, t = nT$，则

$$y_a(nT) = \int_{(n-1)T}^{nT} y_a'(\tau) d\tau + y_a[(n-1)T]$$

用梯形法求近似积分得

$$y_a(nT) = y_a[(n-1)T] + \frac{1}{2}\{y_a'(nT) + y_a'[(n-1)T]\} \tag{6-63}$$

由式(6-61)得

$$y_a'(nT) = -\frac{c_0}{c_1} y_a(nT) + \frac{d_0}{c_1} x_a(nT)$$

$$y_a'[(n-1)T] = -\frac{c_0}{c_1} y_a[(n-1)T] + \frac{d_0}{c_1} x_a[(n-1)T]$$

将上两式代入式(6-63)，并用 $y(n), y(n-1), x(n), x(n-1)$ 代表各抽样值得

$$y(n) - y(n-1) = \frac{T}{2}\left\{-\frac{c_0}{c_1}[y(n) + y(n-1)] + \frac{d_0}{c_1}[x(n) + x(n-1)]\right\} \tag{6-64}$$

上式即为逼近微分方程的差分方程。对差分方程取 Z 变换即得

$$H(z) = \frac{Y(z)}{X(z)} = \frac{d_0}{c_1} \frac{1}{\dfrac{2}{T}\dfrac{1-z^{-1}}{1+z^{-1}} + \dfrac{c_0}{c_1}} \tag{6-65}$$

比较式(6-62)与式(6-65)可知，如将 $H_a(s)$ 中的变量 s 用以下关系取代：

$$s = \frac{2}{T}\frac{1-z^{-1}}{1+z^{-1}} \tag{6-66}$$

或

$$z = \frac{\frac{2}{T} + s}{\frac{2}{T} - s} \tag{6-67}$$

则得

$$H(z) = H_a(s)\Big|_{s=\frac{2}{T}\frac{1-z^{-1}}{1+z^{-1}}} \tag{6-68}$$

以上这种关系虽是从一阶微分方程得来的,对于一般形式的高阶微分方程也是适合的,因为 n 阶模拟滤波器微分方程可以写成 n 个一阶微分方程之和,因此这种变换关系普遍成立。以上求得了 s 变量与 z 变量之间的变换关系,下面再来求两频率变量 ω 与 Ω 之间的变换关系。由式(6-67),当 $s = j\omega$ 时得

$$z = \frac{\frac{2}{T} + j\omega}{\frac{2}{T} - j\omega} \tag{6-69}$$

设 $z = |z| e^{j\Omega}$,则有

$$|z| = 1 \tag{6-70}$$

$$\Omega = 2\arctan\left(\frac{\omega T}{2}\right) \tag{6-71}$$

或

$$\omega = \frac{2}{T}\tan\left(\frac{\Omega}{2}\right) \tag{6-72}$$

由此可见,当 s 在 s 平面的虚轴上变化时,对应的 z 正好是在 z 平面的单位圆上变化,也即是模拟滤波器的频响 $H_a(j\omega)$ 正好与数字滤波器的频响 $H(e^{j\Omega})$ 相对应,但模拟角频率 ω 与数字角频率 Ω 之间的变换关系是非线性的,其图形表示如图 6-30。

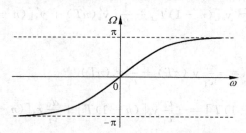

图 6-30 双线性变换法的频率变换关系

下面研究双线性变换法的稳定性与逼近程度问题。

稳定性问题仍可归结为 s 平面的左半平面是否映射在单位圆的内部,即当 $s = \sigma + j\omega$,$\sigma < 0$ 时,是否有 $|z| < 1$。

由

$$z = \frac{\frac{2}{T} + s}{\frac{2}{T} - s} = \frac{\frac{2}{T} + \sigma + j\omega}{\frac{2}{T} - \sigma - j\omega}$$

当 $\sigma < 0$ 时,得

$$|z| = \frac{\sqrt{\left(\frac{2}{T}+\sigma\right)^2 + \omega^2}}{\sqrt{\left(\frac{2}{T}-\sigma\right)^2 + \omega^2}} < 1$$

当 $\sigma > 0$ 时，上式变为 $|z| > 1$。故由 s 平面到 z 平面的映射如图 6-31 所示。

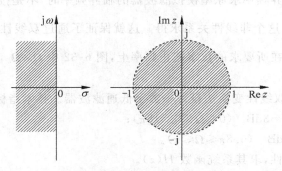

图 6-31　双线性变换法 s 平面与 z 平面的映射关系

由此可见，双线性变换法满足稳定性要求，当模拟滤波器 $H_a(s)$ 的极点落在 s 平面的左半平面，通过双线性变换后得到的数字滤波器 $H(z)$ 的极点必在单位圆内，因此也是稳定的。在双线性变换中，s 平面的整个虚轴正好映射到 z 平面的单位圆上，为一一对应关系，因此不会出现由于高频部分超过折叠频率而混淆到低频部分去的现象，即所谓频谱混叠现象，另一方面 Ω 与 ω 对应关系为非线性的，从图 6-30 中可见，只有在 $\omega=0$ 附近一段可近似为线性，当 ω 增大时，Ω 增加减缓，当 $\omega \to \infty$ 时，$\Omega \to \pi$。由于这种非线性关系，使得数字滤波器与模拟滤波器在幅度与频率对应关系即频率特性上产生失真。形象地说，模拟滤波器的频率特性原来在 $\omega=-\infty \sim +\infty$ 范围内的分布，被压缩在数字滤波器 $\Omega=-\pi \sim +\pi$ 的频带内了。双线性变换中模拟频响与数字频响之间的变换关系如图 6-32 所示。

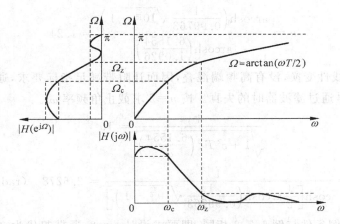

图 6-32　双线性变换中模拟频响与数字频响的变换关系

双线性变换频率轴的非线性畸变问题，对于常用的大量具有片段常数频响特性的滤波器来说，问题并不严重。对于一般低通、高通等滤波器，它们在通带内要求逼近一个衰减为零的常数，在阻带内则要求逼近衰减为∞的常数。这种特性的滤波器，通过双线性变换后，虽然频率发生了非线性变化，但结果仍然不失为片段常数特性，只是通带截止频率、阻带始点频率发生了非线性变化。解决这问题可以采用预畸的方法。所谓"预畸"，即是在由数字滤波器的临界频率求原型模拟滤波器的临界频率时，不是按照线性关系来求得，而是按 $\omega = \frac{2}{T}\tan\left(\frac{\Omega}{2}\right)$ 这个非线性关系求得。这就保证了通过双线性变换后，所设计的模拟截止频率正好映射在所要求的数字截止频率上，图6-32中 Ω_c, Ω_z 与 ω_c, ω_z 的对应关系正是如此。

例6.7.3 试用双线性变换法设计一数字低通滤波器。技术指标如下：

通带允许起伏为 -3dB $\quad (0 \leqslant \Omega \leqslant 0.318\pi)$；

阻带衰减 $\leqslant -20$dB $\quad (0.8\pi \leqslant \Omega \leqslant \pi)$。

通带内具有等波纹特性，求其系统函数 $H(z)$。

解：（1）求模拟滤波器技术指标。

由于用双线性变换，因此求模拟滤波器的指标时用式(6-72)得

$$\omega_c = \frac{2}{T}\tan\left(\frac{1}{2} \times 0.318\pi\right) = 1.0926 \quad (\text{rad/s})$$

$$\omega_z = \frac{2}{T}\tan\left(\frac{1}{2} \times 0.8\pi\right) = 6.1554 \quad (\text{rad/s})$$

此处为方便取 $T=1$。

（2）设计模拟滤波器，并求 $H_a(s)$，采用切比雪夫滤波器。由例6.7.2求得波纹参数 $\varepsilon = 0.99763$，求滤波器阶数 n。

$$\frac{1}{\sqrt{1+\varepsilon^2 T_n^2\left(\frac{6.1554}{1.0926}\right)}} = 10^{-\frac{20}{20}}$$

得

$$n = \frac{\text{arcosh}\left(\frac{1}{0.99763}\sqrt{10^{\frac{20}{10}}-1}\right)}{\text{arcosh}\left(\frac{6.1554}{1.0926}\right)} = 1.24$$

取 $n=2$，采用双线性变换，没有高频端混叠，因而让阻带满足指标要求，通带指标留有余量，以便减小信号通过滤波器时的失真。按 $n=2$ 求截止角频率 ω_c。

$$\frac{1}{\sqrt{1+\varepsilon^2 T_n^2\left(\frac{6.1554}{\omega_c}\right)}} = 10^{-\frac{20}{20}}$$

得

$$\omega_c = \frac{1}{\cosh\left[\frac{1}{2}\text{arcosh}\left(\frac{1}{0.99763}\sqrt{10^{\frac{20}{10}}-1}\right)\right]} = 2.6278 \quad (\text{rad/s})$$

至此可见本例条件与例6.7.2相同，即要求设计 $n=2$，通带起伏为3dB的切比雪夫滤波器。归一化低通原型滤波器系统函数表达式仍同例6.7.2。由于本例预畸变使 $\omega_c \neq 1$，因此需进行解归一化，求得

$$H_a(s) = \frac{0.5012}{\left(\frac{s}{\omega_c}\right)^2 + 0.6449\left(\frac{s}{\omega_c}\right) + 0.7079}$$

$$= \frac{0.5012 \times (2.6278)^2}{s^2 + 0.6449 \times 2.6278 s + 0.7079 \times (2.6278)^2}$$

$$= \frac{3.4609}{s^2 + 1.6947 s + 4.8886}$$

(3) 用双线性变换求 $H(z)$。

$$H_a(s) = \frac{3.4609}{\left[2\left(\frac{1-z^{-1}}{1+z^{-1}}\right)\right]^2 + 1.6947\left[2\left(\frac{1-z^{-1}}{1+z^{-1}}\right)\right] + 4.8886}$$

$$= \frac{0.2819(1+z^{-1})^2}{1 + 0.1447 z^{-1} + 0.4479 z^{-2}}$$

图 6-33 画出了 $H(z)$ 的幅频、对数幅频及相频特性。由于用双线性变换，频率特性高端经非线性变换下降很快，阻带衰减性能比冲激响应不变法要好，但相频特性的非线性较严重，原因是切比雪夫带内起伏及双线性变换的非线性两者引起的。

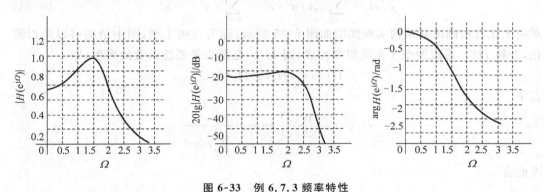

图 6-33 例 6.7.3 频率特性

6.7.3 IIR 数字滤波器结构

前已阐述利用硬件和软件均可实现数字滤波器的功能。软件实现是根据编写的计算机程序，由数字计算机或微处理器完成滤波器功能。硬件实现应先确定数字滤波器的运算结构图。结构图由各种基本运算单元组成，包括存储单元、延时单元、加法器及乘法器等。

运算结构的选择是很重要的。因为同一个系统其时域的差分方程可以采用不同的结构来实现，而结构的不同又会影响系统的精度、稳定性、速度及所用运算单元的多少等许多重要性能指标。

运算结构可以用方块图表示，图 6-34 表示数字滤波器中三种基本运算单元框图：加法器、乘法器、延时单元。

IIR 数字滤波器构成形式主要有直接型（direct form）、级联型（cascade form）及并联型（parallel form）等，下面分别讨论它们的构成实现形式。

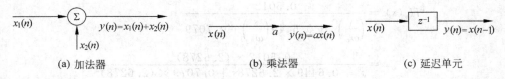

图 6-34 基本运算单元框图

1. 直接型

设 IIR 数字滤波器的系统函数为

$$H(z) = \frac{Y(z)}{X(z)} = \frac{\sum_{r=0}^{M} a_r z^{-r}}{1 + \sum_{k=1}^{N} b_k z^{-k}} \tag{6-73}$$

其差分方程为

$$y(n) = \sum_{r=0}^{M} a_r x(n-r) - \sum_{k=1}^{N} b_k y(n-k) \tag{6-74}$$

对应上式直接画出其结构实现框图如图 6-35 所示,称为直接 I 型,图中结构可以加以简化,若将 $H(z)$ 看成两个子系统级联而成,则 $H(z)$ 是两个子系统函数的乘积,即

$$H(z) = H_1(z) H_2(z)$$

其中

$$H_1(z) = \frac{W(z)}{X(z)} = \frac{1}{1 + \sum_{k=1}^{N} b_k z^{-k}}$$

因此有

$$W(z) = \frac{X(z)}{1 + \sum_{k=1}^{N} b_k z^{-k}}$$

上式的差分方程形式为

$$w(n) = x(n) - \sum_{k=1}^{N} b_k w(n-k) \tag{6-75}$$

同理

$$Y(z) = W(z) \sum_{r=0}^{M} a_r z^{-r}$$

差分方程形式为

$$y(n) = \sum_{r=0}^{M} b_r w(n-r) \tag{6-76}$$

由式(6-75)、式(6-76)可得简化的数字滤波器构成的直接 II 型形式,如图 6-36 所示。直接 II 型结构比直接 I 型的结构节约较多的延迟单元,这样的软件实现可节省存储单元,硬件实现时可以节省延时寄存器,经济性较好。

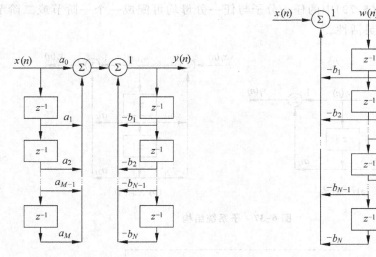

图 6-35 直接Ⅰ型　　　　　图 6-36 直接Ⅱ型($M<N$)

直接型结构虽能简便地实现 $H(z)$，但由于滤波系数 a_r,b_k 的变动将使系统的所有零极点同时发生变动，从而引起滤波器频响发生很大变化。因此首先是调整不便，其次是在数字实现时，系数 a_r,b_k 不可避免的量化误差，导致零极点发生变化，从而引起频响发生较大误差，甚至出现不稳定现象。因此直接型多用在一、二阶滤波器上，对于高阶的往往通过分解为低阶的级联或并联结构来实现。

2. 级联型

如果将式(6-73)表示的系统函数 $H(z)$ 的分子和分母多项式进行因式分解，可将 $H(z)$ 分解成连乘形式，即

$$H(z) = \frac{\sum_{r=0}^{M} a_r z^{-r}}{1 + \sum_{k=1}^{N} b_k z^{-k}} = A_0 \prod_{i=1}^{k} H_i(z) \tag{6-77}$$

上式中 A_0 为比例系数，$H_i(z)$ 为子系统函数，它们可以表示为 z^{-1} 的一阶或二阶多项式比值形式，即

$$H_i(z) = \frac{1 + a_{1i} z^{-1}}{1 + b_{1i} z^{-1}} \tag{6-78}$$

上式称为一阶节；或

$$H_i(z) = \frac{1 + a_{1i} z^{-1} + a_{2i} z^{-2}}{1 + b_{1i} z^{-1} + b_{2i} z^{-2}} \tag{6-79}$$

上式称为二阶节。

显然，一阶节和二阶节子系统结构可由直接Ⅱ型结构实现，如图 6-37(a)、(b)所示。这样就可以由子系统滤波器级联得到 IIR 数字滤波器的完整结构，如图 6-38 所示。从级联型结构可见，一个一阶节只关系滤波器的一个极点和一个零点，若调整子系统滤波器系数，只需单独调整其零、极点而不影响其他子系统的零、极点。因此这种结构便于零、极点

调整,且式(6-78)、式(6-79)中的任一分子与任一分母均可配成一个一阶节或二阶节,因此级联结构有很大的灵活性。

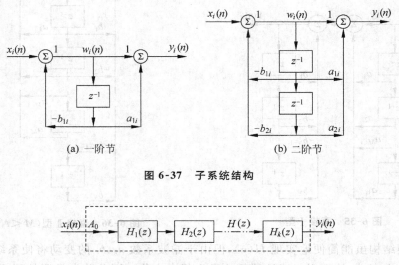

(a) 一阶节　　　　　　　(b) 二阶节

图 6-37　子系统结构

图 6-38　数字滤波器级联形式

3. 并联型

如将 $H(z)$ 展开部分分式形式,就可用并联方式构成数字滤波器结构。

$$H(z) = \frac{\sum_{r=0}^{M} a_r z^{-r}}{1 + \sum_{k=1}^{N} b_k z^{-k}} = C - \sum_{i=1}^{k} H_i(z) \tag{6-80}$$

其中 C 为常数,$H_i(z)$ 为子系统滤波器是 z^{-1} 的一阶节或二阶节,其形式一般为

$$H_i(z) = \frac{a_{0i}}{1 + b_{1i} z^{-1}} \quad (\text{一阶节})$$

$$H_i(z) = \frac{a_{0i} + a_{1i} z^{-1}}{1 + b_{1i} z^{-1} + b_{2i} z^{-2}} \quad (\text{二阶节})$$

子滤波器 $H_i(z)$ 的结构如图 6-39 所示。式(6-80)表明,一个数字滤波器可由各子滤波器并联而成,如图 6-40 所示。

并联结构与级联结构一样,可以单独调整极点位置,但是却不能像级联那样直接控制零点,因此在要求准确的传输零点时,不如级联型好调整,但在运算误差方面,并联型各基本节的误差互不影响,所以比级联型误差要小些。

例 6.7.4　根据所给出的 $H(z)$ 对应的数字滤波器,画出其级联与并联结构

$$H(z) = \frac{3 + 3.6 z^{-1} + 0.6 z^{-2}}{1 + 0.1 z^{-1} - 0.2 z^{-2}}$$

解:对 $H(z)$ 分子与分母多项式分别进行因式分解,得

$$H(z) = 3 \frac{(1 + z^{-1})(1 + 0.2 z^{-1})}{(1 + 0.5 z^{-1})(1 - 0.4 z^{-1})} = A_0 \prod_{i=1}^{2} H_i(z)$$

第 6 章 滤波器原理与设计

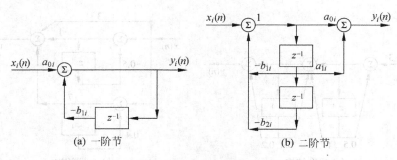

(a) 一阶节 (b) 二阶节

图 6-39 子滤波器结构

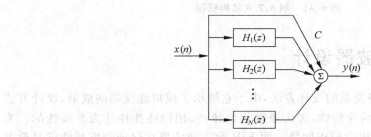

图 6-40 数字滤波器并联形式

其中

$$H_1(z) = \frac{1+z^{-1}}{1+0.5z^{-1}}, \quad H_1(z) = \frac{1+0.2z^{-1}}{1-0.4z^{-1}}$$

其级联形式如图 6-41(a)所示。若采用并联形式，则把 $H(z)$ 展开成部分分式，得

$$H(z) = \frac{3(1+1.2z^{-1}+0.2z^{-2})}{1+0.1z^{-1}-0.2z^{-2}}$$

$$= -3 - \frac{6+3.9z^{-1}}{(1+0.5z^{-1})(1-0.4z^{-1})}$$

$$= -3 - \frac{1}{1+0.5z^{-1}} + \frac{7}{1-0.4z^{-1}}$$

故得

$$H_1(z) = \frac{-1}{1+0.5z^{-1}}$$

$$H_1(z) = \frac{7}{1-0.4z^{-1}}$$

$$C = -3$$

其并联结构形式如图 6-41(b)所示。

　　递归式数字滤波器的系统函数 $H(z)$ 在一般情况下，包含零点和极点。由于这种系统含有反馈环路，因反馈作用的存在，系统的单位样值响应 $h(n)$ 通常为无限长序列，所以递归式数字滤波器一般属于 IIR 型数字滤波器。

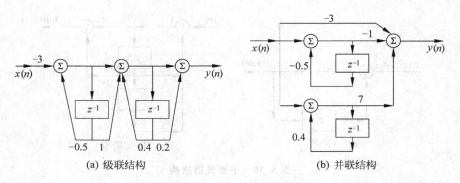

图 6-41 例 6.7.4 结构框图

6.8 FIR 数字滤波器设计

前面讨论了 IIR 数字滤波器的设计方法,由于它继承了模拟滤波器的成果,设计方法很简单,但设计只保证幅度响应特性,无法兼顾相位特性,相位特性往往为非线性的。为了得到线性相位,必须另加相位校正网络。而 FIR 数字滤波器在保证幅度特性满足要求的条件下,容易做到严格的线性相位特性,这对于要求高保真度的信号处理(如数据处理、语音处理)来说有重要意义。另外由于 FIR 数字滤波器的单位抽样响应是有限长的,$H(z)$ 为 z^{-1} 的多项式,而不是有理分式,因此在系统性能、设计方法及结构实现等方面与 IIR 数字滤波器有很大差别。本节将主要讨论 FIR 数字滤波器的系统特点、窗函数(window function)设计方法及结构实现。

6.8.1 FIR 数字滤波器特点

FIR 数字滤波器输入输出关系用下面的差分方程描述:

$$y(n) = \sum_{r=0}^{N-1} h(r)x(n-r) \tag{6-81}$$

相应的系统函数为

$$H(z) = \sum_{n=0}^{N-1} h(n)z^{-n} \tag{6-82}$$

因此 $H(z)$ 是 z^{-1} 的 $N-1$ 次多项式,在 z 平面上有 $N-1$ 个零点,且在原点有 $N-1$ 个重极点。$H(z)$ 在除 $z=0$ 外的整个 z 平面上收敛,收敛域包含单位圆,而极点在单位圆内,因此系统处于一直稳定状态。当 z^{-1} 多项式的系数附加一些条件,很容易使 $H(z)$ 具有线性相位。这些特点相对于 IIR 滤波器是突出的优点。

下面研究 FIR 滤波器的系统函数 $H(z)$ 具有线性相位时单位抽样响应 $h(n)$ 应满足的条件及满足线性相位条件下幅度特性具有的特点。

设 FIR 滤波器系统函数为 $H(z)$,其频率响应为

$$H(e^{j\Omega}) = \sum_{n=0}^{N-1} h(n)e^{-jn\Omega} \tag{6-83}$$

再将 $H(e^{j\Omega})$ 写成

$$H(e^{j\Omega}) = H_g(\Omega)e^{-j\theta(\Omega)} \qquad (6-84)$$

其中：$H_g(\Omega)$ 称为幅度特性，$\theta(\Omega)$ 称为相位特性。注意此处 $H_g(\Omega)$ 不同于 $|H(e^{j\Omega})|$，$H_g(\Omega)$ 为 Ω 的实函数，可为正、负值，而 $|H(e^{j\Omega})|$ 总为正值。$H(e^{j\Omega})$ 的线性相位是指 $\theta(\Omega)$，是 Ω 的线性函数，即

$$\theta(\Omega) = -\tau\Omega \quad (\tau\ \text{为常数}) \qquad (6-85)$$

如果 $\theta(\Omega)$ 满足

$$\theta(\Omega) = \theta_0 - \tau\Omega \quad (\theta_0\ \text{为起始相位}) \qquad (6-86)$$

则严格地说此时 $\theta(\Omega)$ 不具有线性相位，但以上两种情况群延时是一个常量，即

$$\frac{d\theta(\Omega)}{d\Omega} = -\tau$$

也可称式(6-86)的情况为线性相位。为区别这两种情况，式(6-85)称为第一类线性相位，式(6-86)称为第二类线性相位。

下面推导对第一类线性相位和单位抽样响应所应满足的条件。

将式(6-83)改写为

$$H(e^{j\Omega}) = \sum_{n=0}^{N-1} h(n)\cos(n\Omega) - j\sum_{n=0}^{N-1} h(n)\sin(n\Omega)$$

设 $h(n)$ 为一实序列，$H(e^{j\Omega})$ 的相位特性 $\theta(\Omega)$ 可由下式求出：

$$\theta(\Omega) = \arctan\left[\frac{-\sum_{n=0}^{N-1} h(n)\sin(n\Omega)}{\sum_{n=0}^{N-1} h(n)\cos(n\Omega)}\right]$$

令

$$\theta(\Omega) = -\tau\Omega$$

则

$$\tan(\tau\Omega) = \frac{\sin(\tau\Omega)}{\cos(\tau\Omega)} = \frac{\sum_{n=0}^{N-1} h(n)\sin(n\Omega)}{\sum_{n=0}^{N-1} h(n)\cos(n\Omega)}$$

$$\sin(\tau\Omega)\sum_{n=0}^{N-1} h(n)\cos(n\Omega) = \cos(\tau\Omega)\sum_{n=0}^{N-1} h(n)\sin(n\Omega)$$

可写成

$$\sum_{n=0}^{N-1} h(n)\sin[(\tau-n)\Omega] = 0 \qquad (6-87)$$

式(6-87)是一个三角函数求和表达式，式中 $\sin x$ 在 $n=\tau$ 处奇对称，设 $\tau=(N-1)/2$，那么正弦函数以 $(N-1)/2$ 点为中心奇对称，这样式(6-87)成立的条件是 $h(n)$ 以 $(N-1)/2$ 点偶对称，即要求 $h(n)=h(N-1-n)$。同理可推导出第二类线性相位要求 $h(n)$ 对 $(N-1)/2$ 点奇对称，即 $h(n)=-h(N-1-n)$。将这两类线性相位的条件总结如下：

第一类线性相位：

$$\left.\begin{array}{r} h(n) = h(N-1-n) \\ \theta(\Omega) = -\tau\Omega \\ \tau = \dfrac{1}{2}(N-1) \end{array}\right\} \tag{6-88}$$

第二类线性相位：

$$\left.\begin{array}{r} h(n) = -h(N-1-n) \\ \theta(\Omega) = -\dfrac{\pi}{2} - \tau\Omega \\ \tau = \dfrac{1}{2}(N-1) \end{array}\right\} \tag{6-89}$$

式中 τ 表示信号通过滤波器的时延。当 $h(n)$ 对 $(N-1)/2$ 偶对称时，$\theta(\Omega)$ 是过原点的一条直线，斜率为 $-\tau$；当 $h(n)$ 对 $(N-1)/2$ 奇对称时，$\theta(\Omega)$ 有一初始相位移 $-\pi/2$，表明对所有频率成分有一个 $-\pi/2$ 相移。当 N 为偶数，不存在 $(N-1)/2$ 点；当 N 为奇数时，对第二类线性相位情况，由于 $h(n)$ 对 $(N-1)/2$ 奇对称，因此 $h[(N-1)/2]=0$。对两类线性相位按 N 取奇数或偶数，共分四种情况，它们对应的 $h(n)$ 对称情况和相位特性如表 6-4 所示。下面按这四种情况分别讨论幅度特性的特点。

第一种情况：$h(n)=h(N-1-n)$，N 取奇数。

$$H(e^{j\Omega}) = \sum_{n=0}^{N-1} h(n) e^{-jn\Omega} = \sum_{n=0}^{\frac{N-3}{2}} h(n) e^{-jn\Omega} + h\left(\frac{N-1}{2}\right) e^{-j(N-1)\frac{\Omega}{2}} + \sum_{n=\frac{N+1}{2}}^{N-1} h(n) e^{-jn\Omega}$$

令 $m=N-1-n$，则

$$H(e^{j\Omega}) = \sum_{n=0}^{\frac{N-3}{2}} h(n) e^{-jn\Omega} + \sum_{m=0}^{\frac{N-3}{2}} h(N-1-m) e^{-j(N-1-m)\Omega} + h\left(\frac{N-1}{2}\right) e^{-j(N-1)\frac{\Omega}{2}}$$

在第二项中令 $m=n$，并对每一项提出因子 $e^{-j(N-1)\Omega/2}$，考虑 $h(n)=h(N-1-n)$，将前两项合并，得到

$$H(e^{j\Omega}) = e^{-j(N-1)\frac{\Omega}{2}} \left\{ \sum_{n=0}^{\frac{N-3}{2}} h(n) \left[e^{-j\Omega\left(\frac{N-1}{2}\right)} + e^{-j\Omega\left(\frac{N-1}{2}-n\right)} \right] + h\left(\frac{N-1}{2}\right) \right\}$$

$$= e^{-j(N-1)\frac{\Omega}{2}} \left\{ \sum_{n=0}^{\frac{N-3}{2}} 2h(n) \cos\left[\left(\frac{N-1}{2}-n\right)\Omega\right] + h\left(\frac{N-1}{2}\right) \right\}$$

令 $m=\dfrac{N-1}{2}-n$，则

$$H(e^{j\Omega}) = e^{-j(N-1)\frac{\Omega}{2}} \left\{ \sum_{m=1}^{\frac{N-1}{2}} 2h\left(\frac{N-1}{2}-m\right) \cos(m\Omega) + h\left(\frac{N-1}{2}\right) \right\}$$

令

$$\left.\begin{array}{l} a(0) = h\left(\dfrac{N-1}{2}\right) \\ a(n) = 2h\left(\dfrac{N-1}{2}-m\right) \quad \left(m=1,2,\cdots,\dfrac{N-1}{2}\right) \end{array}\right\} \tag{6-90}$$

则

$$H(e^{j\Omega}) = e^{-j(N-1)\frac{\Omega}{2}} \sum_{n=0}^{\frac{N-1}{2}} a(n)\cos(n\Omega) \qquad (6\text{-}91)$$

按照式(6-84)，幅度特性和相位特性分别为

$$\left.\begin{array}{l} H_g(\Omega) = \displaystyle\sum_{n=0}^{\frac{N-1}{2}} a(n)\cos(n\Omega) \\ \theta(\Omega) = -\dfrac{N-1}{2}\Omega \end{array}\right\} \qquad (6\text{-}92)$$

由式(6-91)又一次证明了 $h(n)$ 对 $(N-1)/2$ 偶对称，$H(e^{j\Omega})$ 有线性相位。而式(6-92)中，$\cos(n\Omega)$ 对 $\Omega=0,\pi,2\pi$ 皆为偶对称，因此 $H_g(\Omega)$ 对这些频率呈偶对称，其特点如表 6-4 所示。

第二种情况：$h(n)=h(N-1-n)$，N 取偶数。

此时，$(N-1)/2$ 点不存在，$H(e^{j\Omega})$ 写成

$$H(e^{j\Omega}) = \sum_{n=0}^{\frac{N}{2}-1} h(n)e^{-jn\Omega} + \sum_{n=\frac{N}{2}}^{N-1} h(n)e^{-jn\Omega}$$

令 $m=N-1-n$，则

$$H(e^{j\Omega}) = \sum_{n=0}^{\frac{N}{2}-1} h(n)e^{-jn\Omega} + \sum_{m=0}^{\frac{N}{2}-1} h(N-1-m)e^{-j(N-1-m)\Omega}$$

$$= e^{-j(N-1)\frac{\Omega}{2}} \sum_{n=0}^{\frac{N}{2}-1} h(n)\left[e^{j\left(\frac{N-1}{2}-n\right)\Omega} + e^{-j\left(\frac{N-1}{2}-n\right)\Omega}\right]$$

$$= e^{-j(N-1)\frac{\Omega}{2}} \sum_{n=0}^{\frac{N}{2}-1} 2h(n)\cos\left[\left(\frac{N-1}{2}-n\right)\Omega\right]$$

令 $m=\dfrac{N}{2}-n$，则

$$H(e^{j\Omega}) = e^{-j(N-1)\frac{\Omega}{2}} \sum_{m=1}^{\frac{N}{2}} 2h\left(\frac{N}{2}-m\right)\cos\left[\left(m-\frac{1}{2}\right)\Omega\right]$$

再将参变量 m 变成 n，则

$$H(e^{j\Omega}) = e^{-j(N-1)\frac{\Omega}{2}} \sum_{n=1}^{\frac{N}{2}} b(n)\cos\left[\left(n-\frac{1}{2}\right)\Omega\right] \qquad (6\text{-}93)$$

式中

$$b(n) = 2h\left(\frac{N}{2}-n\right) \quad \left(n=1,2,\cdots,\frac{N}{2}\right) \qquad (6\text{-}94)$$

因此 $H(e^{j\Omega})$ 的幅度特性与相位特性为

$$\left. \begin{array}{l} H_g(\Omega) = \sum_{n=1}^{\frac{N}{2}} b(n)\cos\left[\left(n-\frac{1}{2}\right)\Omega\right] \\ \theta(\Omega) = -\frac{N-1}{2}\Omega \end{array} \right\} \quad (6\text{-}95)$$

上式表明，由于 $\cos[(n-1/2)\Omega]$ 对 $\Omega=\pi$ 奇对称，$H_g(\Omega)$ 对 $\Omega=\pi$ 也呈奇对称，且由于 $\Omega=\pi$ 时，$\cos[(n-1/2)\pi]=0$，$H_g(\pi)=0$，相当于 $H(z)$ 在 $z=-1$ 处有一个零点。因此不能用这种情况设计 $\Omega=\pi$ 处 $H(e^{j\Omega})$ 不为零的滤波器，如高通滤波器等。相位特性 $\theta(\Omega)$ 与第一种情况相同。

第二种情况频率响应特点如表 6-4 所示。

第三种情况：$h(n)=-h(N-1-n)$，N 为奇数。

由于 $h(n)$ 对 $(N-1)/2$ 奇对称，必有 $h((N-1)/2)=0$，类似前面推导步骤，可导出

$$H(e^{j\Omega}) = e^{-j\left[(N-1)\frac{\Omega}{2}+\frac{\pi}{2}\right]} \sum_{n=1}^{\frac{N-1}{2}} c(n)\sin(n\Omega) \quad (6\text{-}96)$$

式中

$$c(n) = 2h\left(\frac{N-1}{2}-n\right) \quad \left(n=1,2,\cdots,\frac{N-1}{2}\right) \quad (6\text{-}97)$$

因此

$$\left. \begin{array}{l} H_g(\Omega) = \sum_{n=1}^{\frac{N-1}{2}} c(n)\sin(n\Omega) \\ \theta(\Omega) = -\frac{N-1}{2}\Omega - \frac{\pi}{2} \end{array} \right\} \quad (6\text{-}98)$$

由式(6-98)表明，当 $\Omega=0$，$\Omega=\pi$，$\Omega=2\pi$ 时，$H_g(\Omega)=0$，相当于 $H(z)$ 在 $z=\pm1$ 处有两个零点，而且 $H_g(\Omega)$ 对这些频率点奇对称。其频响特性也如表 6-4 所示。

第四种情况：$h(n)=-h(N-1-n)$，N 为偶数，类似前面推导步骤，可导出

$$H(e^{j\Omega}) = e^{-j\left[(N-1)\frac{\Omega}{2}+\frac{\pi}{2}\right]} \sum_{n=1}^{\frac{N}{2}} d(n)\sin\left[\left(n-\frac{1}{2}\right)\Omega\right] \quad (6\text{-}99)$$

式中

$$d(n) = 2h\left(\frac{N}{2}-n\right) \quad \left(n=1,2,\cdots,\frac{N}{2}\right) \quad (6\text{-}100)$$

因此

$$\left. \begin{array}{l} H_g(\Omega) = \sum_{n=1}^{\frac{N}{2}} d(n)\sin\left[\left(n-\frac{1}{2}\right)\Omega\right] \\ \theta(\Omega) = -\frac{N-1}{2}\Omega - \frac{\pi}{2} \end{array} \right\} \quad (6\text{-}101)$$

第 6 章 滤波器原理与设计

表 6-4 四种线性相位 FIR 滤波特性

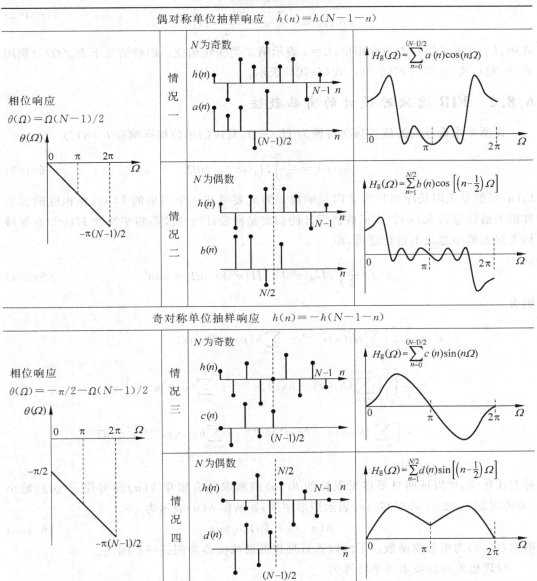

由式(6-101)表明,当 $\Omega=0,\Omega=2\pi$ 时,$H_g(\Omega)=0$,相当于 $H(z)$ 在 $z=1$ 处有一个零点,且 $H_g(\Omega)$ 对 $\Omega=0,\Omega=2\pi$ 点奇对称。其频响特点如表 6-4 所示。

第二类的两种情况的相位特性是相同的。除了具有 $-(N-1)\Omega/2$ 的线性相移外,还有 $-\pi/2$ 固定相移。这一类情况适合于一些正交网络的设计。用做滤波器设计时要注意第三种情况只能用于带通滤波器设计,第四种情况则适用于高通或带通滤波器的设计。

线性相位 FIR 滤波器四种情况的幅度特性 $H_g(\Omega)$ 和相位特性 $\theta(\Omega)$,可统一表示成

$$\left.\begin{array}{l}H_g(\Omega) = H_g(\Omega)e^{j\theta(\Omega)}\\ \theta(\Omega) = -\dfrac{L}{2}\pi - \dfrac{N-1}{2}\Omega\end{array}\right\} \quad (6\text{-}102)$$

式中,$L=0$ 表示第一类线性相位,$L=1$ 表示第二类线性相位。四种情况下 $H_g(\Omega)$ 分别用式(6-92),式(6-95),式(6-98),式(6-101)表示。

6.8.2 FIR 滤波器设计的窗函数法

设所要求设计的滤波器频率特性为 $H_d(e^{j\Omega})$,对应的单位抽样响应 $h_d(n)$ 为

$$h_d(n) = \frac{1}{2\pi}\int_{-\pi}^{\pi} H_d(e^{j\Omega})e^{jn\Omega}d\Omega \quad (6\text{-}103)$$

$h_d(n)$ 可能是无限长序列且为非因果响应。为此要寻找一个因果的 $h(n)$,在相应的误差准则下最佳逼近 $h_d(n)$。窗函数法设计的初衷是使设计的滤波器频率特性 $H(e^{j\Omega})$ 在频域均方误差最小意义下进行逼近,即

$$\varepsilon^2 = \frac{1}{2\pi}\int_{-\pi}^{\pi}|H_d(e^{j\Omega}) - H(e^{j\Omega})|^2 d\Omega = \min \quad (6\text{-}104)$$

则有

$$\varepsilon^2 = \frac{1}{2\pi}\int_{-\pi}^{\pi}\Big|\sum_{n=0}^{\infty}h_d(n)e^{-jn\Omega} - \sum_{n=0}^{N-1}h(n)e^{-jn\Omega}\Big|^2 d\Omega$$

$$= \frac{1}{2\pi}\int_{-\pi}^{\pi}\Big\{\Big[\sum_{n=0}^{N-1}(h_d(n)-h(n))e^{-jn\Omega} + \sum_{n=N}^{\infty}h_d(n)e^{-jn\Omega}\Big]$$

$$\times \Big[\sum_{m=0}^{N-1}(h_d(m)-h(m))e^{-jm\Omega} + \sum_{m=N}^{\infty}h_d(m)e^{-jm\Omega}\Big]^*\Big\}d\Omega$$

$$= \min$$

对上式化简,可以证明只要将无限长的 $h_d(n)$ 截断取其有限项 $h(n)$ 即可使 ε^2 达到最小(参考习题 6.22)。若以 $G_N(n)$ 表示矩形序列,则所需 $h(n)$ 表示为

$$h(n) = h_d(n)G_N(n) \quad (6\text{-}105)$$

则称 $G_N(n)$ 为矩形窗函数。下面以逼近理想低通滤波器为例进一步阐述。

设理想低通滤波器频率特性为

$$H_d(e^{j\Omega}) = H_d(\Omega)e^{-j\alpha\Omega} = \begin{cases} e^{-j\alpha\Omega} & |\Omega| \leqslant \Omega_c \\ 0 & \Omega_c < |\Omega| < \pi \end{cases} \quad (6\text{-}106)$$

其中:$H_d(\Omega)$ 为幅度特性,α 为相移常数。对应的单位抽样响应为

$$h_d(n) = \frac{1}{2\pi}\int_{-\pi}^{\pi}H_d(e^{j\Omega})e^{jn\Omega}d\Omega = \frac{1}{2\pi}\int_{-\Omega_c}^{\Omega_c}e^{-j\alpha\Omega}e^{jn\Omega}d\Omega = \frac{\sin[(n-\alpha)\Omega_c]}{(n-\alpha)\pi}$$

$$= \frac{\Omega_c}{\pi}\text{sa}[(n-\alpha)\Omega_c] \quad (6\text{-}107)$$

按式(6-106)设计的长度为 N 的线性相位低通滤波器单位抽样响应为

$$h(n) = h_d(n)G_N(n) = \frac{\Omega_c}{\pi}\text{sa}[(n-\alpha)\Omega_c]G_N(n) \tag{6-108}$$

其波形如图 6-42 所示，$h_d(n)$ 为无限长序列，且为非因果的。$h(n)$ 是对 $h_d(n)$ 的截断，是长度为 N 的线性相位滤波器单位抽样响应。因此 $h(n)$ 的频率特性 $H(e^{j\Omega})$ 是对矩形序列 $G_N(n)$ 的频率特性 $G_N(e^{j\Omega})$ 的卷积结果。$G_N(n)$ 的傅里叶变换为

$$G_N(e^{j\Omega}) = \sum_{n=0}^{N-1} e^{-jn\Omega} = e^{-j\frac{N-1}{2}\Omega} \cdot \frac{\sin\left(\frac{N\Omega}{2}\right)}{\sin\left(\frac{\Omega}{2}\right)} = G_N(\Omega)e^{-j\frac{N-1}{2}\Omega} \tag{6-109}$$

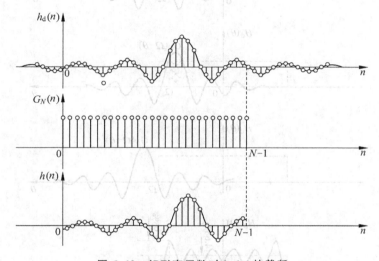

图 6-42 矩形窗函数对 $h_d(n)$ 的截断

式中

$$G_N(\Omega) = \frac{\sin\left(\frac{N\Omega}{2}\right)}{\sin\left(\frac{\Omega}{2}\right)}$$

为矩形窗的频域幅度函数。这样，设计的线性相位低通滤波器频率特性为

$$H(e^{j\Omega}) = \sum_{n=0}^{N-1} h(n)e^{-jn\Omega} = \frac{1}{2\pi}H_d(e^{j\Omega}) * G_N(e^{j\Omega})$$

$$= \frac{1}{2\pi}\int_{-\pi}^{\pi} H_d(\theta)e^{-j\alpha\theta}G_N(\Omega-\theta)e^{-j\alpha(\Omega-\theta)}d\theta$$

$$= \frac{1}{2\pi}e^{-j\alpha\Omega}\int_{-\pi}^{\pi} H_d(\theta)G_N(\Omega-\theta)d\theta = H_g(\Omega)e^{-j\alpha\Omega} \tag{6-110}$$

其中频域幅度函数 $H_g(\Omega)$ 是 $H_d(\Omega)$ 与 $G_N(n)$ 卷积的结果，即

$$H_g(\Omega) = \frac{1}{2\pi}H_d(\Omega) * G_N(\Omega) = \frac{1}{2\pi}\int_{-\pi}^{\pi} H_d(\theta)G_N(\Omega-\theta)d\theta \tag{6-111}$$

这一卷积过程及结果表示如图 6-43 所示。

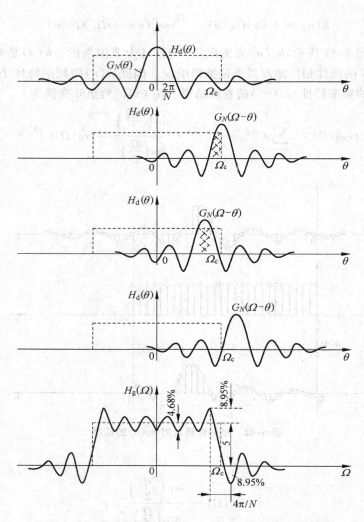

图 6-43 矩形窗函数对理想低通滤波器幅度特性的影响

比较加窗截断后的 $H_g(\Omega)$ 与原来的 $H_d(\Omega)$ 特性可以得出：在 $\Omega=\Omega_c$ 附近形成过渡带，过渡带两边出现正、负肩峰，肩峰的间距为 $4\pi/N$，肩峰两侧再伸展为起伏的余振。必须注意，过渡带的间距并不等于两肩峰之间距，只是与 $4\pi/N$ 成正比，且小于此值。肩峰的增量值为 8.95%，此即称为吉布斯现象（Gibbs phenomenon）。从理论上讲，应规定从 $H_g(\Omega)=1$ 到 $H_g(\Omega)=0$ 的范围为过渡带，而实际上允许此二值向中心 Ω_c 点有微小偏移。经计算可求得当此允许偏移为 1.55dB 时，过渡带的宽度为 $0.9(2\pi/N)$（约为两个肩峰间距的 $\frac{1}{2}$）。此外，进入阻带的负峰将影响阻带的衰减特性。对此矩形窗函数，8.95% 的负峰值相当于 21dB 的阻带衰减，一般情况下，此数值远远不能满足阻带内衰减的要求。显然，矩形窗的逼近性能很不理想。为加大阻带衰减也即减小肩峰的影响，需采用其他形状的窗函数。通常，若窗函数时域波形两端平缓下降（如三角形窗、升余弦形窗等),则其频域特性旁瓣(side lobe)电平减小,从而增加阻带衰减,但其代价是增加了主瓣(main lobe)和过渡带的宽度。对于同一种窗函数,增加 N 值即可使过渡带减小。

常用的窗函数 $w(n)$ 有如下几种(时域宽度都取 $0 \leqslant n \leqslant N-1$):

(1) 矩形窗(rectangle window)

$$w_R(n) = G_N(n) \tag{6-112}$$

(2) 三角窗(Bartlett window)

$$w_B(n) = \begin{cases} \dfrac{2n}{N-1} & 0 \leqslant n \leqslant \dfrac{N-1}{2} \\ 2 - \dfrac{2n}{N-1} & \dfrac{N-1}{2} \leqslant n \leqslant N-1 \end{cases} \tag{6-113}$$

(3) 汉宁窗,升余弦窗(Hanning window,raised cosine window)

$$w_{\text{Han}}(n) = \frac{1}{2}\left[1 - \cos\left(\frac{2n\pi}{N-1}\right)\right] \quad (0 \leqslant n \leqslant N-1) \tag{6-114}$$

(4) 汉明窗,改进升余弦窗(Hamming window)

$$w_{\text{Ham}}(n) = 0.54 - 0.46\cos\left(\frac{2n\pi}{N-1}\right) \quad (0 \leqslant n \leqslant N-1) \tag{6-115}$$

(5) 布莱克曼窗,二阶升余弦窗(Blackman window)

$$w_{\text{Bl}}(n) = 0.42 - 0.5\cos\left(\frac{2n\pi}{N-1}\right) + 0.08\cos\left(\frac{4n\pi}{N-1}\right) \quad (0 \leqslant n \leqslant N-1) \tag{6-116}$$

它们的时域波形和对数幅频特性如图 6-44 所示。表 6-5 列出了五种窗函数特性及加权后相应滤波器达到的指标,供设计者参考。

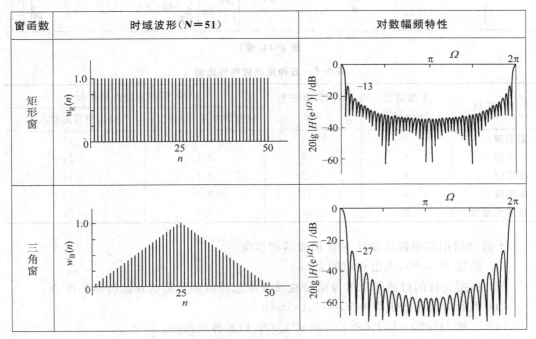

图 6-44 五种窗函数时域波形($N=51$)及对数幅频特性

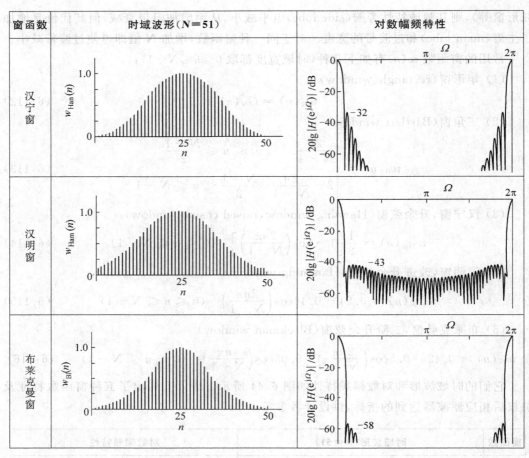

图 6-44（续）

表 6-5 五种窗函数特性比较

窗函数	主瓣宽度 /($2\pi/N$)	最大旁瓣电平 /dB	加权后相应滤波器指标	
			过渡带宽度/($2\pi/N$)	最大阻带起伏/dB
矩形窗	2	−13	0.9	−21
三角窗	4	−27	2.1	−25
汉宁窗	4	−32	3.1	−44
汉明窗	4	−43	3.3	−53
布莱克曼窗	6	−58	5.5	−74

下面介绍用窗函数法设计 FIR 滤波器的步骤。

(1) 给定 $H_d(e^{j\Omega})$，求出相应的 $h_d(n)$；

(2) 根据允许的过渡带宽度及阻带衰减要求选择窗函数形状及滤波器长度 N；

(3) 按所得窗函数求得 $h(n) = h_d(n)w(n)$；

(4) 计算 $H(e^{j\Omega}) = [H_d(e^{j\Omega}) * w(e^{j\Omega})]/2\pi$ 检验各项指标。

窗函数法设计简单实用，但缺点是过渡带及边界频率不易控制，通常需要反复计算。

例 6.8.1 用矩形窗、汉宁窗和布莱克曼窗设计 FIR 低通滤波器，设 $N=11$，$\Omega_c = 0.2\pi(\text{rad})$。

解：用理想低通滤波器作为逼近滤波器，按照式(6-108)得

$$h_d(n) = \frac{\sin[(n-\alpha)\Omega_c]}{(n-\alpha)\pi} \quad (0 \leqslant n \leqslant 10)$$

$$\alpha = \frac{1}{2}(N-1) = 5$$

$$h_d(n) = \frac{\sin[(n-5) \times 0.2\pi]}{(n-5)\pi} \quad (0 \leqslant n \leqslant 10)$$

用汉宁窗设计：

$$h_d(n) = h_d(n)w_{\text{Han}}(n) \quad (0 \leqslant n \leqslant 10)$$

$$w_{\text{Han}}(n) = \frac{1}{2}\left[1 - \cos\left(\frac{2n\pi}{10}\right)\right]$$

得

$$h(n) = \frac{\sin[(n-5) \times 0.2\pi]}{(n-5)\pi} \cdot \frac{1}{2}\left[1 - \cos\left(\frac{2n\pi}{10}\right)\right]$$

用布莱克曼窗设计：

$$w_{\text{Bl}}(n) = 0.42 - 0.5\cos\left(\frac{2n\pi}{10}\right) + 0.08\cos\left(\frac{4n\pi}{10}\right) \quad (0 \leqslant n \leqslant 10)$$

得

$$h(n) = h_d(n)w_{\text{Bl}}(n)$$
$$= \frac{\sin[(n-5) \times 0.2\pi]}{(n-5)\pi}\left[0.42 - 0.5\cos\left(\frac{2n\pi}{10}\right) + 0.08\cos\left(\frac{4n\pi}{10}\right)\right]$$

分别求出其 $h(n)$ 后，求出频率响应 $H(e^{j\Omega})$，其幅度特性如图 6-45 所示。该例表明用矩形窗时过渡带最窄，阻带衰减最小；布莱克曼窗过渡带最宽，但带来的问题是阻带衰减加大。汉宁窗则介于两者之间。

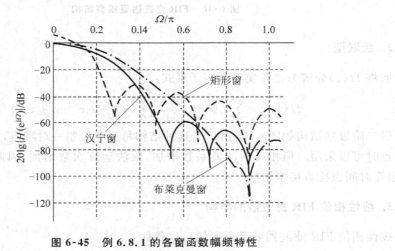

图 6-45 例 6.8.1 的各窗函数幅频特性

从设计角度看,窗函数法设计较简单实用,但在计算时,边界频率不易控制。在 FIR 滤波器设计方法中,除了窗函数法之外还有一些方法,如频率抽样法、等纹波设计法等,限于篇幅本书不再加以讨论,读者有兴趣可参考有关教材或文献资料。

6.8.3 FIR 数字滤波器结构

FIR 数字滤波器的构成形式主要有直接型、级联型、线性相位 FIR 滤波器的结构等,下面分别加以讨论。

1. 直接型

FIR 滤波器的单位抽样响应 $h(n)$ 是一个有限长序列,其系统函数一般具有如下形式:

$$H(z) = \sum_{n=0}^{N-1} h(n) z^{-n} \tag{6-117}$$

其差分方程为

$$y(n) = \sum_{i=0}^{N-1} h(i) x(n-i) \tag{6-118}$$

由上式可直接得出滤波器结构如图 6-46 所示,称为直接型。又因式(6-118)实际上是信号的卷积形式,故又称为卷积型结构。从图中看到它具有横向延时链,所以也被称为横向型结构。

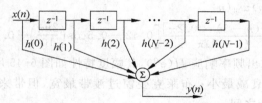

图 6-46 FIR 滤波器直接型结构

2. 级联型

如将 $H(z)$ 分解为二阶实系数因子形式:

$$H(z) = \sum_{n=0}^{N-1} h(n) z^{-n} = \prod_{i=1}^{M} (\beta_{0i} + \beta_{1i} z^{-1} + \beta_{2i} z^{-2}) \tag{6-119}$$

便可得二阶级联结构如图 6-47 所示。这种结构每一节控制一对零点,因而在需要控制传输零点时可以采用。但相应的滤波系数增加,乘法运算次数增加,因此需要较多的存储器,运算时间也比直接型增加。

3. 线性相位 FIR 滤波器的结构

线性相位 FIR 滤波器满足下列偶对称条件:

$$h(n) = h(N-1-n) \tag{6-120}$$

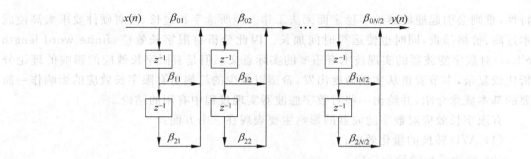

图 6-47 FIR 滤波器级联型结构

故 N 为偶数时

$$H(z) = \sum_{n=0}^{\frac{N}{2}-1} h(n)[z^{-n} + z^{-(N-1-n)}] \qquad (6-121)$$

N 为奇数时

$$H(z) = \sum_{n=0}^{\frac{N-1}{2}-1} h(n)[z^{-n} + z^{-(N-1-n)}] + h\left(\frac{N-1}{2}\right)z^{-\frac{N-1}{2}} \qquad (6-122)$$

由此可画出线性相位 FIR 滤波器的结构如图 6-48 所示。显然这种结构形式其乘法次数比直接型节省了 $\frac{1}{2}$ 左右。

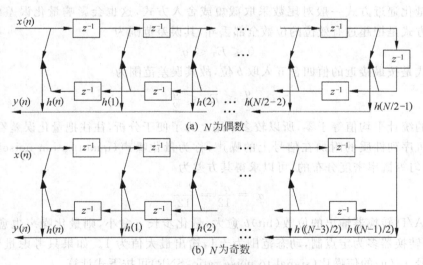

图 6-48 线性相位 FIR 滤波器结构

6.9 有限字长效应的影响

数字滤波器作为一个数字系统,其中采用的滤波系数、输入与输出序列值以及运算过程中的结果,都是用有限字长的二进制数码来表示的。通常采用的字长有 8 位、12 位、16 位和 32 位等。所选字长愈短,运算误差愈大,其后果轻则使滤波器特性偏离原来要求的特性,重则会引起滤波器的不稳定而无法工作。但所选字长过长,会对硬件要求太高使成本过高、价格昂贵,同时也使运算时间加长。因此分析有限字长效应(finite word length effect)对数字滤波器的实现技术有重要的实际意义。但是有限字长效应的影响的理论分析比较复杂,本节着重从实用角度出发,希望以较少的篇幅对有限字长效应的影响作一简要的基本概念介绍,并给出一些对数字滤波器实现过程中有用的结论。

有限字长效应对数字滤波器的影响主要表现在三个方面:
(1) A/D 转换的量化效应;
(2) 滤波系数的量化效应;
(3) 数字运算过程中的有限字长效应。

6.9.1 A/D 转换的量化误差

数字滤波器的输入数字序列往往是由模拟信号经 A/D 转换、抽样量化后得到的,是由一定字长的二进制编码的数字信号构成。所谓量化误差 $\varepsilon_Q(n)$ 就是量化后的数值 $x_Q(n)$ 与原信号的抽样值 $x(n)$ 之差,即

$$\varepsilon_Q(n) = x_Q(n) - x(n) \tag{6-123}$$

量化误差的大小与量化步长及量化逼近方式有关。字长愈长,量化步长愈小,量化误差就愈小。如设量化步长为 q,字长有效位为 b 位,则

$$q = 2^{-b} \tag{6-124}$$

另外量化逼近方式一般对尾数采取截短或舍入方式,这也会影响量化误差的大小。采取截短方式是把超过有效位的位数全部丢弃,其误差范围为

$$0 \leqslant E_T \leqslant q \tag{6-125}$$

而舍入方式是按最接近的值四舍五入取 b 位,故其误差范围为

$$-\frac{q}{2} \leqslant E_R \leqslant \frac{q}{2} \tag{6-126}$$

这种方式的统计平均值等于零,所以较多采用。为了便于分析,往往把量化误差看作是具有平稳随机序列性质的附加在信号上的噪声,称为量化噪声(quantization noise)。由于 $\varepsilon_Q(n)$ 是均匀等概率密度分布的,可以求得其方差为

$$\sigma^2 = \frac{q^2}{12} = \frac{2^{-2b}}{12} \tag{6-127}$$

可见 A/D 转换器输出的位数(bit)b 愈大,量化步长 q 愈小,则量化噪声也愈小。实际上 A/D 转换器多为定点制,动态范围为 ± 1,输出最大值为 1。如果只考虑量化噪声,则输入信号 $x_Q(n)$ 的信噪比(signal to noise ratio,SNR)可按下式计算。

$$\text{SNR} = 10\lg\left[\frac{1}{25\sigma^2}\right] \text{(dB)} \tag{6-128}$$

将式(6-127)代入上式得

$$\text{SNR} = (6.02b - 3.1876)\text{(dB)} \tag{6-129}$$

如果 A/D 转换器为 8 位,则 SNR=45dB,如果 A/D 为 12 位则 SNR=70dB 左右,在应用中一般已足够,字长过长并不是非常必要,因为输入模拟信号本身亦有一定的信噪比,A/D 转换器的量化噪声比模拟信号的噪声电平更低是没有意义的。

6.9.2 滤波系数量化的影响

由于字长有限,因此滤波器系统函数中各个系数经量化后,亦将偏离设计值而产生一定误差。系数偏差将使滤波器的零极点偏离预定位置,从而使滤波器频率响应偏离预定值。如果系数量化误差很大,则系统可能不满足原定设计指标,严重时可使原来分布在单位圆内的极点移至单位圆外,使整个滤波器失去稳定而无法工作。滤波系数的量化效应除与字长直接有关外,亦与实现系统时所采用的结构型式有关。

1. 对 IIR 数字滤波器的影响

系数量化效应使滤波器频响偏离要求的特性也表现在极点与零点偏离预定的位置上。由于极点位置即影响系统的性能,同时又决定了系统的稳定性。所以下面着重讨论系数量化对极点位置的影响,至于对零点位置的影响可以用同样方式处理。

设 IIR 数字滤波器的系统函数为

$$H(z) = \frac{A(z)}{B(z)} = \frac{\sum_{r=0}^{M} a_r z^{-r}}{1 - \sum_{k=1}^{N} b_k z^{-k}} \tag{6-130}$$

令系数 a_r, b_k 量化后为 $\hat{a}_r, \hat{b}_k$,偏差分别为 $\Delta a_r, \Delta b_k$,则

$$\left.\begin{array}{l}\hat{a}_r = a_r + \Delta a_r \\ \hat{b}_k = b_k + \Delta b_k\end{array}\right\} \tag{6-131}$$

那么系数量化后的实际系统函数为

$$\hat{H}(z) = \frac{\sum_{r=0}^{M} \hat{a}_r z^{-r}}{1 - \sum_{k=1}^{N} \hat{b}_k z^{-k}} \tag{6-132}$$

这些系统量化的偏差将造成零、极点位置的偏差,我们着重研究对极点位置的影响。

设 $H(z)$ 原有 N 个极点为 $p_i, i=1,2,\cdots,N$,故有

$$B(z) = 1 - \sum_{k=1}^{N} b_k z^{-k} = \prod_{i=1}^{N}(1 - p_i z^{-1}) \tag{6-133}$$

令 $\hat{H}(z)$ 偏移后的极点为

$$p_i + \Delta p_i \quad (i=1,2,\cdots,N)$$

Δp_i 是极点位置偏移量,它是由系数偏差 Δp_k 所引起的,故有

$$\Delta p_i = \sum_{k=1}^{N} \frac{\partial p_i}{\partial b_k} \Delta b_k \quad (i=1,2,\cdots,N) \tag{6-134}$$

式中 $\frac{\partial p_i}{\partial b_k}$ 值的大小决定了各系数 b_k 的偏差 Δb_k 引起的极点偏移量 Δp_i 的大小,故称为极点 p_i 对系数 b_k 的量化效应的灵敏度,或简称极点位置灵敏度。下面求其表达式。

由于

$$\left[\frac{\partial B(z)}{\partial p_i}\right]_{z=p_i} \left(\frac{\partial p_i}{\partial b_k}\right) = \left[\frac{\partial B(z)}{\partial b_k}\right]_{z=p_i}$$

得

$$\left.\frac{\partial p_i}{\partial b_k}\right|_{z=p_i} = \frac{\frac{\partial B(z)}{\partial b_k}}{\frac{\partial B(z)}{\partial p_i}}\bigg|_{z=p_i} \tag{6-135}$$

由式(6-133)得

$$\frac{\partial B(z)}{\partial b_k} = -z^{-k} \tag{6-136}$$

$$\frac{\partial B(z)}{\partial p_i} = -z^{-1}\prod_{\substack{j=1\\j\neq i}}^{N}(1-p_j z^{-1}) = -z^{-N}\prod_{\substack{j=1\\j\neq i}}^{N}(z-p_j) \tag{6-137}$$

将上两式代入式(6-135)得

$$\left.\frac{\partial p_i}{\partial b_k}\right|_{z=p_i} = \frac{p_i^{N-k}}{\prod_{\substack{j=1\\j\neq i}}^{N}(p_i - p_j)} \tag{6-138}$$

将上两式代入式(6-134)得

$$\Delta p_i = \sum_{k=1}^{N}\frac{\partial p_i}{\partial b_k}\Delta b_k = \sum_{k=1}^{N}\frac{p_i^{N-k}}{\prod_{\substack{j=1\\j\neq i}}^{N}(p_i - p_j)}\Delta b_k \tag{6-139}$$

上式的物理意义是：分母中每个因子$(p_i - p_l)$是在z平面上一个由极点p_l指向p_i的矢量，而整个分母是其他各极点指向极点p_i的乘积。这些矢量愈长，即极点之间距离愈远，极点位置灵敏度愈低，而当各极点彼此愈集中时，这些矢量愈短，则极点位置灵敏度愈高。图6-49(a)中各共轭极点间距离较图6-49(b)中的远，因此可知前者对系数量化的敏感度较后者要低。

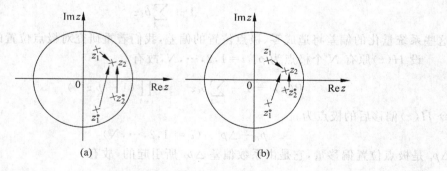

图 6-49 系数量化效应与极点分布的关系

式(6-139)还说明，高阶的滤波器与低阶的相比，前者极点多而密集，因此高阶直接形式结构的极点对系数量化误差非常敏感。如果采取级联或并联结构形式，其中每个二阶滤波节分别实现一对复共轭极点，因此一个已知极点的位置误差与它到系统其他极点的距离是无关的，所以其极点位置灵敏度要低得多。因此从系数量化误差观点来看，高阶系统函数一般都不采用直接型结构，而采用级联或并联结构。

例 6.9.1 设一低通滤波器的系统函数为

$$H(z) = \frac{A(z)}{B(z)} = \frac{1}{1 - 1.88z^{-1} + 0.882z^{-2}}$$

$$B(z) = 1 - \sum_{k=1}^{N} b_k z^{-k} = 1 - b_1 z^{-1} - b_2 z^{-2} = 1 - 1.88z^{-1} + 0.882z^{-2}$$
$$= (1 - 0.92z^{-1})(1 - 0.98z^{-1})$$

滤波系数 $b_1 = 1.88, b_2 = -0.882$,$H(z)$ 的极点 $p_1 = 0.9, p_2 = 0.98$。其中 p_2 的极点很接近单位圆。

解：现如只考虑系数 b_2 的量化效应所引起的极点 p_2 的位置变化 Δp_2，则按式(6-139)有

$$\Delta p_2 = \frac{\partial p_2}{\partial b_2} \Delta b_2 = \frac{1}{p_2 - p_1} \Delta b_2$$

如字长为 8 位,去掉第一位符号位,有效字长为 7 位,则系数量化误差为

$$\Delta b_2 = \frac{q}{2} = \frac{2^{-b}}{2} = \frac{2^{-7}}{2} = \frac{0.004}{256}$$

则

$$\Delta p_2 = \frac{1}{p_2 - p_1} \Delta b_2 = \frac{0.004}{0.98 - 0.9} = 0.05$$

故由于系数 p_2 的量化效应,使 p_2 的极点的实际值 $\hat{p}_2$ 为

$$\hat{p}_2 = p_2 + \Delta p_2 = 0.98 + 0.05 = 1.03$$

可见 p_2 已移至单位圆之外,系统已处于不稳定状态,如果再考虑系数 b_1 的量化效应对 p_2 的影响,显然情况将更为严重。究其原因是由于本例中有一极点非常接近单位圆,而且两极点分布又很密集之故。

为了保持系统能稳定工作,必须适当增加字长,以减少系数量化效应的影响。

另外如果 $H(z)$ 采用二个一阶节级联结构形式实现,即

$$H(z) = \frac{1}{(1 - 0.92z^{-1})(1 - 0.98z^{-1})}$$

那么此时两个一阶节的极点都只取决于本环节的系数量化影响,且各自都只有一个极点,其大小就等于它的滤波系数,即

$$p_1 = b_1$$
$$\Delta p_1 = \Delta b_1$$

如以第二个一阶节为例,欲保证其稳定工作,使

$$\Delta p_1 < 1.00 - p_1 = 1.00 - 0.98 = 0.02$$

设有效字长为 b 位,则

$$\Delta b_1 = q/2 = 2^{-b}/2 = 2^{-(b+1)} = \Delta p_1 < 0.02$$

得

$$2^{-(b+1)} < 0.02$$
$$b > 5$$

即只需 5 位字长即可满足稳定要求了。可见低阶级联或并联结构比高阶直接型结构的系数量化灵敏度要低得多。

2. 对 FIR 数字滤波器的影响

对于 FIR 滤波器，系数量化影响只需考虑对系统函数的零点位置变化，因为 FIR 滤波器的极点都位于 $z=0$ 处，它不会产生不稳定的问题。同样可以导出类似式(6-139)那种由于系数量化产生的零点位置误差公式，并且级联结构实现的零点位置敏感度比直接型实现的较低。

下面来考虑系数量化时对其频响的影响。

设 FIR 数字滤波器的系统函数为

$$H(z) = \sum_{n=0}^{N-1} h(n) z^{-n} \tag{6-140}$$

当其各项系数 $h(n)$ 量化为 $\hat{h}(n)$ 时，将会产生量化误差为 $\varepsilon(n)$，则

$$\varepsilon(n) = \hat{h}(n) - h(n) \tag{6-141}$$

可得

$$\hat{h}(n) = h(n) + \varepsilon(n)$$

故实际系统函数为

$$\hat{H}(z) = \sum_{n=0}^{N-1} \hat{h}(n) z^{-n} = \sum_{n=0}^{N-1} h(n) z^{-n} + \sum_{n=0}^{N-1} \varepsilon(n) z^{-n} = H(z) + E(z) \tag{6-142}$$

$$E(z) = \hat{H}(z) - H(z) = \sum_{n=0}^{N-1} \varepsilon(n) z^{-n} \tag{6-143}$$

$E(z)$ 为系统函数由于系统量化所引起的偏差，令 $z = e^{j\Omega}$，可得频响偏差

$$E(e^{j\Omega}) = \hat{H}(e^{j\Omega}) - H(e^{j\Omega}) = \sum_{n=0}^{N-1} \varepsilon(n) e^{-jn\Omega} \tag{6-144}$$

故

$$|E(e^{j\Omega})| \leqslant \sum_{n=0}^{N-1} |\varepsilon(n)| \tag{6-145}$$

考虑到舍入处理时，量化误差为

$$|\varepsilon(n)| \leqslant \frac{q}{2}$$

故得

$$|E(e^{j\Omega})| \leqslant \sum_{n=0}^{N-1} |\varepsilon(n)| \leqslant \frac{Nq}{2} \tag{6-146}$$

例 6.9.2 一个 FIR 滤波器其阶次为 15，要求频响误差 $|E(e^{j\Omega})| \leqslant 2\%$，问字长取几位？

解：量化步长 q 与字长 b 关系为

$$q = 2^{-b}$$

由式(6-146)得

$$|E(e^{j\Omega})| \leqslant \frac{Nq}{2} = 2\%$$

$$N - 1 = 15$$

$$N = 16$$

$$\frac{16 \times 2^{-b}}{2} \leqslant 0.02$$

故字长 $b \geqslant 9$。

由于式(6-146)是由各系数的量化误差绝对值相加得来,因此按此式计算字长可能要求偏严,只能作为粗略估计。对于 IIR 数字滤波器,我们通过讨论系数量化对其零、极点的影响,来间接地而未直接地讨论其对频响的影响。应指出的是不论 IIR 或 FIR 数字滤波器,在初步确定字长后,确定系数量化对频响影响的最终最实际有效的方法还是用计算机来做校验,以检查其性能是否符合要求。

6.9.3 数字运算过程中有限字长效应的影响

实现数字滤波器的基本数字运算是乘法、相加、延时等运算。在定点制数字运算过程中两个 b 位数相乘结果为 $2b$ 位。因此必须做舍入或截尾处理。两个 b 位相加仍为 b 位,故不必做处理,但有产生溢出的问题,因此要考虑计算中的动态范围。由于舍入和截尾处理是一种非线性过程,分析起来很复杂,下面只讨论一些简单情况以便建立起一些概念来。对于一个稳定的 IIR 数字滤波器,在无限精度运算下,当输入 $x(n)$ 趋于零时,其输出也必然趋于零。可是由于数字运算时有限字长的影响,数据经过舍入处理后,通过反馈环路,会使输出出现不衰减的非零值或者不衰减正负值交替振荡现象。这种在数字运算过程中,因量化误差而产生的非线性振荡,称为极限环振荡。

下面用一个一阶 IIR 数字滤波器来加以说明。设其系统函数为

$$H(z) = \frac{1}{1 - az^{-1}} \tag{6-147}$$

其差分方程为

$$y(n) = ay(n-1) + x(n) \tag{6-148}$$

其结构如图 6-50(a)所示。现考虑定点制数字运算,每次乘法运算后,必须对尾数做舍入处理。这时的差分方程为

$$\hat{y}(n) = [a\hat{y}(n-1)]_R + x(n) \tag{6-149}$$

式中 $[\ ]_R$ 表示对括号内二进制数作舍入处理,并画出其框图如图 6-50(b)所示。

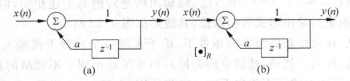

图 6-50 考虑舍入处理的一阶滤波器结构图

现设字长为 4 位,第 1 位为符号位,有效字长为 3 位。滤波系数 $a = (0.5)_{10} = (0.100)_2$,输入 $x(n)$ 为

$$x(n) = A\delta(n) = \begin{cases} A = (0.875)_{10} = (0.111)_2 & n = 0 \\ 0 & n \neq 0 \end{cases}$$

初始条件 $y(-1) = 0$。

当无限精度运算时,用式(6-148)的差分方程运算,$y(n)$ 将随 n 增大而最终趋于零。但如果用有舍入处理的运算时,情况就不同了。

当 $n=0$ 时 $\quad y(0) = ay(-1) + x(0) = (0.111)_2 = (0.875)_{10}$

当 $n=1$ 时 $\quad [y(1)]_R = [ay(0)]_R + x(1) = [(0.100)_2(0.111)_2]_R + 0$
$$= [(0.011100)_2]_R = (0.100)_2 = (0.5)_{10}$$

当 $n=2$ 时 $\quad [y(2)]_R = [ay(1)]_R + x(2)$
$$= [(0.100)_2(0.100)_2]_R + 0$$
$$= [(0.010000)_2]_R = (0.010)_2 = (0.25)_{10}$$

当 $n=3$ 时 $\quad [y(3)]_R = [ay(2)]_R + x(3)$
$$= [(0.100)_2(0.010)_2]_R + 0$$
$$= [(0.00100)_2]_R = (0.001)_2 = (0.125)_{10}$$

当 $n=4$ 时 $\quad [y(4)]_R = [ay(3)]_R + x(4)$
$$= [(0.100)_2(0.001)_2]_R + 0$$
$$= [(0.00100)_2]_R = (0.001)_2 = (0.125)_{10}$$

当 $n \geqslant 5$ 时,可以得出
$$[y(5)]_R = [y(6)]_R = \cdots = (0.001)_2 = (0.125)_{10}$$

可见在 $n \geqslant 3$ 以后,在运算过程中经舍入处理后,输出都是 $(0.001)_2 = (0.125)_{10}$ 不再衰减为零,其图形如图 6-51 所示。

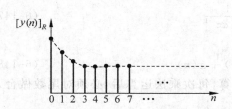

图 6-51 极限环振荡时输出为固定值情况

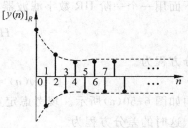

图 6-52 极限环振荡输出为等幅固定值情况

如果滤波系数 $a = -1/2 = (-0.5)_{10}$,则输出的绝对值与上述相同,但符号则是正负交替变化的,因而最后输出形式等幅振荡,其波形如图 6-52 所示。

由此例可见,在初始条件为零的条件下,给予系统一个冲激干扰输入 $x(n) = A\delta(n)$ (相当于 $n=0$ 时,加入一扰动,然后立即去掉),而系统却出现了不衰减的输出,这说明系统由原来的稳定系统变成了不稳定系统。究其原因,在于 $n=3$ 以后,在运算过程中经有限字长量化后,系统的数学模型变为

$$y(n) = [ay(n-1)]_R = \pm[(0.100)_2(0.001)_2]_R$$
$$= \pm(0.001)_2 = \pm y(n-1), \quad n \geqslant 4$$

故其差分方程为
$$y(n) = \pm y(n-1) + x(n)$$

而系统函数变为
$$H(z) = \frac{1}{1 \pm z^{-1}}$$

相当于将滤波器的系统函数的极点由原来在单位圆内移到了单位圆上,所以呈现一种临界稳定状态。

由上例可知,当 $y(n)$ 的值进入某一范围内,就会产生极限环振荡,这个范围称为死带。已知

$$y(n) = ay(n-1) + x(n)$$

若在 $n \geqslant n_0$ 时,出现极限环振荡,则

$$[ay(n-1)]_R = \pm y(n-1)$$

欲使上式成立,只有满足

$$||y(n-1)| - |ay(n-1)|| \leqslant \frac{q}{2} = \frac{1}{2} \times 2^{-b}$$

故得

$$|y(n-1)| \leqslant \frac{2^{-(b+1)}}{1-|a|} = R \tag{6-150}$$

上式即为一阶系统的死带表达式,它说明死带区域为 $[-R, R]$,字长 b 越大,死带越窄,越不易产生极限环振荡。极限环振荡或死区效应在许多实际问题中应予以避免,否则系统不能正常工作,或虽然能工作但误差很大,防止的办法是适当增加字长。

除了极限环现象外,运算过程中的有限字长效应,在一定输入情况下,也必然造成输出的误差,一般需用统计方法进行分析。分析结果表明,有限字长时运算误差所产生的影响与滤波器实现时的结构型式有关,直接型结构影响最大,级联次之,并联型最小。从物理概念上理解,IIR 滤波器直接型结构,所有舍入误差都要经过全部网络的反馈环节累积起来,致使误差很大。级联结构每个舍入误差只通过其后面的反馈环节,而不通过它前面的反馈环节,因而误差较直接型小些。而并联型结构每个并联支路的舍去误差仅仅通过本支路的反馈环节而与其他并联支路无关,所以误差最小。

对于 FIR 滤波器一般没有反馈环节,因而舍入误差不会产生极限环振荡,且误差比阶的 IIR 滤波器要小。

以上都是从定点制来分析运算误差,对于浮点制误差分析则较为复杂。但由于浮点制量化步长小,在与定点制相同尾数长度下,精度高,误差小,同时不易产生极限环振荡。至于滤波器结构对误差的影响则与定点制的结论一致。

以上讨论了滤波器具体实现时必须要考虑的一个重要问题——有限字长的影响,并从三个方面做了简要的讨论。有限字长的影响使滤波器的实际特性偏离理想特性,从而产生精度问题。它除了直接与字长大小有关外,也与实现滤波器结构及其类型(IIR 或 FIR)有关。

6.10 数字滤波器的实现

前面讨论了如何根据给定的技术指标设计出数字滤波器的系统函数 $H(z)$,数字滤波器的结构形式及有限字长影响等问题。下面讨论如何把所设计的数字滤波器变为具体的数字系统,即数字滤波器的实现问题。

数字信号处理的理论与算法经过人们数十年的研究与开发应用其发展日趋完善。当前更迫切需要解决的是具体实现问题,以便能在实际中得到应用并获得更进一步的发展。实现问题既重要又是一个十分复杂的问题,它要求工程设计师不仅要了解信号处理的理论和方法,而且还要掌握计算机软件编程知识以及各种通用及专用数字信号处理器件、微处理机开发系统等方面的知识,涉及的方面十分广泛。本节不准备讨论这些广泛的内容,仅就实现问题中某些重要方面做些简要介绍。其中包括软件与硬件实现的概念、数字滤波器类型的选择等问题,以使读者对技术实现问题有个初步的概要了解。

6.10.1 软件实现与硬件实现

数字滤波器对信号的处理过程,实质上就是将输入序列通过一定运算转变为输出序列的过程,因此可以说它本身就是一台能完成特定运算功能的数字计算机,而这种运算规则是由设计求得的差分方程所规定的,例如一个数字滤波器的系统函数为

$$\hat{H}(z) = \frac{\sum_{r=0}^{M} a_r z^{-r}}{1 - \sum_{k=1}^{N} b_k z^{-k}}$$

则对应的差分方程为

$$y(n) = \sum_{r=0}^{M} a_r x(n-r) - \sum_{k=1}^{N} b_k y(n-k)$$

由差分方程可见,这台数字计算机为了得到每一时刻的输出,必须完成当时输入数据 $x(n)$ 的采集;过去各时刻的输入、输出数据 $x(n-r),y(n-k)$ 的存取;滤波系数 a_r,b_k 的存取;以及这些数据的相乘或相加运算等,最后将运算所得的数据输出。

数字滤波器的这种运算,在考虑技术实现时,用数字滤波器的结构框图来表示最为形象和直接。例如以如图 6-53 所示的二阶 IIR 数字滤波器为例进行讨论。

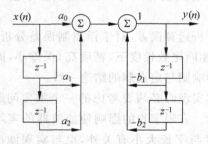

图 6-53 二阶 IIR 数字滤波器结构图

设此二阶 IIR 滤波器的系统函数为

$$H(z) = \frac{a_0 + a_1 z^{-1} + a_2 z^{-2}}{1 + b_1 z^{-1} + b_2 z^{-2}}$$

$$y(n) = a_0 x(n) + a_1 x(n-1) + a_2 x(n-2) - b_1 y(n-1) - b_2 y(n-2)$$

从此结构图中可以看到系统的运算步骤、乘法与加法次数、延时过程等其所需要的硬件设备。可以看到即使要实现这样一个简单的二阶数字滤波器,同样需要具备一般计算

机所必须具有的数据存取、运算、控制、移位及输入输出等相应的功能及硬件资源,仅是它的功能有限而已,如图 6-54 所示。

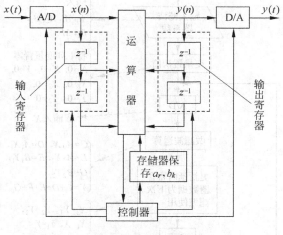

图 6-54　数字滤波器的硬件结构图

根据以上分析,数字滤波器实现一般可有两种方案:软件实现和硬件实现。

1. 软件实现

软件实现,并非是不要硬件,而是利用已有的通用计算机的硬件资源,因此实现问题主要是根据数字滤波器所需完成的运算功能,利用通用程序语言编制出一定程序,让通用计算机去执行,故称为软件实现,更明确的说是利用通用计算机实现。仍以上述的二阶数字滤波器为例,根据差分方程可画出其流程框图如图 6-55 所示。

根据这个流程框图,可以用各种通用机(单片机、PC 等)适用的汇编语言或其他高级语言编制程序,由通用计算机去执行。

软件实现方案的主要优点是设计简单,灵活性好,只需改变程序,即可完成不同信号的处理任务。主要缺点是运算速度慢,不适于高速实时处理。尤其是乘法运算,一般通用计算机都用移位相加的方法编制成一定的程序去执行,花费时间长,成为高速信号处理的主要障碍。另外通用机复杂的体系结构与大多数信号处理要求的有限运算功能不匹配,造成资源的浪费。

软件实现一般用于不要求高速实时处理的场合。例如用于一些处理程序复杂,运算量大,而又可以离线处理的信号处理任务,并对信号处理系统进行模拟研究。另外在一些计算机过程测试与控制系统中,一般过程运行速度较慢,而数字滤波只是其处理的一个局部任务,因此数字滤波的实现只需编制一个相应的软件程序段,插在总的控制程序中执行即可。

但是在很多实际应用中,要求对信号进行高速实时处理,此时要求数据运算及吞吐速度快,通用计算机就难以胜任了。另外信号处理有其本身的一些特点,如内存要求不高,处理程序较固定并且功能有限等,又使通用计算机功能远不能发挥,造成硬件资源的浪费和不合理,因此又有硬件实现方案。

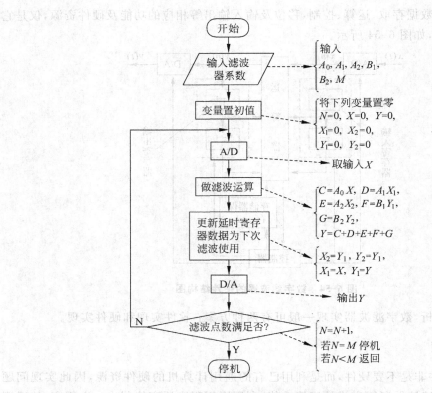

图 6-55 数字滤波器软件实现程序框图

注:A_0, A_1, A_2, B_1, B_2——滤波器系数;M——滤波总点数;N——已滤波点数;X——$x(n)$;Y——$y(n)$;X_1——$x(n-1)$;X_2——$x(n-2)$;Y_1——$y(n-1)$;Y_2——$y(n-2)$

2. 硬件实现

硬件实现是利用数字器件研制专用的信号处理机。它的主要优点是运算速度快,结构针对性强,资源配置合理,缺点是设计较复杂。

硬件实现方案经历了几个发展阶段,在 20 世纪 70 年代初期,人们利用当时已经成熟了的中、小规模集成电路构成的加法器、乘法器、移位寄存器、存储器等,按照运算逻辑直接将其拼搭成专用信号处理机,这种方案有效地提高了运算速度,初步满足了信号实时处理的要求,但改变算法和参数很不方便,通用性差。

20 世纪 70 年代末是以高速片位式信号处理器及高速并行乘法器为基础的发展阶段。片位式处理器是以二位或四位的处理芯片为主体构成的整数倍字长的系统,采取 ECL 或 STTL 工艺技术,速度较快,钟频可以达到几兆赫到几十兆赫,比起 MOS 处理器速度可提高 10~100 倍。片位系统采取微程序结构,分组指令格式,可由设计者按需要由若干个字段组合起来构成指令。在每一个指令周期内,各个字段可以同时操作。这种方法既能达到高速处理,又具有设计灵活性,在 70 年代末至 80 年代初为美、欧、日等国大量采用,用于许多高速信号处理与高速控制等重要领域。但它的不足之处是器件多、功能大、系统设计及硬件调试工作量大。比较典型的位片系列有 AM2900 系列、Intel3000 系列、Motorola10800 系列等。

在这以前,计算机中乘法运算一般都采用串行的移位相加的方法,运算速度较慢。在这期间,开发出了高速并行乘法器。高速并行乘法器采用并行流水式结构,使操作时间大大缩短,解决了数字信号处理中乘法速度慢的关键问题。其基本原理如下:

设有两个 4 位二进制数 A 与 B 相乘,它们分别表示为

$$A = \sum_{i=0}^{3} 2^i a_i$$

$$B = \sum_{i=0}^{3} 2^i b_i$$

在二进制乘法中,乘积 P 为 8 位,$P = P_7 P_6 P_5 \cdots P_0$,则

$$P = AB = \left(\sum_{i=0}^{3} 2^i a_i\right)\left(\sum_{i=0}^{3} 2^i b_i\right)$$

$$= \sum_{i=0}^{3} \sum_{j=0}^{3} (a_i b_j) 2^{i+j} = \sum_{k=0}^{7} P_k 2^k$$

实现这个乘法过程所需操作如下:

$$
\begin{array}{r}
a_3 \ a_2 \ a_1 \ a_0 \\
\times)\ b_3 \ b_2 \ b_1 \ b_0 \\
\hline
a_3 b_0\ a_2 b_0\ a_1 b_0\ a_0 b_0 \\
a_3 b_1\ a_2 b_1\ a_1 b_1\ a_0 b_1 \\
a_3 b_2\ a_2 b_2\ a_1 b_2\ a_0 b_2 \\
+)\ a_3 b_3\ a_2 b_3\ a_1 b_3\ a_0 b_3 \\
\hline
P_7\ P_6\ P_5\ P_4\ P_3\ P_2\ P_1\ P_0
\end{array}
$$

每一部分乘积项 $a_i b_j$ 为一个被加数,所以共有 4×4 个被加数,可以由 4×4 个"与门"并行产生,如图 6-56。可见要想提高乘法运算速度,关键在于缩短每列被加数的加法时间。图 6-57 是阵列乘法器的原理图。它由 $4 \times 4 = 16$ 个"与门"和 $4 \times (4-1) = 12$ 个"全加器"组成,进行并行处理,不需存储中间结果,因此速度很高。如果要带符号位,则必须将操作数用补码表示,在不带符号的乘法器中,插入求补器实现带符号数值的高速乘法。高速并行乘法器完成一次 16×16 位乘法时间仅需 $100 \sim 200$ns 时间。

20 世纪 70 年代末,单片数字信号处理器(又称 DSP 芯片)的出现,使信号处理实现技术又进入了一个新的发展阶段。世界上第一个单片 DSP 芯片应当是 1978 年 AMI 公司发布的 S2811,而 1979 年美国 Intel 公司发布的商用可编程器件 2920 是 DSP 芯片的一个主要里程碑。DSP 芯片是利用 MOS 超大规模集成技术,将一个比较完整的处理程序(其中包括运算器、高速硬件乘法器、数据 RAM、ROM、程序 ROM 和 I/O 接口等)均集成在一个集成芯片上,以完成数字信号处理的要求。DSP 的主要特点是:

(1) 在一个指令周期内可完成一次乘法和一次加法;
(2) 程序和数据空间分开,可以同时访问指令和数据;

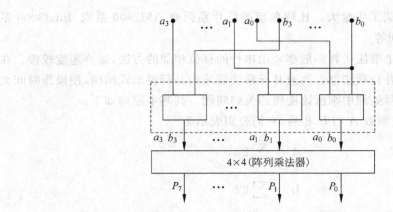

图 6-56 4×4 不带符号的高速乘法器原理图

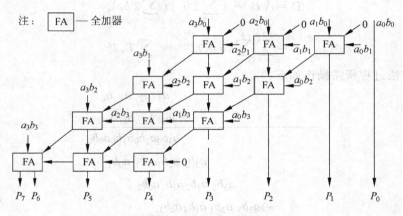

图 6-57 乘法阵列原理图

(3) 片内具有快速 RAM，通常可通过独立的数据总线在两块中同时访问；

(4) 具有低开销或无开销循环及跳转的硬件支持；

(5) 快速的中断处理和硬件 I/O 支持；

(6) 具有在单周期内操作的多个硬件地址产生器；

(7) 可以并行执行多个操作；

(8) 支持流水线操作，使取指、译码和执行等操作可以重叠执行。

因此 DSP 芯片均具有比较完整的指令系统，其算法与运算逻辑由软件控制，可由用户根据信号处理任务进行编程，通用性与灵活性强。

目前有多种型号的 DSP 芯片，其中较为典型的有日本 NEC 公司的 μPD7720 系列、美国模拟器件公司(Analog Devices,AD)的 ADSP21 系列及美国德州仪器公司(Texas Instruments,TI)的 TMS320 系列产品等，尤以后者性能更为优越，成为近年来应用最广的 DSP 芯片。DSP 芯片强有力的信号处理能力，使许多复杂实时信号处理成为现实，它的应用技术已成为当前数字信号处理硬件实现基础。

DSP 芯片自诞生以来得到了飞速的发展。DSP 芯片的高速发展，一方面得益于集成电路技术的发展,另一方面也得益于巨大的市场。在近 20 年时间里,DSP 芯片已经在工业控制、信号处理、广播通信、航天测控、军事及医学等许多领域得到广泛的应用。

从运算速度来看,MAC(一次乘法和一次加法)时间已经从 20 世纪 80 年代初的 400ns(如 TMS32010)降低到 10ns 以下(如 TMS320C54x、TMS320C62x/67x 等),处理能力提高了几十倍。DSP 芯片内部关键的乘法器部件从 1980 年的占模片区(die area)的 40%左右下降到 5%以下,片内 RAM 数量增加一个数量级以上。从制造工艺来看,1980 年采用 $4\mu m$ 的 N 沟道 MOS(NMOS)工艺,而现在则普遍采用亚微米(micron)CMOS 工艺。DSP 芯片的引脚数量从 1980 年的最多 64 个增加到现在的 200 个以上,引脚数量的增加,意味着结构灵活性的增加,如外部存储器的扩展和处理器间的通信等。此外,DSP 芯片的发展使 DSP 系统的成本、体积、重量和功耗都有很大程度的下降。

高速实时信号处理随着科学技术的发展,还在不断提出新的需求,要求每秒运算次数达数千万次、亿次或更高,这种速度仅通过改善大规模集成电路工艺是不能解决的,也不能通过多个处理器系统的一般结构解决,必须从处理系统结构体系上采取阵列式并行处理方案,即利用阵列处理单元芯片组成阵列处理机,同时进行并行处理,使整个系统达到极高的处理能力。阵列处理单元芯片,实际上是一件特殊微处理器,具有 32 位以上字长,每秒可执行几十兆或更高的指令数,具有若干个高速对外通信通道。由于加强了与四周快速通信能力,克服了一般 DSP 芯片通信能力弱的缺点,因此可由它构成脉动型或波前型阵列式并行处理机,进行超高速的信号处理。阵列式并行处理机是今后研究的一个发展方向。

6.10.2 数字滤波器类型的选择

本章着重讨论了 IIR 与 FIR 两类数字滤波器的设计与实现问题。下面对两类滤波器做些基本的比较,在选用时可作为参考。

1. 频响特性

从频响特性看,由于 IIR 数字滤波器利用了模拟滤波器的设计成果,设计较简单,其频响特性一般限于具有片段常数特性的滤波器,如低通、高通、带通、带阻等滤波器,而且相位特性是非线性的。相反 FIR 数字滤波器则在保证幅频特性满足要求的同时,可以获得严格的线性相位特性。同时窗函数法及其他大多数算法都能够逼近更加任意的频响特性,因此性能较优越,适应范围大。

2. 稳定性

IIR 滤波器必须考虑其工作稳定性问题,设计时其系统函数 $H(z)$ 的极点必须在单位圆内。而 FIR 滤波器的系统函数 $H(z)$ 为 z^{-1} 的多项式,其极点都位于坐标轴的原点上,故总在单位圆内,所以它永远是稳定的。

3. 结构

IIR 滤波器一般采用递归结构,由于存在输出对输入的反馈,因此量化、舍入及系数不准确等有限字长效应对滤波器的频响特性影响较大;而 FIR 滤波器一般采用非递归结构,没有输出对输入的反馈,因此有限字长效应影响较小。

4. 性价比

在满足同样设计指标要求下,如果不考虑相位的非线性问题,那么 IIR 数字滤波器所需阶次低,所需运算次数少,存储单元少,因而硬件设备少,运算速度较快,经济效益高。而 FIR 滤波器则阶次高,运算次数多,所需存储器较多,因此成本高,运算速度慢,信号时延大,但目前对高阶 FIR 滤波器均采用 FFT 快速卷积方法来提高运算速度。

5. 设计方式

IIR 滤波器设计方法简便,利用模拟滤波器的设计成果,有许多现成的计算公式和数据表格可查,在滤波器技术指标与设计参数之间有计算公式可循。FIR 滤波器则没有现成的公式,虽然窗函数法使用起来比较简单,但为满足预定指标,可能还需做一些迭代运算,其他大多数设计方法也都是采用迭代法,因此要借助计算机辅助设计和计算。

从以上简单的比较可知,两类滤波器各有其优缺点,应根据对滤波器的性能要求、实现时的经济性和计算辅助设备等综合考虑,做出合适的选择。

在后面的章节中,我们还要对 DSP 芯片及其应用做较详细的介绍。

习题

6.1 下列各函数是否为可实现系统的频率特性幅度平方函数?如果是,请求出相应的最小相位函数;如果不是,请说明理由。

(1) $|H(j\omega)|^2 = \dfrac{1}{\omega^4 + \omega^2 + 1}$;

(2) $|H(j\omega)|^2 = \dfrac{1+\omega^4}{\omega^4 - 3\omega^2 + 2}$;

(3) $|H(j\omega)|^2 = \dfrac{100-\omega^4}{\omega^4 + 20\omega^2 + 10}$。

6.2 已知滤波器幅度平方函数为

(1) $A(\omega^2) = \dfrac{25(4-\omega^2)}{(9+\omega^2)(16+\omega^2)}$;

(2) $A(\omega^2) = \dfrac{4(1-\omega^2)^2}{6+5\omega^2+\omega^4}$;

(3) $A(\omega^2) = \dfrac{1}{1-\omega^2+\omega^4}$。

求传递函数 $H(s)$,并画出零极点分布图。

6.3 巴特沃思滤波器的幅度平方函数为

$$A(\omega^2) = \frac{1}{1+\omega^6}$$

求传递函数 $H(s)$ 并画出极点分布图。

6.4 已知理想低通滤波器传递函数为

$$H(j\omega) = \begin{cases} 1 & |\omega| < \dfrac{2\pi}{\tau} \\ 0 & |\omega| < \dfrac{2\pi}{\tau} \end{cases}$$

激励信号的傅里叶变换为

$$E(\omega) = \tau \operatorname{sa}\left(\frac{\omega\tau}{2}\right)$$

利用时域卷积定理求响应的时间函数表示式 $y(t)=$?

6.5 一个理想带通滤波器的幅度特性与相移特性如图题 6-5 所示。求其冲激响应，画出响应波形，说明此滤波器是否是物理可实现的。

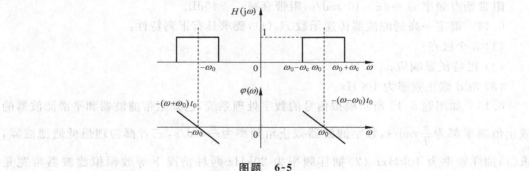

图题 6-5

6.6 图题 6-6 所示系统，$H_1(j\omega)$ 具有理想低通特性，且

$$H_1(j\omega) = \begin{cases} e^{-j\omega t_0} & |\omega| \leqslant 1 \\ 0 & |\omega| > 1 \end{cases}$$

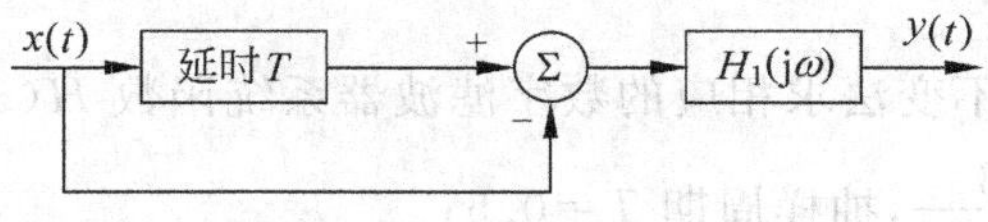

图题 6-6

(1) 若 $x(t)$ 为单位阶跃信号 $\varepsilon(t)$，求出 $y(t)$ 表示式；

(2) 若 $x(t) = \operatorname{sa}\left(\dfrac{t}{2}\right)$，求出 $y(t)$ 表示式。

6.7 试证明：$|H(j\omega)|^2 = |H(j\omega)H(-j\omega)|$。

分以下两步进行：

(1) 先证明 $|H(j\omega)|^2 = H(j\omega)H^*(j\omega)$；

(2) 再证明若传递函数 $H(s)$ 的分子、分母多项式的系数 a,b 均为实数则 $H^*(j\omega)=$

$H(-j\omega)$。

6.8 计算 $n=3,4$ 时,巴特沃思幅度平方函数 $|H(j\omega)|^2 = A(\omega^2)$ 的极点,并验证表 6-1 多项式中 $B_3(s)$ 和 $B_4(s)$ 的正确性。

6.9 利用表 6-1,确定 3 阶巴特沃思低通滤波器的传递函数,3dB 截止频率为 1kHz。

6.10 利用表 6-3,确定 2 阶切比雪夫低通滤波器的传递函数,通带纹波为 1dB,截止频率为 $\omega_c = 1$ rad/s。

6.11 一低通滤波器要求满足下列条件:
(1) 从直流到 5kHz,响应变动在 3dB 之内;
(2) 当频率 $f \geqslant 10$ kHz 时,衰减 $\geqslant 30$ dB;
求满足以上要求的巴特沃思和切比雪夫滤波器最小阶次 n 及传递函数 $H(s)$。

6.12 设计一低通巴特沃思滤波器传递函数,要求满足下列指标:在通带截止频率 $\omega_c = 10^5$ rad/s 处衰减 $\delta_c \leqslant 3$ dB,阻带始点频率 $\omega_z = 4 \times 10^5$ rad/s 处衰减 $\delta_z \geqslant 35$ dB。

6.13 设计一低通切比雪夫滤波器传递函数,要求满足下列指标:
通带截止频率 $\omega_c = 2\pi \times 10^3$ rad/s,通带允许起伏为 -1 dB,
阻带始点频率 $\omega_z = 4\pi \times 10^3$ rad/s,阻带衰减 $\leqslant -40$ dB。

6.14 确定一高通滤波器传递函数 $H_h(s)$,要求具有下列特性:
(1) 3 个极点;
(2) 巴特沃思响应;
(3) 3dB 截止频率为 100Hz。

6.15 如图题 6-15 所示模拟信号的数字处理系统,已知限带滤波器和平滑滤波器的截止角频率都为 $\frac{\pi}{T}$ rad/s,数字滤波器截止角频率为 $\frac{\pi}{8}$ rad/s,三者都为理想低通滤波器,求(1)抽样频率为 10kHz;(2)抽样频率为 20kHz 两种情况下等效模拟滤波器带宽是多少?

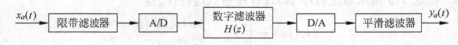

图题 6-15 模拟信号的数字处理框图

6.16 用冲激响应不变法求相应的数字滤波器系统函数 $H(z)$。

(1) $H_a(s) = \dfrac{s+3}{s^2+3s+2}$,抽样周期 $T=0.5$;

(2) $H_a(s) = \dfrac{s+1}{s^2+2s+4}$,抽样周期 $T=2$;

(3) $H_a(s) = \dfrac{s+3}{s^2+3s+2}$,抽样周期 $T=0.1$。

6.17 试证明用冲激响应不变法分别对 $H_a(s) = \dfrac{1}{s+a}$,$H_a(s) = \dfrac{s+a}{(s+a)^2+(2\pi/T)^2}$ ($a>0$) 变换成数字滤波器的系统函数 $H(z)$ 相同;并从物理概念上加以解释(其中 T 为抽样周期)。

6.18 (1) 用双线性变换法把 $H_a(s)=\dfrac{s}{s+a}(a>0)$ 变换成数字滤波器的系统函数 $H(z)$,并求其单位抽样响应 $h(n)$(设 $T=2$)。

(2) 对(1)中给出的 $H_a(s)$ 能否用冲激响应不变法转换成数字滤波器 $H(z)$? 为什么?

6.19 要求通过模拟滤波器设计低通数字滤波器,给定指标:$-3\mathrm{dB}$ 截止角频率 $\Omega_c=\pi/2$,通带内 $\Omega_p=0.4\pi$ 处起伏不超过 $-1\mathrm{dB}$,阻带内 $\Omega_z=0.8\pi$ 处衰减不大于 $-20\mathrm{dB}$,用巴特沃思滤波特性实现。

(1) 用冲激响应不变法,最少需要几阶?

(2) 用双线性变换法,最少需要几阶?

6.20 用冲激响应不变法设计一个三阶巴特沃思数字低通滤波器,设采样频率为 $f_s=2\pi\mathrm{kHz}$,截止频率为 $f_c=1\mathrm{kHz}$,画出它的并联型结构图。

6.21 用双线性变换法设计一个三阶巴特沃思数字低通滤波器,采样频率 $f_s=1.2\mathrm{kHz}$,截止频率为 $f_c=400\mathrm{Hz}$,画出它的级联形式结构图。

6.22 完整推导证明窗函数法设计准则式(6-105)和式(6-106)。

6.23 试求汉宁窗窗函数的傅里叶变换,并解释旁瓣电平降低的原因。

6.24 已知 FIR 滤波器的系统函数为

$$H_d(z)=\frac{1+2z^{-1}+4z^{-2}+2z^{-3}+z^{-4}}{10}$$

(1) 求 $H(e^{j\Omega})$ 的表达式;

(2) 画出乘法次数最少的结构框图。

6.25 用矩形窗设计一线性相位带通 FIR 滤波器

$$H_d(e^{j\Omega})=\begin{cases}e^{j\Omega a} & \Omega_0-\Omega_c\leqslant\Omega\leqslant\Omega_0+\Omega_c\\ 0 & 0\leqslant\Omega\leqslant\Omega_0-\Omega_c,\Omega_0+\Omega_c\leqslant\Omega\leqslant\pi\end{cases}$$

(1) 计算 N 为奇数时的 $h(n)$;

(2) 计算 N 为偶数时的 $h(n)$。

6.26 设数字滤波器系统函数为

$$H_d(z)=\frac{2(z-1)(z^2+1.412z+1)}{(z+0.5)(z^2-0.9z+0.81)}$$

(1) 画出一阶节和二阶节级联型结构框图;

(2) 画出用并联型结构实现的框图。

6.27 已知 FIR 数字滤波器系统函数为

$$H_d(z)=(1+0.5z^{-1})(1+2z^{-1})(1-0.25z^{-1})(1-4z^{-1})$$

画出(1)级联型;(2)直接型;(3)线性相位结构。

6.28 数字滤波器的系统函数为

$$H_d(z)=\frac{z^2}{z^2-1.7z+0.72}$$

为保证系数量化误差不引起系统不稳定,试求最小字长应为多少?

6.29 设一阶滤波器的差分方程为

$$y(n) = x(n) - \frac{60}{64}y(n-1)$$

若采用有效字长 $b=6$ 位，尾数采取舍入处理，如输入 $x(n)=0.5\delta(n)$，$y(-1)=0$，求输出 $y(n)$ 并做出图形。

第 7 章　数字信号处理器(DSP)原理

7.1 概述

DSP(digital signal processing)是数字信号处理的简称,它是一门涉及电子学、计算机、应用数学等许多学科且广泛应用于许多领域的新兴技术。数字信号处理是利用计算机或专用设备,以数字形式对信号进行采集、变换、滤波、估值、增强、压缩、识别等处理,以得到符合人们需要的信号形式。自从晶体管和集成电路发明以来,人们就开始设计各种硬件平台来实现数字信号处理。这些硬件平台的主要缺点是不容易修改,且只能完成滤波等简单的数字信号处理。从 20 世纪 60 年代到 70 年代,开发了许多专用的和通用的计算机芯片用于数字信号处理。这些芯片都有价格昂贵的特点,因此那时主要是应用于科研或军事目的。在 DSP 芯片出现之前数字信号处理只能依靠 MPU(微处理器)来完成,但 MPU 较低的处理速度无法满足高速实时的要求,直到 70 年代大规模集成电路技术成熟之后,生产出第一代单片 DSP(数字信号处理器)芯片,数字信号处理技术才开始替代模拟信号处理技术应用于各个领域。

数字信号处理器(digital signal processor,DSP)是一种特别用于进行数字信号处理运算的微处理器,其主要应用是实时快速地实现各种数字信号处理算法。

1980 年,NEC 公司推出的 UPD7720 是第一个具有乘法器的商用 DSP 芯片,它具备了现代 DSP 要求的基本属性。同时,AT&T 公司也对外推出了 DSP1 数字信号处理芯片,这种芯片包含了现代 DSP 的所有基本功能,例如它包含有乘累加器、并行寻址单元、程序存储器和数据存储器等。TI 德州仪器公司 1982 年成功推出其第一代 DSP 芯片 TMS32010,这种 DSP 器件采用微米工艺 NMOS 技术制作,虽功耗和尺寸稍大,但运算速度比 MPU 要快几十倍。

DSP 市场正处于高速发展的阶段。目前 TI 公司(TMS320 系列)、Motorola 公司的(56000 系列)、Lucent 公司(DSP16000 系列)和 Analog Devices 公司(ADSP2100 系列和 SHARC 系列)是世界上四大主要的 DSP 供应商。其中 TI 公司 2002 年的世界市场占有率为 50%左右,主要产品有 C2000、C5000、C6000 系列,在我国已取得很多成功的应用。表 7-1 为 TI 主要芯片系列的应用领域和主要特征。

到 2008 年,除了上述芯片系列之外,TI 又推出数字媒体处理器、OMAP 应用处理器等新型数字信号处理器。数字媒体处理器是针对数字视频而设计的,而 OMAP 应用处理器则具有极佳的通用多媒体与图形功能。最新推出的四款 OMAP35x 器件的目标应用非常广泛,包括便携式导航设备、因特网设备、便携式媒体播放器以及个人医疗设备等。

表 7-1　TI 数字信号处理器应用领域及特性

应用领域	C6000	C5000	C2000
工业			√
通信	√	√	√
汽车			√
视频	√		
无线	√	√	
安全监控	√	√	
医疗			√
音频		√	
主要特性	高性能	低功耗与高性能结合	高性能与高集成度可实现工业应用

DSP 芯片工作的数据格式可分为两类：以定点格式工作的称为定点 DSP 芯片,如 TI 公司的 TMS320C1x/C2x,TMS320C2xx/C5x,TMS320C54x/C62xx,ADSP21xx 系列,AT&T 公司的 DSP16/16A,Motorola 公司的 MC560000 等；以浮点格式工作的称为浮点 DSP 芯片,如 TI 公司的 TMS320C3x/4x/8x,AD 公司的 ADSP21xxx,AT&T 公司的 DSP32/32C,Motorola 公司的 MC960002 等。通常,定点 DSP 芯片功耗较低,价格便宜,但运算精度稍低,可用于电机控制,电能质量改善等场合；浮点 DSP 芯片的运算精度高,但价格稍高,功耗也较大主要用于通信领域。

普通的微处理器芯片,由于具备一定的计算能力,在一定场合下也可以用来作为信号处理器,但是这些通用的微处理器在设计时往往以面向控制作为主要目标,因而这些处理器通常具有较强的接口控制能力而计算能力却较弱。而 DSP 芯片正是以高速计算作为目标来进行芯片设计的,在结构上还充分考虑了数字信号处理中常用算法的特点,合理地安排处理器的指令。它与通用的微处理器相比,在基本结构方面具有以下几个特点：

1. 哈佛结构

计算机的结构大体可以分为两类,即冯·诺依曼(Von Neumann)结构和哈佛(Harvard)结构。在冯·诺依曼结构中对计算机 CPU 来说数据和程序没有本质区别,将指令、数据、地址存储在同一存储器中,统一编址,依靠指令计数器提供的地址来区分是指令、数据还是地址,取指令和取数据访问的都是同一存储器,数据吞吐率低。

DSP 芯片采用的则是哈佛结构。哈佛结构的最大特点是其具有各自独立的数据存储空间和程序存储空间,独立的数据总线和地址总线,其优点是可以同时对数据和程序寻址,即计算机的 CPU 在对数据进行读写的同时也可以对程序进行读写,从而大大提高了运算速度。

在哈佛结构中,由于程序和数据存储器在两个分开的空间中,因此取指和执行能完全重叠运行。为了进一步提高运行速度和灵活性,TI 公司推出的 TMS320 系列 DSP 芯片在基本哈佛结构的基础上作了改进,一是允许数据存放在程序存储器中,并被算术运算指令直接使用,增强了芯片的灵活性；二是指令存储在高速缓冲器(cache)中,当执行此指令时,不需要再从存储器中读取指令,节约了一个指令周期的时间。如 TMS320C30 具有

64 个字的 cache。

2. 流水线

DSP 芯片广泛采用流水线(pipeline)方式以减少指令执行时间,从而增强了处理器的处理能力。TMS320 系列处理器的流水线深度从 2～6 级不等,也就是说处理器可以并行处理 2～6 条指令,每条指令处于流水线上的不同阶段。

以 4 级流水线操作中,取指、译码、取操作数和执行操作可以独立地处理,每个指令周期内,4 个不同的指令同时处于激活状态,总有一条指令处于执行操作阶段,相当于每个指令周期可以执行一条指令。

3. 专用的硬件乘法器

在通用的微处理器中,乘法指令是由一系列加法来实现的,故需许多个指令周期来完成。DSP 芯片的又一个特征是具有一个专用的硬件乘法器。例如在 TMS320 系列 DSP 芯片中,由于具有这种专用的硬件乘法器,乘法可在一个指令周期内完成。以下是利用 TMS32010 实现 FIR 滤波的一个抽头算法的一段程序:

```
LT              ;装乘数到 TREG 寄存器
DMOV            ;在存储器中移动数据以实现延迟
MPY             ;相乘
APAC            ;将乘法结果加到 ACC 中
```

对于一个 256 抽头的 FIR 滤波器,这 4 条指令必须重复执行 256 次,且 256 次乘法必须在一个抽样间隔内完成。如果采用典型的通用微处理器,每个抽头就需要 30～40 个指令周期,而 TMS32010 只需 4 条指令。

4. 特殊的 DSP 指令

DSP 芯片的另一个特征是采用一系列特殊的指令。在 TMS320F240 DSP 中,有两条特殊的指令,即 RPT 和 MACD 指令,利用这两条指令,可以将 FIR 滤波的 256 个抽头的计算指令降为 1 条。

```
RPT 255         ;重复执行下条指令 256 次
MACD            ;依次实现 LT,DMOV,MPY,APAC 的功能
```

5. 快速的指令周期

哈佛结构、流水线操作、专用硬件乘法器、特殊的 DSP 指令加上集成电路的优化设计,使 DSP 芯片的指令周期在 200ns 以下,运算速度大为提高。例如:上文的 MACD 指令的执行时间是 3 个指令周期,TMS320F240x 的指令周期是 33ns,3 * 33ns = 100ns = $0.1\mu s$。而 MCS-96 在主频为 16MHz 时,执行一条乘法指令的时间为 $6.2\mu s$,相差 62 倍。

自从 DSP 芯片诞生以来,DSP 技术得到了飞速的发展。随着 DSP 的产销量高速增长的同时,DSP 的功能越来越强大,应用的领域也越来越广。在短短的二十年时间内,

DSP 芯片不但已经在信号处理、通信、雷达等许多高端领域得到重要的应用,而且正逐步进入日常生活,为人们提供极大的便利条件。而 DSP 芯片之所以能够高速发展,一方面得益于集成电路的发展,另一方面也正是得益于这种巨大的市场需求。在信号处理方面,DSP 芯片可以实现数字滤波、自适应滤波、快速傅里叶变换、相关运算、谱分析、卷积、模式匹配、加窗、波形产生等,这些算法在芯片内部可通过硬件来实现,无需编程,并且信号处理速度极高。电气工程领域也是 DSP 的主要应用领域之一,例如在电机控制、继电保护、变电站自动化、电力通信、新能源开发、电能质量控制等方面 DSP 都有了成功的应用实例,其中 TI 公司的 TMS320F240 DSP 片有完善的外围设备,可以方便地实现 PWM 输出,因而在电机控制、电能质量控制方面取得广泛的应用,本书将重点介绍这款芯片。

DSP 擅长于数据实时处理和算法实现,但是在完成控制任务方面不如单片机(microcontrouer unit,MCU),为了同时满足数据处理与控制两方面的需要,目前出现了将 DSP 和 MCU 融合的趋势,例如 TI 公司 2001 年推出的 TMS320C5470/5471 和 Motorola 在 2002 年推出的 DSP56800 系列等,就是在一块芯片中集成了 DSP 和 MCU 两个内核,使其功能更完善,应用更方便,功耗也更低,这种双内核的芯片必将在数字信号处理领域取得广泛的应用。

目前 TI 公司主推的 DSP 有:定点系列 TMS320C2000,TMS320C5000;浮点系列 TMS320C6000。TMS320 系列同一产品系列中的器件具有相同的 CPU 结构,但片内存储和外设的配置不同,降低了系统成本,节省了电路板空间,提高了系统的可靠性,满足了不同场合的需求。

7.2 TMS320F240 DSP 总体结构

7.2.1 基本结构和主要特征

TMS320F240 DSP 是以 TMS320C2XLP16 位定点 DSP 的 CPU 为内核,配置完善的片内外围设备组成的。图 7-1 是其总体结构框图。它的基本结构和主要特征如下:

1. 中央处理单元

- 32 位中央算术逻辑单元(CALU)
- 32 位累加器
- 16 位×16 位乘法器
- 3 个比例移位器
- 间接寻址用的 8 个 16 位辅助寄存器和它的辅助算术单元(ARAU)

2. 多组总线结构

- 3 条片内地址总线
- 3 条片内数据总线
- 单一片外 16 位地址/数据总线

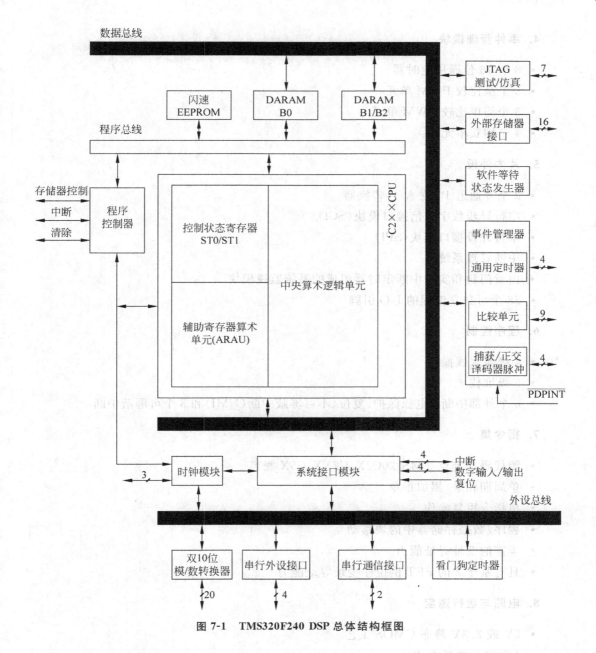

图 7-1　TMS320F240 DSP 总体结构框图

3. 存储器

- 544 字片内双口 RAM,其中 288 字用于数据,256 字用于程序/数据
- 16 千字片内 ROM,或 FLASH EEPROM,用作程序存储器
- 224 千片内可寻址空间,程序存储空间 64 千字,数据存储空间 64 千字,I/O 空间 64 千字,还有 32 千字的全局存储空间
- 外部有 16 位地址总线,16 位数据总线,支持软件、硬件等待状态

4. 事件管理模块

- 3 个 16 位通用定时器
- 3 个全比较 PWM 单元
- 3 个简单比较 PWM 单元
- 4 个捕获单元

5. 片内外设

- 2 个 8 通道 10 位 A/D 转换器
- 串行异步数字通信接口模块(SCI)
- 串行外设接口模块(SPI)
- 中断管理系统
- 由看门狗和实时中断定时器组成的系统监视模块
- 28 个可独立编程的 I/O 引脚

6. 程序控制

- 4 级流水线操作
- 8 级堆栈
- 6 个外部中断：电源保护、复位、不可屏蔽中断(NMI)和 3 个可屏蔽中断

7. 指令集

- 源代码与定点 TMS320C2X、C2XX、C5X 兼容
- 单周期相乘/累加指令
- 单指令重复操作
- 程序/数据存储器中的块移动
- 丰富的变址寻址能力
- 具有基于 2 的 FFT 倒位序变址寻址能力

8. 电源与运行速度

- 5V 或 3.3V 静态 CMOS 工艺
- 4 种降低功耗方式
- 单周期指令执行时间为 50ns(20MIPS)

7.2.2 DSP 的总线结构

TMS320F240 采用了多组总线结构，如图 7-2 所示，它包括 3 条内部地址总线和 3 条内部数据总线，它们分别是：

- 程序地址总线*（PAB）
- 数据读地址总线（DRAB）
- 数据写地址总线（DWAB）
- 程序读数据总线（PRDB）
- 数据读数据总线（DRDB）
- 数据写数据总线（DWDB）

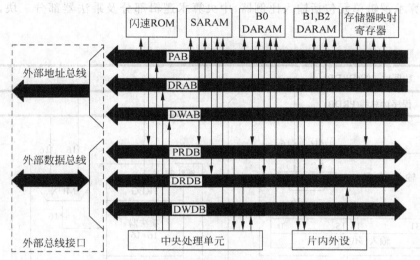

图 7-2　TMS320F240 DSP 总线结构图

而外部数据/地址总线仍为单一形式，以便与其他外围芯片兼容。

由于 TMS320F240 DSP 内部采用多组总线的结构，其 CPU 可以同时进行程序指令和存储数据的访问，这种并行处理机制容许 CPU 在一个指令周期内同时激活 4 条指令，实现 4 级逻辑流水线操作，即在任一个指令周期内 CPU 可以同时对顺序执行的 4 条指令分别进行取指令（P）、指令译码（T）、取操作数（D）和执行指令（E）4 种不同操作，而每一个周期都有指令被执行。对于用户来说，一个周期它就可以执行一条指令，大大地提高了运算速度。图 7-3 是适用于单字、单周期指令且无等待状态执行的 4 级流水线操作。

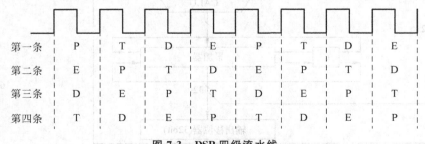

图 7-3　DSP 四级流水线

＊ ．PAB(program address bus)：用于读写程序存储器

7.2.3 中央处理单元

F240 DSP 中央处理单元采用 C2XLP 16 位定点 DSP 的 CPU 内核,它主要由中央算术逻辑单元、辅助寄存器算术单元、状态/控制寄存器等部分组成。

1. 中央算术逻辑单元

中央算术逻辑单元包括输入比例器、中央算术逻辑部分及乘法器部分三块,如图 7-4 所示。

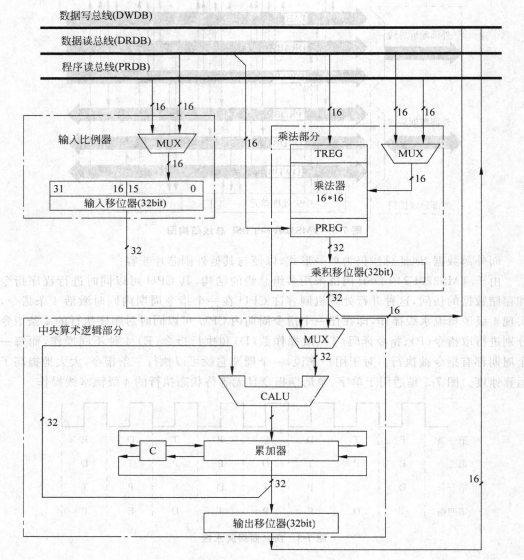

图 7-4 中央算术逻辑单元

输入比例器由多路转换器(MUX)及 32 位的移位器组成,为了使 16 位存储器读数据总线或 16 位数据读数据总线上的数据能正确地参与 32 位中央算术逻辑部分的运算,需要对这两条总线上的 16 位数据进行移位与扩展,以便与 32 位中央算术逻辑部分的数据对齐。输入移位器的操作并不需要 CPU 的时钟的开销。

中央算术逻辑部分有两个输入,一个来自累加器,另一个来自输入移位器或者乘积移位器的输出,具有加减算术运算、与或逻辑运算以及位测试等功能。

乘法部分由 16 位临时寄存器(TREG)、乘法器、32 位乘积寄存器(PREG)以及乘积移位器组成。乘积移位器可进行 4 种形式的移位,由状态寄存器 ST1 中的乘积移位模式位(PM)确定。

2. 辅助寄存器算术单元(ARAU)

辅助寄存器算术单元的主要功能是与中央算术逻辑单元总的操作并行地实现对 8 个辅助寄存器(AR0～AR7)的算术运算,如图 7-5 是其结构框图。DSP 间接寻址方式主要由这 8 个辅助寄存器来实现。当前时刻由哪一个辅助寄存器进行间接寻址取决于状态寄存器 ST0 中辅助寄存器指针(ARP)的值。利用 MAR、LST 指令可以修改辅助寄存器指针的值。

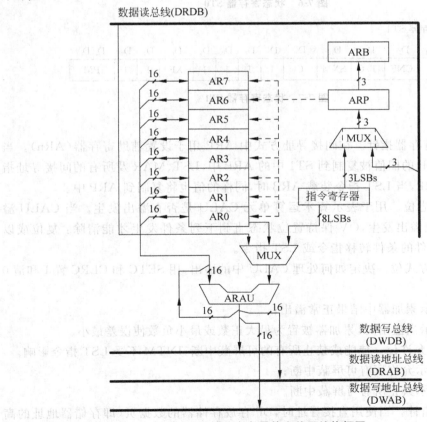

图 7-5 辅助寄存器算术单元结构框图

辅助寄存器算术单元可完成以下运算：

(1) 将辅助寄存器的内容增减 1 或增减一个变址量；

(2) 将辅助寄存器的内容增减一个常数；

(3) 把 AR0 的内容与当前 AR 的内容进行比较（CMPR 指令），并把结果经数据写数据总线（DWDB）放入状态寄存器 ST1 中的测试控制位（T/C）。

3. 状态/控制寄存器 ST0/ST1

DSP CPU 的两个状态寄存器 ST0 和 ST1 的内容可以被保存到数据存储器或从数据存储器加载，常用的指令有 LST（装载状态寄存器）向 ST0/ST1 写，SST（存储状态寄存器）从 ST0/ST1 读，另外 SETC 和 CLRC 可以设置和清除这两个寄存器的许多位，即对 ST0 和 ST1 进行位操作。ST0 和 ST1 可以用于子程序中保存和恢复机器的状态。两个状态寄存器的格式分别如图 7-6 和图 7-7 所示。

状态寄存器 ST0

图 7-6　状态寄存器 ST0

状态寄存器 ST1

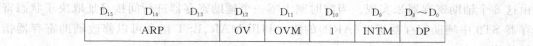

图 7-7　状态寄存器 ST1

其中：

ARP：辅助寄存器指针。在间接寻址方式中 ARP 用于设置辅助寄存器（ARn）。当装载 ARP 时，ARP 的旧值被复制到 ST1 中的 ARB 中，LST、MAR 及所有的间接寻址指令都可以修改 ARP，当 LST 指令装载 ARB 时，同样的值也将复制到 ARP 中。

OV：溢出标志位。用于表示算术运算单元 CALU 是否有溢出发生。当 CALU 溢出，OV 置 1；一旦溢出发生，OV 保持置位状态直到下列条件发生才能清除：复位或以 OV 或 NOV 为条件的条件转移指令或 LST 指令。

OVM：溢出方式位。决定如何处理 CALU 中的溢出，用 SETC 和 CLRC 置 1 和清 0 该位。

OVM＝0 表示累加器中结果正常溢出；

OVM＝1 表示当溢出时，累加器被置为最大正数或最小负数使误差最小。

INTM：中断允许位。使能或禁止所有的可屏蔽中断，INTM 不受 LST 指令影响。

INTM＝0 表示允许所有可屏蔽中断；

INTM＝1 表示禁止所有可屏蔽中断。

DP：数据页指针。当使用直接寻址时，DP 存放存储器的数据页（即存储器地址的高 9 位），DP 与指令代码的最低 7 位构成 16 位存储器地址。

ARB：辅助寄存器指针缓冲器。

CNF：片内 DARAM 配置位。该位决定将 DARAM B0 映射至数据或程序空间。

CNF＝0 表示 B0 映射到数据区；

CNF＝1 表示 B0 映射到程序区。

T/C：测试/控制位。在下述条件下 T/C 被置为"1"：(1)由 BIT 或 BITT 指令测试的位为 1；(2)当用 NORM 指令测试时，累加器的最高两位"异或"功能为真。T/C 可以作为条件转移类指令的条件之一。T/C 受 BIT、BITT、CMPR、LST 和 NORM 指令的影响。

SXM：符号扩展位。该位不影响某些指令的操作，例如 ADDS 指令，无论 SXM 为何值，ADDS 都抑制符号扩展。

SXM＝0 表示抑制符号扩展；

SXM＝1 表示当数据通过输入移位送至累加器前进行符号扩展。

C：进位标志位。

XF：XF 引脚状态位。XF 为一个通用目的输出引脚，该位决定 XF 引脚的状态。

PM：乘积移位方式。PM 决定乘积移位寄存器 PREG 的移位情况，但并不影响乘积寄存器 PREG 的内容。

PM＝00 表示乘法器的 32 位乘积不经移位送至 CALU 或数据存储器；

PM＝01 表示乘积移位寄存器左移 1 位，最低有效位填 0；

PM＝10 表示乘积移位寄存器左移 4 位，最低有效位填 0；

PM＝11 表示乘积移位寄存器右移 6 位，且进行符号扩展。

7.2.4 存储器

TMS320F240 DSP 采用在独立的程序存储器、数据存储器和 I/O 空间，即它们可以有相同的地址，但对它们的访问则要通过控制线来区分。除此之外，数据存储器还分为局部数据存储器和全局数据存储器，这两者也可共用相同的地址空间，它们的访问除了通过不同的控制线来区分以外，还受全局存储器分配寄存器（GREG）的控制。

F240 DSP 使用 16 位的地址总线，可访问的四种独立的选择空间是：

- 64 千字程序存储器
- 64 千字局部数据存储器
- 32 千字全局数据存储器。全局数据存储器用来保存与其他处理器共用的数据，或者作为一个附加的数据空间。局部数据存储器中的高 32 千字地址（8000H～FFFFH）可用作全局数据存储器
- 64 千字的 I/O 空间

特别地，在所有的 TMS320F240X DSP 器件内含有 544 字的片内双口 RAM（DARAM），每个机器周期 CPU 可对片内 DARAM 存储器进行两次访问，从而改善了 CPU 的速度。DARAM 有两种存储器配置方式：

- 所有的 544 字都配置为数据寄存器
- 将 288 字配置为数据寄存器，其余 256 字配置为程序寄存器

1. 程序存储器

程序存储器的配置如图 7-8 所示。F240 DSP 可以使用片内程序存储器,也可以使用片外程序存储器,由引脚 MP/$\overline{\text{MC}}$ 决定。当 MP/$\overline{\text{MC}}$＝0 时,使用片内程序存储器;当 MP/$\overline{\text{MC}}$＝1 时,使用片外程序存储器。一般情况下,片内程序存储器的访问速度比片外程序存储器速度快,而且比片外程序存储器功耗低。采用片外程序存储器操作的优点是可访问更大的地址空间(64 千字)。

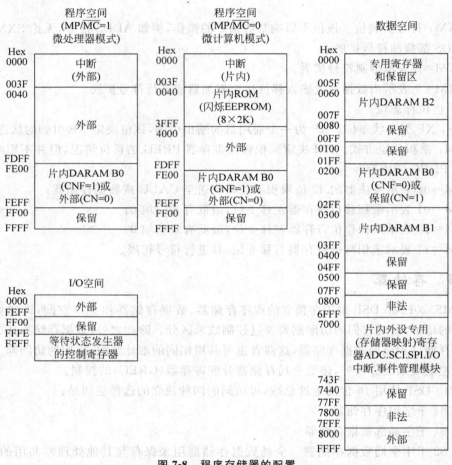

图 7-8　程序存储器的配置

程序存储器的地址分配:
- 0000H～003FH:用于存储中断入口地址。当有中断请求信号时,CPU 从这个地方取中断服务子程序的入口地址。0000H 是系统复位向量地址,任何程序都得从此开始运行,所以一般在此安排一条分支跳转指令,让 CPU 转入到用户主程序的入口处。
- 0040H～FDFFH:用户程序区。根据不同的型号,可以有 4/8/16/32 千字的片内 FLASH/ROM;0/1/2/4/8/16 千字的单口存储器 SARAM;若要使用别的地址空间,需要外扩。

- FE00H～FFFFH：这是一个双口存储器 DARAM 区（B0），可以配置给程序存储器，也可以配置给数据存储器，由状态寄存器 ST1 的 CNF 位决定。CNF＝0，配置给数据存储器；CNF＝1，配置给程序存储器。复位时 CNF＝0。

2. 局部数据存储器

局部数据存储器分为片内数据存储器和片外数据存储器，其配置如图 7-9 所示。其中：

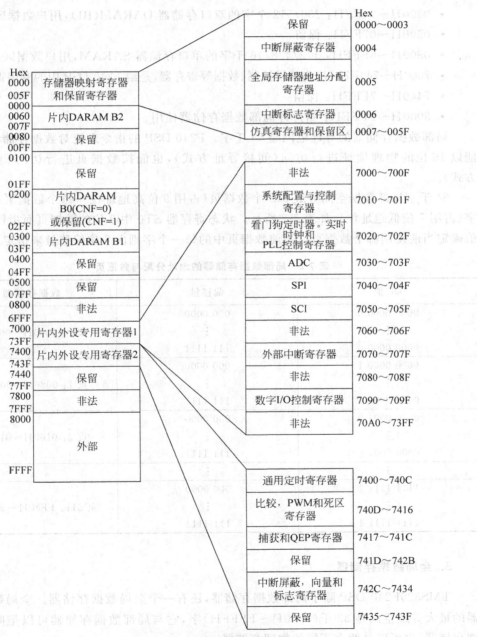

图 7-9　局部数据存储器配置

- 0000H～005FH：专用寄存器区。这个区间的地址由 F240 DSP 使用，安排了中断屏蔽寄存器、全局存储器分配寄存器、中断标志寄存器等
- 0060H～007FH：32 字的双口存储器 DARAM(B2)，用户数据区
- 0080H～00FFH：保留
- 0010H～02FFH：256/512 个字的双口存储器 DARAM(B0)，只有当 CNF=0 时才可作为用户数据区
- 0300H～04FFH：256/512 个字的双口存储器 DARAM(B1)，用户数据区
- 0500H～07FFH：保留
- 0800H～6FFFH：1/2/4/8/16 千字的单口存储器 SARAM，用户数据区
- 7000H～743FH：片内外设控制、数据等寄存器，是给 F240 DSP 用的专用寄存器区
- 7440H～7FFFH：保留
- 8000H～FFFFH：给片外局部数据存储器使用

局部数据存储器的寻址范围是 64 千字。F240 DSP 的指令系统对数据存储器的寻址能以 16 位的物理地址进行访问（间接寻址方式），也能按数据页进行访问（直接寻址方式）。

64 千字局部数据空间分成 512 个数据页（占用 9 位高地址位），每个数据页有 128 个字（占用 7 位低地址位），如表 7-2 所示。状态寄存器 ST0 中 9 位的数据页面指针（DP）的值确定当前使用哪个数据页。当前数据页中的每一个字则由 7 位偏移量来指定。

表 7-2　局部数据存储器的地址分配与数据页

DP 值	偏移量	数据存储器
0000 0000 0	000 0000	
⋮	⋮	页 0：0000H～007FH
0000 0000 0	111 1111	
0000 0000 1	000 0000	
⋮	⋮	页 1：0080H～00FFH
0000 0000 1	111 1111	
0000 0001 0	000 0000	
⋮	⋮	页 2：0100H～017FH
0000 0001 0	111 1111	
⋮	⋮	⋮
1111 1111 1	000 0000	
⋮	⋮	页 511：FF80H～FFFFH
1111 1111 1	111 1111	

3. 全局数据存储器

TMS320F240 DSP 除了局部数据存储器，还有一个全局数据存储器。全局数据存储器的最大寻址空间是 32 千（8000H～FFFFH）字，它与局部数据存储器可以是同一个物理存储器，也可以是两个不同的物理存储器。

如果是同一个物理存储器,两者通过地址来区分,其地址范围由全局存储器分配寄存器(GREG)来指定,范围在 256 字到 32 千字之间。全局存储器分配寄存器的地址是 0005H。

如果不是同一个物理存储器,两者的地址空间将会有重叠的部分,特别是当局部数据存储空间需要 64 千字,全局数据存储空间需要 32 千字时,两者的高 32 千字地址空间(8000H～FFFFH)将完全重叠。这个时候,要区分局部数据空间和全局数据空间的访问,光靠全局存储器寄存器(GREG)来指定地址范围就不行了,需要加上总线请求信号 $\overline{BR}$,作为全局数据存储器的片选信号($\overline{CE}$)。

4. I/O 空间

F240 DSP 的 I/O 空间可寻址 64 千字,如图 7-10 所示,它由三部分组成:
- 0000H～FEFFH:用于访问片外外设
- FF00H～FFFEH:保留
- FFFFH:映射为等待状态发生器的控制寄存器

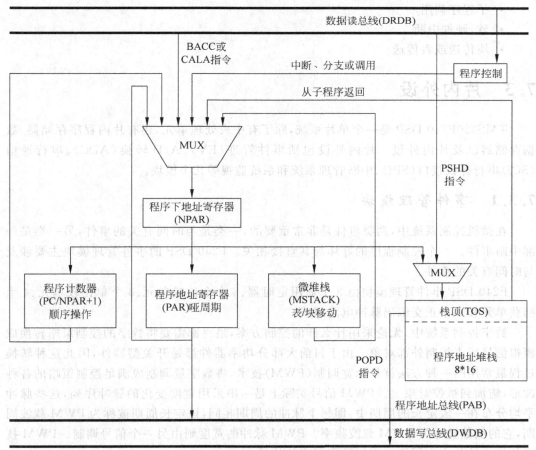

图 7-10 F240 DSP 程序地址产生示意图

所有 I/O 空间（外部 I/O 端口和片内 I/O 寄存器）都可用 IN 和 OUT 指令访问。当执行 IN 或 OUT 指令时，信号 $\overline{IS}$ 将变成有效，因此可用信号 $\overline{IS}$ 作为外围 I/O 设备的片选信号。访问外部并行 I/O 端口与访问程序、数据存储器复用相同的地址和数据总线。数据总线宽度为 16 位，若使用 8 位的外设，根据需要既可使用数据总线的高 8 位也可使用低 8 位。

7.2.5 程序控制

F240 DSP 有一个 16 位的程序计数器（PC），又称为程序地址指针，是程序地址产生的核心。系统复位时由内部硬件逻辑将 PC 置为 0000H（复位中断向量）。PC 的内容经程序地址寄存器（PAR）驱动程序地址总线（PAB），使得中央处理单元 CPU 获得当前的指令。当前指令被装入指令寄存器后，PC 的内容加 1，为下一个地址做准备。PC 的内容决定了 CPU 下次取指的地点。图 7-10 是 F240 DSP 的程序地址的产生的示意图。

程序一般是顺序执行的，但也存在跳变。以下一些情况可以引起程序跳变：

- 分支跳转指令
- 子程序调用
- 软、硬件中断
- 块传送或表传送

7.3 片内外设

TMS320F240 DSP 是一个单片系统，除了有中央处理单元，还有片内程序存储器、数据存储器以及片内外设。片内外设包括事件管理（EV）、A/D 转换（ADC）、串行通信（SCI）串行外设接口（SPI）、中断管理系统和系统监视等几个模块。

7.3.1 事件管理模块

在微机控制系统中，两类事件是非常重要的，一类是与时间有关的事件，另一类是外部中断事件。一个控制程序的好坏与其直接相关。F240 DSP 的事件管理模块主要涉及与时间有关的事件。

F240 DSP 事件管理模块由 3 个通用定时器、6 个全比较单元、3 个单比较单元、4 个捕获单元和 2 个正交编码脉冲电路组成。

数字控制系统中，无论采用什么样的控制方案，最终都需要将数字的控制策略转换成模拟信号后去控制外部对象。由于目前大部分功率器件都是开关型器件，因此这种转换过程最常用的一种方法就是脉宽调制（PWM）技术，将数字量调制成满足控制策略的各种波形，施加到被控对象上。PWM 信号实际上是一串采用宽度变化的脉冲序列，这些脉冲平均分布在一段定长的周期中，即每个脉冲的周期相同，该定长周期被称为 PWM 载波周期，它的倒数被称为 PWM 载波频率。PWM 脉冲的宽度则由另一个信号调制。PWM 技术的核心就是产生周期不变但脉宽可变的信号。

为了产生 PWM 信号，EV 的定时器周期寄存器可以产生与 PWM 周期相同的计数周期。而定时器的比较寄存器则可以根据已知的调制信号确定 PWM 脉冲宽度。EV 模块共可以产生 12 个 PWM 输出信号。EV 模块的 3 个全比较单元中的每一个都可以产生一对具有可编程死区及输出极性的 PWM,这 6 个 PWM 输出可以方便用于控制三相交流感应电机或无刷直流电机。另外,EV 的 3 个定时器和 3 个简单比较单元可以产生 6 路无死区的 PWM 输出。

PWM 技术广泛应用于电机控制系统和电力电子系统中。由于 TMS320F240 DSP 可以方便地产生 PWM 输出,因此在以上领域取得了广泛的应用。

7.3.2 数模转换模块

F240 DSP 的模数转换模块包括两个独立的 A/D 转换器,每个 A/D 转换器带有一个内部采样/保持电路和一个 10 位双积分型的转换器。每个模/数转换器可接 8 个模拟输入通道,这 8 个模拟输入通过模块内多路转换开关(MUX)提供给每个 A/D 转换器,可并行处理 16 个模拟输入量,每个模数转换器的最快转换时间是 $6.6\mu s$。每个 A/D 转换器每次只能转换 1 个模拟输入,但两个独立的 A/D 转换器可以同时转换 2 个模拟输入。F240 DSP 的 A/D 转换模块的结构如图 7-11 所示。

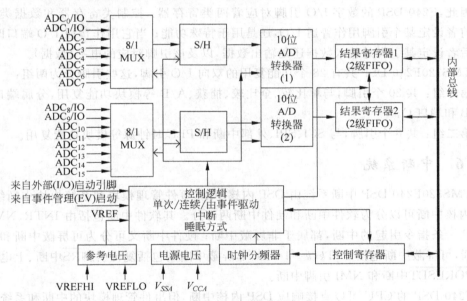

图 7-11 A/D 转换模块

7.3.3 SCI 串行通信模块

F240 DSP 串行通信接口(SCI)是一个标准的通用异步接收/发送(UART)通信接口。它的接收器和发送器都是双级缓冲的,有自己的使能和中断位,它们可以半双工或全双工工作。为了保证数据的完整性,串行通信接口对接收的数据进行间断检测、奇偶性、超时和帧错误的检查。串行通信接口波特率可高达 64Kbps。

7.3.4 SPI 串行外设接口模块

SPI 实际上是一种串行总线标准,它实现两个设备之间的信息交换,与 SCI 串行异步通信既有相同之处也有不同之处。相同之处在于它们都是串行的信息交换,不同的是 SCI 是一种异步(准同步)方式,两台设备有各自的串行通信时钟,在相同的波特率和数据格式下达到同步,而 SPI 是一种真正的同步方式,两台设备在同一个时钟下工作。因此,SCI 只需两根引脚线(发送与接收)而 SPI 需要 3 根引脚线(发送、接收与时钟)。由于 SPI 是同步方式工作,它的传输速率远远高于 SCI。目前,采用 SPI 接口方式的 A/D、I/O、RAM 等芯片越来越多,传输速率高达几十 Mbps。

目前与 SPI 总线兼容的芯片越来越多,因此在 F240 DSP 的片内集成 SPI 接口模块为控制系统的设计带来了很大的方便。

7.3.5 数字 I/O 端口

数字 I/O 端口是 DSP 芯片与外界联系的接口。DSP 的数字 I/O 引脚都是功能复用的,既可用作普通 I/O,也可用作其他功能。用于普通 I/O 时,既可用作输入也可用作输出。因此,F240 DSP 的数字 I/O 引脚对应着两类寄存器:控制类寄存器和数据类寄存器。前者设定某个引脚用作普通 I/O,还是用于特殊功能;当它用作普通 I/O 端口时,可利用后者设定某引脚是输入数据还是输出数据,以及该引脚对应的电平(数据)。

TMS320F240 DSP 共有 28 个功能复用的双向 I/O 引脚,这些引脚分为两组:

第一组:共 20 个引脚,与单比较、全比较、捕获、A/D 等模块功能复用,分属端口 A、端口 B 和端口 C。

第二组:共 8 个引脚,与 SCI、SPI、外部中断和 PLL 时钟源等模块功能复用。

7.3.6 中断系统

TMS320F240 DSP 中断系统由 DSP 内核中断、事件管理模块和系统模块中断组成。DSP 内核中断可以分为软件中断和硬件中断两部分。其软件中断包括由 INTR、NMI 和 TRAP 三条指令引起的中断,都属于非屏蔽中断;硬件中断又可分为可屏蔽中断和非屏蔽中断,可屏蔽中断包括 INTk(k=1~6),非屏蔽中断则包括复位引脚$\overline{RS}$中断、上电复位引脚$\overline{PORESET}$中断和 NMI 引脚中断。

F240 DSP 的 CPU 可以直接响应 DSP 内核中断,但事件管理模块的中断和系统模块的中断要通过 DSP 内核中的 INTk(k=1~6)以及 NMI 中断与 CPU 挂接。其中事件管理模块的中断通过 INT2、INT3、INT4 与 DSP CPU 挂接,而系统中断模块的中断通过 INT1、INT5、INT6 和 NMI 与 DSP CPU 挂接。图 7-12 为 DSP 中断系统结构图。

F240 DSP 的整个可屏蔽中断的屏蔽和开放通过状态寄存器 ST0 的中断总屏蔽位 INTM 来设置。若 INTM=1,则关闭所有可屏蔽中断;若 INTM=0,则开放所有可屏蔽中断。若要允许 CPU 响应 INTk(k=1~6)中断,还需要对中断屏蔽寄存器 IMR(如图 7-13 所示)的相应位进行设置,其 D0~D5 位依次与 INT1~INT6 中断对应;若要开放某中断,设置相应的 IMR 位为 1;若要屏蔽某中断,将相应的 IMR 位置为 0。

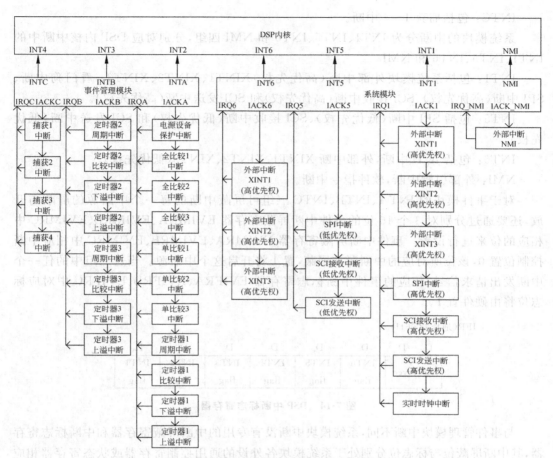

图 7-12 TMS320F240 DSP 中断系统结构图

IMR(地址 0004H)

	$D_{15} \sim D_6$	D_5	D_4	D_3	D_2	D_1	D_0
	Reserved	INT6 mask	INT5 mask	INT4 mask	INT3 mask	INT2 mask	INT1 mask

图 7-13 DSP 中断屏蔽寄存器

如果发生了某 INTk(k=1~6)可屏蔽中断,中断标志寄存器 IFR(如图 7-14 所示)的中断标志位 D0~D5 位中与中断 INTk 相应的那一位由硬件置 1,CPU 可以通过读 IFR 的中断标志位的状态来识别中断是否产生。

事件管理模块的中断分为 INTA、INTB、INTC 三组,分别对应 DSP 内核中断中的 INT2、INT3、INT4。

INTA:包括电源设备中的保护中断、全比较 1~3 中断、单比较 1~3 中断;及通用定时器 1 的周期中断、比较中断、下溢中断和上溢中断。

INTB:包括通用定时器 2 的周期中断、比较中断、下溢中断和上溢中断;及通用定时器 3 的周期中断、比较中断、下溢中断和上溢中断。

INTC：包括捕获 1~4 中断。

系统模块的中断分为 INT1、INT5、INT6 和 NMI 四组，分别对应 DSP 内核中断中的 INT1、INT5、INT6 和 NMI。

INT1：包括系统模块外部中断（高优先权）XINT1、XINT2、XINT3；看门狗中断、SPI 中断（高优先权）、SCI 接收中断（高优先权）和 SCI 发送中断（高优先权）。

INT5：包括 SPI 中断（低优先权）、SCI 接收中断（低优先权）和 SCI 发送中断（低优先权）。

INT6：包括 A/D 中断，外部中断 XINT1、XINT2、XINT3（低优先权）。

NMI：外部引脚中断，软件指令中断。

对于事件模块的 INTA、INTB、INTC 三组可屏蔽中断的每一个中断源的屏蔽与开放，还要通过分别对 3 个 16 位的事件中断屏蔽寄存器 EVIMRA、EVIMRB、EVIMRC 中相应的位来进行设置。事件中断屏蔽寄存器 EVIMRA、EVIMRB、EVIMRC 中相应中断控制位置 0，该位所对应的中断源被屏蔽，置 1 将开启这个中断源。当这三组中的任一个中断发出请求信号，相应的事件中断标志寄存器 EVIFRA、EVIFRB、EVIFRC 中对应标志位将由硬件置 1。

IFR（地址 0006H）

$D_{15} \sim D_6$	D_5	D_4	D_3	D_2	D_1	D_0
Reserved	INT6 flag	INT5 flag	INT4 flag	INT3 flag	INT2 flag	INT1 flag

图 7-14 DSP 中断标志寄存器

与事件管理模块中断不同，系统模块中断没有专用的中断屏蔽寄存器和中断标志寄存器，其中断屏蔽位与标志位分别处于系统模块各外设的通用控制寄存器或状态寄存器相应位中。系统模块中断除了 NMI 中断外，都是可以屏蔽的。外部引脚中断 XINTx（$x=1,2,3$）的屏蔽由外部引脚中断控制寄存器 XINTxCR 的中断使能位 XINTxEN 设置；串行外设口 SPI 中断 SPIINT 的屏蔽由 SPI 控制寄存器 SPICTL 的中断使能位 SPINTEN 设置；串行通信 SCI 发送中断 TXINT 和接收中断 RXINT 分别由 SCI 控制寄存器 SCICTL2 的使能位 TX/BKEN、RX/BKEN 设置。A/D 转换中断 ADCINT 的屏蔽由 ADC 控制寄存器 ADCTRL1 的 ADCINTEN 位设置；实时时钟中断 RTINT 则由实时中断控制寄存器 RTICR 的使能位 RTIEN 设置。

每一组 INTk（$k=1\sim 6$）都连接有多个中断源，为了更好地处理中断复用情况，F240 DSP 为每一个中断源分配了一个偏移向量地址和相应的优先级（如表 7-3 所示）。例如当事件管理模块 A 组中的定时器周期中断源 TPINT 发出了中断请求信号，CPU 将该中断的偏移向量地址 0027H 自动地写入到对应的事件中断向量寄存器 EVIVRA 中，当进入到 DSP 内核中断 INT2 的服务子程序后，CPU 将事件中断向量寄存器 EVIVRA 的内容送入累加器，然后经分支转移指令转入到专为 TPINT 中断所写的中断服务子程序的入口上。程序如下：

0004H   B   GISR2   ;INT2 的入口，通过分支指令 B 转入到

```
                              ;真正的中断服务子程序入口 GISR2
--------------------------------------------------------------
1000H   GISR2                 ;这里安排一些现场数据保护的指令
        LACC  EVIVRA,8        ;假定 TPINT 发出请求,则 EVIVRA=0027H
        BACC                  ;经过分支指令 BACC 便可转入到
                              ;真正的 TPINT 的中断服务子程序的入口
--------------------------------------------------------------
2700H                         ;TPINT 中断服务子程序的入口
```

表 7-3 TMS320F240 DSP 中断源及中断向量偏移地址表

中断源	总优先级	DSP CPU 中断向量表地址	外设中断向量地址寄存器	中断向量偏移地址	是否可屏蔽	功能描述
硬件复位	1	(0000H)	无	无	否	硬件复位
Reserved	2	(0026H)	无	无	否	DSP 保留
NMI	3	(0024H)		0002H		外部 NMI
XINT1	4			0001H		XINT1 高优先级
XINT2	5			0011H		XINT2 高优先级
XINT3	6	INT7	SYSIVR	001FH		XINT3 高优先级
SPIINT	7	(0002H)	(701EH)	0005H	是	SPI 中断高优先级
RXINT	8	系统模块		0006H		SCI 接收高优先级
TXINT	9			0007H		SCI 发送高优先级
WDINT	10			0010H		WD 中断
PDPINT	11			0020H		低电压检测中断
CMP1INT	12			0021H		全比较器 1 中断
CMP2INT	13			0022H		全比较器 2 中断
CMP3INT	14			0023H		全比较器 3 中断
SCMP1INT	15	INT2		0024H		简单比较 1 中断
SCMP2INT	16	(0004H)	EVIVRA	0025H	是	简单比较 2 中断
SCMP3INT	17	事件管理 A 组	(7432H)	0026H		简单比较 3 中断
TPINT1	18			0027H		定时器 1 周期中断
TCINT1	19			0028H		定时器 1 比较中断
TUFINT1	20			0029H		定时器 1 下溢中断
TOFINT1	21			002AH		定时器 1 上溢中断
TPINT2	22			002BH		定时器 2 周期中断
TCINT2	23			002CH		定时器 2 比较中断
TUFINT2	24			002DH		定时器 2 下溢中断
TOFINT2	25	INT3	EVIVRB	002EH	是	定时器 2 上溢中断
TPINT3	26	(0006H)	(7433H)	002FH		定时器 3 周期中断
TCINT3	27	事件管理 B 组		0030H		定时器 3 比较中断
TUFINT3	28			0031H		定时器 3 下溢中断
TOFINT3	29			0032H		定时器 3 上溢中断

续表

中断源	总优先级	DSP CPU 中断向量表地址	外设中断向量地址寄存器	中断向量偏移地址	是否可屏蔽	功能描述
CAPINT	30	INT4 (0008H) 事件管理 C 组	EVIVRC (7434H)	0033H	是	捕获单元 1 中断
CAPINT	31			0034H		捕获单元 2 中断
CAPINT	32			0035H		捕获单元 3 中断
CAPINT	33			0036H		捕获单元 4 中断
SPIINT	34	INT5(000AH) 系统模块	SYSIVR (701EH)	0005H	是	SPI 中断低优先级
RXINT	35			0006H		SCI 接收低优先级
TXINT	36			0007H		SCI 发送低优先级
ADCINT	37	INT6 (000CH) 系统模块	SYSIVR (701EH)	0004H	是	ADC 中断
XINT1	38			0001H		XINT1 低优先级
XINT2	39			0011H		XINT2 低优先级
XINT3	40			001FH		XINT3 低优先级
TRAP		0022H		X		TRAP 指令中断
空中断		无		0000H		PHANTOM 中断
INT1～INT6		0002～000CH		0000H		软件 INT 中断
NMI		0024H		0000H		软件 NMI 中断

7.4 指令系统

TMS320F240 DSP 寻址方式分为三种：立即寻址、直接寻址和间接寻址。立即寻址，需要寻找的数就在指令里；直接寻址，指令给出的是需要寻找的数的地址，可按此地址直接去找；间接寻址，指令给出的既不是立即数也不是直接地址，而是将此地址（或寄存器）的内容作为要寻找的数的地址。以下分别介绍 F240 DSP 的寻址方式和指令集。

7.4.1 寻址方式

1. 立即寻址

F240 DSP 中立即寻址方式分为两种：短立即寻址和长立即寻址。短立即寻址把一个 8、9 或 13 位的常数作为操作数。这种寻址方式的指令为单字指令，立即数就包含在指令中，而且要在立即数前加 # 以区别于直接地址。如：

RPT #99　　　　　　　　　　　　；将紧跟 RPT 后面的那条指令执行 100 次

D_{15}	D_{14}	D_{13}	D_{12}	D_{11}	D_{10}	D_9	D_8	D_7	D_6	D_5	D_4	D_3	D_2	D_1	D_0
1	0	1	1	1	0	1	1	0	1	1	0	0	0	1	1

采用立即数寻址的 RPT 操作码　　　　　　8 位常数＝99

长立即寻址的指令把一个 16 位的常数作为操作数，是一个双字指令，指令的第二个字即为操作数，它既可以是绝对值常数，也可以是二进制补码值，如：

ADD #16384,2   ;将数值16384左移2位后与累加器内容相加,结果在累加器中

第1字

D15	D14	D13	D12	D11	D10	D9	D8	D7	D6	D5	D4	D3	D2	D1	D0
1	0	1	1	1	1	1	1	1	1	0	0	1	0	0	1	0

长立即寻址的ADD指令操作码　　　　　移位次数=2

第2字

D15	D14	D13	D12	D11	D10	D9	D8	D7	D6	D5	D4	D3	D2	D1	D0
0	1	0	0	0	0	0	0	0	0	0	0	0	0	0	0

16位常数=16384=4000H

2. 直接寻址

F240 DSP直接寻址可以访问64千字数据存储器。在DSP中,数据存储器按页进行管理,整个64千字数据存储器划分为512个数据页,每个数据页含128个字。在访问数据存储器时,首先通过LDP等指令确定当前数据页,它由状态寄存器ST0中的9位数据页面指针(DP)值确定,例如DP值为000000010B,则当前数据页为2。确定当前数据页后,该数据页128个字中的哪一个字则由指令寄存器的低7位(LSB)偏移量指定。F240 DSP的直接寻址指令中的直接地址就是该低7位(LSB)偏移量。中央处理器单元将当前DP值与偏移量拼接,就变成16位的存储器地址。其指令字格式及内容如下:

D15	D14	D13	D12	D11	D10	D9	D8	D7	D6	D5	D4	D3	D2	D1	D0
8MSB								0	7LSB						

8MSB:$D_{15} \sim D_8$,指出指令类型(例如ADD),并包含该指令所访问的数据值的移位信息。

0:D_7直接/间接寻址指示符,D_7为0表示直接寻址。

7LSB:$D_6 \sim D_0$,给出该指令所访问的数据存储器地址的偏移量。

使用直接寻址方式时,要特别注意当前数据页的设置:(1)DP在复位时并没有初始化,所以在程序之前应注意对DP初始化;(2)若有一程序段中的所有指令都访问同一个数据页,只需在该程序段前装载DP一次;(3)若在程序中需访问不同的数据页,则每次访问新的数据页前,都需修改DP值,以确保使用正确的数据页。

设置数据页可利用LDP指令或任何能将数值加载到状态寄存器ST0的指令。设置偏移量,只需在指令的操作数的位置上写上该7位偏移量即可(前面不能加#)。

例如采用直接寻址的ADD指令,将数据存储器地址0209H中的内容左移5位后与累加器的内容相加。数据存储器地址0209H(000000100 0001001B)的页面地址是4H,偏移量是9H。其程序如下:

LDP #4   ;将数据页面设置为4
ADD 9H,5   ;将数据存储器地址0209H中的内容左移5位后与累加器内容相加

3. 间接寻址

F240 DSP 内含 8 个辅助寄存器（AR0～AR7）和一个辅助寄存器算术单元（ARAU），专门用于间接寻址的操作。它用 16 位辅助寄存器的内容作为间接的地址，因此利用间接寻址可以访问 64 千字数据存储器的任一单元，不受当前数据页的限制。

8 个辅助寄存器（AR0～AR7）都可以参与间接寻址，但是每次寻址只能使用其中的一个，它由状态寄存器 ST0 中的 3 位辅助寄存器指针（ARP）来指定。ARP 所指定的辅助寄存器称为当前辅助寄存器（AR）。

由于在 F240 DSP 中设置了辅助寄存器算术单元（ARAU），因此在进行间接寻址操作的同时可以对辅助寄存器的内容进行运算，并修改 ARP 的值，为下次的间接寻址做准备，从而极大地提高间接寻址的速度。

对辅助寄存器的内容进行运算有四种选择：

- 不增不减：指令使用当前辅助寄存器的内容作为数据存储器地址，同时不增加也不减少当前辅助寄存器的内容。
- 增 1 或减 1：指令使用当前辅助寄存器的内容作为数据存储器地址，指令执行后将当前辅助寄存器的内容增 1 或减 1。
- 增或减一个变址量：将 AR 中的值作为变址量，指令使用当前辅助寄存器的内容作为数据存储器地址，指令执行后将当前辅助寄存器的内容增加或减去这个变址量。
- 按反向进位方式增或减变址量：将 AR0 中的值作为变址量，指令使用当前辅助寄存器的内容作为数据存储器地址，指令执行后将当前辅助寄存器的内容按反向进位方式增加或减去这个变址量。反向进位方式的加或减是从最高位开始运算，有进位（或借位）给低位。这适用于 FFT 算法。

表 7-4 以 LT 指令为例给出了 7 种间接寻址的操作数符号和功能。

表 7-4 间接寻址选项与操作数表

选 项	操作数符号	例 子
不增不减	*	LT *；用当前 AR 所指的数据存储器地址内容暂时装载到 TREG
增 1	*+	LT *+；用当前 AR 指定的数据存储器地址内容装载到 TREG，然后将当前 AR 内容加一
减 1	*−	LT *−；用当前 AR 指定的数据存储器地址内容装载到 TREG，然后将当前 AR 内容减一
加编址量	*0+	LT *0+；用当前 AR 指定的数据存储器地址内容装载到 TREG，然后将当前 AR 内容加 AR0 的内容
减编址量	*0−	LT *0−；用当前 AR 指定的数据存储器地址内容装载到 TREG，然后将当前 AR 内容减 AR0 的内容
反向进位加编址量	*BR0+	LT *BR0+；用当前 AR 指定的数据存储器地址内容装载到 TREG，然后按反向进位方式将当前 AR 内容加 AR0 的内容
反向进位减编址量	*BR0−	LT *BR0−；用当前 AR 指定的数据存储器地址内容装载到 TREG，然后按反向进位方式将当前 AR 内容减 AR0 的内容

采用间接寻址方式时,加载到指令寄存器指令字格式如下图所示:

D_{15} D_{14} D_{13} D_{12} D_{11} D_{10} D_9 D_8	D_7	D_6 D_5 D_4	D_3	D_2 D_1 D_0
8MSB	1	ARU	N	NAR

8MSB:D_{15}~D_8 指示指令类型(如 LT)及与数据移位有关的信息。

1:D_7 直接/间接指示。1 表示间接寻址方式。

ARU:D_6~D_4 辅助寄存器更新代码,确定是否对辅助寄存器进行更新以及将其增加还是减少。

N:D_3 指明该指令是否改变辅助寄存器指针(ARP)的值。

若 N=0,ARP 的内容保持不变。

若 N=1,NAR 的内容加载到 ARP,原先的 ARP 值加载到 ST1 中的辅助寄存器缓冲器(ARB)。

NAR:D_2~D_0 的值指明下一辅助寄存器。若 N=1,NAR 被加载到 ARP。

7.4.2 DSP 指令集

TMS320F240 DSP 指令按功能可分为:数据传送指令、算术运算指令、逻辑运算指令和分支转移指令四大类,为了便于阅读和编写程序,现将指令中常用的一些符号说明如下:

dma:数据存储器地址的低 7 位。

shift:左移位数 0~15(默认为 0)。

shift2:左移位数 0~7(默认为 0)。

ind:选择以下 7 中寻址方式之一:*、*+、*-、*0+、*0-、*BR0+、*BR0-。

[,x]:带方括号表示 x 为可选项。

[,x1[,x2]]:表示 x1 和 x2 都是可选项。可选项前的变量必须提供,若没有 x1 就没有 x2。

♯:立即寻址方式表示后面跟的是立即数,以避免与直接寻址方式相混淆。

n:数值 0~7,指定下一个辅助寄存器。

k:8 位短立即数。

lk:16 位长立即数。

pma:16 位程序存储器地址。

control bit:选择以下控制位之一:C、CNF、INTM、OVM、SXM、TC、XF。

ACC:累加器。

AR:辅助寄存器。

ARX:用于 LAR 和 SAR 指令的 3 位数据值,指定被操作的辅助寄存器。

BITX:4 位数值,用于指定数据存储器数值中的哪一位将被 BIT 指令所测试。

CM:2 位数值,CMPR 指令执行 CM 值所声明的比较:

若 CM=00,测试当前是否 AR=AR0;

若 CM=01,测试当前是否 AR<AR0;

若 CM=10,测试当前是否 AR>AR0;

若 CM=11,测试当前是否 AR≠AR0。

TP:用于条件执行指令的 2 位数值,代表如下 4 种条件:若 BIO 引脚为低,TP=00;若 TC 位=1,TP=01;若 TC 位=0,TP=10;无条件,TP=11。

1. 传送指令

数据传送指令一共有 30 条,包括传送到寄存器的指令、数据存储器间的传送指令、程序存储器和数据存储器间的传送指令以及 I/O 单元的数据输入输出指令。有的数据传送指令还有移位及累加功能。

传送指令如表 7-5 所示,表中指令按字母顺序排列。指令的周期数仅适用于单指令操作,不适用于重复方式。

表 7-5 传送指令表

助记符	指令功能	周期	指令说明
BLDD	PC=PC+1 (PC)→MSTACK,1k→PC(源)→目的 间接寻址时按指令指定的方式修改(AR)和(ARP) (PC)+1→PC,当(重复计数器)≠0 时 (重复计数器)-1→重复计数器 (MSTACK)→PC	1	把"源"指定的数据存储器中的字复制到"目的"指定的数据存储单元,源和目的地址可由长立即数地址或数据存储器地址指定;但必须是,如果源地址为长立即数,则目的地址只能为直接或间接,如果源地址为直接或间接,则目的地址只能为长立即数,该指令不能用于存储器映射的寄存器,使用 RPT 指令重复 BLDD 操作期间中断被禁止
BLPD	PC=PC+1 (PC)→MSTACK,PMA→PC,(源)→目的 间接寻址时按指令指定的方式修改(AR)和(ARP) (PC)+1→PC,当(重复计数器)≠0 时 (重复计数器)-1→重复计数器 (MSTACK)→PC	3	把"源"指定的程序存储器中的字复制到"目的"指定的数据存储单元,源空间的第一个字由长立即数指定;目的地址可由辅助寄存器或数据存储器地址指定,使用 RPT 指令重复 BLDD 操作期间中断被禁止
DMOV	数据存储器地址→数据存储器地址+1 直接或间接寻址	1	指定的数据存储单元的内容复制到地址加 1 的单元,复制时原来单元中的内容保持不变;该指令只能用于片内数据 RAM 块,可以工作于任何配置的 RAM 块但要求这些 RAM 块配置为数据存储器,数据的移动可以跨越块的边界进行;此功能不能用于外部数据存储器,若指令指定了外部存储器地址,该指令读指定的存储单元但不进行其他操作,数据移动对于实现 DSP 总的 z^{-1} 延时很有用处

续表

助记符	指令功能	周期	指令说明
IN	PA→地址总线 A15～A0 数据总线 D15～D0→数据存储器地址 (PA)→数据存储器地址	2	该指令从 I/O 单元读入 16 位值,将其送到指定的数据存储单元,IS 线变低表示进行 I/O 访问;直接或间接寻址
LACC	(数据存储器地址)×2^{shift}→ACC (数据存储器地址)×2^{16}→ACC $1k \times 2^{shift}$→ACC	1 1 2	指定的数据存储器单元的内容或 16 位常数左移并加载到 ACC,低位填 0,若 SXM=1,高位用符号位扩展,若 SXM=0,则填 0
LACL	(数据存储器地址)→ACC(15:0) C→ACC(31:16) k→ACC(7:0) C→ACC(31:16)	1 1	指定的数据存储器单元的内容或用 0 扩展的 8 位常数左移并加载到 ACC 的低 16 位,ACC 的高位填 0,数据作为 16 位无符号数处理,无论 SXM 为何值,本指令都不进行符号扩展
LACT	(数据存储器地址)左移 TREG(3:0)位→ACC(15:0)	1	将数据存储器单元的内容左移后加载到 ACC,左移位数由 TREG 的低 4 位确定,SXM 的值决定 ACC 高位是否符号扩展
LAR	(数据存储器地址)→AR_X k→AR_X 1k→AR_X	1 1 2	指定数据寄存器单元中的内容;8 位常数或 16 位常数加载到指定的辅助寄存器,不论 SXM 为何值,所指定的常数均为无符号整数
LDP	(数据寄存器地址)的低 9 位→DP 或 k→DP	2 2	被寻址的数据寄存单元的低 9 位或 9 位的立即数值加载到状态寄存器 ST0 的 DP,也可以用 LST 指令加载 DP
LPH	(数据寄存器地址)→PREG(31:16)	1	被寻址的数据寄存单元的内容加载到 PREG 的高 16 位,PREG 的低 16 位不变
LST	(数据存储器地址)→ 状态寄存器 STm	2	用被寻址的数据寄存器的值加载状态寄存器,但应注意:①LST♯0 操作不影响 ST1 寄存器中的 ARB 字段;②LST♯1 操作加载到 ARB 的值也加载到 ARP;③状态寄存器中的保留位总是读 1,写入对其无影响;④间接寻址时若操作数指定下一 AR 值,则用所寻址的数据存储单元中的高 3 位加载 ARP,子程序调用或中断后可用 LST 指令恢复状态寄存器
LT	(数据寄存器地址)→TREG	1	被寻址的数据寄存单元的内容加载到 TREG

续表

助记符	指令功能	周期	指令说明
LTA	（数据寄存器地址）→TREG (ACC)＋移位后的(PREG)→ACC	1	指令将数据寄存单元的内容加载到TREG；按PM状态位指定的方式对乘积寄存器的内容进行移位，并把移位后的值与ACC相加，结果放在ACC中，若相加结果有进位则C＝1，否则C＝0
LTD	（数据寄存器地址）→TREG （数据寄存器地址）→数据寄存器地址＋1 (ACC)＋移位后的(PREG)→ACC	1	指令将数据寄存单元的内容加载到TREG；按PM状态位指定的方式对乘积寄存器的内容进行移位，并把移位后的值与ACC相加，结果放在ACC中，指定的数据存储单元的内容复制到地址加1的数据存储单元，该指令移动数据的功能不能用于外部数据寄存器或存储器映射的寄存器
LTP	（数据寄存器地址）→TREG 移位后的(PREG)→ACC	1	指令将数据寄存单元的内容加载到TREG；按PM状态位指定的方式对乘积寄存器的内容进行移位，并把移位后的值送到ACC中
LTS	（数据寄存器地址）→TREG ACC－移位后的(PREG)→ACC	1	指令将数据寄存单元的内容加载到TREG。按PM状态位指定的方式对乘积寄存器的内容进行移位，并用ACC的内容减去(PREG)移位后的值送到ACC中，若相减的结果产生了借位则进位位C清0；否则进位位C置1
MAR	按指令指定的方式修改（当前AR）和(ARP)	1	直接寻址方式下MAR指令的作用同NOP指令；间接寻址方式下可以修改辅助寄存器的值和ARP的值，对寄存器的操作不起作用
OUT	PA→地址总线 $A_{15} \sim A_0$ （数据存储器地址）→数据总线 $D_{15} \sim D_0$ 数据存储器地址→(PA)	3	该指令将数据存储单元中的16位值写到指定的I/O端口；IS线变低表示进行I/O访问；直接或间接寻址
PAC	移位后的(PREG)→ACC	1	按指定的方式将PREG的内容移位，并把移位后的结果加载到累加器
POP	(TOS)→ACC(15：0) 0→ACC(31：16) 堆栈上弹一级	1	硬件堆栈是后进先出的8个单元，若弹出的次数多于7次则堆栈中的所有值将都相同，没有检查堆栈是否下溢的措施
POPD	(TOS)→数据存储器地址堆栈上弹一级	1	栈顶的值弹出并传送到指令指定的数据存储单元，其他操作同POP，没有检查堆栈是否下溢的措施
PSHD	（数据存储器地址）→(TOS)堆栈下压一级	1	将指令指定的数据存储单元的内容传送到栈顶，堆栈中低7个单元的值下移一级，堆栈中最低一级单元的内容丢失

续表

助记符	指令功能	周期	指令说明
PUSH	堆栈下压一级 ACC(15:0)→TOS	1	累加器的低位字节复制到硬件堆栈的栈顶,若弹出前压入的次数多于8次,则随着每次的压入堆栈底的值将丢失
SAR	(AR_X)→数据寄存器地址	1	将指定的辅助寄存器(AR_X)的内容复制到指定的数据存储单元
SPH	(PREG)移位后的高16位→数据存储器地址	1	按PM指定的方式把SPEG的内容移位,移位后的高16位数值存到数据存储单元,若右移6位则高位用符号扩展,低位丢失;若左移则高位丢失而低位填0,PREG和ACC中的值都保持不变
SPL	(PREG)移位后的低16位→数据存储器地址	1	按PM指定的方式把SPEG的内容移位,移位后的低16位数值存到数据存储单元,若右移6位则高位用符号扩展,低位丢失;若左移则高位丢失而低位填0,PREG和ACC中的值都保持不变
SPLK	1k→数据存储器地址,直接或间接寻址	2	将16位常数写到任意的数据存储单元
SST	(状态寄存器 TS_m)→数据寄存器地址	1	直接寻址时,不论ST0中的数据页面指针DP为何值,指定的状态寄存器总是被保存到0页,不必修改DP,执行该指令时处理器自动访问0页,使用间接寻址时,由所选用的辅助寄存器指定存储地址,因此状态寄存器的值可以保存到数据寄存器的任何页面内
TBLR	PC→PC+1,(PC)→MSTACK (ACC(15:0))→PC (pma)→数据存储器地址 间接寻址时按指令指定的方式修改(AR)和(ARP) (PC)+1→PC 当(重复计数器)≠0时 (重复计数器)-1→重复计数器 (MSTACK)→PC	3	该指令将程序存储单元中的一个字传送到指令指定的数据存储单元,程序存储单元中的地址由累加器的低16位指定;该指令先从程序存储单元读出然后写入指定的数据存储单元,直接或间接寻址
TBLW	PC→PC+1,(PC)→MSTACK (ACC(15:0))→PC+1 数据存储器地址→(pma) 间接寻址时按指令指定的方式修改(AR)和(ARP) (PC)+1→PC 当(重复计数器)≠0时 (重复计数器)-1→重复计数器 (MSTACK)→PC+1	3	该指令将数据存储单元中的一个字传送到指令指定的程序存储单元,数据存储单元中的地址由指令指定,程序存储器地址由累加器的低16位确定,该指令先从数据存储单元读出,然后写入指定的程序存储单元;直接或间接寻址

现以 LST、LAR、MAR、LDP、LACC 及 IN 指令为例说明在编程过程中如何使用传送指令。

(1) 装载状态寄存器指令 LST

LST 指令将被寻址数据存储器单元中的值装入指定的状态寄存器(ST0 或 ST1)。LST 指令用于子程序调用和中断后恢复状态寄存器

```
MAR    *,AR0
LST    #0,*,AR1       ;将辅助寄存器 AR0 所寻址的数据存储器单元内容送入状态寄存器
                       ST0,但不包括 INTM 位。尽管指定了下一 ARP 值,但该值被忽略,指
                       定的 ARP 也不送入 ARB
LST    #1,0H          ;(DP=6:0300H~037FH)将数据存储器单元 0300H 的内容装入 ST1
```

(2) 修改辅助寄存器指令 MAR 和装载辅助寄存器指令 LAR

MAR 指令用来修改辅助寄存器 ARP 的值,该指令在直接寻址方式下相当于 NOP 指令。LAR 指令用来将数据存储器的值装入辅助寄存器。LAR 和 SAR 指令可在子程序调用或中断处理时装载和存储辅助寄存器,从而实现在中断或子程序调用时上下文的保存。

```
MAR    *,AR1          ;向 ARP 装入 1
MAR    *+,AR5         ;将当前辅助寄存器(AR1)增 1,并向 ARP 装入 5
LAR    AR1,5H         ;(DP=4:0200H~027FH)将数据存储器地址 205 的内容装入 AR1 寄
                       存器
LAR    AR1,#50H       ;将短立即数 0050H 装入 AR1 寄存器
LAR    AR1,#1234H     ;将长立即数 1234H 装入 AR1 寄存器
```

(3) 装载数据页指针指令 LDP

该指令将被寻址数据寄存器单元的 9 位最低有效位或 9 位立即数送入状态寄存器 ST0 的数据页指针 DP。DP 也可由 LST 指令装入。

```
LDP    5              ;(DP=5:地址 0280H~02FFH)
```

(4) 装载累加器指令 LACC

LACC 指令执行的操作是将指定的数据存储器单元的内容或一个 16 位常量左移后送入累加器。移位时,低位填 0,高位在 SXM=1 时为符号扩展,在 SXM=0 时填 0。

```
LACC   5,4            ;(DP=8:0400~047FH)将数据存储器单元 405 的内容左移 4 位之后送
                       到 ACC
LACC   *,4            ;(ARP=2,AR2=0305H)将数据存储器单元 305 的内容左移 4 位之后
                       送到 ACC
LACC   #1234H,2       ;将长立即数 1234H 左移 2 位之后送到 ACC
```

(5) 从端口输入数据指令 IN

IN 指令从一个 I/O 单元读一个 16 位值到指定的数据存储器单元。IS 引脚变为低电平,用以指示访问 I/O 口,STRB、RD 和 READY 时序与读外部存储器一样。

```
IN     #7,1000H       ;(DP=6)从口地址为 1000H 的外设读数据,并将数据存于数据存储器
                       单元 0307H
```

IN　　*,5H　　　　　　　；从口地址为 0005H 的外设读数据,并将数据存至当前辅助寄存器所指定的数据存储器单元

2. 算术运算指令

F240 DSP 算术运算类指令共有 22 条,可以完成加减乘除 4 种基本的四则运算。其中除法没有直接的操作指令,可以利用条件减指令来完成。对于不同的算术运算指令,执行时会受到一些状态位的影响状态位,如 PM、OVM 和 SXM,也会影响状态位如 OV 和 C。算术运算指令如表 7-6 所示。

表 7-6　算术运算指令

助记符	指令功能	周期	指令说明
ABS	|(ACC)|→ACC	1	ACC 内容取绝对值
ADD	(ACC)+(数据存储器地址)×2^{shift}→ACC (ACC)+(数据存储器地址)×2^{16}→ACC (ACC)+k→ACC (ACC)+1k×2^{shift}→ACC	1 1 1 2	移位时低位填 0,若 SXM=1,高位用符号扩展,若 SXM=0,高位填 0,结果存在 ACC 中,该值使 C=0,寻址短立即数时,加操作不受 SXM 的影响,且不能重复执行
ADDC	(ACC)+(数据存储器地址)+(C)→ACC	1	该指令抑制符号扩展
ADDS	(ACC)+(数据存储器地址)→ACC	1	该指令抑制符号扩展,无论 SXM 为何值,数据均作无符号 16 位数看待,当 SXM=0 和移位次数等于 0 时,ADDS 和 ADD 指令结果相同
ADDT	(ACC)+(数据存储器地址) 左移(TREG(3;0))位→ACC(15;0)	1	被寻址的数据寄存器单元的内容左移并加到 ACC,移位次数由 TREG 的低 4 位确定,SXM 位的值控制移位时是否作符号扩展
ADRK	(当前 AR)+k→当前 AR	1	8 位立即数按右对齐方式与当前辅助寄存器值相加
MAC	PC 加 1 即 PC=PC+1 (PC)→MSTACK 16 位程序存储器地址→PC (ACC)+移位后的(PREG)→ACC (数据存储器地址)→TREG (数据存储器地址)× (16 位程序存储器地址)→PREG 间接寻址时,按指定方式修改 (当前 AR)和(ARP)当(重复计数器)≠0 时 (重复计数器)−1→重复计数器 (MSTACK)→PC	3	MAC 指令可以:①按 PM 状态位指定的方式把先前的乘积移位,再与 ACC 的内容相加;②把指定的数据存储单元的内容加载到 TREG;③将数据存储单元的内容乘以每时定的程序存储器地址中的内容,若程序存储器是片内 RAM 块 B0,则 CNF 位必须置 1; 当重复 MAC 指令时,每重复一次包含在 PC 中的程序存储器地址加 1;若使用间接寻址指定数据存储器地址则每次重复时就可以访问新的数据存储器地址,若使用直接寻址方式指定的数据存储器地址是常数,重复时不会对其进行修改

续表

助记符	指令功能	周期	指令说明
MACD	操作与 MAC 相同,增加了(数据存储器地址)→数据存储器地址+1	1	该指令与 MAC 的不同之处在于片内增加了数据的移动
MPY	(TREG)×(数据存储器地址)→PREG (TREG)×k→PREG	1	TREG 的内容乘以被寻址的数据存储单元的内容;使用短立即数时 TREG 的内容乘以有符号的 13 位常数;短立即数值右对齐,相乘前无论 SXM 如何都要将该常数用符号扩展
MPYA	(ACC)+移位后的(PREG)→ACC (TREG)×(数据存储器地址)→PREG	1	TREG 的内容乘以被寻址的数据存储单元的内容;按 PM 状态位指定的方式对先前的乘积进行移位,并将移位后的值加到 ACC 中
MPYS	(ACC)−移位后的(PREG)→ACC (TREG)×(数据存储器地址)→PREG	1	TREG 的内容乘以被寻址的数据存储单元的内容;按 PM 状态位指定的方式对先前的乘积进行移位,并从 ACC 中减去移位后的值,结果放在 ACC 中
MPYU	无符号数(TREG)×无符号数(数据存储器地址)→PREG	1	TREG 的无符号数乘以被寻址的数据存储单元的无符号数;作无符号相乘不能使用 PM=3 这种移位模式,因为此时该移位器总要将 PREG 的值进行符号扩展
SBRK	(当前 AR)−k→当前 AR	1	当前辅助寄存器(由 ARP 指定的那个)的内容减去 8 位立即数,结果存在当前辅助寄存器中
SPAC	(ACC)−移位后的(PREG)→ACC	1	SPAC 不受 SXM 影响,PREG 的值总是要作符号扩展
SQRA	(ACC)+(PREG)移位后的值→ACC (数据存储器地址)→TREG (TREG)×(数据存储器地址)→PREG	1	按 PM 位指定的方式把 PREG 的内容移位,并将其加到累加器;被寻址的数据存储单元的值加载到 TREG,计算其平方
SQRS	(ACC)−(PREG)移位后的值→ACC (数据存储器地址)→TREG (TREG)×(数据存储器地址)→PREG	1	按 PM 位指定的方式把 PREG 的内容移位,累加器减去移位后的值,被寻址的数据存储单元的值加载到 TREG,计算其平方
SUB	(ACC)−(数据存储器地址)×2^{shift}→ACC (ACC)−(数据存储器地址)×2^{16}→ACC (ACC)−k→ACC (ACC)−1k×2^{shift}→ACC	1 1 1 2	在直接、间接和长立即数寻址方式里被寻址的数据存储单元的内容或 16 位常数左移,然后累加器减去移位后的值;移位时低位填 0;高位扩展与否由 SXM 决定;当使用短立即数时累加器减去 8 位正常数;此时不可以指定移位值,减法不受 SXM 的影响,并且是不可重复的;通常情况下,若减法结果有借位,则进位位清 0;若减法结果没有借位,则进位位置 1;但若移位次数为 16,则当减法结果有借位时进位位清 0,减法不产生借位时,进位位不变

续表

助记符	指令功能	周期	指令说明
SUBB	(ACC)－(数据寄存器地址)－(C 的逻辑反)→ACC	1	ACC 的值减去被寻址的数据寄存单元的内容及进位位的逻辑反值,抑制符号扩展,若相减结果产生借位进位位清 0;若没有借位则进位位置 1
SUBC	(ACC)－(数据寄存器地址)×2^{15}→ALU 输出。 若 ALU 输出≥0,则(ALU 输出)×2+1→ACC, 否则(ACC)→ACC	1	ACC 实现条件减,可用于除法:把 16 位的正被除数放在 ACC 的低 16 位,ACC 的高位清 0;16 位的正除数放在数据存储单元中;执行 SUBC 指令 16 次,最后一次 SUBC 指令完成后 ACC 的低 16 位是除数的商,ACC 的高 16 位是余数;若 ACC 和存储单元的内容为负,则不能用 SUBC 实现除法;若 16 位被除数的有效数字少于 16 位可将它放在 ACC 中并左移,左移的位数为前面非有效的 0 的个数,SUBC 指令执行的次数为 16 减去移位次数;执行该指令不会因正溢或负溢而饱和
SUBS	(ACC)－(数据寄存器地址)→ACC	1	ACC 减去数据存储单元的内容,抑制符号扩展;不管 SXM 为何值,数据存储单元的内容都作为无符号处理;ACC 还是作为有符号数;若相减结果有借位清 0,若没有借位 C 置 1
SUBT	(ACC)－(数据寄存器地址)×$2^{(TREG(3,0))}$→ACC 若 SXM=1,则(数据存储单元)用符号扩展 若 SXM=0,则(数据存储单元)不用符号扩展	1	ACC 减去左移后的数据存储单元的内容,移位次数由 TREG 的低 4 位确定;SXM 控制是否对数据存储单元的内容作符号扩展

算术运算指令举例:

(1) 对累加器的加操作指令 ADD 指令

ADD 指令执行的操作是将数据存储器单元的数或立即数左移后加至累加器。移位时,低位填零;高位在 SXM=1 时为符号扩展;在 SXM=0 时,结果存在累加器中;寻址短立即数时,加操作不受 SXM 的影响,且不能重复执行。

```
ADD   5,2          ;(DP=4;0200H~027EH)将数据存储器单元 205 的内容左移 2 位之后
                    与 ACC 相加,结果存在 ACC
ADD   *+,2,AR0     ;(ARP=4,AR4=282)将数据存储器单元 282 的内容左移 2 位之后加至
                    ACC,结果存在 ACC,指令执行后 AR4=283,ARP=0
ADD   #2           ;短立即数 2 与 ACC 相加,结果存在 ACC
ADD   #1111H,2     ;长立即数 1111H 与 ACC 相加,结果存在 ACC
```

(2) 乘且累加并带数据移动指令 MACD

MACD 指令可以完成以下功能:
- 按 PM 状态位指定的方式把先前的乘积移位,再与 ACC 的内容相加;
- 把指定的数据存储单元的内容加载到 TREG;
- 将存放在 TREG 寄存器中的数据存储单元值乘以指定的程序存储器地址中的内容;
- 将指定的数据存储器地址中的内容复制到下一个数据存储器。

当重复执行 MACD 指令时,每重复一次包含在 PC 中的程序存储器地址加 1。若使用间接寻址指定数据存储器地址则每次重复时就可以访问新的数据存储器地址;若使用直接寻址方式指定的数据存储器地址是常数,重复时不会对其进行修改。若 MACD 寻址存储器映像寄存器或外部存储器作为数据存储器单元,则 MACD 功能与 MAC 相同,数据移动不会发生。

- MACD FF00H,0008H;DP=6;0300H~037FH;PM=0;CNF=1;B0 配置为程序存储器

执行前:数据存储器(0308H)=0023H,(0309H)=0018H;程序存储器(FF00H)=0004H,(TREG)=0045H,(PREG)=00458972H,(ACC)=0723EC41H。

执行后:数据存储器(0308H)=0023H,(0309H)=0023H;程序存储器(FF00H)=0004H,(TREG)=0023H,(PREG)=008CH,(ACC)=076975B3H。

3. 逻辑运算指令

F240 DSP 逻辑运算指令共有 13 条,包括在累加器中进行的与、或、异或、求反、左右移位、清零等逻辑操作。指令如表 7-7 所示。

表 7-7 逻辑运算指令表

助记符	指令功能	周期	指令说明
AND	(ACC(15:0)) AND(数据存储器地址)→ACC(15:0) 0→ACC(31:16) (ACC(31:16)) AND $1k \times 2^{shift}$→ACC (ACC(31:16)) AND $1k \times 2^{16}$→ACC	1 2 2	使用直接/间接寻址,ACC 的低位字与数据存储器单元的值作"与"运算,结果存在 ACC 的低字,ACC 的高位字清 0;使用立即数寻址,长立即数可以左移,移位时,32 位中未被长立即操作数填充的位均被清 0
CMPL	(ACC)的逻辑反→ACC	1	累加器中的内容用其逻辑反取代
NEG	(ACC)×(-1)→ACC	1	将 ACC 的内容换成其相反数,当对 80000000H 作 NEG 操作时,OV 置 1;若 OVM=1,ACC=7FFFH,若 OVM=0,则 ACC=80000000H,只要 ACC 不等于 0 则 C=0,当 ACC=0,则 C=1

第 7 章 数字信号处理器(DSP)原理

续表

助记符	指令功能	周期	指令说明
NORM	若(ACC)=0,则 TC→1; 否则,若(CC(31)XOR(ACC(30)))=0, 则 TC→0,(ACC)×2→ACC 按指定的方式修改 AR,否则 TC→1	1	NORM 指令将 ACC 中的有符号数进行规格化;对定点数进行规格化即将其分成指数和尾数,为此对位 31 和位 30 作异或运算即可确定位 30 是数值还是符号;对当前 AR 的默认修改方式是加 1;该指令在流水线的第 4 阶段才完成对 AR 的操作,而其他指令在流水线的第 2 阶段完成对 AR 的操作,因此紧跟在 NORM 指令后的两条指令不能对 AR 值或者 ARP 值进行修改;否则 NORM 指令将不能操作正确的数据存储器单元
OR	(ACC(15:0))OR(数据存储器地址)→ACC(15:0) (ACC(31:16))→ACC(31:16) (ACC)OR 1k×2^{shift}→ACC (ACC)OR 1k×2^{16}→ACC	1 2 2	ACC 的内容和被寻址的数据地址单元的值或左移后的立即数"或"操作,SXM 位对 OR 指令没有影响;数据操作数没有被占用的位总是填 0;因此在直接或间接寻址或不移位的长立即数的情况下 ACC 的高位是不变的,当操作数是立即数且移位次数不等于 0 时,操作数左移低位补 0
ROL	(ACC(31))→C (ACC(30:0))→ACC(31:1) C→ACC(0)	1	将 ACC 内容左移一位,进位位被移入最低位,最高位被移入进位位
ROR	C→ACC(31) (ACC(31:1))→(ACC(30:0)) (ACC(0))→C	1	将 ACC 内容右移一位,进位位被移入最高位,最低位被移入进位位
SACH	((ACC)×2^{shift})的高 16 位→ 数据存储器地址	1	SACH 将整个 ACC 的 32 位数左移 0~7 位,将移位后数值的高 16 位保存到数据存储器
SACL	((ACC)×2^{shift})的低 16 位→ 数据存储器地址	1	SACL 将整个 ACC 的 32 位数左移 0~7 位,将移位后数值的低 16 位保存到数据存储器
SFL	(ACC(31))→C (ACC(30:0))→ACC(31:1) 0→ACC(0)	1	SFL 指令使 ACC 的内容左移一位,ACC 的最低位填 0,最高位移入进位位 C
SFR	若 SXM=0,则 0→ACC(31); 若 SXM=0ACC(31)→ACC(31),则 (ACC(31:1))→ACC(30:0) (ACC(0))→C	1	SFR 指令将 ACC 的内容右移一位,若 SXM=1,则产生算数右移,ACC 的符号位不变,位 31 复制到位 30,位 0 移入进位位;若 SXM=0,则产生逻辑右移,ACC 的所有内容右移一位,位 0 移入进位位,位 31 填 0

续表

助记符	指令功能	周期	指令说明
XOR	(ACC(15:00))XOR(数据寄存器地址)→ACC(15:0) (ACC(31:1))→ACC(31:16) 或(ACC(31:0))XOR 1k×2^{shift}→ACC(31:0) 或(ACC(31:0))XOR 1k×2^{16}→ACC(31:0)	1 2	直接和间接寻址时 ACC 的低 16 位和被寻址的数据存储单元的内容作异或运算,结果存在 ACC 的低 16 位,ACC 的高 16 位不变;使用长立即数寻址时,长立即数左移,数据操作数没有占用的位填 0,然后和 ACC 中的 32 位数作异或运算
ZALR	(数据存储器地址)→ACC(31:16) 8000H→ACC(15:0)	1	数据存储单元的内容送到 ACC 的高 16 位,ACC 的低 15 位清 0,第 15 位置 1

现以 AND 指令为例说明逻辑运算指令的使用方法。

AND 指令用来实现被寻址单元的内容和连接器的逻辑"与"操作,以及长立即数经过移位之后和连接器进行逻辑"与操作"。逻辑"与"操作之后的结果存在累加器中。

```
AND   16           ;(DP=4:0200~027FH)将数据存储器单元 210H 的内容与 ACC 的内
                    容进行逻辑"与"操作,结果保留在 ACC 中
AND   *            ;(ARP=0,AR0=0301H)将数据存储器单元 301H 的内容与 ACC 的内
                    容进行逻辑"与"操作,结果保留在 ACC 中
AND   #00FFH,4     ;将立即数 00FFH 左移 4 位之后和 ACC 逻辑"与",结果保留在 ACC 中
```

4. 分支跳转指令

程序控制转移指令共有 21 条,包括有条件和无条件的转移、调用以及各种中断及返回操作的转移指令。也包括一些状态位的测试、清除、置位等控制指令,如表 7-8 所示。

表 7-8 分支转移指令表

助记符	指令功能	周期	指令说明
B	16 位程序存储器地址→PC	4	按指令要求的方式修改当前辅助寄存器和 ARP 的内容,把控制转到指令指定的程序存储器地址
BACC	ACC(15:0)→PC	4	控制转换到 ACC 的低位字所指定的地址
BANZ	若(当前 AR)≠0,则(16 位程序存储器地址)→PC 否则(PC)+2→PC	4 2	如果当前辅助寄存器的内容不为 0,程序控制转到指定的程序存储器地址,否则执行下一条指令,对当前 AR 默认的修改方式是减 1

续表

助记符	指令功能	周期	指令说明
BCND	若条件都满足,则(16 位程序存储器地址)→PC 否则(PC)+2→PC	4 2	如果指定的条件都满足则分支到指定的程序存储器地址; 注意不是所有的条件组合都有意义: 条件 EQ 表示 ACC=0;NEQ 表示 ACC≠0; 条件 LT 表示 ACC<0;LEQ 表示 ACC<=0; 条件 GT 表示 ACC>0;GEQ 表示 ACC>=0; 条件 NC 表示 C=0,表示 C=1; 条件 NOV 表示 OV=0,OV 表示 OV=1; 条件 BIO 引脚为低表示 C=0,C 表示 C=1; 条件 NTC 表示 TC=0,TC 表示 TC=1; UNC 标志无条件
CALA	PC+1→TOS ACC(15:0)→PC	4	当前程序计数器(PC)加 1 后压入栈顶(TOS);再将累加器的低位字加载到 PC,程序从该地址继续运行
CALL	PC+2→TOS (16 位程序存储器地址)→PC 按指令要求的方式修改(AR)和(ARP)	4	当前程序计数器(PC)加 2 后压入栈顶(TOS),再将程序存储器地址的内容加载到 PC 该指令为间接寻址方式
CC	若条件都满足,则 PC+2→TOS 且(16 位程序存储器地址)→PC 否则 PC+2	4 2	若指定的条件都满足则控制转到指定的程序存储器地址;同样应注意不是所有的条件组合都有意义
INTR	(PC)+1→堆栈 相应的中断向量地址→PC	4	处理器有 32 个中断向量,每个 K(0~31)值代表一个中断向量;该指令是软件中断,它使程序控制转换到与 K 值对应的地址,有该地址引导到相应的中断服务程序;INTM 位和中断屏蔽位都不影响 INTR 指令
NMI	(PC)+1→堆栈 24H→PC 1→INTM	4	该指令将程序计数器强置为不可屏蔽中断向量地址 24H;它与硬件不可屏蔽中断 NMI 的效果相同
RET	(TOS)→PC 堆栈上弹一级	4	子程序和中断服务程序以 RET 指令结束,使程序控制返回到调用程序或被中断的程序
RETC	如果条件都满足则(TOS)→PC 同时堆栈上弹一级,否则继续	4 2	如果条件都满足则执行标准的返回但不是所有的条件组合都有意义
TRAP	(PC)+1→堆栈 22H→PC	4	该指令是软件中断使控制转换到程序存储单元 22H,PC 加 1 后推入硬件堆栈,在程序空间 22H 可以存放分支命令使控制转到 TRAP 例程,TRAP 指令是不可屏蔽的
BIT	(数据位(15-0))→TC	1	该指令将数据存储单元中被指定位的值复制到状态寄存器 ST1 中的 TC 位

续表

助记符	指令功能	周期	指令说明
BITT	(数据位(15-TREG(3:0)))→TC	1	该指令将数据存储单元中被指定位的值复制到状态寄存器 ST1 中的 TC 位
CLRC	0→控制位	1	把指定的控制位清 0；也可用 LST 指令加载 ST0,ST1,控制位有 C,CNF,INTM,OVM,SXM,TC,XF
CMPR	(当前 AR)与(AR0)比较,并把结果放在状态寄存器 ST1 的 TC 位	1	该指令完成由操作数指定的比较： 若 CM=00,测试是否(当前 AR)=(AR0)； 若 CM=01,测试是否(当前 AR)<(AR0)； 若 CM=10,测试是否(当前 AR)>(AR0)； 若 CM=11,测试是否(当前 AR)≠(AR0)； 若条件为真,TC 位置 1；否则 TC 位清 0
IDLE	无操作	1	空闲直至中断发生
NOP	PC 加 1 即 PC=PC+1	1	该指令只影响 PC,不作其他任何操作,它可用于建立流水线和延时
RPT	(数据存储器地址)→RPTC k→RPTC	1 1	直接或间接寻址时,被寻址的数据存储单元的内容加载到重复计数器(RPTC),使用短立即数寻址时,8 位立即数加载到 RPTC,RPT 后面的那条指令重复 n 次,n 次 RPTC 的初始值加 1；该指令是不可中断的,器件复位时 RPTC 被清 0,重复指令本身不能重复
SETC	1→控制位	1	把指定的控制位置 1；也可用 LST 指令加载 ST0 和 ST1
SPM	常数→乘积移位模式 PM 位常数为 0-3	1	指令字中的最低 2 位复制到状态寄存器 ST1 的乘积移位模式 PM 位(ST1 的位 1 和位 0)

现以 RPT 指令和 BANZ 指令为例对分支运算指令的运用说明如下：

(1) RPT 指令的功能是将该指令后面的那条指令重复执行若干次,循环的次数由指令的寻址方式确定：

① RPT ♯39   ；立即寻址方式,循环次数即为 39+1=40 次
② RPT 60H   ；直接寻址方式,60H 为数据存储器的低 7 位偏移量,当 DP=2 时,对应
                     的数据存储单元是 0160H。循环次数即为 0160H 单元的内容加 1 次
③ RPT *,AR4   ；间接寻址方式,辅助寄存器 AR4 所指地址的数据存储单元的内容加 1
                     即为循环次数

(2) 辅助寄存器不等于零转移指令 BANZ

若当前辅助寄存器内容不为零,则控制转移至指定的程序存储器地址,否则控制转移到下一条指令。当前 AR 的默认值修改为减 1。该指令可用来实现程序的循环执行。

```
        MAR    *,AR0       ;ARP 指向 AR0
        LAR    AR1,#3      ;AR1 中装入 3
        LAR    AR0,#60H    ;AR0 中装入 0060H
P1      ADD    *+,AR1      ;若 AR1≠0 则循环
        BANZ   P1,AR0      ;将 AR0 所指的数加到 ACC,并将 AR0 的值增 1
```

第 8 章　数字信号处理技术的应用

8.1　DSP 在电气工程中的应用

目前,DSP 芯片在电气工程领域得到了广泛的应用和发展,电气设备的监测、分析、控制、信号传递都需要把电压、电流交流信号经过 A/D 转换变成微机可以处理的数字信号,同时采用不同的算法对信号进行高速的运算和处理,这正是 DSP 的优势所在。下面将简单介绍 DSP 在电机控制、继电保护、变电站自动化等方面的应用。

8.1.1　DSP 在电机控制方面的应用

应用微机来控制各类电机,可以完成各种新颖的高性能的控制策略,使得电机的各种潜在的性能得以充分的发挥。为了使电机的性能更符合使用要求,还可以通过改进制造出各种便于控制的新型电机。

自 DSP 出现以来,电机控制就是 DSP 主要应用领域之一。特别是随着控制理论的发展和高性能控制的需求,一般的单片或多片微处理器不能满足复杂而先进的控制算法时,更使得 DSP 成为这种应用场合的首选器件。

复杂的电机控制需要用微机控制电机的电压、电流、转矩、转速、转角等,使电机按照给定的指令精确地工作。交流电机采用正弦脉宽调制方式进行变频调速是比较理想的,但若要用普通的模拟电路和数字电路完成这一任务,电路就相当复杂,而用 DSP 来控制就很简单,因为 DSP 具有专门产生脉宽调制(pulse-width modulation,PWM)的管脚。

20 世纪 70 年代的时候,就推出了笼型感应电机的矢量控制法。这种控制方案测出或计算出磁通,并将磁通反馈到控制装置作为计算定子电流矢量的基础。但是矢量控制需要求解矩阵的运算,这对于没有乘法器的单片机来说,运算量太大,而数字信号处理器 DSP 有专用的命令有效地执行那些算法,因此使得矢量控制应用成为可能。

电动机变频调速系统包括主电路和控制电路,主电路中最重要的部分是三相逆变桥的构成,控制电路中最重要的部分是变频控制信号 PWM 的生成。为了使系统硬件电路简单、可靠性提高和开发时间缩短,选择能直接产生 PWM 波形的 DSP 芯片作为控制电路的核心,便是变频调速控制系统硬件电路的较佳选择。

20 世纪 80 年代 DSP 逐步进入实用期,以 TI 公司的 TMS32010 为代表的第一代 DSP 的主要应用为实现感应电动机的磁通量和转矩的直接控制,达到转矩的高速、高性能控制。首先根据电机电压和电流状况求磁通向量,再根据磁通向量和电流的向量积,求出瞬时转矩。这样一个循环 TMS32010 运算约 370 条指令,执行时间大约为 80ms。

早期的 DSP 比较注重乘加运算的高速处理，当采用单 DSP 控制感应电动机或永磁电动机时，在某些场合就不能满足要求。这是因为控制电机微处理器除了要具有坐标变换、向量演算等功能外，还需要中断控制、传感器接口电路、PWM 输出、A/D 变换等功能。因此，有的采用双 DSP 方式，有的采用通用 CPU 与 DSP 结合的方式（高速运算由 DSP 完成，通用功能由 CPU 处理）来实现全数字控制。

为了构成感应电动机或永磁电动机控制器，除了微处理器，还需要专用门阵列组合，以及相应的存储器和外围芯片，这就会使得芯片数量增加，软件复杂，价格提高。针对这一问题，美国 AD 和 TI 公司相继研制成功以 DSP 为内核的集成电机控制芯片——TI 公司的 TMS320C24x 系列、AD 公司的 ADMC 系列。这些控制器不但具有高速信号处理和数字控制功能所必需的体系结构特点，而且有为电机控制应用提供了单片解决方案所必需的外围设备。美国 TI 公司于 1997 年新推出数字电机微控制器 TMS320F240。该芯片面向新一代交流电机控制，将 DSP 的高速运算能力与面向电机的高效控制能力集于一体，堪称业界最具竞争力的数字电机控制器。

TMS320F240 DSP 不但有 32 位累加器，8KB Flash ROM，512B 的 RAM，3 个定时器，16 位外部数据总线，具有很强的数字处理能力，还有 12 路 PWM 输出引脚，两个 10 位 A/D 转换器，可编程死区控制单元，以及可编程空间 PWM 控制方式等用于电机控制的独特资源。图 8-1 是基于 TMS320F240 的电机控制系统。

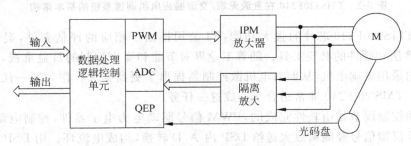

图 8-1 基于 TMS320F240 的电机控制系统

目前，许多 IC 厂家致力于数字电机微控制器的研制与生产，表 8-1 是国内较为流行的 Motorola 公司的 MC68HC16 系列、Intel MCS96 系列微控制器与 TMS320F240 系列控制器的性能对照表。

表 8-1 芯片性能对照表

	TMS320F240	Intel MCS96	MC68HC16
乘加指令 MAC	单周期，50ns	30 个周期，1900ns	12 个周期，480ns
片内 Flash	Flash	Flash	Flash（仅 x 系列有）
PWM 输出	12	14/20	4/7/26（需增加 CPU 负担）
输入捕获	4	4/6	4/26
10 位 A/D 转换器	2 个\16 路\6.6μs	1 个\14 路\11μs	1 个\6,8,16 路\8.6μs
编码器接口	有	有	有
定时器	3	2	1

从表 8-1 可以看出，DSP 在芯片的指令执行的速度和片内资源两个方面具有很明显的优势，成为电机控制解决方案的首选。

一个基于 TMS320F240 的直流无刷电机或交流感应电机调速系统的基本结构如图 8-2 所示。在应用中，TMS320F240 所实现的软件包括电动机状态值的采样与计算、控制算法的实施以及 PWM 信号的输出，此外还包括故障检测与保护、数据交换与通信等。

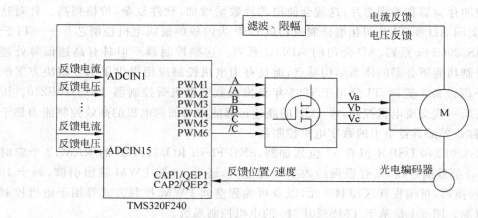

图 8-2　TMS320F240 在直流无刷/交流感应电机调速系统的基本结构

针对 TMS320F240 芯片的强大功能，TI 公司推出了相应的评估套件，提供了调试 DSP 控制算法和硬件的必要工具。随着工业界对节能和噪声抑制的日益重视，许多工业产品都趋向采用无刷电机，从而对电机微控制器提出了更高要求。作为新一代电机控制 DSP 芯片，TMS320F240 非常适合于完成这一任务。

系统的控制调节是由软件完成的，PWM 信号驱动电力电子器件，控制电动机电压、电流。电流反馈信号经隔离放大送给 DSP 内 A/D 转换，构成电流环。用 DSP 芯片内的正交编码脉冲电路检测电机转速，完成速度闭环控制。

采用电机专用 DSP 为核心的全数字电机控制系统，系统硬件得以简化，提高了控制系统的可靠性，减小了体积，降低了成本。DSP 内核为并行结构，程序执行快，PWM 发生单元的灵活性和可编程可以实现不同方式的数字 PWM 方案；电机矢量控制的子程序固化在片内程序存储器，缩短了程序计算时间。

电机专用 DSP 强大的处理能力不但可以完成电机控制算法，如矢量控制法、直接转矩控制法，而且也有条件完成基于现代控制理论或智能控制理论的一些复杂算法，如自适应控制、神经网络控制等算法。同时由于增加了面向电机的控制外设，硬件结构和控制都得以简化。

具有更高速、方便的周边功能模块的电机专用 DSP 是电机控制微处理器的发展方向。因为标准的 MCU 设计在运算处理任务上不如 DSP，而大多数 DSP 在中断处理、位处理或逻辑操作方面又不如标准 MCU。因此现在 MCU 和 DSP 的芯片厂家正在设计生产混合式 MCU/DSP 芯片。

8.1.2 DSP 在继电保护方面的应用

1. 微机继电保护的硬件现状

微机继电保护产品在电力系统中得到了广泛的应用，并由于其相对于整流型、集成电路型等传统继电保护产品的一系列优点，大大提高了电力系统的安全性和可靠性，促进了电力系统自动化的发展。然而目前应用于我国电力系统的微机保护产品大多采用 8 位或 16 位 CPU，它存在着硬件资源及功能过于简单的缺点。

目前的微机保护系统多为 CPU 结构，来自 TA、TV 的信号经过采样保持、模/数转换后，进入微处理器进行处理，而数据处理的整个过程都需要 CPU 的参与控制。在单 CPU 系统中，CPU 除了提供采样脉冲、发多路选通信号、启动模/数转换以外，还负责对数字信号进行数字滤波和实现保护算法。此外，为确保系统运行的可靠性而定期执行的自检程序，为方便运行人员的操作而设置的人机接口程序，也都由 CPU 执行。可见，在单 CPU 系统中，全部的控制、监测和运算都由 CPU 来完成，这将造成两方面的结果：一是保护的运行速度很大程度上取决于 CPU 的速度，它成为系统性能提高的"瓶颈"，不能应用于高速采样系统；二是选择算法时必须放弃虽有满意的性能，但计算量大的方案。

由于目前单片机对数据处理能力的限制，许多微机保护算法优势难以充分发挥，在很多功能上（如滤波、测距及元件保护的一些复杂算法）只能给出初步近似的结果，算法和原理的实现受到一定的限制。电力系统综合自动化的进一步发展要求保护装置除了完成常规的保护功能外，还要完成正常运行条件下的系统参数测量，包括频率、电压、电流、有功、无功、谐波分量、序分量及安全监视，甚至完成一些辅助的控制功能等，这些都是基于常规 CPU 的微机保护难以胜任的。

现在的保护算法为数众多，但是其中一些需要复杂计算的算法，例如卡尔曼滤波算法等，由于受到硬件的限制而得不到应用，在运用多变量的估计时，需要进行矩阵运算，而一般的微型计算机很难满足运算速度上的要求，致使这些算法在微机保护中未得到很好的应用，在较长一段时间里只能处于理论研究阶段；另外，计算机网络通信技术的发展日新月异，电力系统信息管理的自动化水平也逐步提高，与网络的通信和前沿的监测任务都希望由保护来承担，从而对处理器的能力提出了更高的要求。

为了提高电力系统暂态稳定性和输电线的传输能力，对继电保护的速动性要求也越来越高，保护跳闸越快，制动面积越小，系统的稳定裕度越大，目前 500kV 主保护的动作时间要求在两个周波以内，单纯依赖工频分量保护已经无法满足快速切断故障的要求，同时由于工频振荡的存在，也限制了基于工频分量保护的动作速度，DSP 和高速采样芯片为捕捉和处理高速暂态信号提供了硬件支持。

在微机保护系统中，数据的采集与处理所占用的时间，较运行保护运算程序的时间要长得多。因此，微机保护系统中，由于保护运算的速度已达到较高的水平，那么要提高保护运行的速度就必须提高数据采集与处理的速度。美国德州仪器公司的 DSP 芯片 TMS320C32 的指令周期为 33/40/50ns，且大多数指令可在单周期内完成。而 MCS96 系列的通用处理器，最高的主频也只达 20MHz，相应的时钟周期为 100ns，考虑到一条指令所需的周期数,其速度远不如 DSP 快。由于 DSP 系统中的数字部分高度的规范性,使大规模集成更为便利。

在国外,已有将 DSP 用于继电保护系统的先例,如由加拿大魁北克水电局研制,1988 年投运于 CARILLON 水电厂的发电机、升压变压器组数字保护,该装置以两片 TMS320 系列的 DSP 芯片构成两个计算插件,分别实现不同的保护算法,而主处理器则负责执行监控子程序。通过对该系统的运行情况分析评价,认为由通用处理器和 DSP 构成的多处理器微机保护系统是理想的方案。

硬件的特殊结构及集成电路的优化设计,使得 DSP 芯片具有很高的运行速度,芯片并行处理的设计,充分发挥了 DSP 的数字信号处理能力,可缩短整个系统的运行时间。在基于 DSP+MCU 的双处理器微机保护系统中,将控制数据采集部分和执行数据滤波的任务都交给 DSP 承担,既可以利用 DSP 强大的数字运算能力来进行快速、高精度的滤波计算,又可以减轻 MCU 的负担,使处理器有充分的时间进行高精度的保护运算。

2. 基于 DSP 的保护系统硬件设计

在由通用微处理器和 DSP 组成的主从式双处理器微机保护系统中,DSP 充当从属机,来自 TA,TV 的信号在经过采样/保持,多路转换,模/数转换后,进入 DSP 进行处理。该过程中,DSP 提供采样脉冲、发多路选通信号和启动模/数转换,对数字信号的数字滤波也由 DSP 完成。最后,DSP 将经过处理的数据传送给通用微处理器。通用微处理器是主机,负责对 DSP 送来的数据按保护算法进行计算,判别后作为控制出口回路的依据,主机还负责管理人机接口和开关量读入。在系统正常工作时,两处理器只通过共享存储器实现数据的传递和转换。

图 8-3 是一个基于 DSP 的主从式双处理器微机保护系统的实例,其硬件结构采用了一个 DSP 芯片和一片 80C196 单片机双处理器并行处理的技术,两者通过双端口 RAM 实现高速数据通信。双端口 RAM 采用 IDT7005,该芯片具有两套独立的控制逻辑与数据存取端口,当同时操作同一存储单元时,片内仲裁逻辑将只允许从一端口进行读写操作,而封锁另一端口。被封锁的端口由于 BUSY 线被拉低,从而使连接在该端口的 CPU 处于指令保护状态,待 BUSY 变高后,CPU 可继续操作。每次采样,DSP 将启动 S/H、多路开关 MUX 和 A/D 转换器,分别将各路模拟通道的模拟信号转换成数字信号,进行各种数字信号处理计算后,将计算结果送入双端口 RAM 以供 80C196 读取。80C196 负责出口控制操作,还负责管理人机接口的键盘显示器。

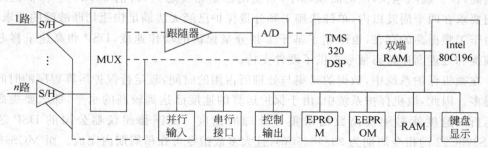

图 8-3 基于 DSP 主从式双处理器微机保护系统的硬件结构

3. 系统软件设计

基于 DSP 构成的微机保护系统，由于 DSP 处理器的特性和以往的通用处理器不同，计算能力有了很大的提高，因此计算过程简单、计算量小不再是评价算法的首要指标，在算法的收敛速度和估计精度方面则提出了更高的要求。

基于 DSP 的主从式双处理器微机保护系统，DSP 与通用处理器各自的软件系统是相对独立的，它们只通过共享存储器实现数据信息的传递转换。

DSP 以中断方式实现对 n 路数据的采样。为实现递推计算，DSP 所采集的数据采用环形存储技术存储，环形缓冲区的长度可容纳 n 个周波的数据。数据处理的内容包括各种电量的计算及标度变换等，而通用处理器则采用多任务实时操作系统的设计思想，设计了一个微型多任务调度内核，该调度内核将 CPU 时间资源划分为基本时间片，通过在不同的时间片分配给 CPU 不同的任务，实现多任务运行机制。

主从式双处理器系统中，两处理器可作为前后台处理。正常运行时，通用处理器作为前台机，执行人机接口及管理通信任务，并定时执行自检程序；DSP 作为后台机，执行数据采集及处理任务，也定时执行自检程序。

4. 采用 DSP 的继电保护的优点

(1) 数据处理能力强，能促进保护性能的提高。由于常规的 CPU 数据处理能力有限，以前的许多基于常规 CPU 的微机保护，面对能提高保护性能但计算量很大的优秀方案，不得不放弃，或采取近似、简化的方法，使许多优秀的性能得不到发挥或打折扣。DSP 强大的数据处理能力能使这些问题迎刃而解。

(2) 数据采集采用 DSP 片内 DMA(direct memory access, 直接存储器访问) 控制数据采集。一方面提高 CPU 工作效率，另一方面，简化硬件及软件结构，有利于软件的开发及维护。

(3) 开发手段先进。DSP 支持 C 语言编程，大大提高了开发效率。

目前的微机保护中普遍采用 DSP+MCU+FPGA/CPLD 的模式，在国内某电力设备公司生产的继保设备中，保护电路板以 AD 公司高速数字信号处理芯片 ADSP—2181 及 Motorola 公司的 32 位微处理器 MC68332 为核心，主要完成所有保护算法、跳闸逻辑、事件记录、报告就地打印以及报文后台通信功能。DSP 主要承担实时数据的采集和实现继电保护功能，MC68332 负责人机接口、网络通信、历史数据追忆。这样保护功能和其他扩展功能相分离，一方面可以使得 DSP 专注于完成保护算法，降低软件的设计的复杂程度以减少不必要的失误。另一方面扩展功能可以由更擅长与诸如网络通信、人机接口等功能的 CPU 来完成，可以做到各施所长。

5. DSP 的出现使得继电保护高级算法的实现成为可能

在超高压线路发生故障的时候，在故障信号中包含了大量的暂态信号，如何识别故障分量是理论界和工程界密切关注的问题。卡尔曼滤波实质上是一种数据处理方法，它是在数学结构上比较简单的最优线性递推滤波方法。由递推方程随时给出新的状态估计，对计算机来说，卡尔曼滤波的计算量和存储量较其他滤波算法大为减少，从而能较容易地满足实时计算的要求。

20世纪80年代初卡尔曼滤波技术应用到继电保护领域中。传统的继电保护原理是建立在工频电气量的基础上，卡尔曼滤波是从短路的暂态信号中估计出基频相量的一种算法。它是从含有噪声的测量中，通过不断的"预测—修正"运算最优地估计出50Hz分量。卡尔曼滤波用于多状态变量的估计上，需要矩阵运算，一般的微型机很难满足速度上的要求，致使卡尔曼滤波在微机距离保护上的应用较长一段时间里处在理论研究阶段。近年来，由于VLSI(very large scale integration，超大规模集成电路)技术的飞速发展，出现了高性能数字信号处理器即TMS320系列单片计算机，该芯片的问世使得复杂的保护方案得以有效地实施。

除了卡尔曼算法以外，还有小波算法和自适应算法等都需要大量的计算，DSP可以实现精度更高的算法，从而提高了保护的速动性和准确性。

6. DSP使得继电保护的测试变得更为方便

在传统的继电保护设备的测试中，用的都是继保测试仪模拟线路。如果是由DSP数据采集卡构成的继电保护，利用先进的在系统编程技术，可以将事先算好的故障信号下载到采集卡的内存中，由工控机控制触发，使得继保的测试更加灵活，而且可以同时模拟几条线路的复故障。

电力系统继电保护的不断发展和VLSI技术的不断进步，微机保护不再是单纯地模仿传统保护，而是同时结合新原理(如自适应算法、小波变换等)的综合应用。这要求有更强有力的CPU支持。DSP以其强大的数据处理能力，先进的开发手段和灵活的总线接口，在继电保护领域可大展身手。

8.1.3 DSP在变电站自动化方面的应用

变电站综合自动化系统是一门新技术，是以遥控、遥测、遥信、遥感为基础的自动化程度很高的系统，对于实时性、稳定性要求很高。以往都是使用模拟电路进行控制，近年来虽然单片机逐渐推广应用，但是系统控制效果仍受限制。主要是算法、通信、抗干扰等环节不理想。若要采用复杂算法，实现更为困难，实时性也差，且需增加更多硬件，提高了成本。

电力设备信号监测系统与一般意义上的采集系统存在着较大的差别，主要表现在三个方面：首先，其采样频率要求较高；其次是信号处理量大；另外，它对上下位机的通信速度要求亦较高。人们通常尽量选用高速高位的单片机作为采集系统的CPU，但由于通用单片机在硬件结构和指令系统上的限制，无法从真正意义上解决以上问题。近年来，专用数字信号处理器DSP性能得到迅速提高，它不仅可以完成快速信号的采集，而且能充分发挥其强大的信号处理能力，显示出通用单片机无法比拟的优势。

目前，电力系统的前沿监测和控制任务通常由RTU(remote terminal unit，远程终端单元)和微机保护控制机构分别承担。传统的电力系统的测量和自动控制设备中，常常采用电量变送器作为模拟量输入通道的信号预处理装置，如电压、电流及功率变送器。这些电量变送器大部分都是模拟式的变送器,是把某种形式的电量变换成与之成线性关系的直流信号的一种装置。电量变送器输出的直流信号通常为 0~5V 的直流信号,通常为了能保证变送电量的精度,往往采取了很多措施,如在变送器中加入了整流、滤波、补偿等环节,这样做就使得整个装置的信号传输时间变大了(通常都在 100ms 以上),这对于需要响应速度快的系统来说是非常不利的。电量变送器输出直流信号,因此就不能用于需要采集交流信号瞬时值的控制系统。而且这种方法还有成本高、现场布线复杂和占地面积大的缺点。

直接交流采样免变送器 RTU 是近年来发展起来的一种新型数据采样装置,由于这种装置具有较高的性价比而且技术更新快,用途很广,已在配电系统中得到广泛的应用。

所谓免变送器 RTU,就是模拟量输入不经过变送器,直接从 TA/TV 进行交流采样,通过 DSP 计算出各种所需的电气量,再与 RTU 的其他功能相结合,组成一种新型 RTU,数字信号处理器是其基础。

这种 RTU 装置完全采用了交流输入,直接从线路、变压器等电力设备的电流、电压互感器进行交流采样。将 DSP 得出的各相电流、电压数字波形通过计算可得出各相电流、电压的基波和谐波有效值以及各相有功、无功电流和有、无功电能并和相应的输入输出接点一道组成"测量控制单元",交流采样的优点充分体现出来。

免变送器 RTU 有以下几个优点:

(1) 基本免除所有的变送器,节约设备;

(2) 通过直接交流采样和 DSP 测量和计算数据,比常规的变送器使用灵活,可靠性和精度均较高,而且与 I/O 单元结合,节约了设备和电缆;

(3) 综合功能的 I/O 单元,不是传统单一功能的 I/O 模板,更适合现场分散配置使用。

8.1.4 DSP 在电气工程其他方面的应用

1. DSP 在电力系统仿真中的应用

随着世界各国的电力系统的发展,由于电源增多,电网扩大,自动化程度提高,电力系统的计算与控制问题日益复杂,使电网的安全稳定运行控制变得十分复杂。为了提高电网安全稳定运行水平,对电力系统仿真技术提出了更高的要求。

传统的动模仿真具有输出信号直观的特点,但是参数修改困难,而且难以实现大系统的仿真,由于采用了高速 DSP 芯片和多 DSP 平行处理的技术,出现了全数字化的电力系统电磁暂态仿真装置。实时数字仿真器(real time digital simulator,RTDS)是计算机并行处理技术和数字仿真技术发展的产物,它的基本组成部分为 RACK,多个 RACK 之间通过总线和工作站接口卡 WIF 相连,RACK 的数量视仿真系统的规模而定。每个 RACK 包括多个 RPC 卡或 3PC 卡,每个 3PC 卡包括 3 个数字信号处理器(DSP),因此它的速度更快,功能更强。一个或多个 DSP 可仿真一个电力系统的基本元件,如母线、线路、开关、电压互感器(PT)、电流互感器(CT)发电机、励磁系统等。RTDS 通过许多的 DSP 仿真这些基本元件构成了系统。

由于数字实时仿真系统(real time digital system,RTDS)是基于多 CPU 并行处理技术,由系统仿真时下载到该 CPU 的软件来决定该 CPU 模拟什么电力系统元件,因此,在时间步长和 I/O 设备的频宽满足要求的情况下,系统的一次元件模型只取决于软件而与硬件无关。这个显著的特点为用户对未来新元件的仿真提供了充分的发展空间。目前 RTDS 在电力系统在线实时分析中得到广泛应用。

2. 水电站监控

DSP 芯片的性能也非常适用于水电站自动化的监控装置,水电站自动化元件较多,而且比较分散,要求的实时性也较高,DSP 具有内置的 CAN(controller area network,控制器局域网)接口,很容易将各分散的自动化元件及监控模块组成网络,实现电站的网络化,同时在采集速度上也有了飞跃,大大地提高了水电站监控的实时性。DSP 能快速采集、精确处理各种信息,尤其在并行处理上可实现多机多任务操作。由于接口的多样化,使励磁、调速器及继电保护的挂网监控更容易,即 DSP 在冗余设计上为实现水电站的无人/少人值守,提供了更可靠的技术保障。DSP 可以通过 SPI(串行外设接口模块)口进行多处理器之间的通信,既可以是多主方式,也可以是主从方式,这样对于实现各功能模件双 CPU 互为备用非常容易,只需 4 个管脚相连即可。由于 DSP 芯片有大量的内置功能,所以只需很少的外围芯片便可实现水电站机组启/停、监控等功能,能大大提高水电站监控可靠性。

3. 高压电能表

高压电能表应用于配电系统,可以实现电能的直接高压计量,为实现配电网的高压计量收费奠定了技术基础。高压电能表可以完成有功电能、无功电能、有功功率、无功功率、视在功率、频率、电压、电流、功率因数等数据的实时计量与监测,还可实现远程读表、负荷监控、电费分时统计结算等功能,以满足电能计费系统的要求。

基于 DSP 的电能计量系统硬件电路达到了最简化,由于减少了很多中间环节,从而减少了由于硬件电路引起的系统误差。由于 DSP 几乎不产生误差,因而系统的测量误差主要由 A/D 转换器及输入转换电路中的 TV、TA 的精度所决定。因此,选用精度较高的 TV、TA 及 A/D 转换器,就可使系统精度达到较高的水平。而硬件的简化不仅使仪表做到小巧、精致,同时还降低了仪器的故障率。DSP 能比单片机更快地处理繁杂的数据,给用户提供了更大的方便,一些以前需要通过人工处理的数据现在可以直接读出。

目前 DSP 的低端器件在外围功能上逐渐向 MCU 靠拢,使其在控制功能上更像一个 MCU,价格也能为用户所接受,DSP 的硬件设计简单,软件设计多样,所需外围电路很少,其设计工作将主要集中在软件上,而其软件的灵活性则为仪表设计提供了更开阔的空间。由于这些特点,基于 DSP 的电测仪表设计与制造必将成为大势所趋。

4. DSP 在电力线通信中的应用

利用电力线高速数据传输已成为现实。新的传输技术能在电源线路上以 2Mbps 的速率传输各种互联网数据信号。

电力线作为通信信道,其维护量极小。此项技术还可以形成新型的智能化家电网,用户可在任何地方通过 Internet 实现家用电器的监控和管理。还可以利用网络技术,通过无处不在的输电线组成一个总线网络,实现家电之间的联网。由于省去了复杂的布线工作,可以不用破坏建筑的墙体和结构,尤其适用于老式建筑的楼宇自动化,其核心技术是离散傅氏变换,若采用 DSP 技术和 FFT 快速算法,实现比较简单。

电力线数据传输系统的硬件框图如图 8-4 所示。其中 DSP 进行 FFT 和 IFFT 计算;64KB Flash 为闪速存储器,用来存储应用程序和一些参数;RS-232 接口电路是用来连接用户计算机;上传数据时,加工耦合设备将高频信号加载到 50Hz 工频电压上,在下载数据时,高频信号处理电路把高频信号从工频电压中提取出来,从而实现了电力线高速数据通信。

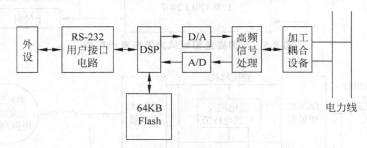

图 8-4　电力线数据传输系统组成框图

用数字信号处理实现调制解调要求处理器具有极高的运算能力和运算速度,在高速 DSP 出现之前,数字信号处理只能采用普通的微处理器。由于处理器运算速度的限制,Modem 最高速度一般在 2400bps,DSP 芯片的应用使高速的电力 Modem 实现成为可能。

5. DSP 在新能源中的应用

在新能源发电系统中,风能、太阳能和燃料电池等可再生能源既可产生直流电,也可产生频率变化的交流电,通过电力电子变换装置,产生与电网频率、相位、电压幅度一致的电能,可直接供给用户或并入电网。相对于传统由变压器、二极管整流等构成的变换装置来说,功率开关器件 MOSFET、IGBT 等以及脉宽调制(PWM)方式成功地应用到诸多电能变换领域,具有高效、节能、省材、简便等优点。

随着电力电子技术的逐步成熟发展,近年来在风力发电系统中变桨距调节方式、无齿轮箱系统的直接驱动方式、变速恒频控制方式日益受到重视并得以实际应用。由于 DSP 含有丰富的外设结构和内部指令,能够高速地实现复杂运算,为实现最大风能跟踪、无功和有功调节、变速恒频控制、实施监控等提供了充足资源。图 8-5 是双馈变速恒频风力发电系统框图,图中可知,控制芯片是 TMS320LF2407,它含有 12 路 PWM 输出、6 个捕获口、可扩充的 28 路输入输出口等,根据风速的变化,可灵活实现转子侧能量的双向馈受,使得机械频率与转子转差频率之和等于电网的频率,实现并网发电或独立发电。

图 8-6 为光伏发电系统框图,同样说明了 DSP TMS320LF2407 在光伏发电系统能量变换中的应用。光伏发电系统进行能量变换的通用方法是,先由 DC/DC 变换器把光伏电池的低压直流电变换为高压直流电,经过直流母线间蓄电池存储及稳压后,再经过 PWM 逆变器有源 DC/AC 逆变后,将电能送入电网或直接供给负载。

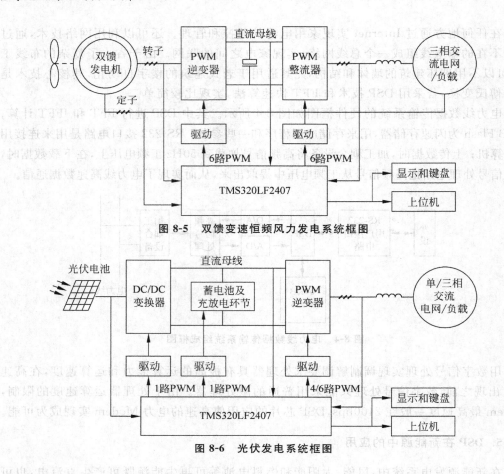

图 8-5 双馈变速恒频风力发电系统框图

图 8-6 光伏发电系统框图

6. DSP 在电能质量监控中的应用

  随着用户对电能质量的要求越来越高,对用户侧电能质量的监视和控制逐渐得到重视,电能同其他产品一样,也逐渐有严格的质量标准,这些标准主要体现在电压、频率和波形三个方面。电压质量和频率质量一般都以其偏移是否超过给定值来衡量。例如给定的允许电压偏移为额定电压的±5%,给定的允许频率偏移为±0.2~0.5Hz等。波形质量则以畸变率是否超过给定值来衡量。所谓畸变率是指各次主谐波有效值的平方和的方根对于基波有效值的百分比。给定的允许畸变率常因不同的电压等级而异,例如,电压为380/220V时为5%,10kV时为4%等。一旦发现各质量指标不符合规定和要求,可以根据用户不同的需要发出告警信号、引起上位机中断或直接进行相应控制等措施来处理。

  电能质量监测装置要求能够实时监测以下参数:基波电压有效值(三相),谐波电压有效值及相位;谐波电压、电流总畸变率误差;频率、功率(有功、无功、视在功率)、功率因数 $\cos\varphi$、φ 角、电压正序、零序、负序、不平衡度、电压波动和闪变等。

  数字信号处理中,同时求得基波和高次谐波电压的最佳方法是基于傅里叶变换的FFT算法。规程要求的高次谐波的次数为29次,我国的工频电压为50Hz,根据采样定理,采样率至少要达到 50*29*2=2900Hz,这样高的采样率用基于普通CPU的数据采集系统来处理,由于受工艺、结构、时钟和总线的限制,其指令功能有限,寻址空间小,运算能力弱,在实现上将会受到一定的限制。所以,最好选用专门的 DSP 芯片来实现。

另外,当配电网发生故障或有些节点突然投入大负荷时,会引起较大的电压凹陷,并会持续一定的时间,这需要根据其电压降低程度实时快速地进行补偿。DSP 技术又将发挥不可替代的作用,如小波法对奇异点的检测,高速计算和反馈控制。

电能质量控制与无功补偿及谐波抑制有着紧密的联系:当系统无功不足时,电压幅值就会降低,当电力系统出现谐波时,电压波形就会发生畸变。要满足电能质量的要求,就要进行无功补偿和谐波抑制。

在电力系统无功补偿上,随着电力电子元件从金属氧化物半导体场效应晶体管(MOSFET)、门极可关断晶闸管(GTO)到绝缘门极双极晶体管(IGBT)等新的发展和应用,无功补偿和发生装置从晶闸管控串联补偿器(TCSC)、静止无功补偿(SVC)、有源滤波器(APF)到大型的静止同步调相器(STATCOM)也得到不断更新,而无论哪种电力电子元件应用于何种无功功率补偿方式都对触发时间和算法的快速性有着较高的要求,DSP 技术和芯片在这方面得到了较好的应用。目前国外已有多种静止无功补偿装置采用 DSP 芯片作为系统的控制核心。

在电力系统中应用电力电子装置进行无功控制的同时,不可避免地会在电网中产生谐波污染。利用 DSP 进行无功补偿和谐波抑制有两种方法。

一种解决方法是装设有源滤波装置对谐波进行合理补偿,电力有源滤波器的出现得益于新型电力电子器件和 PWM 逆变技术的发展以及瞬时无功功率理论的谐波检测方法的提出,与传统的 LC 谐波滤波器相比,它具有良好的滤波性能。基于瞬时无功功率理论的谐波检测方法需要进行大量实时计算,采用一般的模拟电路或普通 CPU 芯片来实现这些复杂的计算和控制很难得到较好的性能。

另一种解决办法是改进电力电子装置,使其不产生谐波且不消耗无功功率,或根据需要控制功率因数。这种方法可使用大容量变流器采用多重化技术,将多个方波叠加以消除低次谐波,从而得到接近正弦波的阶梯波。对于中等容量的单位功率因数变流器主要采用脉宽调制(PWM)整流技术,通过对半导体开关器件按照一定的控制规律进行通断控制,达到谐波抑制和提高功率因数的目的。但就目前而言,采用 PWM 整流技术的研究尚不充分,利用微处理器和 DSP 可以实现各种控制算法,将其与电力电子装置联系起来,发挥其控制灵活、实时性强的特点,可以很好地实现谐波抑制。

两者相比,采用改进电力电子装置的方法,实现谐波抑制和无功补偿更为有效。但无论哪种方法和途径都离不开对高性能的数字信号处理芯片。可以说,电能质量控制是 DSP 技术在电力系统中应用的一个最佳结合点。本章下一节将介绍一个基于 TMS320F240 DSP 的应用实例。

8.2 DSP 应用实例

8.2.1 DSP 在有源电力滤波器中的应用

随着现代工业技术的发展,电力系统中非线性负荷的数量不断增加。在各种非线性和时变性电子装置比如整流器、逆变器以及各种开关电源等被大规模使用的同时,其负面效应日益明显。电力电子装置中的高频开关器件使其向电网注入大量的谐波和次谐波分量,导致交流电网中的电压和电流发生严重畸变,成为电网中的主要谐波源。因此,近年来有关如何改善电网质量的研究日益引起人们的关注,而有源电力滤波器便是其中的一个重要研究方向。

有源电力滤波器是一种用于动态抑制谐波、补偿无功的新型电力电子装置。本节以一个基于 DSP 的有源电力滤波器为例,首先简要介绍有源电力滤波器的基本工作原理并对其抑制谐波的能力进行仿真分析研究,然后介绍其硬件实现。有源电力滤波器主要可分为并联型和串联型两大类,其中以并联型有源电力滤波器使用较多,图 8-7 所示为最基本的有源电力滤波器系统构成的原理图。

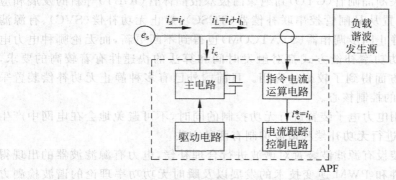

图 8-7 并联型有源电力滤波器原理图

图中 e_s 为交流电源,负载为谐波源,它产生谐波并消耗无功。有源电力滤波器由两大部分组成,指令电流运算电路和补偿电流发生电路(主要由电流跟踪控制电路、驱动电路和主电路构成)。指令电流运算电路的核心是检测出补偿对象,即谐波源电流中的谐波和无功分量。补偿电流发生电路的作用是根据指令电流运算电路得到的补偿电流指令信号,产生实际的补偿电流。目前主电路均采用 PWM 变流器。

图 8-7 所示有源电力滤波器的基本工作原理是检测出补偿对象的电压和电流,然后经过指令电流运算电路计算出补偿电流指令信号,该信号经补偿电流发生电路放大,得出补偿电流,补偿电流与实际谐波源的谐波及无功电流抵消,最终得到期望的电源电流。

例如,假设补偿电流为 i_c,设法使其大小和相位与负载电流中的谐波分量 i_h 相等,然后将其"注入"到含有谐波发生源负载的电网中,从而使得电网侧的电流 i_s 中只含有基波电流分量 i_f,起到"净化"电网的作用。

1. 并联型有源电力滤波器

在工业中,三相并联型有源电力滤波器应用得最多。因此本节主要对其进行研究。利用 MATLAB/SIMULINK 可对三相并联型有源电力滤波器进行仿真研究。

图 8-8 表示控制系统的结构原理,其中非线性负载采用目前电网中的典型谐波源——三相晶闸管整流桥带纯电阻负载电路。有源电力滤波器主电路由 IGBT 三相逆变器构成。

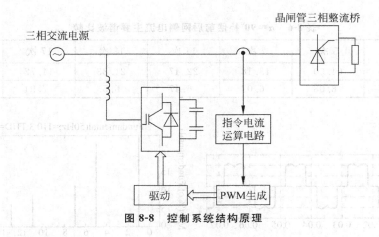

图 8-8 控制系统结构原理

其控制系统设置说明如下：

(1) 三相电源的电压峰值为 $220\times\sqrt{2}$，频率为 50Hz，相位互差 120°；

(2) 有源电力滤波器交流侧电感为 1mH，直流侧电压为 800V；

(3) 谐波电流检测方法采用 $i_p - i_q$ 运算方式；

(4) APF 控制方式采用电流滞环跟踪控制，滞环宽度约为输出电流峰值 2%。

以下通过仿真模型对并联型有源电力滤波器的补偿效果进行比较分析。非线性负载采用带纯电阻负载的晶闸管三相桥式全控整流电路。晶闸管触发角 α 分别为 0°、30°、60°、90°，具体数据见表 8-2 至表 8-6。图 8-9 和图 8-10 为触发角 α 分别为 0°、30°时有源电力滤波器补偿前后 A 相电流波形及其频谱分析。

表 8-2　α 取不同值时补偿前后 THD 比较

触发角 α	0°	30°	60°	90°
补偿前 THD/%	28.45	31.57	45.87	85.78
补偿后 THD/%	1.66	9.35	13.42	19.20

表 8-3　$\alpha=0°$ 补偿前后网侧电流主要谐波比较

谐波次数	5 次	7 次	11 次	13 次	17 次	19 次
补偿前 i_{sa}/%	22.60	11.27	8.98	6.38	5.55	4.40
补偿后 i_{sa}/%	0.16	0.03	0.37	0.41	0.31	0.26

表 8-4　$\alpha=30°$ 补偿前后网侧电流主要谐波比较

谐波次数	5 次	7 次	11 次	13 次	17 次	19 次
补偿前 i_{sa}/%	25.03	12.46	10.03	7.10	6.28	4.96
补偿后 i_{sa}/%	3.13	3.96	3.27	3.68	3.30	3.51

表 8-5　$\alpha=60°$ 补偿前后网侧电流主要谐波比较

谐波次数	5 次	7 次	11 次	13 次	17 次	19 次
补偿前 i_{sa}/%	36.56	17.83	13.83	10.80	9.05	7.03
补偿后 i_{sa}/%	5.88	4.21	5.14	5.26	4.44	5.08

表 8-6　$\alpha=90°$ 补偿前后网侧电流主要谐波比较

谐波次数	5 次	7 次	11 次	13 次	17 次	19 次
补偿前 i_{sa}/%	64.00	43.18	22.47	21.83	14.72	12.22
补偿后 i_{sa}/%	8.08	6.02	6.47	6.53	7.94	6.24

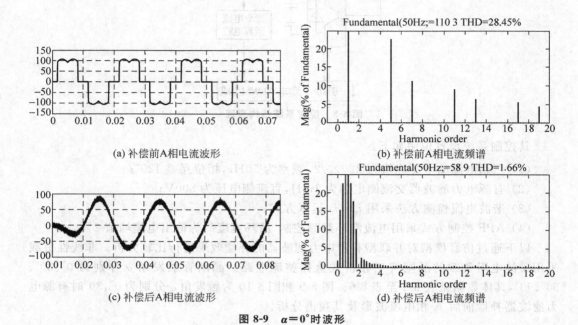

(a) 补偿前A相电流波形　　(b) 补偿前A相电流频谱

(c) 补偿后A相电流波形　　(d) 补偿后A相电流频谱

图 8-9　$\alpha=0°$ 时波形

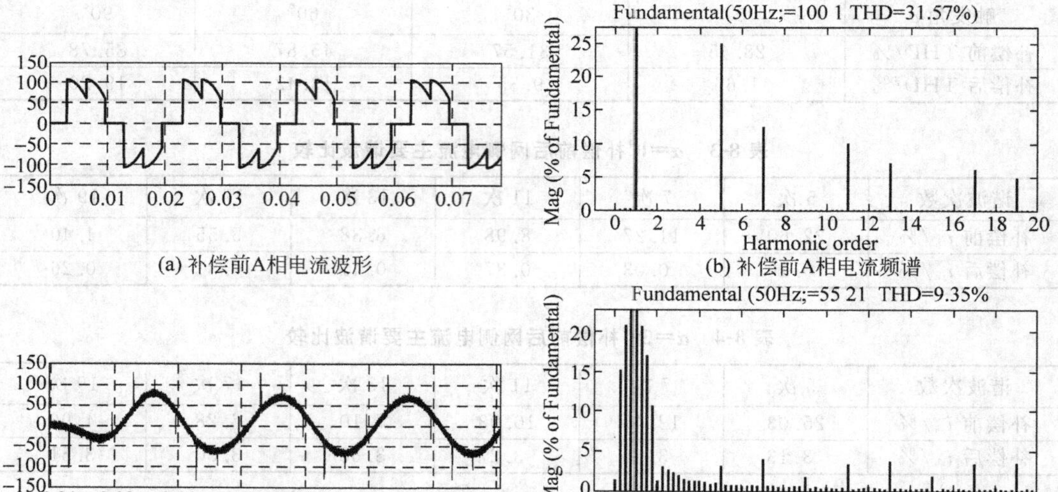

(a) 补偿前A相电流波形　　(b) 补偿前A相电流频谱

(c) 补偿后A相电流波形　　(d) 补偿后A相电流频谱

图 8-10　$\alpha=30°$ 时波形

从表 8-2 中对比可以看出,补偿前非线性负载使得电网电流产生严重的畸变,且随着触发角 α 的增大,畸变也越严重。

当有源电力滤波器投入后,电网电流的总谐波畸变有很大的减小。从表 8-3、表 8-4、表 8-5 和表 8-6 可见原来电网电流中的主要谐波(5、7、11 次谐波)的含量有明显的降低。这表明三相并联型有源电力滤波器对电网谐波有非常显著的抑制作用。

2. 基于 DSP 的有源电力滤波器

有源电力滤波器的控制部分包括传感器电路、信号调理、采样保持及模数转换电路以及有源部分的控制策略等几个部分,其控制电路原理框图如图 8-11 所示。其中信号调理、采样保持及模数转换电路是模拟电路和数字电路之间的接口,DSP 主要用于信号的分析处理以及有源部分的控制,而信号的分析处理部分的数字滤波器的设计则关系到有源电力滤波器的性能。以下将着重介绍信号调理、采样保持及模数转换和数字滤波器两部分。

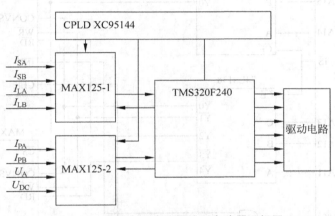

图 8-11 有源电力滤波器控制电路原理框图

8.2.2 信号调理、采样保持及模数转换

信号调理电路是通过射极跟随器来对输入的模拟信号进行阻抗隔离,并使输入信号的幅值符合 A/D 模数转换器的要求。由于有源电力滤波器对模数转换器的精度和速度要求较高,因此选用 MAX125 高速 14 位 A/D 转换芯片,它带多路模拟开关和采样保持器,非常适用于有源电力滤波器测量系统的信号采集,它具有 8 种转换模式及一个节电模式。用户可在 A、B 两组多路开关之间选择同时采样的 4 路输入通道,其工作模式如表 8-7 所示。

表 8-7 MAX125 工作模式

$A_3 A_2 A_1 A_0$	转换时间	模 式
0000	3μs	A 组多路开关,单路转换。上电默认
0001	6μs	A 组多路开关,双路转换
0010	9μs	A 组多路开关,三路转换

续表

$A_3A_2A_1A_0$	转换时间	模式
0011	12μs	A组多路开关,四路转换
0100	3μs	B组多路开关,单路转换
0101	6μs	B组多路开关,双路转换
0110	9μs	B组多路开关,三路转换
0111	12μs	B组多路开关,四路转换
1xxx	……	节电模式

图 8-11 中的 CPLD XC95144 复杂可编程逻辑器件,用来作为 TMS320F240 DSP 与 MAX125 芯片之间的逻辑控制。其逻辑功能与图 8-12 电路中的 74LS138 与 74LS139 所组成的逻辑功能相同。

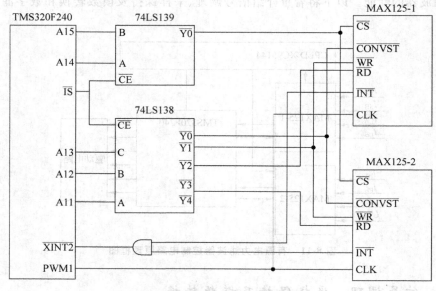

图 8-12　DSP 与 MAX125 的结构

TMS320F240 与 MAX125 接口电路如图 8-11 所示。本装置利用 2 片 MAX125 的输入通道,分别用于同时采样保持 A 相电压信号(U_A)、系统侧 A 相和 B 相的 2 个电流信号(I_{SA}/I_{SB})、负荷侧 A 相和 B 相的 2 个电流信号(I_{LA}/I_{LB})、逆变侧的 A 相和 B 相的 2 个电流信号(I_{PA}/I_{PB}),以及逆变器直流侧的电容电压(U_{DC})8 个输入信号。当 A/D 转换完成后,INT 信号变为低电平。TMS320F240 与 MAX125 接口保证采样得到的 8 个电量信号之间的正确相位关系和时序关系,其同步采样及 A/D 转换流程图如图 8-13 所示。

通过 DSP 的 CPU 对 2 片 MAX125 的控制,可分别达到不同的操作目的,如对 MAX125 的初始化、发出 A/D 转换启动信号以及 A/D 转换完成后结果的读取等,由于篇幅的关系这里只给出了与 MAX125 相关的程序,本例中 MAX125-1 与 MAX125-2 的地址分别设定为 0X0000H 和 0X0001H。程序包括对 MAX125 的初始化,对 MAX125 发出 A/D 转换启动信号和 A/D 转换结果的读取等部分。程序如下:

第 8 章　数字信号处理技术的应用

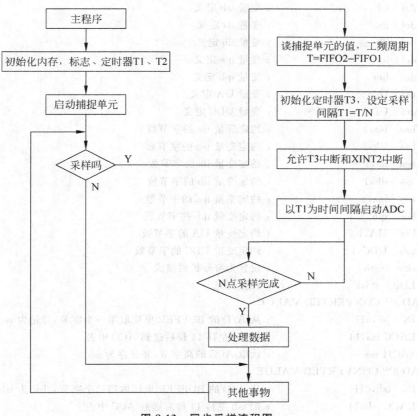

图 8-13　同步采样流程图

(1) 对 MAX125-1 进行初始化编程

```
SPLK    #03H,MAX125-1        ;将 03H 写入 MAX125-1
OUT     MAX125-1,0800H       ;使其设置为 A 组多路开关、4 路转换的工作方式
```

(2) 对 MAX125-2 进行初始化编程

```
SPLK    #03H,MAX125-2        ;将 03H 写入 MAX125-2
OUT     MAX125-2,0800H       ;使其设置为 A 组多路开关、4 路转换的工作方式
```

(3) 启动 A/D 转换

```
OUT     MAX125-1,0000H
OUT     MAX125-2,0001H
```

(4) 读取 A/D 转换结果

当 TMS320F240 的 XINT2 变为低电平时，即可以读取 MAX125-1 和 MAX125-2 寄存器中的数据。对同一芯片读 4 次，依次读出 4 路 A/D 转换结果。读 MAX125-1 的程序如下：

```
        .def    isa              ;变量 isa 定义
```

```
        .def   isb                ;变量 isb 定义
        .def   ila                ;变量 ila 定义
        .def   ilb                ;变量 ilb 定义
        .def   ipa                ;变量 ipa 定义
        .def   ipb                ;变量 ipb 定义
        .def   UA                 ;变量 UA 定义
        .def   UDC                ;变量 UDC 定义
        .bss   isa,1              ;约定变量 isa 的字节数
        .bss   isb,1              ;约定变量 isb 的字节数
        .bss   ila,1              ;约定变量 ila 的字节数
        .bss   ilb,1              ;约定变量 ilb 的字节数
        .bss   ipa,1              ;约定变量 ipa 的字节数
        .bss   ipb,1              ;约定变量 ipb 的字节数
        .bss   UA,1               ;约定变量 UA 的字节数
        .bss   UDC,1              ;约定变量 UDC 的字节数
        setc   sxm                ;设置为符号扩展模式
        LDP    #isa               ;设置页码
; READ 1ST CONVERTED VALUE
        IN     isa,0H             ;从 A/D 的 BUFFER 里读取第一个字节,并记为 isa
        LACC   isa,14             ;把 isa 左移 14 位后送到 ACC 中去
        SACH   isa                ;读取 ACC 的高字节,并保存为 isa
; READ 2ND CONVERTED VALUE
        IN     isb,0H             ;从 A/D 的 BUFFER 里读取第二个字节,并记为 isb
        LACC   isb,14             ;把 isb 左移 14 位后送到 ACC 中去
        SACH   isb                ;读取 ACC 的高字节,并保存为 isb
; READ 3RD CONVERTED VALUE
        IN     ila,0H             ;从 A/D 的 BUFFER 里读取第三个字节,并记为 ila
        LACC   ila,14             ;把 ila 左移 14 位后送到 ACC 中去
        SACH   ila                ;读取 ACC 的高字节,并保存为 ila
; READ 4TH CONVERTED VALUE
        IN     ilb,0H             ;从 A/D 的 BUFFER 里读取第四个字节,并记为 ilb
        LACC   ilb,14             ;把 ilb 左移 14 位后送到 ACC 中去
        SACH   ilb                ;读取 ACC 的高字节,并保存为 ilb
;------------------------------------------
        LDP    #ipa               ;设定页码
; READ 1ST CONVERTED VALUE
        IN     ipa,1H             ;从 A/D 的 BUFFER 里读取第一个字节,并记为 ipa
        LACC   ipa,14             ;把 ipa 左移 14 位后送到 ACC 中去
        SACH   ipa                ;读取 ACC 的高字节,并保存为 ipa
; READ 2ND CONVERTED VALUE
        IN     ipb,1H             ;从 A/D 的 BUFFER 里读取第二个字节,并记为 ipb
        LACC   ipb,14             ;把 ipb 左移 14 位后送到 ACC 中去
        SACH   ipb                ;读取 ACC 的高字节,并保存为 ipb
; READ 3RD CONVERTED VALUE
```

```
        IN    UA,1H              ;从 A/D 的 BUFFER 里读取第三个字节,并记为 UA
        LACC  UA,14              ;把 UA 左移 14 位后送到 ACC 中去
        SACH  UA                 ;读取 ACC 的高字节,并保存为 UA
;READ 4TH CONVERTED VALUE
        IN    UDC,1H             ;从 A/D 的 BUFFER 里读取第四个字节,并记为 UDC
        LACC  UDC,14             ;把 UDC 左移 14 位后送到 ACC 中去
        SACH  UDC                ;读取 ACC 的高字节,并保存为 UDC
```

8.2.3 数字滤波器的设计

为了使低通数字滤波器具有较好的频率响应特性,选用四阶巴特沃斯低通滤波器,其传递函数为

$$H(z) = \frac{(a_{01} + a_{11}z^{-1} + a_{21}z^{-2}) * (a_{02} + a_{12}z^{-1} + a_{22}z^{-2})}{(1 + b_{11}z^{-1} + b_{21}z^{-2}) * (1 + b_{12}z^{-1} + b_{22}z^{-2})}$$

图 8-14 为用两个二阶标准型级联实现的四阶 IIR 滤波器的框图。

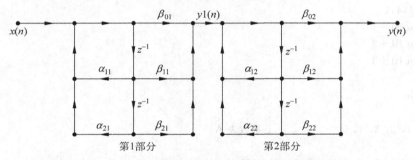

图 8-14 两个二阶标准型级联实现的四阶 IIR 滤波器的框图

对于用两个二阶标准型级联实现的四阶 IIR 数字滤波器,可以把每个二阶标准型按照零点和极点重构成图 8-15 所示的结构,该结构非常适宜于软件编程。

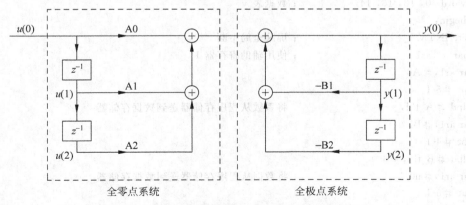

图 8-15 按零点和极点构造的二阶标准型数字滤波器

用 DSP 的汇编语言指令来对上面的用两个二阶标准型级联实现的四阶 IIR 数字滤波器进行软件编程。具体程序如下:

程序名：BUTTERWORTH.ASM

```
        .bss u0,5,1                ;为系数与数据保留数据存储器
        u1 .equ u0+1
        u2 .equ u0+2
        u3 .equ u0+3
        u4 .equ u0+4
        .bss A0,5,1
        A1 .equ A0+1
        A2 .equ A0+2
        A3 .equ A0+3
        A4 .equ A0+4
        .bss y1,4,1
        y2 .equ y1+2
        y3 .equ y1+3
        y4 .equ y1+4
        .bss B1,4,1
        B2 .equ B1+1
        B3 .equ B1+2
        B4 .equ B1+3
        .text
        b _begin
A_tbl:
        .word 1,2,3,4,5            ;系数表 A
B_tbl:
        .word 9,8,7,6              ;系数表 B
u_tbl:
        .word 2,4,6,8,10           ;数据表 u
y_tbl:
        .word 20,18,16,14          ;数据表 y
_begin:
        setc INTM                  ;屏蔽全局中断
        mar *,ar1                  ;使用辅助寄存器 1
        lar ar1,#A0
        rpt #5-1
        blpd #A_tbl,*+             ;将系数从程序存储器送到数据存储器
        lar ar1,#B1
        rpt #4-1
        blpd #B_tbl,*+
        lar ar1,#u0                ;将数据从程序存储器送到数据存储器
        rpt #5-1
        blpd #u_tbl,*+
        lar ar1,#y1
        rpt #4-1
        blpd #y_tbl,*+
```

```
ldp    #u0
lacl   #0              ;将累加器清零
lt     u4              ;开始乘积求和
mpy    A4              ;(u4*A4)+
ltd    u3
mpy    A3              ;(u3*A3)+
ltd    u2
mpy    A2              ;(u2*A2)+
ltd    u1
mpy    A1              ;(u1*A1)+
ltd    u0
mpy    A0              ;(u0*A0)
lta    y4
mpy    B4              ;(y4*B4)
ltd    y3
mpy    B3              ;(y3*B3)
ltd    y2
mpy    B2              ;(y2*B2)
ltd    y1
mpy    B1              ;(y1*B1)
apac
sacl   y1              ;保存结果
b_begin                ;继续循环
```

8.2.4 滤波前后的电流波形比较

图 8-16 和图 8-17 分别表示经上述电能质量调节器补偿前后的系统电流以及逆变器补偿电流的实测波形，从图 8-16 可以看出滤波后系统电流的波形大大改善，并且系统电流超前负荷电流一个角度 φ，即该装置不仅能够补偿谐波，而且还能够对无功功率进行补偿，因此，该装置用作电能质量调节是非常合适的。图 8-17 为高通滤波器前后的逆变器补偿电流波形，从图 8-17 可以看出高通滤波器后的补偿电流的开关纹波被滤除了。

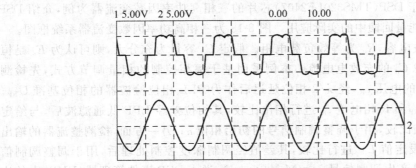

图 8-16 负荷电流与补偿后的系统电流波形

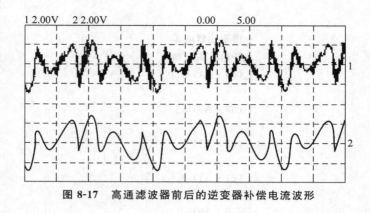

图 8-17 高通滤波器前后的逆变器补偿电流波形

8.2.5 三相高功率因数变流器[25~27]

随着电力电子装置应用,特别是电力变换器的高频化和大功率化带来的负面效应,在 AC-DC 环节中,多数电力电子装置直接通过整流器与电网相连,常用的整流器采用二极管不可控整流或晶闸管相控整流向负载提供能量,造成输入交流侧电压波形与电流波形严重畸变、谐波含量高。

治理谐波污染有两种基本方法。一种是利用谐波补偿装置来集中解决谐波污染,这适用于各种谐波源。该类装置可分为两类:无源滤波器(PPF)和有源滤波器(APF)。另一种方法是在电力系统中接入高功率因数变流器。它除了可以抑制电力电子装置本身对系统的谐波污染之外,还具有提高或调节电力系统的功率因数的功能。

高功率因数变流器除了可以实现网侧电流正弦化,运行于单位功率因数之外,还可以实现能量的双向流动,即不但能实现由交流侧电网向负载传送能量的整流特性,而且能实现由直流侧向交流侧电网回馈能量的逆变特性。这种能有效地节约和利用能源的变换,被称之为"绿色电能变换"。与在电力系统装设谐波补偿装置和无功补偿装置相比,PWM 变流是一种较为积极的节能降耗的技术,因此越来越受到学术界和工业界的关注和重视。

目前高功率因数变流器按其技术特征可分为以下几类:多脉冲整流及准多脉冲整流、多电平变流技术、PWM 整流技术、交交变频技术等。

本节以一种基于 DSP(TMS320LF2407)芯片的三相高功率因数变流器为例,介绍 DSP 技术在谐波治理和能量回馈中的实际应用。图 8-18 为三相高功率因数变流器系统框图。

图中 C_d 为滤波电容,R_d 为等效负载电阻。假定 C_d 容量为充分大,则可认为 E_d 是恒定的,即可以不考虑 C_d 的充放电电流。本例采用基于幅相控制的相量调节方式,先检测三相交流电源 R 相的电压 e_R,经 $\pi/2$ 相位延迟后作为 PLL 相位检波器的相位基准 U_{RP}。在相位检波器中 U_{RP} 和 R 相电流 i_R 进行相位比较,其相位差经 LPF 低通滤波后,与给定的功率因数角 φ^* 相比较,用于调整调制信号的初始相位 α;另一方面,检测整流器的输出直流电压 E_d,并与设定值 E_d^* 进行比较,其差值经调制深度控制处理后,用于调整调制信号的调制深度 M,以产生调制信号 $u_r = M\sin(\omega t + \alpha)$,送入 DSP 事件管理器(EVB)中的比较寄存器(CMPRx),然后与定时器产生的三角载波相比较,由 PWM 生成器输出 6 路具有死区时间的脉冲信号,用于控制整流器各桥臂开关的导通与关断。

第 8 章 数字信号处理技术的应用

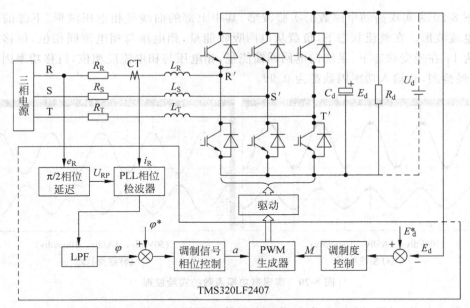

图 8-18 三相高功率因数变流器系统框图

图 8-19 为基于 TMS320LF2407 控制芯片框图。控制器的输入信号有：检测信号（相电压、相电流、直流母线电压等）、保护信号（过压、过流、短路、过热等）、开关状态信号（同步检测、上电指示、键盘等）。输出信号有：开关信号（保护输出、断电等）和 PWM 信号（6 路送至驱动电路）。JTAG 是用于编写和调试程序的接口。图中将信号采集后，经内部运算后可进行输出控制。

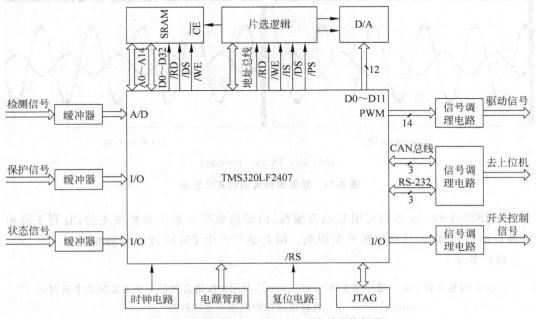

图 8-19 基于 TMS320LF2407 控制芯片框图

图 8-20 为实现高功率因数的实验波形,其中上部的曲线是相电压波形、下部的曲线是相电流波形。在整流状态下,负载从电网吸收能量,相电压与相电流同相位,位移功率因数为 1;在逆变状态下,系统向电网回馈能量,相电压与相电流反相位,位移功率因数为 -1。经检测,总输入功率因数都为 0.99。

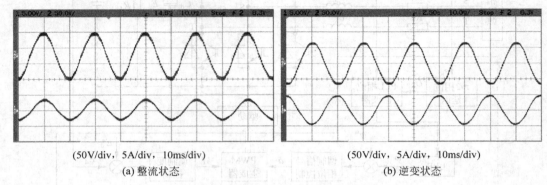

(50V/div,5A/div,10ms/div)　　　　　　　(50V/div,5A/div,10ms/div)
(a) 整流状态　　　　　　　　　　　　　　(b) 逆变状态

图 8-20　实现高功率因数的实验波形

与图 8-20 相对照,图 8-21 为实现功率因数可调控制的实验波形。图中,外侧的曲线是相电压波形,内侧的曲线是相电流波形。由图 8-21(a)可以看出,相电流滞后于相电压的角度为 $\varphi=\pi+\pi/10$,向交流电网回馈恒定功率因数角的容性无功功率。由图 8-21(b)可以看出,相电流超前于相电压的角度为 $\varphi=\pi-\pi/10$,向交流电网回馈恒定功率因数角的感性无功功率。图 8-21 表明,系统可实现功率因数超前或滞后的任意控制,即相电压与相电流间相位差可调,以期改善局部电网的品质。

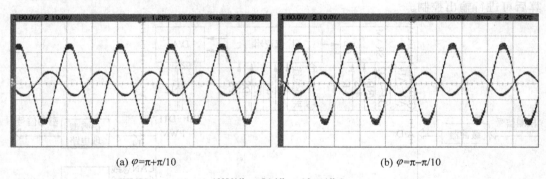

(a) $\varphi=\pi+\pi/10$　　　　　　　　　　(b) $\varphi=\pi-\pi/10$
(60V/div,5A/div,10ms/div)

图 8-21　功率因数可调的实验波形

TMS320LF240x 系列可用 C 语言编写,由虚拟数学函数库来提供支持,有利于移植很多 C 语言的算法,从而缩短开发周期。用 C 语言产生 PWM 波形举例如下。

程序如下:

```
//所需的复位和中断向量定义文件"vector.asm",利用汇编语言代码定义了复位和中断向量
    .ref    _nothing        ;直接返回的中断服务程序符号
    .ref    _c_int0         ;复位向量符号
```

```
        .sect       ".vector";
RSVECT      B       _c_int0         // PM 0 复位向量            1
INT1        B       _nothing        // PM 2 中断优先级 1        4
INT2        B       _nothing        // PM 4 中断优先级 2        5
INT3        B       _nothing        // PM 6 中断优先级 3        6
INT4        B       _nothing        // PM 8 中断优先级 4        7
INT5        B       _nothing        // PM A 中断优先级 5        8
INT6        B       _nothing        // PM C 中断优先级 6        9
// 该程序利用 EVB 模块的 PWM7～PWM12 引脚产生不同占空比的方波
#include    "register.h"
// 屏蔽中断程序
void inline disable()
{
    asm(" setc INTM");
}
// 系统初始化子程序
int initial()
{
    asm(" setc SXM");           // 符号位扩展有效
    asm(" clrc OVM");           // 累加器中结果正常溢出
    asm(" clrc CNF");           // B0 被配置为数据存储空间
    *SCSR1=0x81FE;              // CLKIN=6M,CLKOUT=4*CLKIN=24M
    *WDCR=0x0E8;                // 软件禁止看门狗
    *IMR=0x0000;                // 禁止所有中断
    *IFR=0x0FFFF;               // 清除全部中断标志,"写1清0"
    WSGR=0X00;                  // 禁止所有的等待状态
}
// EVB 模块的 PWM 初始化程序
int pwminitial()
{
    *MCRC=*MCRC|0X007E;         // IOPE1-6 被配置为基本功能方式,PWM7-12
    *ACTRB=0X0666;              // PWM12,10,8 低有效,PWM11,9,7 高有效
    *DBTCONB=0X00;              // 不使能死区控制
    *CMPR4=0X1000;
    *CMPR5=0X3000;
    *CMPR6=0X5000;
    *T3PER=0X6000;              // 设置定时器 3 的周期寄存器,并设置 CMPR4-6,
                                // 以确定不同的输出占空比
    *COMCONB=0X8200;            // 使能比较操作
    *T3CON=0X1000;              // 定时器 3 为连续增计数模式
}
// 该中断服务程序主要是为了防止干扰,不做任何其他操作
void interrupt nothing()
{
```

```
        return;                              // 中断直接返回
    }
// 主程序
main()
{
    disable();                               // 总中断禁止
    initial();                               // 系统初始化
    pwminitial();                            // PWM 输出初始化
    * T3CON= * T3CON|0x0040;                 // 启动定时器 3
    while(1)
    {
        ;
    }
}
```

第 9 章 MATLAB 在信号处理中的应用

内容摘要

本章主要介绍应用 MATLAB 软件包进行信号分析与处理的基本方法。通过若干个实例,阐述 MATLAB 的基本编程原理,上机实验的目的、要求及步骤。通过上机练习加深对信号处理的原理、概念及应用的理解。

在信号处理中,可以说无处不是与计算机的应用紧密结合,尤其是 DSP 芯片和器件的飞速发展,更是离不开计算机软、硬件的支持。除了 DSP 芯片的 C 语言和汇编语言的开发方法以及 DSP 芯片的开发工具及使用外,采用一些专用的可视化信号处理分析、计算及开发软件包,无论对于初学者和专业科技工程设计人员来说,都是十分必要的。目前广泛应用的 MATLAB 工具软件包,其强大的分析、开发及扩展功能为信号处理提供了强有力的支持。

MATLAB 是 MathWorks 公司(美)于 1982 年开发推广的一套高性能数值计算和可视化软件包。它集数值分析、矩阵计算、信号处理和图形显示于一体,构成一个使用方便、界面友好的用户环境。其所开发的多个领域的 MATLAB 工具箱,为这些领域的研究、开发和设计提供了有力的工具。

本章主要应用 MATLAB 的信号处理工具箱及其灵活、便捷的编程工具,对信号处理的基本理论、离散傅里叶分析和变换、Z 变换、数字滤波器设计等内容,通过若干例题以上机仿真实验的方式进行一定的介绍,以帮助读者学习、掌握和应用 MATLAB 软件包对前面各章所学的内容加以分析、计算,以对信号处理及应用有更深入的理解。

应用 MATLAB 上机仿真实验的练习主要采用由 MATLAB 语句构成的程序文件(称作 M 文件,其扩展名为.m)进行编程设计。M 文件分为主程序文件和函数文件(也称为子程序)两种,MATLAB 有几千个通用和专用的函数文件,用户可方便地利用它们解决自己的专业领域中的问题。

限于本书的篇幅及有关 MATLAB 应用等方面的书籍很多,下面不再详细介绍 MATLAB 的编程语句和各种工具箱的使用方法,请读者参阅有关参考文献查找所需内容。

9.1 MATLAB 使用初步及信号描述与变换

9.1.1 实验目的

(1) 熟悉 MATLAB 软件的使用。
(2) 用 MATLAB 语句实现信号描述及变换。

(3) 以后分析信号及系统做好前期准备。

9.1.2 实验原理

1. 信号描述

信号描述请见本书相关内容。一般来讲，无论是连续时间信号还是离散时间信号，均可用数学表达式或图形来表示，用 MATLAB 语句去描述连续时间信号，是用连续时间信号等时间间隔点的样值来近似表示连续时间信号的，只要取得时间间隔点足够小，这些离散的样值就可以较好的近似出连续时间信号，在 MATLAB 中连续信号可用向量或符号运算功能来表示。

(1) 向量表示法

对于连续时间信号 f(t)，可用两个行向量 f 和 t 表示，其中向量 t 是形如 t＝t_1：p：t_2 的 MATLAB 命令定义的时间范围向量，t_1 为信号起始时间，t_2 为终止时间，p 为时间间隔向量，向量 f 为连续信号 f(t) 在向量 t 所定义的时间上的样值。

例 9-1 已知 f(t)＝sin(t)，可采用下列两向量表示：

$$t = -10: 1.5: 10;$$
$$f = \sin(t);$$

若加入下列语句，则可绘出该连续时间信号的波形。

$$\text{plot}(t, f)$$
$$\text{title}('f(t) = \sin(t)')$$
$$\text{xlabel}('t')$$
$$\text{axis}([-10, 10, -0.4, 1.1])$$

改变 p 的值，则可得到更为接近的光滑波形。读者可通过实际操作来观察得到的波形。

(2) 符号运算表示法

如果信号可以用符号表达式来表示，则可采用 ezplot 命令绘制波形。如对于 f(t)＝sin(πt/4)，则可采用符号表示式表示为

$$f = \text{sym}('\sin(pi/4 * t)')$$
$$\text{ezplot}(f, [-16, 16])$$

对于离散时间信号，用 MATLAB 表示同样需要两个向量，如序列

$$f(k) = \begin{cases} 1 & k=-3 \\ 2 & k=-2 \\ -1 & k=-1 \\ 3 & k=0 \\ 2 & k=1 \\ 4 & k=2 \\ -1 & k=3 \end{cases}$$

在 MATLAB 中应表示为
$$k=[-3,-2,-1,0,1,2,3] \text{ 或 } k=-3:3$$
$$f=[1,2,-1,3,2,4,-1]$$
加入下列语句,可得到对应的序列波形图,即
$$\text{stem}(k,f,\text{'filled'});$$
$$\text{axis}([-4,4,-1.5,4.5])$$

注意:①离散信号不能用符号运算表示;②MATLAB 无法表示无限序列;③绘制波形时,使用专门命令 stem 命令。

2. 信号运算与变换

对于信号来说,信号运算也包含相加、相乘,信号变换包含信号平移、反褶、倒相及尺度变换,用 MATLAB 可实现连续时间信号及离散时间信号的运算及变换。

对于连续时间信号 $f(t)$,若 $f(t)=f_1(t)+f_2(t)$,则采用
$$s=\text{symadd}(f_1,f_2);$$
$$\text{ezplot}(s,[tmin,tmax])$$
其中 f_1,f_2 是两个用符号表达式表示的连续信号,s 为相加得到的和信号的符号表达式,自变量 t 的范围为 $tmin<t<tmax$。

若 $f(t)=f_1(t)*f_2(t)$,则
$$w=\text{symmul}(f_1,f_2);$$
$$\text{ezplot}(w,[tmin,tmax])$$
其中 w 为相乘得到的积信号的符号表达式。

对连续时间信号 $f(t)$ 的变换与 MATLAB 实现对应关系如下:

(1) 平移:$f(t) \rightarrow f(t-t_0)$,可用下列语句实现:
$$y=\text{subs}(f,t,t-t_0)$$
其中 f 是符号表达式表示的连续时间信号,t 为符号变量。

(2) 反褶:$f(t) \rightarrow f(-t)$,可用下列语句实现:
$$y=\text{subs}(f,t,-t)$$

(3) 尺度变换:$f(t) \rightarrow f(at)$,可用下列语句实现:
$$y=\text{subs}(f,t,a*t)$$

(4) 倒相:$f(t) \rightarrow -f(t)$,可用下列语句实现:
$$y=-f$$

3. 离散时间信号的运算

对离散时间信号的运算,与序列的加、乘运算,其平移、反褶、尺度变换、倒相变换与连续时间信号的定义完全相同,但是由于离散时间信号必须用向量表示的方法,因而在 MATLAB 中序列的运算表示成两向量的运算,这就要求参加运算的两序列向量必须有

相同的维数。一般的做法是把要将参加运算的两序列向量 f1,f2 通过补零方式成为同维数的二序列向量 s1,s2,然后调用实现两序列相加、相乘的函数

    function[f,k]=lsxj(f1,f2,k1,k2)　　（k 为对应的时间序列向量）
    function[f,k]=lsxc(f1,f2,k1,k2)　　（k 为对应的时间序列向量）

  而离散时间信号的反褶,是将表示离散时间的两向量以零时刻的取值为基准点,以纵轴为对称轴反褶,向量反褶用 MATLAB 中的 fliplr 函数来实现。如:

    function(f,k)=lsfz(f1,k1)
    f=fliplr(f1); k=-fliplr(k1);
    stem(k,f,'filled')
    axis([min(k)-1,max(k)+1,min(f)-0.5,max(f)+0.5])

  平移可看作将离散序列时间的序号向量平移,而表示对应时间序号点的序列样值不变,故序列平移 k0 时可用下列子函数实现:

    function[f,k]=lsyw(ff,kk,k0)
    k=kk+k0; f=ff
    stem(k,f,'filled')
    axis([min(k)-1,max(k)+1,min(f)-0.5,max(f)+0.5])

其中 ff、kk 为未平移前的序列及对应时间序列向量,f、k 为平移后的序列及对应时间序列向量。

  对离散信号的倒相变换,可看作是将表示序列样值的向量取反,而对应的时间序号向量不变,可用下列子函数实现:

    function[f,k]=lsdx(ff,kk)
    k=kk; f=-ff
    stem(k,f,'filled')
    axis([min(k)-1,max(k)+1,min(f)-0.5,max(f)+0.5])

其中 ff、kk 为倒相前的序列及对应时间序列向量,f、k 为倒相后的序列及对应时间序列向量。

9.1.3　仿真实验参考程序

  例 9-2　设信号 $f(t)=(1+t/2)[\varepsilon(t+2)-\varepsilon(t-2)]$,试用 MATLAB 求解 $f(t+2)$、$f(-t)$、$f(2t)$、$-f(t)$,画出相应的波形。

  所用 MATLAB 命令如下:
  首先利用下列语句创建函数文件 Heaviside.m。

```
function f=Heaviside(t)
f=(t>=0);
plot(t,f)
axis([-1,3,-0.2,1.2])
```

然后再建立下列主程序 hsys.m 并运行,结果如图 9-1 所示。

```
syms t
f=sym('(1+t/2)*(heaviside(t+2)-heaviside(t-2))')
    subplot(2,3,1),ezplot(f,[-3,3])
    y1=subs(f,t,t+2)
    subplot(2,3,2),ezplot(y1,[-5,1])
    y2=subs(f,t,-t)
    subplot(2,3,4),ezplot(y2,[-3,3])
    y3=subs(f,t,2*t)
    subplot(2,3,5),ezplot(y3,[-2,2])
    y4=-f
    subplot(2,3,6),ezplot(y4,[-3,3])
```

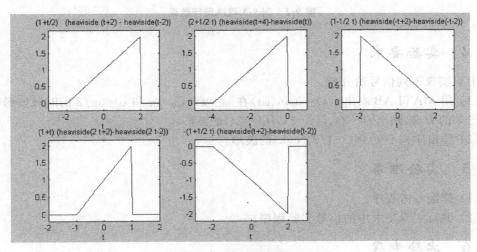

图 9-1 例 9-2 程序运行结果

例 9-3 离散时间信号的相加、相乘运算。

建立下面用 m 语言编写的程序。

```
%其中 x1、x2 是参加运算的两序列向量,n 为序列对应的时间长度
x1=[1,5,-4,2,5,-1,5];         % 构造序列 x1
x2=[1,2,3,4,5,6,7];           % 构造序列 x2
n=1:length(x1);               % 序列的时间长度
subplot(2,2,1); stem(n,x1); title('x1')
subplot(2,2,2); stem(n,x2); title('x2')
subplot(2,2,3); stem(n,x1+x2); title('x1+x2')
subplot(2,2,4); stem(n,x1.*x2); title('x1.*x2')
```

运行结果如图 9-2 所示。

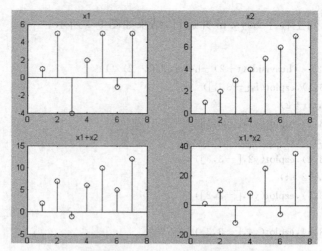

图 9-2 例 9-3 程序运行结果

9.1.4 实验要求

上机实现下列信号的分析。

(1) 用 MATLAB 画出 $f(t)=3\sin(\omega t)$ 在 $\omega=\pi/2,\omega=\pi$ 和 $\omega=3\pi/2$ 的时域波形；并利用已知的 $f(t)$，画出 $f(-t),f(t-2),f(1-2t)$ 的波形。

(2) 绘出序列 $f(k)=(-1/2)^k\varepsilon(k)$ 的波形。

9.1.5 实验准备

(1) 读懂参考程序。
(2) 编写实验要求中的信号实验程序。

9.1.6 实验步骤

输入程序，逐一完成上述题目，验证理论分析结果，并打印输出波形。

9.1.7 实验报告要求

(1) 弄清原理，说明信号描述、信号运算及变换方法。
(2) 编写程序。
(3) 验证理论结果。
(4) 分析、总结实验过程中出现的问题。

9.2 连续时间信号卷积运算的 MATLAB 实现

9.2.1 实验目的

(1) 理解掌握卷积的概念及物理意义。
(2) 理解单位冲激响应的概念及物理意义。

9.2.2 实验原理

根据前述知识,连续信号卷积运算定义为

$$f(t) = f_1(t) * f_2(t) = \int_{-\infty}^{\infty} f_1(\tau) f_2(t-\tau) \mathrm{d}\tau \tag{9-1}$$

卷积计算可以通过信号分段求和来实现,即

$$f(t) = f_1(t) * f_2(t) = \int_{-\infty}^{\infty} f_1(\tau) f_2(t-\tau) \mathrm{d}\tau = \lim_{\Delta \to 0} \sum_{k=-\infty}^{\infty} f_1(k\Delta) \cdot f_2(t-k\Delta) \cdot \Delta \tag{9-2}$$

如果只求当 $t=n\Delta$ (n 为整数)时 $f(t)$ 的值 $f(n\Delta)$,则由上式可得

$$f(n\Delta) = \sum_{k=-\infty}^{\infty} f_1(k\Delta) \cdot f_2(n\Delta - k\Delta) = \Delta \cdot \sum_{k=-\infty}^{\infty} f_1(k\Delta) \cdot f_2[(n-k)\Delta] \tag{9-3}$$

式(9-3)中的 $\sum_{k=-\infty}^{\infty} f_1(k\Delta) \cdot f_2[(n-k)\Delta]$ 实际上就是连续信号 $f_1(t)$ 和 $f_2(t)$ 经等时间间隔 Δ 均匀抽样的离散序列 $f_1(k\Delta)$ 和 $f_2(k\Delta)$ 的卷积和。当 Δ 足够小时,$f(n\Delta)$ 就是卷积积分的结果——连续时间信号 $f(t)$ 的较好的数值近似。

9.2.3 实验参考程序

用 MATLAB 实现连续信号 $f_1(t)$ 和 $f_2(t)$ 卷积的过程如下:

(1) 将连续信号 $f_1(t)$ 和 $f_2(t)$ 以时间间隔 Δ 进行抽样,得到离散序列 $f_1(k\Delta)$ 和 $f_2(k\Delta)$;

(2) 构造与 $f_1(k\Delta)$ 和 $f_2(k\Delta)$ 相对应的时间向量 k_1 和 k_2(注意,此时间序号向量 k_1 和 k_2 的元素不再是整数,而是抽样时间间隔 Δ 的整数倍的时间间隔点);

(3) 调用 conv() 函数计算卷积积分 $f(t)$ 的近似向量 $f(n\Delta)$;

(4) 构造 $f(n\Delta)$ 对应的时间向量 k。

下面是利用 MATLAB 实现连续信号卷积的通用函数 sconv(),该程序在计算出卷积积分的数值近似的同时,还绘出 f(t) 的时域波形图。需要注意的是,程序中是如何构造 f(t) 的对应时间向量 k 的?另外,程序在绘制 f(t) 波形图采用的是 plot 命令而不是 stem 命令。

```
function[f,k]=sconv(f1,f2,k1,k2,p)
% 计算连续信号卷积积分 f(t)=f1(t)*f2(t)
% f:卷积积分 f(t)对应的非零样值向量
% k:f(t)的对应时间向量
% f1:f1(t)的非零样值向量
% f2:f2(t)的非零样值向量
% k1:f1(t)的对应时间向量
% k2:序列 f2(t)的对应时间向量
% p:抽样时间间隔
f=conv(f1,f2);              %计算序列 f1(t)和 f2(t)的卷积和 f
f=f*p;
```

```
k0=k1(1)+k2(1);              %计算序列 f(t)非零样值的起点位置
k3=length(f1)+length(f2)-2;  %计算卷积和 f 的非零样值的宽度
k=k0: p: k3*p;               %确定卷积和 f 非零样值的时间向量
subplot(2,2,1)
plot(k1,f1)                  %在子图1绘f1(t)时域波形图
title('f1(t)')
xlabel('t')
ylabel('f1(t)')
subplot(2,2,2)
plot(k2,f2)                  %在子图2绘f2(t)时域波形图
title('f2(t)')
xlabel('t')
ylabel('f2(t)')
subplot(2,2,3)
plot(k,f);                   %画卷积 f(t)的时域波形
h=get(gca, 'position');
h(3)=2.5*h(3);
set(gca, 'position',h)       %将第三个子图的横坐标范围扩为原来的2.5倍
title('f(t)=f1(t)*f2(t)')
xlabel('t')
ylabel('f(t)')
```

例 9-4 已知两连续时间信号如图9-3所示，试用MATLAB求 $f(t)=f_1(t)*f_2(t)$，并绘出 $f(t)$ 的时域波形图。

解：我们可以调用前述的函数 sconv() 来解决此问题，即首先设定抽样时间间隔 p，并对连续信号 $f_1(t)$ 和 $f_2(t)$ 的非零值区间以时间间隔 p 进行抽样，产生离散序列 f1 和 f2，然后构造离散序列 f1 和 f2 所对应的时间向量 k1 和 k2，最后再调用 sconv 函数即可求出 f1*f2 的数值近似，并绘出其时域波形图9-4。

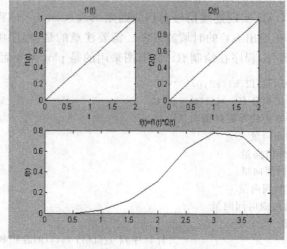

图9-3 连续时间信号波形图示例

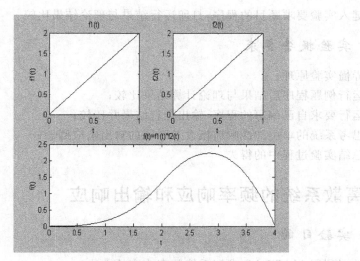

图 9-4 例 9-4 连续时间信号的时域波形图

实现上述过程的 MATLAB 命令如下：

```
p=0.5;
k1=0:p:2;
f1=0.5*k1;
k2=k1;
f2=f1;
[f,k]=sconv(f1,f2,k1,k2,p)
```

上述命令绘制的波形图也在图 9-2 中示出。图 9-2 中给出了抽样时间间隔 p=0.5 时的处理效果。而图 9-3 给出了抽样时间间隔 p=0.01 时的处理效果。可见，当抽样时间 p 足够小时，函数 sconv() 的计算结果就是连续时间卷积 $f(t)=f_1(t)*f_2(t)$ 的较好的数值近似。

9.2.4 实验要求

在本书卷积部分课后习题中任选两题，完成信号的卷积运算，绘出波形。

9.2.5 实验准备

(1) 读教材相关内容；
(2) 用图解法或解析法求解上述题目；
(3) 编写程序；
(4) 理解系统的单位冲激响应概念；
(5) 思考：能否利用上述程序求解系统的响应。

9.2.6 实验步骤

(1) 键入例题程序，打印运行结果与理论结果比较；

(2) 键入实验要求题目的程序,打印运行结果与理论结果比较。

9.2.7 实验报告要求

(1) 弄懂实验原理;
(2) 运行例题程序后结果与理论计算结果比较;
(3) 运行要求自己编写的程序,输出运行结果并比较;
(4) 思考系统的单位冲激响应概念及系统的输出响应概念;
(5) 总结实验过程中的得失。

9.3 离散系统的频率响应和输出响应

9.3.1 实验目的

(1) 学习利用 MATLAB 求解系统频率响应的方法;
(2) 学习利用 MATLAB 求解系统输出响应的方法;
(3) 加深学生对离散系统频率响应概念的理解。

9.3.2 实验原理

有关内容参考本书相关内容。

定义系统的频率响应为

$$H(e^{j\omega}) = \text{DTFT}[h(n)] = \sum_{n=-\infty}^{\infty} [h(n)e^{-jn\omega}] \qquad (9\text{-}4)$$

我们知道,一个单位脉冲响应为 $h(n)$ 的系统对输入序列 $x(n)$ 的输出为 $y(n)=x(n)*h(n)$,根据 DTFT 的卷积性质,可以推得

$$Y(e^{j\omega}) = \text{DTFT}[y(n)] = \text{DTFT}[x(n)*h(n)] = X(e^{j\omega}) * H(e^{j\omega}) \qquad (9\text{-}5)$$

对于求解系统的输出响应,则可利用卷积计算实现,也可不通过卷积,即可先求出 $X(e^{j\omega})$ 和 $H(e^{j\omega})$,进而求出 $Y(e^{j\omega})$,再通过求 IDTFT 变换求出 $y(n)$。

9.3.3 实验参考程序

(1) 要求

给定一个系统的单位脉冲响应为

$$h(n) = \sin(0.4n)[\varepsilon(n) - \varepsilon(n-20)]$$

求:① 利用 MATLAB 求出该系统的频率响应特性;
② 若输入该系统的信号为 $x(n)=\cos(0.5\pi n+\pi/3)+2\sin(0.4\pi n)$,确定该系统的稳态输出信号。

(2) 程序实现

为了方便在 MATLAB 中进行调用,首先用 m 语言编写两个函数来实现 DTFT 和 IDTFT。

实现 DTFT 的函数:

```
function[xjw,w]=dtft(x,n,k1,kr,k)
%realize dtft sequence x
%[xjw,w]=dtft(x,n,k1,kr,k)
%x,n: original sequence and its position vector
%k1,kr,k: [k1,kr]is frequency range,
%their units is pi*rad/s;
%k is number of frequency points
%xjw w: dtft of sequence x; w is correspond frequency
fstep=(kr-k1)/k;                        %计算频率间隔
w=[k1:fstep:kr];                        %计算频率点
xjw=x*(exp(-j*pi).^(n'*w));             %计算x(n)的DTFT
```

实现 IDTFT 的函数：

```
function[x,n]=idtft(xjw,w,n1,nr)
%realize idtft for xjw
%[x,n]=idtft(xjw,w,n1,nr)
%w: frequency with unit pi*/rad/s
%and w must be at equal interval
%n1,nr: [n1,nr] resultant sequence's sample time range
%they must be interger
%x,n: resultant sequence and its position vector
n=[n1:nr];                              %输出序列的位置向量
l=max(w)-min(w);                        %频率范围
dw=(w(2)-w(1))*pi;                      %相邻频率间隔也是积分步长
x=(dw*xjw*(exp(j*pi).^(w'*n)))/(l*pi);  %用求和代替积分,求出IDTFT
```

下面编写调用上面两个函数的 m 语言程序来计算 $h(n)$ 的 DTFT。

```
nh=[0:39];
h=sin(0.4*nh)/(0.4*nh);                 %系统脉冲响应
h(1)=1
[hjw,wh]=dtft(h,nh,-2,2,400);           %计算系统频率响应
subplot(3,1,1); plot(wh,abs(hjw));
nx=[0:39];
x=cos(0.5*pi*nx+pi/3)+2*sin(0.4*pi*nx); %输入序列x(n)
[xjw,wx]=dtft(x,nx,-2,2,400);           %x(n)的DTFT
subplot(3,1,2); plot(wx,abs(xjw));
yjw=xjw.*hjw; wy=wx;
subplot(3,1,3); plot(wy,abs(yjw));      %计算输出序列的DTFT
```

运行此程序即可得到系统的输出序列的频谱曲线。

进一步，通过调用 idtft 函数来求输出序列；同时还可以利用卷积的概念求出输出序列，这样就可以比较两种方法的等效性。

```
[y1,ny1]=idtft(yjw,wy,0,80);            %用IDTFT求出输出序列y(n)
[y2,ny2]=conv_m(h,nh,x,nx);             %用卷积求出输出序列y(n)
```

```
subplot(2,1,1); stem(ny1,abs(y1));
subplot(2,1,2); stem(ny2,abs(y2));
```

运行该程序,请读者观察这两种方法求出的结果是否是一致的?

9.3.4 实验要求

(1) 运行例题程序,打印结果并分析;
(2) 用 MATLAB 编程完成离散系统 $h(n)=(3^{n+1}-2^{n+1})\varepsilon(n)$ 的频率响应分析,并求解当 $x(n)=\varepsilon(n)$ 时的系统输出响应。

9.3.5 实验准备

(1) 读懂参考程序;
(2) 理论分析例题及实验中要求完成的离散系统的频响及输出响应分析;
(3) 编程实现上述要求。

9.3.6 实验步骤

(1) 输入参考程序,运行结果并分析;
(2) 输入自己所编写的程序,运行并进行结果分析。

9.3.7 实验报告要求

(1) 弄清系统频响概念及输出响应序列的各种求解方法;
(2) 上机调试已编写程序,给出运行结果并分析;
(3) 与理论计算相比较;
(4) 归纳实验得到的结果,总结各种方法的优劣。

9.4 用 FFT 实现信号谱分析

9.4.1 实验目的

(1) 了解 FFT 在信号谱分析中的作用;
(2) 了解谱分析的一般步骤和方法。

9.4.2 实验原理

关于信号谱分析的步骤和方法请见相关教材内容,为了了解信号的特点,了解信号的频谱分布情况,就应该对信号进行谱分析,计算出信号的幅度谱、相位谱和功率谱。信号的谱分析可以用 FFT 来实现,现讨论如下:

1. 谱分析中的参数选择

设待分析的信号为连续时间信号 $x_a(t)$,为此先定义一些谱分析中要用到的参数。T

为抽样周期(s);f_s为抽样频率(Hz),$f_s=1/T$;f_0为连续时间信号的最高频率(Hz);F为连续时间信号$x_a(t)$的频率分辨间隔或称为频率分辨率(Hz);t_p为信号最小记录长度(s),$t_p=1/F$;N为一个记录长度中的抽样数。

设被分析信号的频谱主要集中在低频段,下面来确定参数的选择。

为了避免混叠失真,要求

$$f_s \geqslant 2f_0 \tag{9-6}$$

因此应选择

$$T \leqslant \frac{1}{2f_0} \tag{9-7}$$

最小记录长度必须按所需要的频率分辨率来选择,即

$$t_p = 1/F \tag{9-8}$$

t_p还可以表示为

$$t_p = N * T = 1/F \tag{9-9}$$

从式(9-9)中看出,在谱分析中,信号的高频容量与频率分辨率之间存在矛盾。要增加高频容量,在N不变的情况下,T就必须减小,这就必然导致记录长度缩短,因而降低了频率分辨率;相反,要提高分辨率,在给定N的情况下,就必须增加t_p,这就导致T的增加,结果减少了高频容量。在保持另一参数不变的情况下,增加高频容量或提高分辨率的唯一方法是增加在一记录长度内的抽样数N。如果f_0和F都给定,则N必须满足

$$N \geqslant \frac{2f_0}{F} \tag{9-10}$$

2. 谱分析的步骤

(1) 数据准备

设待分析的信号为任意长的连续时间信号$x_a(t)(t \geqslant 0)$。若已知信号的最高长度为f_0,频率分辨率为F,那么根据式(9-7)、式(9-8)、式(9-10)分别求出抽样周期T、最小记录长度t_p和抽样数N。

因为要利用以2为基的FFT算法,所以如果由式(9-10)计算得到的N值不是2的整数幂,则必要用补零的方法来增加N的值,使之等于2的整数幂。

在一个记录长度中对$x_a(t)$抽样,抽样数为N,于是得

$$x(n) = x_a(t)|_{t=nT} = x_a(nT) \tag{9-11}$$

(2) 使用FFT计算信号的频谱

用FFT计算信号的频谱,即计算

$$X(k) = \sum_{n=0}^{N-1} x(n) W_N^{kn}$$

$X(k)$一般是由实部$X_R(k)$和虚部$X_I(k)$组成的复数,即

$$X(k) = X_R(k) + jX_I(k) \tag{9-12}$$

(3) 由频谱$X(k)$计算幅度谱、相位谱、功率谱

由式(9-12)可求出幅度谱$|X(k)|$、相位谱和功率谱$S(k)$,它们分别为

$$|X(k)| = \sqrt{X_R^2(k) + X_I^2(k)} \tag{9-13}$$

$$\theta_k = \arctan \frac{X_I(k)}{X_R(k)} \tag{9-14}$$

$$S(k) = |X(k)|^2 = X_R^2(k) + X_I^2(k) \tag{9-15}$$

9.4.3 实验举例

(1) 设 $x_a(t) = e^{-t}(t \geqslant 0)$，要求对其进行 FFT 分析，假设频率分辨为 $F \leqslant 4\,\text{Hz}$，信号的最高频率已限制为 $f_0 = 60\,\text{Hz}$。

(2) 为了进行谱分析，必须先确定谱分析的参数：

① 根据频率分辨率，确定信号的最小记录长度

$$t_p = 1/F = 1/4 = 0.25(\text{s})$$

② 根据信号的最高频率确定抽样周期

$$T \leqslant 1/2f_0 = 1/(2*60) = 0.00833(\text{s})$$

③ 确定一个最小记录长度中的抽样数

$$N \geqslant 2f_0/F = 30$$

为了能利用以 2 为基的 FFT 算法，应该使 $N=32$。

在一个记录长度中对 $x_a(t) = e^{-t}$ 抽样，抽样数 $N=32$，即

$$x(n) = x_a(t)\big|_{t=nT} = e^{-nT} = e^{-0.00833n} \,(0 \leqslant n < 31)$$

这样就可用 FFT 计算 $e^{-0.00833n}$ 的频谱（$N=32$）。

9.4.4 实验参考程序

```
n=[0:1:31];
xn=exp(-0.00833*n);
Xk=fft(xn);
kx=[0:1:lenth(Xk)-1];
subplot(2,1,1)
stem(n,xn)
subplot(2,1,2)
stem(kx,abs(Xk))
```

9.4.5 实验准备

(1) 读懂程序。

(2) 对比以下信号，进行频谱分析，计算参数，并求 $|X(k)|$ 和 $\theta(k)$。

① $x_a(t) = a^t$，$a = 0.8$，$0 \leqslant t \leqslant 4\,\text{ms}$，$f_{\max} = 400\,\text{Hz}$；

② $x_a(t) = \text{sa}(t)$，$T = 0.125\,\text{s}$，$N = 16$。

9.4.6 实验步骤

上机实现并打印分析、计算结果。

9.4.7 实验报告要求

(1) 说明FFT是信号进行谱分析的步骤。
(2) 运行程序,打印结果。
(3) 回答思考题中提出的问题。

9.4.8 思考题

(1) 如何选择抽样时间间隔才能避免混叠失真?
(2) 提高谱分析分辨率有何方法?

9.5 循环卷积与线性卷积的实现

9.5.1 实验目的

(1) 进一步理解并掌握循环卷积与线性卷积的概念。
(2) 理解掌握二者的关系。

9.5.2 实验原理

两个序列的 N 点循环卷积定义为

$$[h(n) \circledast x(n)]_N = \sum_{k=0}^{N-1} h(m)x((n-m))_N \quad (0 \leqslant n < N) \tag{9-16}$$

从定义中可以看到,循环卷积和线性卷积的不同之处在于:两个 N 点序列的 N 点循环卷积的结果仍为 N 点序列,而它们的线性卷积的结果的长度则为 $2N-1$;循环卷积对序列的移位采取循环移位,而线性卷积对序列采取线性移位。正是这些不同,导致了线性卷积和循环卷积有不同的结果和性质。

循环卷积和线性卷积虽然是不用的概念,但它们之间由一个有意义的公式联系在一起

$$y(n) = [h(n) \circledast x(n)]_N = \left(\sum_{r=-\infty}^{\infty} y'(n-rN)\right) G_N(n) \tag{9-17}$$

其中 $y'(n) = h(n) * x(n)$。

也就是说,两个序列的 N 点循环卷积是它们的线性卷积以 N 为周期的周期延拓。设序列 $h(n)$ 的长度为 N_1,序列 $x(n)$ 的长度为 N_2,此时,线性卷积结果的序列的点数为 $N' = N_1 + N_2 - 1$;因此如果循环卷积的点数 N 小于 $N_1 + N_2 - 1$,那么上述周期性延拓的结果就会产生混叠,从而两种卷积会有不同的结果。而如果 N 满足 $N = N'$ 的条件,就会有

$$y(n) = y'(n) \quad (0 \leqslant n < N) \tag{9-18}$$

这就意味着在时域不会产生混叠。因此,我们得出结论:若通过在序列的末尾填充适当的零值,使得 $x(n)$ 和 $h(n)$ 成为 $N_1 + N_2 - 1$ 点序列,并作出这两个序列的 $N_1 + N - 1$ 循环卷积,那么循环卷积与线性卷积的结果在 $0 \leqslant n < N$ 范围内相同。

根据 DFT 循环卷积性质中的卷积定理

$$\mathrm{DFT}\{[h(n) \circledast x(n)]_N\} = \mathrm{DFT}[x(n)] \cdot \mathrm{DFT}[h(n)] \qquad (9\text{-}19)$$

便可通过两种方法求两个序列的循环卷积：一是直接根据定义计算；二是根据性质先分别求两个序列的 N 点 DFT，并相乘，然后取 IDFT 以得到循环卷积。第二种方法看起来要经过若干个步骤，但由于求序列的 DFT 和 IDFT 都有快速算法，因此它的效率比第一种方法高得多。

同样，根据线性卷积和循环卷积的关系，可以通过计算循环卷积以求得线性卷积，提高计算序列线性卷积的效率。

9.5.3 实验参考程序

例 9-5 已知两序列

$$x(n) = \begin{cases} (0.9)^n & (0 \leqslant n \leqslant 16) \\ 0 & \text{其他} \end{cases} ; \quad h(n) = \begin{cases} 1 & (0 \leqslant n \leqslant 8) \\ 0 & \text{其他} \end{cases}$$

求两序列的线性卷积和它们的 N 点循环卷积(圆卷积)。

所用程序实现如下：

首先得有计算循环卷积的函数。这里，根据上面提到的两种方法，编写两个实现循环卷积的函数。

```
Function y=circonv1(x1,x2,N)
%realize circular convolution use direct method
%y=circonv(x1,x2,N)
%y: output sequence
%x1,x2: input sequences
%N: circulation length
if length(x1)>N
    error('N must not be less than length of x1')
end
if length(x2)>N
    error('N must not be less than length of x2')
end                             % 以上语句判断两个序列的长度是否小于 N
x1=[x1,zeros(1,N-length(x1))];  % 填充序列 x1(n),使其长度为 N1+N2-1
x2=[x2,zeros(1,N-length(x2))];  % 填充序列 x2(n),使其长度为 N1+N2-1
n=[0: 1: N-1];
x2=x2(mod(-n,N)+1);             % 生成序列 x2((-n))N
H=zeros(N,N);
for n=1: 1: N
    H(n,:)=cirshiftd(x2,n-1,N); % 该矩阵的 k 行为 x2((k-1-n))N
end
y=x1 * H';                      % 计算循环卷积
function y=cirshiftd(x,m,N)
%输出序列含循环移位(y=Output sequence contains circular shift。)
%输入序列长度 x<=N。
%样本位移 m=sample shift.
%循环范围 N=size of circular buffer.
```

```
%模式：y(n)=x((n-m)mod N).
if length(x)>N
    error('N 必须大于等于 x 的长度!')
end
x=[x zeros(1,N-length(x))];
n=[0:1:N-1];
n=mod(n-m,N);
y=x(n+1);
```

上述函数直接利用循环卷积的定义。本来最简单的方法是用两个 for 循环嵌套，但这样的效率显然很低。因此，这里采用矩阵计算的方法，即先生成矩阵 H，它的第 k 行包括序列 $x_2((k-1-n))_N$，这样，矩阵 H 与序列 $x_1(n)$ 相乘的结果就是两个序列的循环卷积。这种方案的效率有很大的提高。

```
function y=circonv2(x1,x2,N)
%realize circular convolution use dft method
%y=circonv2(x1,x2,N)
%y=: output sequence
%x1,x2: input sequences
%N: circulation length
if length(x1)>N
    error('N must not be less than length of x1')
end
if length(x2)>N
    error('N must not be less than length of x2')
end                            %判断序列的长度是否满足条件
X1k=fft(x1,N);                 %作序列 1 的 FFT
X2k=fft(x2,N);                 %作序列 2 的 FFT
Yk=X1k.*X2k;
Y=ifft(Yk);                    %求两序列的循环卷积
If(all(imag(x1)==0))&(all(imag(x2)==0))
Y=real(y);
end                            %实序列的循环卷积的结果仍是实序列
```

该函数采取的是第二种方法。注意到，在该函数的末尾，也判断了是否是两实序列卷积的情形。

下面利用这两个函数来研究循环卷积和线性卷积的关系。计算序列的循环卷积采用函数 conv，因为现在序列都默认从零时刻开始，函数 conv 正好满足要求。

```
n=[0:1:15]; m=[0:1:7];
N1=length(n); N2=length(m);
xn=0.9.^n;                     %生成 x(n)
hn=ones(1,N2);                 %生成 h(n)
y1n=conv(xn,hn);               %直接用函数 conv 计算线性卷积
y2n=circonv2(xn,hn,N1+N2-1);   %用函数 circonv2 计算 N1+N2-1 点循环卷积
y3n=circonv1(xn,hn,N1);        %用函数 circonv1 计算 N1 点循环卷积
```

```
ny1=[0:1:length(y1n)-1];
ny2=[0:1:length(y3n)-1];
subplot(3,1,1);
stem(ny1,y1n);
subplot(3,1,2);
stem(ny1,y2n);
subplot(3,1,3);
stem(ny2,y3n);
axis[0,25,0,6];
```

9.5.4 实验要求

(1) 运行上述程序,得出运行结果并分析;
(2) 完成书中第 5 章习题 5~10 的 MATLAB 实现,并与理论分析结果相比较。

9.5.5 实验准备

(1) 读懂参考程序;
(2) 编写实验所用的程序。

9.5.6 实验步骤

键入程序,完成上述实验要求中的各项工作,打印并分析运行结果。

9.5.7 实验报告要求

(1) 弄清循环卷积和线性卷积的原理;
(2) 编写程序,并得到运行结果;
(3) 与理论分析结果比较;
(4) 总结归纳循环卷积与线性卷积之间的关系。

9.6 IIR 数字巴特沃思滤波器的设计

9.6.1 实验目的

(1) 掌握用模拟滤波器原型法设计 IIR 滤波器的基本方法;
(2) 掌握数字巴特沃思滤波器的设计方法与步骤;
(3) 进一步理解系统频率响应的概念;
(4) 学习编写计算系统频响的方法。

9.6.2 实验原理

数字巴特沃思滤波器设计的详细内容参阅本书第 6 章,现将设计步骤归纳如下:
(1) 根据给定的频带指标(通带截止频率 w_p、阻带始点频率 w_s),由双线性变换的频率关系,确定相应的模拟滤波器原型频带指标;

(2) 利用上面介绍的原型低通滤波器,选择合适的参数,设计出符合指标的模拟低通滤波器;

(3) 利用双线性变换,将所获得的模拟滤波器的 s 域表示转换为相应数字滤波器的 z 域表示,即它的系统函数,再利用前面所介绍的各种 IIR 滤波器的实现方案具体实现该滤波器。

9.6.3 实验例题与实验参考程序

例 9-6 分别用不同的模拟原型滤波器设计如下的数字低通滤波器:

通带截止频率:0.3π 通带最大波动 $R_p = 0.5$dB
阻带始点频率:0.4π 阻带最小衰减 $A_s = 50$dB

滤波器原型法的程序实现:

在 MATLAB 中,可以直接根据所给定的数字滤波器指标调用特定的函数来确定滤波器的系统函数,MATLAB 帮我们完成了在模拟和数字之间进行双线性变换的步骤。具体地说,在 MATLAB 中,设计 IIR 滤波器的步骤可以简化为:

(1) 由指标确定数字滤波器的阶数和截止频率等参数。当然,首先得先选择采用哪一种原型滤波器实现方案。然后,根据不同的原型滤波器,可以分别调用不同的函数来确定低通滤波器的最小阶数和截止频率。可供调用的函数有:buttord,cheb1ord,cheb2ord,ellipord,它们分别用于确定巴特沃思(ButterWorth)、切比雪夫(Chebyshev)Ⅰ型、切比雪夫Ⅱ型、椭圆滤波器的阶数和截止频率。

(2) 由得到的滤波器最小阶数、截止频率及滤波器频率响应的通带波动值、阻带衰减,分别调用函数 butter、cheby1、cheby2、ellip 确定滤波器的系统函数。关于这些函数的具体用法,将在下面的实例中加以说明。

按照这两个步骤可以开始一个特例的低通滤波器设计。

参考程序:

```
Rp=0.5; As=50;
wp=0.3; ws=0.4;                          %确定 ButterWorth 滤波器的阶数及截止频率
[Nbutt,Wcbutt]=buttord(wp,ws,Rp,As);
[bbutt,abutt]=butter(Nbutt,Wcbutt);
[hbutt,wbutt]=freqz(bbutt,abutt,501);    %计算频率响应
%确定 chebyshevⅠ型滤波器的阶数及截止频率
[Nche1,Wcche1]=cheby1ord(wp,ws,Rp,As);
%确定 chebyshevⅠ型滤波器的系统函数
[bche1,ache1]=cheby1(Nche1,Rp,Wcche1);
[hche1,wche1]=freqz(bche1,ache1,501);    %计算频率响应
%确定 chebyshevⅡ型滤波器的阶数及截止频率
[Nche2,Wcche2]=cheb2ord(wp,ws,Rp,As);
%确定 chebyshevⅡ型滤波器的系统函数
[bche2,ache2]=cheby2(Nche2,As,Wcche2);
[hche2,wche2]=freqz(bche2,ache2,501);    %计算频率响应
%确定椭圆滤波器的阶数及截止频率
[Nelli,Wcelli]=ellipord(wp,ws,Rp,As);
```

```
[belli,aelli]=ellip(Nelli,Rp,As,Wcelli);    %确定椭圆滤波器的系统函数
[helli,welli]=freqz(belli,aelli,501);        %计算频率响应
subplot(2,2,1);                              %以下绘制各滤波器频响特性
plot(wbutt/pi,abs(hbutt));
subplot(2,2,2); plot(wbutt/pi,angle(hbutt));
subplot(2,2,3); plot(welli/pi,abs(helli));
subplot(2,2,4); plot(welli/pi,angle(helli));
figure
subplot(2,2,1); plot(wche1/pi,abs(hche1));
subplot(2,2,2); plot(wche1/pi,angle(hche2));
subplot(2,2,3); plot(wche2/pi,abs(hche2));
subplot(2,2,4); plot(wche2/pi,angle(hche2));
```

在调用上面的函数时,应该注意数字频率是做了从 0 到 1 归一化的,即 1 对应频率 π。在调用函数 cheby1 时,我们只用到了一个指标通带起伏 R_p,而没用到阻带最大衰减 A_s,这是由于切比雪夫Ⅰ型滤波器是通带等波动的;相应的,由于切比雪夫Ⅱ型滤波器是阻带等波动的,因此它只用到了指标 A_s;而椭圆滤波器在通带和阻带内都是等波动的,故同时用了这两个指标。

为了对这些滤波器的频率特性有全面的认识,我们绘制了它们的幅频特性和相频特性曲线。其中,巴特沃思滤波器和椭圆滤波器的频率特性如图 9-5 所示。

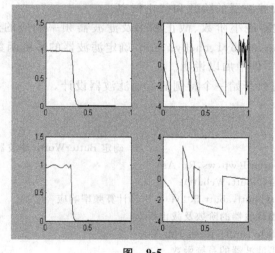

图 9-5

从图 9-5 中可以看到,巴特沃思滤波器的频率特性是平坦的,没有出现波动,即幅度随着频率单调递减;它的相频特性接近于分段线性。而椭圆滤波器幅频特性存在着波纹(图中由于坐标比例的关系,只能画出通带波纹,阻带波纹则无法显示);同时,它不具备线性相位特性。

两种切比雪夫滤波器的频率特性如图 9-6 所示。我们从中可以知道,这两种滤波器的幅频特性都有波动(其中,由于切比雪夫Ⅱ型滤波器是在阻带中出现等波动,因此无法表示出来),它们都不具备线性相位特性。

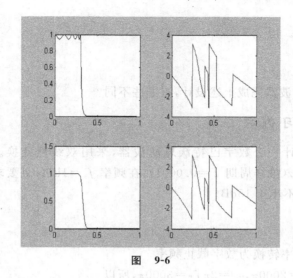

图 9-6

为了比较这四种滤波器的性能高低,可以用如下命令比较为了实现相同的指标所需的最低滤波器阶数:

Nbutt,Nche1,Nche2,Nelli
Nbutt=20
Nche1=9
Nche2=9
Nelli=6

这样可以很清楚地看出:巴特沃思滤波器需要最高的阶数;两种切比雪夫滤波器所需要的阶数是一样的,说明它们具有相同的性能;而椭圆滤波器具有最小的阶数,说明它的性能在这个意义上是最优的。这与理论分析是一致的。

9.6.4 实验前准备及要求

(1) 看懂参考程序;
(2) 自己设计一个巴特沃思滤波器,上机计算其频响,验证是否达到设计指标。
该滤波器特性规定如下:
抽样频率 $f_s=10\text{kHz}$,在 $f_p=1\text{kHz}$ 处衰减小于 1.8dB,在 $f_s=1.5\text{kHz}$ 处衰减不小于 12dB,采用双线性变换法从模拟滤波器转换为数字滤波器(部分理论计算见附件)。

9.6.5 实验步骤

(1) 键入程序,检查并改错,然后运行;
(2) 验证设计的滤波器是否满足要求;
(3) 通过参考程序中不同滤波器的比较,加深对其不同特性理解。

9.6.6 实验报告要求

(1) 按步骤完成滤波器设计任务;
(2) 得到运行结果并分析;

(3) 回答思考题。

9.6.7 思考题

使用不同类型滤波器完成上述设计,有哪些不同?

9.6.8 上机练习例题

例 9-7 要求设计一个数字巴特沃思滤波器,采用双线性变换。假设抽样频率为 10kHz,即 $f_s=10\text{kHz}$(抽样周期 $T=0.0001$),在频率 $f_s=1\text{kHz}$ 处要求衰减小于 1dB,在 $f_T=1.5\text{kHz}$ 处衰减不小于 15dB。

1. 步骤

(1) 模拟截止频率转换为数字截止频率

因为 $\omega_p=2\pi f_T=2000\pi, \omega_s=2\pi f_T=3000\pi$,所以

$$\left.\begin{array}{l}\Omega_p=\omega_p T=0.2\pi \\ \Omega_s=\omega_s T=0.3\pi\end{array}\right\} \tag{9-20}$$

(2) 根据滤波器在临界频率处规定的指标求滤波器的阶数 N 和截止频率 Ω_c。

因为采用双线性变换设计,所以对临界频率应进行预扭曲,即

$$\omega'_p = \frac{2}{T}\tan\left(\frac{\Omega_p}{2}\right) \tag{9-21}$$

$$\omega'_s = \frac{2}{T}\tan\left(\frac{\Omega_s}{2}\right) \tag{9-22}$$

我们知道,在双线性变换中,T 不是重要参量,为了计算方便,在此令 $T=1$,于是得

$$\omega'_p = 2\tan\left(\frac{0.2\pi}{2}\right)$$

$$\omega'_s = 2\tan\left(\frac{0.3\pi}{2}\right)$$

因此,根据滤波器在临界频率处所要求的衰减得

$$20\lg|H_a(j\omega'_p)| \geqslant -1(\text{dB}) \tag{9-23}$$

$$20\lg|H_a(j\omega'_s)| \leqslant -15(\text{dB}) \tag{9-24}$$

即

$$20\lg\left|H_a\left(j2\tan\left(\frac{0.2\pi}{2}\right)\right)\right| \geqslant -1 \tag{9-25}$$

$$20\lg\left|H_a\left(j2\tan\left(\frac{0.3\pi}{2}\right)\right)\right| \leqslant -15 \tag{9-26}$$

根据巴特沃思滤波器的幅度平方函数的定义,即

$$|H_a(j\omega)|^2 = \frac{1}{1+(\omega/\omega_c)^{2N}} \tag{9-27}$$

则式(9-25)和式(9-26)变为

$$1+\left(\frac{2}{\omega_c}\tan\left(\frac{0.2\pi}{2}\right)\right)^{2N} = 10^{0.1} \tag{9-28}$$

$$1 + \left(\frac{2}{\omega_c}\tan\left(\frac{0.3\pi}{2}\right)\right)^{2N} = 10^{1.5} \tag{9-29}$$

将式(9-28)和式(9-29)联立求解得

$$\left[\frac{\tan(0.1\pi)}{\tan(0.15\pi)}\right]^{2N} = \frac{0.258924}{30.62275}$$

所以

$$N = \frac{1}{2} \cdot \frac{\lg(0.258924/30.62275)}{\lg[\tan(0.1\pi)/\tan(0.15\pi)]} = 5.30445$$

因此取 $N=6$。用 $N=6$ 代入式(9-29)得

$$1 + \left[\frac{2}{\omega_c}\tan(0.3\pi/2)\right]^{12} = 10^{1.5}$$

于是

$$\omega_c = \frac{2\tan(0.15\pi)}{(30.62275)^{\frac{1}{12}}} = 0.7662$$

如果采用 $\omega_c=0.7662$ 这个值,则可验算通带的指标已经超过,阻带指标刚好满足。

(3) 由 N 和 ω_c,求模拟巴特沃思滤波器在 s 左半平面的极点。

根据相关理论,求得滤波器在 s 左半平面的三对共轭极点为

$$s_{0,5} = -\omega_c\cos 15° \pm j\omega_c\sin 15°$$
$$s_{1,4} = -\omega_c\cos 45° \pm j\omega_c\sin 45°$$
$$s_{2,3} = -\omega_c\cos 75° \pm j\omega_c\sin 75°$$

① 由 s 左平面的极点构成 $H_a(s)$

模拟巴特沃思滤波器的传递函数 $H_a(s)$ 为

$$H_a(s) = \frac{\omega_c^6}{(s^2 - 2\omega_c\cos 75° \cdot s + \omega_c^2)} \times \frac{1}{(s^2 - 2\omega_c\cos 45° \cdot s + \omega_c^2)} \times \frac{1}{(s^2 - 2\omega_c\cos 15° \cdot s + \omega_c^2)}$$

因此

$$H_a(s) = \frac{0.20238}{(s^2 + 0.396s + 0.5871)(s^2 + 1.0835s + 0.5871)(s^2 + 1.4802s + 0.5871)} \tag{9-30}$$

② 用双线性变换将模拟滤波器的传递函数 $H_a(s)$ 转换为数字滤波器的系统函数 $H(z)$,根据双线性变换公式得

$$H(z) = H_a(s)\Big|_{s=\frac{2(1-z^{-1})}{1+z^{-1}}}$$

$$= \frac{0.0007378(1+z^{-1})^6}{(1-1.2686z^{-1}+0.7051z^{-2})(1-1.0106z^{-1}+0.3583z^{-2})(1-0.9044z^{-1}+0.2155z^{-2})} \tag{9-31}$$

③ 滤波器的结构

式(9-31)表示的是一个六阶数字滤波器,现将其分解为三个二阶节级联得

$$H(z) = \frac{0.09036 + 0.18072z^{-1} + 0.09036z^{-2}}{1 - 1.2686z^{-1} + 0.2155z^{-2}} \times \frac{0.09036 + 0.18072z^{-1} + 0.09036z^{-2}}{1 - 1.0106z^{-1} + 0.3583z^{-2}}$$

$$\times \frac{0.09036 + 0.18072z^{-1} + 0.09036z^{-2}}{1 - 0.9044z^{-1} + 0.2155z^{-2}} = H_1(z) \cdot H_2(z) \cdot H_3(z) \tag{9-32}$$

如果每个二阶节都采用直Ⅱ型结构，则该滤波器的信号流图如图 9-7 所示。

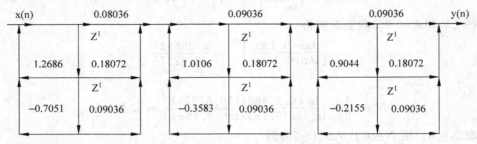

图 9-7　三个二阶节级联的六阶数字滤波器信号流图

2. 验证设计是否达到指标

上面根据指标设计了一个六阶数字巴特沃思低通滤波器，为了验证设计是否达到指标，必须计算系统的频率响应。

（1）计算系统的幅频特性

根据傅里叶变换与 Z 变换的关系，系统的频率响应表示为

$$H(e^{j\omega}) = H(z)\big|_{z=e^{j\omega}}$$

所以

$$|H(e^{j\omega})| = |H_1(e^{j\omega})| \cdot |H_2(e^{j\omega})| \cdot |H_3(e^{j\omega})| \tag{9-33}$$

其中

$$|H_1(e^{j\omega})| = \left|\frac{0.09036 + 0.18072e^{-j\omega} + 0.09036e^{-j2\omega}}{1 - 1.2686e^{-j\omega} + 0.7051e^{-j2\omega}}\right|$$

$$= \sqrt{\frac{(0.09036 + 0.18072\cos\omega + 0.09036\cos2\omega)^2 + (0.18072\sin\omega + 0.09036\sin2\omega)^2}{(1 - 1.2686\cos\omega + 0.7051\cos2\omega)^2 + (-1.2686\sin\omega + 0.7051\sin2\omega)^2}} \tag{9-34}$$

另外，$|H_2(e^{j\omega})|$ 和 $|H_3(e^{j\omega})|$ 的计算方法与 $|H_1(e^{j\omega})|$ 类似，不再赘述。

（2）系统的增益特性

如果对系统的幅频特性取常用对数，则可以得到以分贝表示的系统增益特性，即

$$\text{增益(dB)} = 20\lg|H(e^{j\omega})|$$
$$= 20\lg|H_1(e^{j\omega})| + 20\lg|H_2(e^{j\omega})| + 20\lg|H_3(e^{j\omega})| \tag{9-35}$$

为此，需要编写由二阶节级联构成的滤波器具有通用性程序。程序运行后，能打印出滤波器的幅频特性和增益特性曲线及其数值（验证程序略）。

通过以上所介绍的实例和方法，希望对读者在学习信号处理的基本原理和概念过程中有所帮助，并通过自己的不断努力深入的钻研，取得更大的收获。

上机练习题

9.1　列出单位冲激信号、单位阶跃信号、正弦信号的 MATLAB 的表达式，并绘出这些信号的波形。

9.2 利用 MATLAB 的 m 函数编程,画出图 9-8 所示的两信号 $x_1(t),x_2(t)$ 的 FT 的幅度和相位频谱。

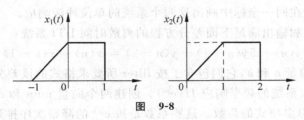

图 9-8

9.3 已知一有限长信号

$$x(n) = \begin{cases} 1 & 0 \leqslant n \leqslant 5 \\ 0 & \text{其他} \end{cases}$$

试用 MATLAB 的 M 文件编程计算 $y(n)=x(n)*x(n)$。

9.4 考虑下面 3 个系统,$x(n)$ 为每个系统的输入,$y_1(n)$、$y_2(n)$、$y_3(n)$ 为对应的输出响应:

系统 1:$y_1(n)=x(n)-x(n-1)-x(n-2)$

系统 2:$y_2(n)=\cos[x(n)]$

系统 3:$y_3(n)=nx(n)$

(1) 考虑 3 个输入信号为 $x_1(n)=\delta(n),x_2(n)=\delta(n-1),x_3(n)=\delta(n)+2\delta(n-1)$。求 3 个系统分别对这 3 个输入信号的响应,并画出响应的曲线图。

(2) 讨论每个系统是否为线性的,说明理由;若不是,利用(1)中画出的各个信号给出一个反例。

(3) 讨论每个系统是否为时不变的,说明理由;若不是,利用(1)中画出的各个信号给出一个反例。

9.5 考虑由下面的微分方程给出的因果 LTI 系统:

$$\frac{dy(t)}{dt}+3y(t)=3x(t)$$

(1) 定义 w=linspace(0,10),利用 freqs 计算该系统在 w 频率上的频率响应及响应曲线图。

(2) 用函数 impulse 计算该系统在向量 t=linspace(0,5)所定义的时间样本点上的单位冲激响应。

9.6 为了确定一个二阶的巴特沃思滤波器,令其 $\omega_c=3$,键入

\>\> wc=3;

\>\> [b2,a2]=butter(2,wc,'s');

宗量's'表明要求的是一个连续时间滤波器,而不是离散时间滤波器。向量 b2 和 a2 包含的是二阶微分方程的系数。

(1) 用 freqs 计算该滤波器在 w=linspace(0,10)频率点上的频率响应,并画出响应曲线图;

(2) 与题 9.5 的系统比较，哪个系统更接近于 $\omega_c = 3$ 的理想低通滤波器？

(3) 用 impulse 计算该滤波器在时间样本 t = linspace(0,5) 上的单位冲激响应，并与题 9.5 的系统比较，在同一坐标中画出这两个系统的单位冲激响应。

9.7 考虑输入和输出满足下面差分方程的离散时间 LTI 系统：

$$6y(n) - 5y(n-1) + y(n-2) = x(n) - x(n-1)$$

(1) 创建两个向量 **a** 和 **b**，它们包含了按 filter 所要求格式的该差分方程的系数。

(2) 用解析法求系统的频率响应 $H(e^{j\omega})$。创建两个向量 num 和 den，它们包含该频率响应的分子和分母多项式的系数。这些系数是按 $e^{-j\omega}$ 的降幂次序排列的。

(3) 用 residue(num, den) 确定频率响应的部分分式展开式，由该展开式确定单位抽样响应的解析表达式。

(4) 用 filter(b, a, x) 计算在 $0 \leq n \leq 10$ 区间内的系统的单位抽样响应，这里 x 是在同一区间内的单位抽样。用这个响应验证(3)中求得的解析表达式。

9.8 一个二阶离散系统的系统函数为

$$H(z) = \frac{1 - 0.5z^{-1}}{1 - 0.9z^{-1} + 0.81z^{-2}} \quad (|z| > 0.9)$$

(1) 利用 MATLAB 画出 $H(z)$ 的零极点图。

(2) 定义 omega = [0:511] * pi/256 和 unitcirc = exp(j * omega) 得到在单位圆上的 512 个等分点，在这些点上求频率响应 $H(e^{j\omega})$。定义 polevector 为一个 2×512 矩阵，其中每一行包含这样一些复数，这些复数是由 unitcirc 的相应列减去一个极点位置得到的。如果 ps1 是一个向量，它包含了极点的位置，那么就能用下面的命令来完成

```
>> polevector = ones(2,1) * unitcirc - ps1 * ones(1,512);
```

对于 zerovector 亦定义其为一个 2×512 矩阵，其中包含从零点位置到 unitcirc 元素的向量。定义 polelength 和 zerolength 分别是这些向量的幅值和相位。

画出 polelength 和 zerolength 对于 omega 的图，根据这些图，判断 $|H(e^{j\omega})|$ 在哪里有最大值和最小值？

(3) 用 polelength 和 zerolength 计算 $|H(e^{j\omega})|$，并将这个结果存入 geomHmag 中。用 polelength 和 zerolength 计算 $\angle H(e^{j\omega})$，并将结果存入 geomHphase 中。画出从几何上导出的幅值和相位，并与下面的计算结果比较：

```
>> H1 = freqz(b1, a1, 512, 'whole');
```

附 录

A 卷 积 表

序号	$f_1(t)$	$f_2(t)$	$f_1(t) * f_2(t)$
1	$f(t)$	$\delta(t)$	$f(t)$
2	$f(t)$	$\varepsilon(t)$	$\int_{-\infty}^{t} f(\lambda)\,d\lambda$
3	$f(t)$	$\delta'(t)$	$f'(t)$
4	$\varepsilon(t)$	$\varepsilon(t)$	$t\varepsilon(t)$
5	$\varepsilon(t)-\varepsilon(t-t_1)$	$\varepsilon(t)$	$t\varepsilon(t)-(t-t_1)\varepsilon(t-t_1)$
6	$\varepsilon(t)-\varepsilon(t-t_1)$	$\varepsilon(t)-\varepsilon(t-t_2)$	$t\varepsilon(t)-(t-t_1)\varepsilon(t-t_1)-(t-t_2)\varepsilon(t-t_2)+(t-t_1-t_2)\cdot\varepsilon(t-t_1-t_2)$
7	$e^{\alpha t}\varepsilon(t)$	$\varepsilon(t)$	$-\dfrac{1}{\alpha}(1-e^{\alpha t})\varepsilon(t)$
8	$e^{\alpha t}\varepsilon(t)$	$\varepsilon(t)-\varepsilon(t-t_1)$	$-\dfrac{1}{\alpha}(1-e^{\alpha t})[\varepsilon(t)-\varepsilon(t-t_1)]-\dfrac{1}{\alpha}(e^{-\alpha t_1}-1)e^{\alpha t}\varepsilon(t-t_1)$
9	$e^{\alpha t}\varepsilon(t)$	$e^{\alpha t}\varepsilon(t)$	$te^{\alpha t}\varepsilon(t)$
10	$e^{\alpha_1 t}\varepsilon(t)$	$e^{\alpha_2 t}\varepsilon(t)$	$\dfrac{1}{\alpha_1-\alpha_2}(e^{\alpha_1 t}-e^{\alpha_2 t})\varepsilon(t)\quad \alpha_1\neq\alpha_2$
11	$e^{\alpha t}\varepsilon(t)$	$t^n\varepsilon(t)$	$\dfrac{n!}{\alpha^{n+1}}e^{\alpha t}\varepsilon(t)-\sum_{j=0}^{n}\dfrac{n!}{\alpha^{j+1}(n-j)!}t^{n-j}\varepsilon(t)$
12	$t^m\varepsilon(t)$	$t^n\varepsilon(t)$	$\dfrac{m!\,n!}{(m+n+1)!}t^{m+n+1}\varepsilon(t)$
13	$t^m e^{\alpha_1 t}\varepsilon(t)$	$t^n e^{\alpha_2 t}\varepsilon(t)$	$\displaystyle\sum_{j=0}^{m}\dfrac{(-1)^j m!(n+j)!}{j!(m-j)!(\alpha_1-\alpha_2)^{n+j+1}}t^{m-j}e^{\alpha_1 t}\varepsilon(t)+$ $\displaystyle\sum_{k=0}^{n}\dfrac{(-1)^k n!(m+k)!}{k!(n-k)!(\alpha_2-\alpha_1)^{m+k+1}}t^{n-k}e^{\alpha_2 t}\varepsilon(t)\quad \alpha_1\neq\alpha_2$
14	$e^{-\alpha t}\cos(\beta t+\theta)\varepsilon(t)$	$e^{\lambda t}\varepsilon(t)$	$\left[\dfrac{\cos(\theta-\varphi)}{\sqrt{(\alpha+\lambda)^2+\beta^2}}e^{\lambda t}-\dfrac{e^{-\alpha t}\cos(\beta t+\theta-\varphi)}{\sqrt{(\alpha+\lambda)^2+\beta^2}}\right]\varepsilon(t)$ 其中 $\varphi=\arctan\left(\dfrac{-\beta}{\alpha+\lambda}\right)$

B 常用周期信号的傅里叶级数表

周期信号 $f(t)$ 傅里叶级数 $f(t) = a_0 + \sum_{n=1}^{\infty}[a_n\cos(n\omega_1 t) + b_n\sin(n\omega_1 t)]$ ($n = 1, 2, \cdots$)

信号名称	波形	特点		a_0	a_n	b_n	特点	
		对称性	冲激出现在				包含的频率分量	谐波幅度收敛速率
一般周期信号	$f(t)$ 波形（t_0 到 t_0+T_1）			$\dfrac{1}{T_1}\int_{t_0}^{t_0+T_1} f(t)\,\mathrm{d}t$	$\dfrac{2}{T_1}\int_{t_0}^{t_0+T_1} f(t)\cdot\cos(n\omega_1 t)\,\mathrm{d}t$	$\dfrac{2}{T_1}\int_{t_0}^{t_0+T_1} f(t)\cdot\sin(n\omega_1 t)\,\mathrm{d}t$		
周期矩形信号	$f(t)$ 波形	偶函数	$f'(t)$	$\dfrac{E\tau}{T_1}$	$\dfrac{2E}{n\pi}\sin\left(\dfrac{n\pi\tau}{T_1}\right)$ $= \dfrac{E\tau\omega_1}{\pi}\mathrm{sa}\left(\dfrac{n\omega_1\tau}{2}\right)$	0	$n\omega_1$	$\dfrac{1}{n}$
周期对称方波信号	$f(t)$ 波形	偶函数，奇谐函数	$f'(t)$	0	$\dfrac{2E}{n\pi}\sin\left(\dfrac{n\pi}{2}\right)$	0	基波和奇次谐波的余弦分量	$\dfrac{1}{n}$
周期对称方波信号	$f(t)$ 波形	奇函数，奇谐函数	$f'(t)$	0	0	$\dfrac{2E}{n\pi}\sin^2\left(\dfrac{n\pi}{2}\right)$	基波和奇次谐波的正弦分量	$\dfrac{1}{n}$

B 常用周期信号的傅里叶级数表

续表

$$f(t) = a_0 + \sum_{n=1}^{\infty}[a_n\cos(n\omega_1 t) + b_n\sin(n\omega_1 t)] \quad (n=1,2,\cdots)$$

信号名称	周期信号 $f(t)$ 波形	对称性	冲激出现在	a_0	a_n	b_n	包含的频率分量	谐波幅度收敛速率
周期锯齿信号		奇函数	$f'(t)$	0	0	$(-1)^{n+1}\dfrac{E}{n\pi}$	正弦分量	$\dfrac{1}{n}$
周期锯齿信号		去直流后为奇函数	$f'(t)$	$\dfrac{E}{2}$	0	$\dfrac{E}{n\pi}$	直流和正弦分量	$\dfrac{1}{n}$
		偶函数，去直流后为奇谐函数	$f''(t)$	$\dfrac{E}{2}$	$\dfrac{4E}{(n\pi)^2}\sin^2\left(\dfrac{n\pi}{2}\right)$	0	直流和基波、奇次谐波的余弦分量	$\dfrac{1}{n^2}$
周期三角信号		奇函数，奇谐函数	$f''(t)$	0	0	$\dfrac{4E}{(n\pi)^2}\sin\left(\dfrac{n\pi}{2}\right)$	基波和奇次谐波的正弦分量	$\dfrac{1}{n^2}$

续表

信号名称	周期信号 $f(t)$		特 点		傅里叶级数 $f(t) = a_0 + \sum_{n=1}^{\infty}[a_n\cos(n\omega_1 t) + b_n\sin(n\omega_1 t)]$ $(n=1,2,\cdots)$			特 点	
	波 形		对称性	冲激出现在	a_0	a_n	b_n	包含的频率分量	谱波幅度收敛速率
周期半波余弦信号			偶函数		$\dfrac{E}{\pi}$	$\dfrac{2E}{(1-n^2)\pi} \cdot \cos\left(\dfrac{n\pi}{2}\right)$	0	直流和基波、偶次谐波的余弦分量	$\dfrac{1}{n^2}$
周期全波余弦信号			偶函数		$\dfrac{2E}{\pi}$	$(-1)^{n+1} \cdot \dfrac{4E}{(4n^2-1)\pi}$	0	直流和基波以及各次谐波的余弦分量	$\dfrac{1}{n^2}$

C 常用信号的傅里叶变换表

序号	信号名称	时间函数 $f(t)$	波形图	频谱函数 $F(\omega)=\|F(\omega)\|e^{j\varphi(\omega)}$	频谱图
1	单边指数脉冲	$Ee^{-at}\varepsilon(t)$ $(a>0)$		$\dfrac{E}{a+j\omega}$	
2	双边指数脉冲	$Ee^{-a\|t\|}$ $(a>0)$		$\dfrac{2aE}{a^2+\omega^2}$	
3	矩形脉冲	$\begin{cases} E & \|t\|<\dfrac{\tau}{2} \\ 0 & \|t\|\geqslant\dfrac{\tau}{2} \end{cases}$		$E\tau\operatorname{sa}\left(\dfrac{\omega\tau}{2}\right)=\dfrac{2E}{\omega}\sin\left(\dfrac{\omega\tau}{2}\right)$	

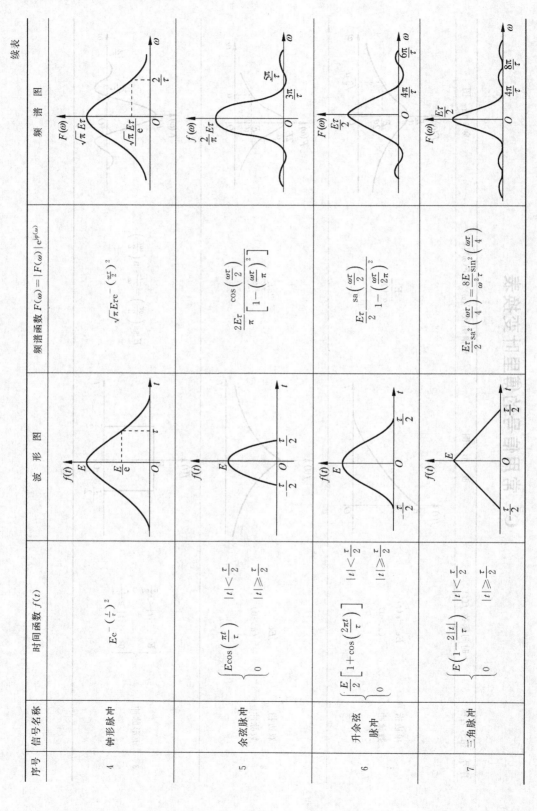

续表

序号	信号名称	时间函数 $f(t)$	波形图	频谱函数 $F(\omega)=\|F(\omega)\|\mathrm{e}^{\mathrm{j}\varphi(\omega)}$	频谱图
8	锯齿脉冲	$\begin{cases}\dfrac{E}{a}(t+a) & -a<t<0\\0 & \text{其他}\end{cases}$		$\dfrac{E}{a\omega^2}(1+j\omega a-\mathrm{e}^{+j\omega a})$	
9	梯形脉冲	$\begin{cases}\dfrac{2E}{\tau-\tau_1}\left(t+\dfrac{\tau}{2}\right) & -\dfrac{\tau}{2}<t<-\dfrac{\tau_1}{2}\\ E & -\dfrac{\tau_1}{2}<t<\dfrac{\tau_1}{2}\\ \dfrac{2E}{\tau-\tau_1}\left(\dfrac{\tau}{2}-t\right) & \dfrac{\tau_1}{2}<t<\dfrac{\tau}{2}\\ 0 & \text{其他}\end{cases}$		$\dfrac{8E}{(\tau-\tau_1)\omega^2}\sin\left[\dfrac{\omega(\tau+\tau_1)}{4}\right]\cdot\sin\left[\dfrac{\omega(\tau-\tau_1)}{4}\right]$	
10	抽样脉冲	$\mathrm{sa}(\omega_c t)=\dfrac{\sin(\omega_c t)}{\omega_c t}$		$\begin{cases}\dfrac{\pi}{\omega_c} & \|\omega\|<\omega_c\\0 & \|\omega\|>\omega_c\end{cases}$	
11	指数脉冲	$t\mathrm{e}^{-at}\varepsilon(t)\quad(a>0)$		$\dfrac{1}{(a+j\omega)^2}$	

续表

序号	信号名称	时间函数 $f(t)$	波形图	频谱函数 $F(\omega)=\|F(\omega)\|e^{j\varphi(\omega)}$	频谱图
12	冲激函数	$E\delta(t)$		E	
13	阶跃函数	$E\varepsilon(t)$		$\dfrac{E}{j\omega}+\pi E\delta(\omega)$	
14	符号函数	$E\operatorname{sgn}(t)$		$\dfrac{2E}{j\omega}$	
15	直流信号	E		$2\pi E\delta(\omega)$	

C 常用信号的傅里叶变换表

续表

序号	信号名称	时间函数 $f(t)$	波 形 图	频谱函数 $F(\omega)=\|F(\omega)\|\mathrm{e}^{\mathrm{j}\varphi(\omega)}$	频 谱 图
16	冲激序列	$\delta_T(t)=\sum\limits_{n=-\infty}^{\infty}\delta(t-nT_1)$		$\omega_1\sum\limits_{n=-\infty}^{\infty}\delta(\omega-n\omega_1)$ $\left(\omega_1=\dfrac{2\pi}{T_1}\right)$	
17	余弦信号	$E\cos(\omega_0 t)$		$E\pi[\delta(\omega+\omega_0)+\delta(\omega-\omega_0)]$	
18	正弦信号	$E\sin(\omega_0 t)$		$\mathrm{j}E\pi[\delta(\omega+\omega_0)-\delta(\omega-\omega_0)]$	
19	单边余弦信号	$E\cos(\omega_0 t)\varepsilon(t)$		$\dfrac{E\pi}{2}[\delta(\omega+\omega_0)+\delta(\omega-\omega_0)]+\dfrac{\mathrm{j}\omega E}{\omega_0^2-\omega^2}$	

序号	信号名称	时间函数 $f(t)$	波形图	频谱函数 $F(\omega)=\|F(\omega)\|e^{j\varphi(\omega)}$	频谱图
20	单边正弦信号	$E\sin(\omega_0 t)\varepsilon(t)$		$\dfrac{E\pi}{2j}[\delta(\omega-\omega_0)-\delta(\omega+\omega_0)]+\dfrac{\omega_0 E}{\omega_0^2-\omega^2}$	
21	复指数信号	$Ee^{j\omega_0 t}$		$2\pi E\delta(\omega-\omega_0)$	
22	单边减幅正弦信号	$e^{-at}\sin(\omega_0 t)\varepsilon(t)$ $(a>0)$		$\dfrac{\omega_0}{(a+j\omega)^2+\omega_0^2}$	
23	单边减幅余弦信号	$e^{-at}\cos(\omega_0 t)\varepsilon(t)$ $(a>0)$		$\dfrac{a+j\omega}{(a+j\omega)^2+\omega_0^2}$	

续表

序号	信号名称	时间函数 $f(t)$	波形图	频谱函数 $F(\omega)=\|F(\omega)\|e^{j\varphi(\omega)}$	频谱图
24	单边衰减信号	$\dfrac{1}{\beta-\alpha}(e^{-\alpha t}-e^{-\beta t})\varepsilon(t)$ $(\alpha\neq\beta)$		$\dfrac{1}{(j\omega+\alpha)(j\omega+\beta)}$	
25	斜变信号	$t\varepsilon(t)$		$j\pi\delta'(\omega)-\dfrac{1}{\omega^2}$	
26	矩形调幅信号	$\left[\varepsilon\left(t+\dfrac{\tau}{2}\right)-\varepsilon\left(t-\dfrac{\tau}{2}\right)\right]\cos(\omega_0 t)$		$\left[\operatorname{sa}\dfrac{(\omega+\omega_0)\tau}{2}+\operatorname{sa}\dfrac{(\omega-\omega_0)\tau}{2}\right]\dfrac{\tau}{2}$	

D 几何级数的求值公式表

序号	公式
1	$\sum_{n=0}^{n_2} a^n = \begin{cases} \dfrac{1-a^{n_2+1}}{1-a} & a \neq 1 \\ n_2+1 & a=1 \end{cases}$
2	$\sum_{n=n_1}^{n_2} a^n = \begin{cases} \dfrac{a^{n_1}-a^{n_2+1}}{1-a} & a \neq 1 \\ n_2-n_1+1 & a=1 \end{cases}$
3	$\sum_{n=0}^{\infty} a^n = \dfrac{1}{1-a} \qquad |a|<1$
4	$\sum_{n=1}^{\infty} a^n = \dfrac{a}{1-a} \qquad |a|<1$
5	$\sum_{n=n_1}^{\infty} a^n = \dfrac{a^{n_1}}{1-a} \qquad |a|<1$

注:对于公式 2 中,$n_1 \leqslant n_2$,n_1 与 n_2 可以是正数,也可以是负数。

下面证明表中的各公式。

1. 公式 1

$$\sum_{n=0}^{n_2} a^n = \frac{1-a^{n_2+1}}{1-a} \qquad (a \neq 1)$$

以 $(1-a)$ 乘等式两端,左端得到

$$(1+a+a^2+\cdots+a^{n_2})(1-a)$$

经逐项相乘展开,即可证明它与等式右端相等。

$$\sum_{n=0}^{n_2} a^n = n_2+1 \qquad (a=1)$$

很明显,级数由 n_2+1 项组成,其中每项都是 1。

2. 公式 2

利用上述结果容易构成

$$\begin{aligned}\sum_{n=n_1}^{n_2} a^n &= \sum_{n=0}^{n_2} a^n - \sum_{n=0}^{n_1-1} a^n \\ &= \frac{1-a^{n_2+1}}{1-a} - \frac{1-a^{n_1}}{1-a} \\ &= \frac{a^{n_1}-a^{n_2+1}}{1-a} \qquad (a \neq 1)\end{aligned}$$

$$\sum_{n=n_1}^{n_2} a^n = n_2 + 1 - n_1$$
$$= n_2 - n_1 + 1 \quad (a=1)$$

3. 公式 5
注意到,若 $|a|<1$,则有
$$\lim_{n\to\infty} a^n = 0$$
$$\sum_{n=n_1}^{\infty} a^n = \lim_{n_2\to\infty} \sum_{n_1}^{n_2} a^n$$
$$= \lim_{n_2\to\infty} \left[\frac{a^{n_1}}{1-a} - \frac{a^{n_2+1}}{1-a}\right]$$
$$= \frac{a^{n_1}}{1-a} \quad (|a|<1, n_1 \geqslant 0)$$

4. 公式 3 与公式 4
令公式 5 中的 n_1 分别等于 0 或 1 可得
$$\sum_{n=0}^{\infty} a^n = \frac{1}{1-a} \quad (|a|<1)$$
$$\sum_{n=1}^{\infty} a^n = \frac{a}{1-a} \quad (|a|<1)$$

5. 结果推广
在以上证明过程中,假定 n_1 和 n_2 都是正数,现可将结果推广至 n_1, n_2 为负数的一般情况。

若 $n_1 < 0 \leqslant n_2$,则有
$$\sum_{n=n_1}^{n_2} a^n = \sum_{n=n_1}^{-1} a^n + \sum_{n=0}^{n_2} a^n$$
以 $m=-n$ 置换等式右端第一项中的序数得
$$\sum_{n=n_1}^{n_2} a^n = \sum_{m=1}^{-n_1} \left(\frac{1}{a}\right)^m + \sum_{n=0}^{n_2} a^n$$
$$= \frac{\left(\frac{1}{a}\right) - \left(\frac{1}{a}\right)^{-n_1+1}}{1-\frac{1}{a}} + \frac{1-a^{n_2+1}}{1-a}$$
$$= \frac{a^{n_1} - a^{n_2+1}}{1-a} \quad (a \neq 1)$$

若 $n_1 < n_2 \leqslant 0$,再次利用 $m=-n$ 置换得
$$\sum_{n=n_1}^{n_2} a^n = \sum_{m=-n_2}^{-n_1} \left(\frac{1}{a}\right)^m$$

$$= \frac{\left(\frac{1}{a}\right)^{-n_2} - \left(\frac{1}{a}\right)^{-n_1+1}}{1 - \frac{1}{a}}$$

$$= \frac{a^{n_1} - a^{n_2+1}}{1 - a} \quad (a \neq 1)$$

最后,对于 $a=1$,求上式 $a \to 1$ 的极限,借助洛必达法则可得

$$\sum_{n=n_1}^{n_2} a^n = n_2 - n_1 + 1 \quad (a = 1)$$

至此,表中的公式全部得到证明。

E 序列的 Z 变换表

序号	序列 $x(n)$	单边 Z 变换 $X(z)=\sum\limits_{n=0}^{\infty}x(n)z^{-n}$	收敛域 $\|z\|>R$
1	$\delta(n)$	1	$\|z\|\geqslant 0$
2	$\delta(n-m)(m>0)$	z^{-m}	$\|z\|>0$
3	$\varepsilon(n)$	$\dfrac{z}{z-1}$	$\|z\|>1$
4	n	$\dfrac{z}{(z-1)^2}$	$\|z\|>1$
5	n^2	$\dfrac{z(z+1)}{(z-1)^3}$	$\|z\|>1$
6	n^3	$\dfrac{z(z^2+4z+1)}{(z-1)^4}$	$\|z\|>1$
7	n^4	$\dfrac{z(z^3+11z^2+11z+1)}{(z-1)^5}$	$\|z\|>1$
8	n^5	$\dfrac{z(z^4+26z^3+66z^2+26z+1)}{(z-1)^6}$	$\|z\|>1$
9	a^n	$\dfrac{z}{z-a}$	$\|z\|>\|a\|$
10	na^n	$\dfrac{az}{(z-a)^2}$	$\|z\|>\|a\|$
11	$n^2 a^n$	$\dfrac{az(z+a)}{(z-a)^3}$	$\|z\|>\|a\|$
12	$n^3 a^n$	$\dfrac{az(z^2+4az+a^2)}{(z-a)^4}$	$\|z\|>\|a\|$
13	$n^4 a^n$	$\dfrac{az(z^3+11az^2+11a^2z+a^3)}{(z-a)^5}$	$\|z\|>\|a\|$
14	$n^5 a^n$	$\dfrac{az(z^4+26az^3+66a^2z^2+26a^3z+a^4)}{(z-a)^6}$	$\|z\|>\|a\|$
15	$(n+1)a^n$	$\dfrac{z^2}{(z-a)^2}$	$\|z\|>\|a\|$
16	$\dfrac{(n+1)\cdots(n+m)a^n}{m!}$ $(m\geqslant 1)$	$\dfrac{z^{m+1}}{(z-a)^{m+1}}$	$\|z\|>\|a\|$
17	e^{bn}	$\dfrac{z}{z-\mathrm{e}^b}$	$\|z\|>\|\mathrm{e}^b\|$
18	$\mathrm{e}^{jn\omega_0}$	$\dfrac{z}{z-\mathrm{e}^{j\omega_0}}$	$\|z\|>1$

续表

序号	序列 $x(n)$	单边 Z 变换 $X(z)=\sum_{n=0}^{\infty}x(n)z^{-n}$	收敛域 $|z|>R$
19	$\sin(n\omega_0)$	$\dfrac{z\sin\omega_0}{z^2-2z\cos\omega_0+1}$	$|z|>1$
20	$\cos(n\omega_0)$	$\dfrac{z(z-\cos\omega_0)}{z^2-2z\cos\omega_0+1}$	$|z|>1$
21	$\beta^n\sin(n\omega_0)$	$\dfrac{\beta z\sin\omega_0}{z^2-2\beta z\cos\omega_0+\beta^2}$	$|z|>|\beta|$
22	$\beta^n\cos(n\omega_0)$	$\dfrac{z(z-\beta\cos\omega_0)}{z^2-2\beta z\cos\omega_0+\beta^2}$	$|z|>|\beta|$
23	$\sin(n\omega_0+\theta)$	$\dfrac{z[z\sin\theta+\sin(\omega_0-\theta)]}{z^2-2z\cos\omega_0+1}$	$|z|>1$
24	$\cos(n\omega_0+\theta)$	$\dfrac{z[z\cos\theta-\cos(\omega_0-\theta)]}{z^2-2z\cos\omega_0+1}$	$|z|>1$
25	$na^n\sin(n\omega_0)$	$\dfrac{z(z-a)(z+a)a\sin\omega_0}{(z^2-2az\cos\omega_0+a^2)^2}$	
26	$na^n\cos(n\omega_0)$	$\dfrac{az[z^2\cos\omega_0-2az+a^2\cos\omega_0]}{(z^2-2az\cos\omega_0+a^2)^2}$	
27	$\sinh(n\omega_0)$	$\dfrac{z\sinh\omega_0}{z^2-2z\cosh\omega_0+1}$	
28	$\cosh(n\omega_0)$	$\dfrac{z(z-\cosh\omega_0)}{z^2-2z\cosh\omega_0+1}$	
29	$\dfrac{a^n}{n!}$	$e^{\frac{a}{z}}$	
30	$\dfrac{1}{(2n)!}$	$\cosh(z^{-\frac{1}{2}})$	
31	$\dfrac{(\ln a)^n}{n!}$	$a^{1/z}$	
32	$\dfrac{1}{n}\,(n=1,2,\cdots)$	$\ln\left(\dfrac{z}{z-1}\right)$	
33	$\dfrac{n(n-1)}{2!}$	$\dfrac{z}{(z-1)^3}$	
34	$\dfrac{n(n-1)\cdots(n-m+1)}{m!}$	$\dfrac{z}{(z-1)^{m+1}}$	

F TMS320F240 芯片管脚

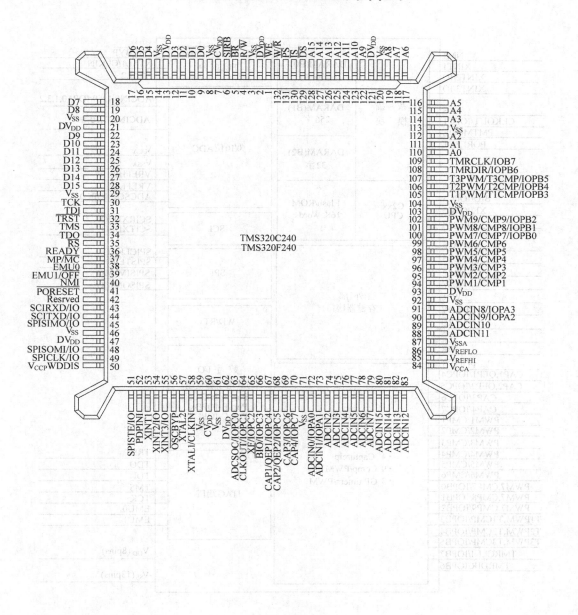

G TMS320F240 芯片内部模块

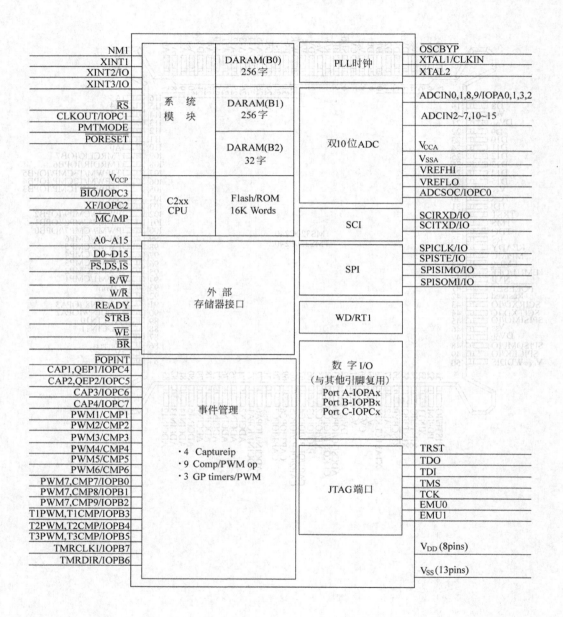

习 题 答 案

第 1 章答案

1.1　（略）

1.2　（略）

1.3　(a) $f(t)=R(t+3)-2R(t+1)-R(t-1)=(t+3)\varepsilon(t+3)-2(t+2)\varepsilon(t+1)+(t-1)\varepsilon(t-1)$

(b) $f(t)=E\sin[(\pi/T)t]\varepsilon(t)-E\sin[\pi/T(t-1)]\varepsilon(t-1)$

(c) $f(t)=t/2[\varepsilon(t)-\varepsilon(t-2)]+2\varepsilon(t-2)+\varepsilon(t-3)-3\varepsilon(t-4)$

1.4　(1) 是，$T=30$　(2) 是，$T=(8/3)\pi$　(3) 是，$T=\pi/5$　(4) 是，$T=8$

1.5　(1) $\varepsilon(-t_0)$　(2) 0　(3) 2　(4) 0

1.6　(1) $2/\pi$　(2) $1/2$　(3) 0

1.7　（略）

1.8　（略）

1.9　（略）

1.10　(1) $f_1(t)*f_2(t)=\dfrac{1}{a}(1-e^{-at})$

(2) $f_1(t)*f_2(t)=\cos[\omega(t-1)+45°]$

(3) $f_1(t)*f_2(t)=-2\sin\omega\sin\omega t$

(4) $f_1(t)*f_2(t)=\varepsilon(t+1.5)+\varepsilon(t+0.5)-\varepsilon(t-0.5)-\varepsilon(t-1.5)$

1.11　（略）

1.12　(1) 不正确　(2) 正确　(3) 正确　(4) 正确

1.13　（略）

1.14　否

1.15　$R_f(t)=(A^2/2)\cos(\omega t)$

第 2 章答案

2.1　$f(t)=\sum\limits_{n=1}^{\infty}\dfrac{2E}{n\pi}\sin^2\left(\dfrac{n\pi}{2}\right)\sin(n\omega_1 t)$　　三角形式　（指数形式略）

2.2　(1) $f(t)=2\sum\limits_{n=1}^{\infty}(-1)^{n-1}\dfrac{1}{n}\sin(nt)$

(2) $f(t)=\dfrac{\pi}{2}-\dfrac{4}{\pi}\sum\limits_{k=0}^{\infty}\left(\dfrac{1}{2k+1}\right)^2\cos(2k+1)t$

2.3　(1) $f(t)=(e-1)\sum\limits_{n=-\infty}^{\infty}\dfrac{1+j2n\pi}{1+4n^2\pi^2}e^{j2n\pi t}$

(2) $f(t)=\dfrac{1}{3}+\sum\limits_{\substack{n=-\infty\\n\neq 0}}^{\infty}\dfrac{1+jn\pi}{2n^2\pi^2}e^{j2n\pi t}$

2.4 (略)

2.5 (a) $F(\omega) = j\dfrac{2E}{\omega}\left[\cos\left(\dfrac{\omega T}{2}\right) - \text{sa}\left(\dfrac{\omega T}{2}\right)\right]$ $\quad F(0) = 0$

(b) $F(\omega) = \dfrac{E}{\omega^2 T}(1 - j\omega T - e^{-j\omega T})$

(c) $F(\omega) = \dfrac{E\omega_1}{\omega_1^2 - \omega^2}(1 - e^{-j\omega T})$, $\quad F(\omega_1) = \dfrac{ET}{2j} \quad \left(\omega_1 = \dfrac{2\pi}{T}\right)$

(d) $F(\omega) = j\dfrac{2E\omega_1}{\omega^2 - \omega_1^2}\sin\left(\dfrac{\omega T}{2}\right)$, $\quad F(\omega_1) = \dfrac{ET}{2j} \quad \left(\omega_1 = \dfrac{2\pi}{T}\right)$

2.6 (a) $f(t) = \dfrac{A\omega_0}{\pi}\text{sa}(\omega_0(t + t_0))$ $\quad$ (b) $f(t) = \dfrac{A}{\pi t}\cos(\omega_0 t - 1)$

2.7 (1) $f(t) = \dfrac{1}{2\pi}\exp(j\omega_0 t)$ $\quad$ (2) $f(t) = \dfrac{\omega_0}{\pi}\text{sa}(\omega_0 t)$ $\quad$ (3) $f(t) = \left(\dfrac{\omega_0}{\pi}\right)^2 \text{sa}(\omega_0 t)$

2.8 (1) $F_1(\omega) = \dfrac{j}{2}\dfrac{dF\left(\dfrac{\omega}{2}\right)}{d\omega}$ $\quad$ (2) $F_2(\omega) = F(-\omega)e^{-j\omega}$

(3) $F_3(\omega) = j\dfrac{dF(\omega)}{d\omega} - 2F(\omega)$ $\quad$ (4) $F_4(\omega) = \dfrac{1}{2}F\left(\dfrac{\omega}{2}\right)e^{-j\frac{5}{2}\omega}$

(5) $F_5(\omega) = -j\dfrac{dF(-\omega)}{d\omega}e^{-j\omega}$ $\quad$ (6) $F_6(\omega) = -F\left(\dfrac{-\omega}{2}\right) + \dfrac{j}{2}\dfrac{dF\left(\dfrac{-\omega}{2}\right)}{d\omega}$

(7) $F_7(\omega) = -F(\omega) - \omega\dfrac{dF(\omega)}{d\omega}$

(8) $F_8(\omega) = \dfrac{1}{4\pi}F(\omega) * [F(\omega + \omega_0) + F(\omega - \omega_0)]$

2.9 (略)

2.10 (1) $f_1(t) = -\dfrac{1}{t}$ $\quad$ (2) $f_2(t) = \dfrac{1}{2}[\varepsilon(t + 6) - \varepsilon(t - 6)]$

2.11 $F(\omega) = -j\omega\tau^2 \text{sa}^2\left(\dfrac{\omega\tau}{2}\right)$

2.12 (略)

2.13 $f^2(t)$ 的频谱为 $f(t)$ 的频谱展宽 2 倍,$f^3(t)$ 的频谱为 $f(t)$ 的频谱展宽 3 倍。

2.14 (略)

2.15 (1) $F_1(\omega) = G_{4\pi}(\omega)e^{-j2\omega}$ $\quad$ (2) $F_2(\omega) = 2\pi e^{-a|\omega|}$

(3) $\begin{cases} F_1(\omega) = \dfrac{1}{2}\left(1 - \dfrac{|\omega|}{4\pi}\right) & |\omega| \leqslant 4\pi \\ 0 & \text{其余 } \omega \end{cases}$

2.16 $\mathbf{F}[f(t)\cos\omega_0 t] = \dfrac{1}{2}[F(\omega + \omega_0) + F(\omega - \omega_0)]$

$\mathbf{F}[f(t)e^{j\omega_1 t}] = F(\omega - \omega_1)$

$\mathbf{F}[f(t)\cos\omega_1 t] = \dfrac{1}{2}[F(\omega + \omega_1) + F(\omega - \omega_1)]$

2.17 (1) $\dfrac{100}{\pi}, \dfrac{\pi}{100}$ (2) $\dfrac{200}{\pi}, \dfrac{\pi}{200}$ (3) $\dfrac{100}{\pi}, \dfrac{\pi}{100}$ (4) $\dfrac{120}{\pi}, \dfrac{\pi}{120}$

2.18 （略）

2.19 (1) $6f_{\max}$ (2) $4f_{\max}$ (3) $2f_{\max}$ (4) $4f_{\max}$

2.20 $F(\omega) = \dfrac{\pi}{2}[2\delta(\omega) + \delta(\omega - \pi) + \delta(\omega + \pi)]$

第 3 章答案

3.1 (1) $\dfrac{2(z^N - 1)}{z^{N-1}(z-1)}$ $(0 < |z| \leqslant \infty)$ (2) $3z^{-2} + 2z^{-5}$ $(0 < |z| \leqslant \infty)$

(3) $\dfrac{2z}{2z - 1}$ $(0.5 < |z| \leqslant \infty)$ (4) $\dfrac{z}{2(z-1)^2}$ $(1 < |z| \leqslant \infty)$

(5) $\dfrac{e^{-a}z}{(e^{-a}z - 1)^2}$ $(e^a < |z| \leqslant \infty)$

(6) $\dfrac{z(z - e^{-a}\cos\theta)}{z^2 - 2ze^{-a}\cos\theta + e^{-2a}}$ $(e^{-a} < |z| \leqslant \infty)$

(7) $\dfrac{-1.5z}{(z - 0.5)(z - 2)}$ $(0.5 < |z| < 2)$

3.2 (1)（略） (2) $|z| < 0.5$ $x(n) = (2^n - 0.5^n)u(-n-1)$

(3) $|z| > 2, x(n) = (0.5^n - 2^n)\varepsilon(n)$

(4) $0.5 < |z| < 2, x(n) = 0.5^n\varepsilon(n) + 2^n\varepsilon(-n-1)$

3.3 （略）

3.4 (1) $x(n) = \dfrac{1}{15}(4^{n+2}\varepsilon(-n-1) + 4^{-n}\varepsilon(n))$ (2) $x(n) = 4\left[\left(\dfrac{1}{2}\right)^n - \left(-\dfrac{1}{4}\right)^n\right]\varepsilon(n)$

(3) $x(n) = (2^n - n - 1)\varepsilon(n)$

3.5 $x(n) = 10(2^n - 1)\varepsilon(n)$

3.6 $x(n) = \delta(n-1) + 6\delta(n-4) - 2\delta(n-7)$

3.7 (1) $y(n) = \dfrac{b}{b - a}[a^n \varepsilon(n) + b^n \varepsilon(-n-1)]$ (2) $y(n) = a^{n-2}\varepsilon(n-2)$

(3) $y(n) = \dfrac{1}{a - b}(a^n - b^n)\varepsilon(n)$

3.8 （略）

3.9 $Y(z) = \dfrac{e^{-b}z\sin\omega_0}{z^2 - 2e^{-b}z\cos\omega_0 + e^{-2b}}$ $(|z| > |e^{-b}|)$

3.10 $X(z) = \dfrac{(a - a^{-1})z}{(z - a)(z - a^{-1})}$ $(a < |z| < a^{-1})$

3.11 $X(z) = z + 1 - \dfrac{1}{2}z^{-3}$ $(|z| > 0)$

3.12 (1) 周期序列，周期 $N = 14$ (2) 非周期序列 (3) 非周期序列

3.13 $(-1)^{n+1}\dfrac{a^n}{n}\varepsilon(n-1)$

3.14 （略）

第 4 章答案

4.1 （a）$y(n)=4^{-n}\varepsilon(n)$　　　（b）$y(n)=-4^{n}\varepsilon(-n)+\delta(n)$

4.2 （略）

4.3 $y(n)=\delta(1)+3\delta(2)+6\delta(3)+10\delta(4)+10\delta(5)+12\delta(6)+9\delta(7)+5\delta(8)$

4.4 $y(n)=2(1-2^{-(n+1)})\varepsilon(n)-\delta(n)$

4.5 （略）

4.6 $\mathscr{L}[x(n)y(n)]=1$　　$(|z|\geqslant 0)$

4.7 （1）$h(n)=\dfrac{1}{3}+\dfrac{2}{3}\cos\left(\dfrac{2}{3}n\pi\right)+\dfrac{4\sqrt{3}}{3}\sin\left(\dfrac{2}{3}n\pi\right)$　　$(n\geqslant 0)$

（2）$h(n)=[0.5-0.45(0.9)^n]\varepsilon(n)$

（3）$h(n)=\dfrac{1}{9}[3n-4+13(-2)^n]\varepsilon(n)$

（4）$h(n)=[9.26+0.66(-2)^n-0.2(0.1)^n]\varepsilon(n)$

4.8 （1）$H(z)=\dfrac{1}{3(1-0.5z^{-1})}$，$h(n)=\dfrac{1}{3}\times 2^n\varepsilon(n)$

（2）$H(z)=1-5z^{-1}+8z^{-3}$，$h(n)=\delta(n)-5\delta(n-1)+8\delta(n-3)$

（3）$H(z)=\dfrac{z^3}{(z-1)^3}$，$h(n)=\dfrac{1}{2}(n+1)(n+2)\varepsilon(n)$

（4）$H(z)=\dfrac{z^2-3}{z^2-5z+6}$，$h(n)=-\dfrac{1}{2}\delta(n)-2^{n-1}\varepsilon(n)+2\times 3^n\varepsilon(n)$

4.9 $y(n+1)=b_1 y(n)+b_2 y(n-1)+x(n)$；

$H(z)=\dfrac{z}{z^2+3z+2}$；$h(n)=(-1)^n(1-2^n)\varepsilon(n)$

4.10 （1）$H(z)=\dfrac{6}{3-4z}\left(|z|>\dfrac{3}{4}\right)$，零极点图略

（2）$h(n)=2\delta(n)-2\left(\dfrac{3}{4}\right)^n\varepsilon(n)$

（3）$y(n)=\dfrac{3}{4}y(n-1)-\dfrac{3}{2}x(n-1)$，结构图略

4.11 （1）$y(n)-y(n-1)=x(n)$　　（2）（略）

（3）$H(e^{j\omega})=\dfrac{1}{(1-K\cos\omega)+jK\sin\omega}$，$|H(e^{j\omega})|=\dfrac{1}{\sqrt{1+K^2-2K\cos\omega}}$，

$\varphi(\omega)=-\arctan\left(\dfrac{K\sin\omega}{1-K\cos\omega}\right)$。其中：

（a）$K=0$　　$|H(e^{j\omega})|=1$　　$\varphi(\omega)=0$

（b）$K=0.5$　　$|H(e^{j\omega})|=\dfrac{1}{\sqrt{1.25-\cos\omega}}$　　$\varphi(\omega)=-\arctan\left(\dfrac{\sin\omega}{2-\cos\omega}\right)$

（c）$K=1.0$　　$|H(e^{j\omega})|=\dfrac{1}{\sqrt{2(1-\cos\omega)}}$　　$\varphi(\omega)=\dfrac{\omega-\pi}{2}$

4.12 (1) 因果系统，$|a|<1$ 时系统稳定　　(2) 非因果系统，系统稳定
(3) 因果系统，系统稳定　　(4) 非因果系统，系统稳定

4.13 (1) 系统极点为 $-0.5, -2$；系统不稳定
(2) 系统极点为 $0.5, -1$；系统不稳定
(3) 系统极点为 $-0.75, -0.5$；系统稳定
(4) 系统极点为 $\dfrac{1+j\sqrt{3}}{2}, \dfrac{1-j\sqrt{3}}{2}$；系统不稳定。

4.14 （略）

4.15 $H(z) = \dfrac{3(z+1)(z+0.2)}{(z+0.5)(z-0.4)}$

4.16 (1) $y(n) = \sum\limits_{i=0}^{M-1} a^i x(n-i)$　　(2) $H(z) = \dfrac{1-(az^{-1})^M}{1-az^{-1}}$

(3) $h(n) = \sum\limits_{i=0}^{M-1} a^i \delta(n-i)$

第 5 章答案

5.1 $X_p(k) = 2\left(1+\cos\dfrac{\pi}{2}K\right), X_p(0)=4, X_p(1)=2, X_p(2)=0, X_p(3)=2$

5.2 (1) 不正确　　(2) 正确　　(3) 正确

5.3 $X_p(k) = 10\sum\limits_{n=2}^{6} W_5^{kn} = 10e^{-j\frac{4}{5}k\pi}\dfrac{\sin\left(\dfrac{k}{2}\pi\right)}{\sin\left(\dfrac{k\pi}{10}\right)}$　　$(0 \leqslant k \leqslant 9)$

5.4 (1) $X(k) = \dfrac{1-(aW_{10}^k)^{10}}{1-aW_{10}^k}$　　(2) $X(k) = \dfrac{1-(aW_{20}^k)^{10}}{1-aW_{20}^k}$

5.5 (1) $[X(k)] = [5, 2+j, -5, 2-j]$　　(2) $X(k) = [4, 2, 0, 2]$

5.6 （略）

5.7 (1) $\dfrac{1}{2}[X((k-r))_N + X((k+r))_N]G_N(k)$

(2) $\dfrac{1}{2j}[X((k-r))_N - X((k+r))_N]G_N(k)$

5.8 （略）

5.9 提示：直接利用 DFT 定义和欧拉公式证明。

5.10 (1) $y_1(0) = \dfrac{1}{4}, y_1(1)=1, y_1(2)=2, y_1(3)=\dfrac{5}{2}, y_1(4)=2, y_1(5)=1,$
$y_1(6) = \dfrac{1}{4}$；

(2) $y_2(0) = \dfrac{9}{4}, y_2(1)=2, y_2(2)=\dfrac{9}{2}, y_2(3)=\dfrac{5}{2}$；

(3) $y_3(0) = \dfrac{1}{4}, y_3(1)=1, y_3(2)=2, y_3(3)=\dfrac{5}{2}, y_3(4)=2, y_3(5)=1,$

$$y_3(6) = \frac{1}{4};$$

(4) $L=7$

5.11 $x_1(n) = Nx(N-n)$

5.12 （略）

5.13 提示：此矩阵相乘与图 5-16 的 FFT 流程图对应。

5.14 （略）

5.15 (1) $X_1(k) = e^{j\frac{2\pi}{N}k}X(-k)$ (2) $X_2(k) = X\left(k + \frac{N}{2}\right)$

(3) $X_3(k) = [1+(-1)^k]X\left(\frac{k}{2}\right)$ (4) $X_4(k) = X(2k)$

(5) $X_5(k) = X\left(\frac{k}{2}\right)$ (6) $X_6(k) = X(k)$

(7) $X_7(k) = \frac{1}{2}\left[X(k) + X\left(k + \frac{N}{2}\right)\right]$ （其中 $0 \leqslant k \leqslant N-1$）

5.16 （略）

*5.17 (a) 复数乘数为：$512 \times 8192 = 4194304$

(b) 复数乘约为：$33 \times 512 \text{lb}(1024) + 16 \times 1024 = 185344$

大约为直接卷积的复数乘次数的 4.5%。

5.18 还剩 61.44ms 进行其他数据的处理。

第 6 章答案

6.1 (1) 是，$H(s) = \dfrac{1}{s^2 + s\sqrt{3} + 1}$；(2)、(3)均不是。

6.2 (1) $H(s) = \dfrac{5(s^2+2)}{s^2+7s+12}$

(2) $H(s) = \dfrac{2(s^2+3)}{s^2+(\sqrt{2}+\sqrt{3})s+\sqrt{6}}$

(3) $H(s) = \dfrac{1}{s^2+s+1}$

以上的零极点分布图略。

6.3 $H(s) = \dfrac{1}{s^3+2s^2+2s+1}$，零极点分布图略。

6.4 $y(t) = \dfrac{1}{\pi}\left\{\displaystyle\int_0^{\frac{2\pi}{\tau}(t+\frac{\tau}{2})} \dfrac{\sin x}{x}dx - \displaystyle\int_0^{\frac{2\pi}{\tau}(t-\frac{\tau}{2})} \dfrac{\sin x}{x}dx\right\}$

$= \dfrac{1}{\pi}\left\{\text{si}\left[\dfrac{2\pi}{\tau}\left(t+\dfrac{\tau}{2}\right)\right] - \text{si}\left[\dfrac{2\pi}{t}\left(t-\dfrac{\tau}{2}\right)\right]\right\}$

6.5 $h(t) = \dfrac{2\omega_c}{\pi}\text{sa}[\omega_c(t-t_0)]\cos\omega_0 t$；非因果系统，物理不可实现。

6.6 (1) $y(t) = \dfrac{1}{\pi}\{\text{si}(t-t_0+T) - \text{si}(t-t_0)\}$

   (2) $y(t) = \text{sa}\left[\dfrac{1}{2}(t-t_0-T)\right] - \text{sa}\left[\dfrac{1}{2}(t-t_0)\right]$

6.7 （略）

6.8 提示：利用式(6-19)、式(6-20)计算，并取左半平面的极点。

6.9 (1) 是，$H(s') = \dfrac{1}{(s'^2+s'+1)(s'+1)}$；$s' = \dfrac{s}{\omega_c}$ 代入得

$$H(s) = \dfrac{\omega_c^3}{(s^2+\omega_c s+\omega_c^2)(s+\omega_c)}; \quad \omega_c = 2\pi f_c = 2\pi \times 10^3 \text{ rad/s}.$$

6.10 （略）

6.11 (1) $n=5$, $H(s) = \dfrac{1}{(s+1)(s^2+0.618s+1)(s^2+1.618s+1)}$ (2)（略）

6.12 $n=3$，应用3阶巴特沃思低通滤波器可达到要求。

$$H(s) = \dfrac{10^{15}}{s^3 + 2\times 10^5 s^2 + 2\times 10^{10} s + 2\times 10^{15}}$$

6.13 $n=3$

$$H(s) = \dfrac{10^{15}}{s^3 + 6.21\times 10^4 s^2 + 4.889\times 10^9 s + 1.219\times 10^{14}}$$

6.14 $H_h(s) = \dfrac{10^{15}}{s^3 + 400\pi s^2 + 8\times 10^4 \pi^2 s + 16\times 10^6 \pi^3}$

其中，$s = \dfrac{s'}{\lambda_c}$ $\omega_c = \lambda_c = 200\pi \text{(rad/s)}$ （归一化处理）

6.15 （略）

6.16 (1) $T = 0.5$, $H(z) = \dfrac{1 + e^{-T}(1-2e^{-T})z^{-1}}{1 - e^{-T}(1+e^{-T})z^{-1} + e^{-2T}z^{-2}}$

   (2) $T = 2$, $H(z) = \dfrac{1 - e^{-T}\cos(\sqrt{3}T)z^{-1}}{1 - 2e^{-T}\cos(\sqrt{3}T)z^{-1} + e^{-2T}z^{-2}}$

   (3) $T = 0.1$, $H(z) = \dfrac{0.5}{1 - (e^{-T} + e^{-\frac{T}{2}})z^{-1} + e^{-\frac{3}{2}T}z^{-2}}$

6.17 （略）

6.18 (1) $H(z) = \dfrac{1-z^{-1}}{(1+a)-(1-a)z^{-1}}$ $h(n) = \dfrac{1}{1-a}\delta(n) - \dfrac{2a}{1-a^2}\left(\dfrac{1-a}{1+a}\right)^n u(n)$

   (2)（略）

6.19 (1) $n=3$ (2) $n=2$

6.20 （略）

6.21 （略）

6.22 （略）

6.23 $W_{\text{Han}}(e^{j\omega}) \approx \dfrac{1}{2}W_R(e^{j\Omega}) - \dfrac{1}{4}W_R[e^{j(\Omega-\frac{2\pi}{N-1})}] - \dfrac{1}{4}W_R[e^{-j(\Omega-\frac{2\pi}{N-1})}]$

6.24 （略）

6.25 $h(n) = \dfrac{2}{\pi(n-\alpha)}\sin[\Omega_c(n-\alpha)]\cos[\Omega_0(n-\alpha)], \alpha = \dfrac{N-1}{2}$

6.26 （略）

6.27 （略）

6.28 （略）

参 考 文 献

1. 陈行禄,秦永元. 信号分析与处理. 北京:北京航空航天大学出版社,1993
2. (美)A V 奥本海姆等著,董士嘉等译. 数字信号处理. 北京:科学出版社,1981
3. 王宝祥主编. 信号与系统. 哈尔滨:哈尔滨工业大学出版社,2000
4. 郑方,徐明星编著. 信号处理原理. 北京:清华大学出版社,2000
5. 赵光宙,舒勤编著. 信号分析与处理. 北京:机械工业出版社,2001
6. 郑君里,杨为理,应启珩. 信号与系统(上、下册). 北京:高等教育出版社,2000
7. 丁美玉,高西全等编著. 数字信号处理. 西安:西安电子科技大学出版社,1995
8. 楼顺天,李博菡. 基于 MATLAB 的系统分析与设计-信号处理. 西安:西安电子科技大学出版社,1999
9. (美)M H 海因斯著,张建华等译. 全美经典学习指导系列. 数字信号处理. 北京:科学出版社,2002
10. Poularikas A D, Seely S. Signals and Systems (Second edition). PWS-KNET Publishing Company,1991
11. Jackson L B. Signals, Systems and Transforms. Addison-Wesley Publishing Company,1991
12. Sophocles J. Orfanidis. Introduction to signal processing. Prentice Hall International, Inc,1996
13. TMS320F/C24X DSP Controllers CPU and Instruction Set, Reference Guide,1999
14. TMS320F/C24X DSP Peripheral Library and Specific Devices, Reference Guide,1999
15. 章云,谢莉萍,熊红艳. DSP 控制器及其应用. 北京:机械工业出版社,2001
16. 张雄伟,曹铁勇. DSP 芯片的原理与开发应用. 北京:电子工业出版社,2000
17. 胡广书. 数字信号处理. 北京:清华大学出版社,1997
18. 刘和平,严利平等. TMS320LF240X DSP 结构、原理及应用. 北京:北京航空航天大学出版社,2002
19. 崔学深,张建华,肖刚. DSP 技术在电力系统中的应用和硬件实现方式. 现代电力,2002(4)
20. 梁虹,梁洁等. 信号与系统分析及 MATLAB 实现. 北京:电子工业出版社,2002
21. 王华. MATLAB 在电信工程中的应用. 北京:中国水利水电出版社,2001
22. 刘敏,魏玲. MATLAB 通信仿真与应用. 北京:国防工业出版社,2001
23. 周亚萍,王冉等. MATLAB 6 实践与提高. 北京:中国电力出版社,2002
24. 吴湘淇,肖熙等. 信号系统与信号处理的软硬件实现. 北京:电子工业出版社,2002
25. 屈克庆,陈国呈,孙承波. 基于幅相控制方式的零电压软开关三相 PWM 变流器. 电工技术学报,2004,19(5):15~20
26. 屈克庆,陈国呈,孙承波. 一种电流前馈控制的单位功率因数三相 SAPWM 变流器. 电工电能新技术,2003,22(2):10~14
27. 屈克庆. 分布式发电三相并网逆变器的研究. 上海大学博士后研究工作报告,2006 年 11 月
28. 张文斌,靳希. 12 脉波整流电路 MATLAB/Simulink 仿真及谐波分析. 华东电力,2008,36(4):70~72